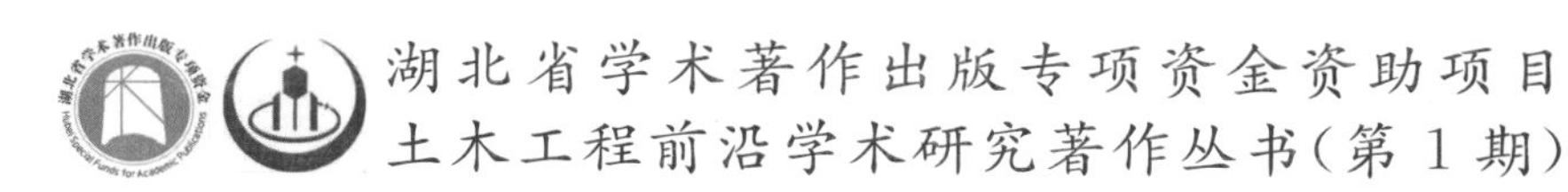
湖北省学术著作出版专项资金资助项目
土木工程前沿学术研究著作丛书(第1期)

岩质高边坡快速反馈分析原理、方法及应用

郭运华　李元松　李新平　吕鹏飞　编著

武汉理工大学出版社
·武　汉·

图书在版编目(CIP)数据

岩质高边坡快速反馈分析原理、方法及应用/郭运华等编著. —武汉:武汉理工大学出版社,2018.7

ISBN 978-7-5629-5719-5

Ⅰ.①岩… Ⅱ.①郭… Ⅲ.①岩质滑坡-边坡稳定性-稳定分析 Ⅳ.①TU457

中国版本图书馆 CIP 数据核字(2017)第 329734 号

项目负责人:杨万庆　　**责任编辑:**夏冬琴
责任校对:张明华　　**封面设计:**芳华时代
出版发行:武汉理工大学出版社(武汉市洪山区珞狮路 122 号　邮编:430070)
http://www.wutp.com.cn
经　销　者:各地新华书店
印　刷　者:荆州市鸿盛印务有限公司
开　　　本:787×1092　1/16
印　　　张:18.75
字　　　数:315 千字
版　　　次:2018 年 7 月第 1 版
印　　　次:2018 年 7 月第 1 次印刷
印　　　数:1～1000 册
定　　　价:75.00 元

凡购本书,如有缺页、倒页、脱页等印装质量问题,请向出版社发行部调换。
本社购书热线电话:027-87515778　87515848　87785758　87165708(传真)

前　言

我国西南地区水电站建设面临深切峡谷复杂岩(土)体结构、强卸荷改造等环境,高边坡问题几乎成了重大工程建设的首要工程地质和岩土工程问题。水电站坝肩高陡边坡开挖强度大,服役时间长,尤其是在施工期剧烈改造过程中的稳定性评价及预测问题十分突出,往往直接关系到工程建设的工期和成本控制。

本书以大岗山坝肩高陡边坡为工程背景,围绕高陡边坡开挖期的稳定性快速评价与反馈分析方法进行了系统论述,力图将分析理论与工程实践紧密结合,在介绍作者团队研究成果的同时兼顾国内外研究进展。

本书共分 6 章。第 1 章为绪论,介绍了施工期反馈分析方法的研究现状,以及边坡反馈分析的研究思路、内容及方法。第 2 章介绍了边坡原始监测数据的采集及原始数据处理方法。第 3 章介绍了变形趋势预测的短期快速定量、定性分析模型以及中长期预测的定量预测方法,并介绍了稳定性趋势定性预测的交叉影响分析及位移监测时间序列的定量预测在大岗山边坡工程中的应用。第 4 章介绍了基于数值模拟技术的反馈分析方法。主要包括两部分内容:一是裂隙岩体渐进破坏的数值模拟方法及如何通过数值模拟研究岩体卸荷力学特征;二是通过数值计算进行卸荷裂隙带的模型识别及力学参数反演。第 5 章介绍了基于离散单元的加固决策及效果评价方法。第 6 章介绍了边坡稳定性模糊综合评价。

本书的特色如下:

(1)高陡边坡施工期快速反馈分析方法。对施工期短期预测采用定性的多测点快速交叉影响分析的潜在不稳定块体早期识别方法与单测点定量预测的灰色系统、神经网络、偏最小二乘回归相结合的多模型反馈策略,实现短、中期多时间尺度的定性与定量相融合的预测方法。

(2)强卸荷高陡岩质边坡地应力场效应分析及裂隙岩体卸荷力学参数的数值模拟测定方法。介绍了强卸荷高陡岩质边坡地应力场回归方法及基于粒子群-差分进化的地应力场分析方法，详细介绍了裂隙岩体渐进破坏的数值模拟方法及基于此方法研究裂隙岩体卸荷力学特征的技术，并以大岗山边坡为例，介绍了随机裂隙岩体卸荷条件下等效力学参数测定的方法。

(3)块体边坡加固的快速决策方法。介绍了根据交叉影响分析确定边坡加固部位，然后对边坡离散化块体进行分析，通过循环计算并加固短板块体以确定边坡加固部位、最优加固力的决策方法，并介绍了交叉影响时序分析及基于强度折减技术的加固效果评价方法。

第 1 章、第 5 章由郭运华博士、李新平教授撰写，第 2 章、第 6 章由李元松教授撰写；第 3 章由郭运华博士、李元松教授撰写；第 4 章由郭运华博士、李新平教授、吕鹏飞高级工程师撰写；部分内容还综合了课题组硕士研究生储成龙、梁硕、王仰君的一些工作成果。

本书内容是课题组近几年在大渡河流域一系列科研工作的总结，在此由衷地感谢国电大渡河大岗山水电开发有限公司对这些项目的资助，书中原始数据大多来自于国电大渡河大岗山水电开发有限公司提供的素材。

由于作者水平有限，书中错误和不当之处在所难免，欢迎读者和专家批评指正。

作　者

2017.12

目　　录

1　绪论 ……………………………………………………………… (1)

1.1　边坡工程反馈分析的任务及内容 ……………………………… (1)

1.2　边坡反馈分析研究现状 ………………………………………… (2)

1.3　边坡监测反馈分析的方法 ……………………………………… (12)

1.4　边坡反馈分析的发展趋势 ……………………………………… (15)

本章小结 ……………………………………………………………… (17)

2　监测数据预处理 …………………………………………………… (18)

2.1　原始数据的预处理 ……………………………………………… (19)

2.2　建模数据的采集与处理 ………………………………………… (30)

2.3　监测数据分析方法 ……………………………………………… (36)

2.4　影响因子分析与选择 …………………………………………… (52)

2.5　大岗山边坡开挖变形影响因素相关性分析 …………………… (62)

本章小结 ……………………………………………………………… (79)

3　边坡变形趋势预测模型 …………………………………………… (80)

3.1　施工期边坡变形趋势的快速预测 ……………………………… (81)

3.2　边坡变形趋势的中长期预测模型 ……………………………… (126)

3.3　变形趋势预测在大岗山水电站枢纽区边坡反馈分析中的应用 ……………………………………………………………… (142)

本章小结 ……………………………………………………………… (146)

4　基于数值模拟技术的反馈分析方法 ……………………………… (147)

4.1　地应力反演分析方法 …………………………………………… (147)

4.2　裂隙岩体力学特性数值研究方法 ……………………………… (160)

4.3　深部卸荷裂隙带的模型识别及参数反演 ……………………… (197)

本章小结 ……………………………………………………………… (206)

5　边坡稳定性分析及加固效果评价 ………………………………… (208)

5.1　边坡三维块体稳定分析方法 …………………………………… (208)

5.2 边坡加固方案的决策方法 …………………………………… (213)
5.3 加固效果评价方法 …………………………………………… (223)
本章小结 ………………………………………………………… (246)
6 边坡稳定性模糊综合评价 ………………………………… (248)
6.1 模糊数学基本理论 …………………………………………… (249)
6.2 边坡稳定性分析的模糊性 …………………………………… (252)
6.3 边坡稳定性模糊评价模型 …………………………………… (257)
6.4 模糊综合评价法的应用 ……………………………………… (272)
本章小结 ………………………………………………………… (281)
参考文献 ……………………………………………………… (282)

1 绪　　论

1.1 边坡工程反馈分析的任务及内容

1.1.1 边坡工程反馈分析的概念及主要内容

长期以来，工程地质界、岩土力学界对边坡稳定性进行了大量的研究工作，但至今仍难以找到准确评价的理论和方法。一般认为：比较有效地处理这类问题的方法，就是理论分析、专家群体经验知识和监测控制系统相结合的综合集成的理论和方法，因此边坡监测与反馈分析是边坡工程中的一个重要环节。

反馈分析是综合应用正分析与反演分析的成果，并通过理论分析计算或总结，从中寻找某些规律和信息，及时反馈到设计、施工和运行中去，达到优化设计、施工和运行的目的，并补充和完善现行设计和施工规范。反馈分析主要完成设计和施工方面的复核及运行过程的安全评价这两个直接任务，包括设计参数、荷载选取的合理性，施工过程响应量的反分析，边坡稳定性条件的演化等。通过正分析评估运行期的边坡稳定性，一般通过对开挖支护进行设计分析、监测反馈分析、稳定性评价，进而实现施工安全控制以及安全预警，为工程的施工安全和顺利建设提供保障。

施工期监测反馈的基本思想是太沙基等人长期倡导的监测设计法，与传统设计理念的根本区别在于通过监测反馈分析实现边施工边修改设计的动态调整，以达到优化最终方案和施工工序的目的，这种设计思想特别适合常规设计方法难以应用的岩土工程设计施工问题。潘家铮认为，在勘测、设计和施工阶段即进行监测、采集资料，及时反馈到设计中去，据以指导和改进设计，真正做到反馈设计，对于大型水工结构特别是涉及岩体工程问题时尤为必要。反馈分析主要包括四方面内容：

①总结经验、改进设计方法，为今后其他类似工程的设计和施工提供指导性意见。

②前期的监测成果指导后期工程的施工及设计和运行期管控。

③施工过程中信息的反馈，修改设计、指导施工。

④运行期的监测反馈，对运行状态进行分析评判。

1.1.2　边坡工程反馈分析的特点及工作重点

边坡稳定性预测一直是岩土工程领域研究的热点，也是重大水电工程区边坡灾害预测和防灾减灾工作的重要内容。随着新奥法施工理念的应用，通过施工过程监测信息反馈边坡设计在工程建设中占据了核心地位。基于监测信息的边坡稳定性反馈分析就成了边坡工程研究的一个重要发展方向。

与滑坡的监测反馈分析不同，边坡工程有其自身特点。首先，滑坡是不稳定边坡变形破坏演化过程的结果，其反馈分析的重点在于滑坡时间的预测，而边坡工程反馈分析的重点是研究如何避免变形破坏导致滑坡的产生，因此，两者研究的重点不同。其次，人工边坡稳定性可能是一个局部失稳问题，也可能是整体失稳问题，在不同阶段或加固手段下甚至可能相互转化，这也与具有确定运动模式的滑坡有所不同。

与地下工程反馈分析不同的是，边坡变形受自然环境周期性变动的影响更加显著，而地应力条件对地下工程的变形破坏模式的控制性更加明显。

边坡工程反馈分析的重点在于利用边坡监测信息对变形破坏模式进行快速识别，并对影响边坡稳定性的环境因素进行界定，在此基础上提供加固措施建议，最后对边坡加固效果进行准确评价。目前，针对边坡反馈分析研究主要借鉴地下工程及滑坡的反馈分析方法，专门针对边坡工程特点的反馈分析方法的文献并不多见。

1.2　边坡反馈分析研究现状

监测信息一方面直接体现了边坡变形的发展趋势，另一方面隐藏着岩土介质变形破坏的内在机制，是其力学性能、结构状况、加固作用、环境影响等相互作用的外在表现。根据监测分析深度及由易到难的程度，我们将监测数据的反馈分析工作分为两种：第一种是监测数据统计分析，工作内容是对监测数据进行定性分析，包括统计特征值、相关分析、时间分析、空间分析等，可以获得对边坡当前状态的直观认识。第二种是因素分析，包括外因分析与内因分析。外因分析是通过数学分析方法来量化外部环境变化对监测物理量的影响并预测下一步的变化趋势,其优点是可以根据一般规律选择相应模型进行回归分析,可以较为快速地作出定性判断,并通过寻求规避外部环境的不利影响来达到改善边坡稳定性状态的目的。内因分析是通过监测结果反分析岩土力学性能,并通过正分析研究岩土体变形破坏机制,这种反馈方法需要做大量细致的工作,反馈结果对加固设计更具参考价值,缺点是工作量大、耗费时间长。这两种反馈分析方法在工程中都得到了广泛的应用,特别是第一种反馈,基本上贯穿了国内大中型工程的设计、施工的全过程。但对于某些地质条件复杂的工程,单靠外因分析尚不能抓住问题的根本,因此需要将多种方法综合应用,才能取得好的效果。

1.2.1 影响边坡变形的因素分析

直接反馈分析的首要问题是利用监测数据实现稳定性预测预报。边坡的预测预报模型主要借鉴滑坡预报的研究成果。黄润秋认为,滑坡的中长期和短期预报是一个世界性的难题,主要是以下几方面原因造成的:首先,滑坡是一个复杂的地质力学过程,又是一个高度复杂的非线性系统;其次,我们对于复杂的滑坡系统能够获得的信息极为有限;再次,在认识问题的思路上还存在一定的不足,更多地依赖于对监测结果的数学推演,而忽视了对边坡变形破坏机理的认识。因此,就数学模型预报而言,现行的预报理论模型缺乏滑坡综合预报的直接判据。张奇华、丁秀丽、邬爱清认为,变形突变预测、失稳时间预报及失稳判据是滑坡预测预报的三个核心问题,变形突变预测是为了预测出滑坡从匀速变形阶段进入加速变形阶段的特征点或时间,是回答滑坡能否失稳的关键,是提高预测结果可靠性及提高预测研究水平的基础。

时空特征分析是指分析边坡变形随时间、外部影响的变化规律及在空间中的分布规律,在对其规律进行探讨时,必然涉及对地质条件、人工活动、环境影响等与边坡变形关系的认识问题。陈高峰、卢应发、程圣国等基于均匀设计对边坡稳定性影响因素进行了灰色关联分析,认为各因素对稳定性的关联度大小依次为:内聚力>内摩擦角>地震加速度>重度>坡角。杨志法、陈剑总结了滑坡预测预报的方法,认为应该加强以降雨预报结果来推测区域滑坡发生概率方法的研究,并与单点滑坡的监测预报法结合起来,以进一步提高滑坡预测预报的水平。林卫烈、杨舜成通过对福建某地一风化壳浅层滑坡进行为期 3 年的观测，发现滑坡位移与降雨量关系密切，进行相关量化分析认为：当月降雨量小于 100mm 时，位移变形无明显增长；当月降雨量大于 100mm 时，位移有明显突变，且位移滞后现象明显，突变位移的高峰一般出现在降雨量高峰期后 1～2 个月。丁继新、尚彦军、杨志法等提出对每种降雨因子进行分级，通过多因子叠合分析来研究降雨因子与降雨型滑坡之间的关系，并据此预报滑坡易发程度的方法。王仁乔、周月华、王丽等通过对湖北省 1975—2002 年发生的 194 次滑坡个例进行分析，发现滑坡时间主要发生在 5—8 月，占全年总次数的 80%左右，与多年月平均降雨量分布比较一致。滑坡区域主要位于湖北西部山地，高频中心在三峡库区，滑坡与前期降雨尤其是大降雨关系非常密切，大降雨型滑坡占滑坡总次数的 63.1%，并利用实效降雨量计算方法，确定了大降雨型滑坡临界降雨量，建立了潜势预报模型。陈剑、杨志法、刘衡秋将降雨条件和地质环境条件相结合，提出利用最大 24h 降雨强度和前 15d 实效降雨量作为滑坡灾害发生的短期预报判据。表 1-1 为国内外暴雨触发滑坡的临界降雨强度。

表 1-1　国内外暴雨触发滑坡的临界降雨强度

<table>
<tr><th colspan="3">要素
国家或地区</th><th>一次降雨过程
累计降雨量(mm)</th><th>时降雨强度
(mm/h)</th><th>日降雨强度
(mm/d)</th></tr>
<tr><td colspan="3">巴西</td><td>250～300</td><td></td><td></td></tr>
<tr><td colspan="3">美国</td><td>>250</td><td></td><td></td></tr>
<tr><td colspan="3">加拿大</td><td>150～300</td><td></td><td></td></tr>
<tr><td rowspan="6">中国</td><td colspan="2">香港</td><td>>250</td><td></td><td>>100</td></tr>
<tr><td colspan="2">四川盆地</td><td></td><td>>70</td><td>>200</td></tr>
<tr><td colspan="2">长江云阳、奉节地区</td><td>280～300</td><td></td><td>140～150</td></tr>
<tr><td rowspan="3">三峡库区</td><td>堆积层滑坡</td><td>50～100</td><td>6</td><td>30</td></tr>
<tr><td>堆积层滑坡和破碎岩石滑坡</td><td>150～200</td><td>10</td><td>120</td></tr>
<tr><td>厚层大型堆积层和基岩滑坡</td><td>250～300</td><td>13</td><td>150</td></tr>
</table>

时空分析较多关注环境量和岩体力学性能的不均匀性对变形分布的影响，相对而言，对人工活动，即开挖卸荷作用过程的关注相对较少。王在泉分析了开挖影响下边坡变形的时空传递规律和机制，建立了边坡内外变形时空规律的位移传递函数。朱继良总结了小湾电站坝肩边坡开挖期的变形规律，认为高陡边坡开挖变形响应一般表现为三个阶段：第一个阶段是“变形的快速增长阶段”，这个阶段为开挖后 2～4 个月，开挖面至监测点约 70m 的高度范围内；第二

个阶段为“变形缓慢增长阶段”，为开挖后 18～22 个月，开挖面远离测点 70～270m 之间；第三个阶段是变形的“稳定阶段”，同时边坡开挖变形主要受开挖影响，开挖结束后，变形很快停止，“工后”剩余变形很小。这些初步研究成果阐明了边坡下挖过程中，边坡的变形响应是随开挖面距离增加而逐步衰减的，边坡变形沿表面向深度方向也是逐渐减小的，说明卸荷扰动是边坡变形的主要影响因素。由于开挖扰动过程与时间变量并不存在直接的关系，显然不能直接用时间过程来表达，目前对这方面模型的研究尚不多见。

1.2.2 趋势预测及变形破坏机制研究

1989 年，W. C. 戈德伯格针对伯克利露天矿的边坡监测与反分析实践，认为位移速率分为两个明显的阶段：一是在开挖、爆破、地震、降雨等条件下以位移速率交替增大和减小为特征的递减阶段，二是以位移速率不断增大为特征的渐进破坏阶段。其位移-时间曲线表现为指数曲线形式，在对数坐标系中，以直线斜率的变化点为边坡破坏开始的起点。以渐进阶段开始时间为 0，则渐进阶段直线段方程可表示为 $v=v_0e^{st}$，其中，v 为位移速率，s 为直线段斜率，t 为时间，v_0 为渐进阶段开始时的位移速率(Call，1981)。破坏时，边坡将会经历一个由公式 $v_{col}=K^2v_0$ 确定的移动速度，其中，v_{col}为坍塌时的速度；K 为经验常数，扎沃迪尼和布罗德本特确定了 K 的一个平均值为 7.216±2.11。王建锋将滑坡响应信号分解为四种成分，即确定性趋势项、周期项、脉动项或季节项、不确定项，并认为加载响应比理论可能更适用于强震预报，对于前震-余震型地震，S 形曲线更为合适，但是 S 形曲线特征参量的确定，可能由于边界条件的未知信息更多而不易确定。同时，单次滑坡发生的整个过程包括孕育、加速、减速、停止等四个阶段，滑坡发生时间则指加速向减速转换的特征时间点，能够反映滑坡如此运动过程的典型数学函数是 Pearl 曲线，本质上此 S 形曲线与系统有阻尼的自由振动微分方程是一致的，也与生物群体演化的虫口方程一致，它们都共同反映了物质运动的一般规律，可以用来预测滑坡运动过程。邓跃进、王葆元、张正禄通过建立不同影响因素与位移量的模糊关系及位移量的模糊近似推论对边坡位移的位移量进行模糊人工神经网络预报。刘汉东通过模型试验证实斋藤法、灰色系统预测理论和有限单元法的预报失稳时间与试验模型实际破坏的时间一致。吕建红、袁宝远、杨志法等研究了用于边坡监测信息快速反馈分析的信息获取技术、信息管理技术、快速分析技术和快速反馈技术。尚岳全、孙红月、赵福生认为，用自回归模型描述滑坡变形趋势，用滑动平均描述滑坡变形的波动性，用滞后概念描述影响因素的作用时间，可以定量地分析各种因素在滑坡变形过程中的作用。陆峰提出了边坡状态模式的概念，并将神经网络模式识别和专家系统综合评判的方法引入边坡监测资料分析，根据监测资料实时判断边坡所处的安全状态模式。李天斌从滑坡预报的基本问题入手，将处理复杂性问题行之有效的非线性科学理论和灰色系统理论引入滑坡预报中，提出了“滑坡实时跟踪预报”的思想。马为民、田卫宾在滑坡灾害分析时应用单元聚类分析法，从单因素相关分析过渡到多因素相关分析，从而找出规律，建立滑坡灾害预报模型。徐梁、陈有亮、张福波将非等距时间序列灰色系统预测方法、协同学方法、神经网络方法和模糊神经网络等应用于岩体高边坡失稳过程分析和稳定性预测，并对它们的适用范围和应用效果进行了分析。李克钢在工程地质调查的基础上借助试验分析、可拓理论、灰色系统预测理论及数值分析技术建立了岩质边坡稳定性分析及预测的理论模型。刘志平、何秀凤将稳健估计方法引入时间序列建模，提出了基于稳健估计的自回归建模方法。他们采用某实测边坡两个监测点连续30期数据对该方法进行验证计算与分析，结果表明：当监测序列没有异常值时，稳健与常规自回归模型的预报精度相当；而当监测序列含有少量异常值时，稳健比常规自回归模型的预报精度有较明显的提高。刘志平、何秀凤基于GM(1,1)与常规GM(1,M)模型缺陷的分析，给出了扩展GM(1,M)模型(E-GM)及其响应递推式，进而指出了背景值生成因子的双重约束特性。扩展模型采用最新历史数据作为响应值初始条件，并提出以模型精度与法矩阵病态程度为准则引入混沌优化方法搜索最佳生成因子。陈晓雪、罗旭、尚文凯等分三个阶段对边坡位移时间预报模型的研究现状进行了综合叙述。早期现象预报和经验式预报阶段，以斋藤法和福囿模型为代表；第二阶段以位移-时间统计分析预报模型为主，代表性模型为位移加速度回归模型、均加速条件时间预报模型、灰色Verhulst模型等；第三阶段为综合预报模型及预报判据研究阶段，代表性模型为滑体变形功率模型、分形时间预测模型、Pearl预报模型、小波分析与神经网络耦合预报模型。薄志毅、张瑞新、邬捷以露天煤矿边坡变形监测线为研究对象，对监测线变形数据进行聚类分析，将变形相关系数超过0.9的多个测点视为同一块体的监测信息，提出边坡监测线整体变形预测方法。秦鹏改进了高边坡监测数据的变维分形预测模型。许强、黄润秋等系统总结的定量滑坡预报模型和方法如表1-2所示。

表 1-2 定量滑坡预报模型和方法总结

滑坡预报模型及方法		适用阶段	备 注
确定性预报模型	斋藤法;HOCK 法;K. KAWAWURA;蠕变试验预报模型;福囿斜坡时间预报法	加速蠕变	以蠕变理论为基础,建立了加速蠕变经验方程,其精度受到一定的限制
	蠕变样条联合模型	临滑预报	以蠕变理论为基础考虑了外动力因素
	滑体变形功率法	临滑预报	以滑体变形功率作为时间预报参数
	滑坡变形分析预报法	中短期	适用于黄土滑坡
	极限平衡法	长期预报	
统计预报模型	灰色 GM(1,1)模型[传统 GM(1,1)模型、非等时距序列的 GM(1,1)模型、新陈代谢 GM(1,1)模型、优化 GM(1,1)模型、逐步迭代法 GM(1,1)模型等]	短临预报	模型预测精度取决于模型参数的取值,优化 GM(1,1)模型也适用于滑坡的中长期预报,逐步迭代法 GM(1,1)模型计算精度较高
	生物生长模型(Pearl 模型、Verhulst 模型、Verhulst 反函数模型)	短临预报	在加速变形阶段预报精度较高
	曲线回归分析模型;多元非线性相关分析法;指数平滑法;卡尔曼滤波法;时间序列预报模型;马尔科夫链预测;模糊数学方法;泊松旋回法;动态跟踪法;斜坡蠕滑预报模型(GMDH 预报法);梯度-正弦模型;正交多项式最佳逼近	中短期预报	多属于趋势预报和跟踪预报
	灰色位移矢量角法	短临预报	主要适用于堆积层滑坡
	黄金分割法	中长期预报	
非线性预报模型	BP 神经网络模型	中短期预报	较适合于短期预报
	协同预测模型;协同-分岔模型	临滑预报	
	BP-GA 混合算法;突变理论预报(尖点突变模型和灰色尖点突变模型)	中短期预报	联合模型预报精度较单个模型高
	动态分维跟踪预报	中长期预报	可跟踪预报斜坡的最短安全期
	非线性动力学模型	长期预报	
	位移动力学分析法	长期预报	

边坡变形破坏主要围绕两个问题展开:一是短期稳定性问题,主要基于开挖卸载作用导致的强度问题;二是时效变形导致的蠕变稳定性问题。

边坡破坏机制研究,最早起源于土力学刚体极限平衡方法,认为边坡中存在某一弱面,沿这一弱面分布的下滑力达到或超过抗滑力,则边坡将失稳。随着对岩体结构面认识的深入，结构控制论逐步被广大岩石力学工作者接受，关键块体理论认为一些块体的失稳会导致其他相邻块体发生连锁反应，并最终导致整体失稳，这些起到扳机作用的块体就叫作关键块体，如果搜寻出这些关键块体并进行锚固，将有效控制整个岩土体的稳定性，这对支护加固理论有一个全新的认识。随着对岩体力学特性认识的深入，研究者逐步重视边坡开挖卸荷过程的强度劣化问题，即损伤演化、断裂等问题。

早在 1982 年，王思敬、张绪珍在分析边坡变形时间效应时就指出：可以把边坡破坏视为与时间相关的变形过程，在这个相关过程中，变形逐渐累加，强度逐渐降低，并以蠕变断裂而告终。然而，岩体的流变性态主要受岩体结构的影响，因为某一方向或某一层的蠕变速度总体上受岩体结构所制约，故岩体蠕变必定是不均匀的。孙玉科、姚宝魁在总结了国内五个典型边坡变形破坏特点的基础上认为：边坡变形并不是单一的蠕变变形，而是各种变形因素的综合效应，由于蠕变变形往往起主导作用，因而从中可以看出蠕变变形的总体特征。陶振宇认为：尽管岩坡失稳的情况和原因是多种多样的，但都有一个位移随时间发展的过程。夏熙伦、徐平、丁秀丽在研究了三峡船闸边坡岩石流变特性后认为岩体及结构面的流变特性是影响三峡船闸高边坡长期稳定性的因素之一。黄铭、刘俊、葛修润采用数学监测模型分离边坡开挖期变形中的蠕变和瞬时变形，分别建立了蠕变模型、变形与开挖关系模型，并利用它们对后期边坡开挖变形进行预测。马春驰、李天斌、孟陆波等在室内试验基础上，建立了复合黏弹塑模型用于边坡开挖卸载分析，并认为随不同的开挖阶段，易损部位（软岩集中段、软岩深埋段、软硬交接硬岩段）在瞬时卸载回弹阶段的塑性损伤和时效演化阶段的黏塑性损伤逐渐积累，使边坡浅表部逐渐出现卸载损伤（松弛）带，在损伤累积中边坡各部位蠕变速率有不同程度的增长。任月龙、才庆祥、张永华等基于极限平衡法中的简化 Bishop 法，推导出了圆弧滑坡时效稳定系数的计算公式，得出了稳定系数随蠕变时间增长呈指数递减的规律。李连崇、李少华、李宏通过引入岩体细观表征单元体的强度退化模型来研究岩质边坡的时效变形与破坏特征，认为：初始稳定的边坡，在运行期内不一定安全。由于岩体的流变特性，岩体强度参数随时间的推移而逐渐衰减，致使边坡稳定程度降低。特别是对于含有明显的软弱结构面及软岩的边坡，软弱结构面及软岩层的长期强度特性不容忽视。黄润秋从岩石高边坡发育演化的过程特性出发，提出岩石高边坡稳定性不仅是一个强度稳定性问题，更是一个变形稳定性问题。

1.2.3 反演分析方法

与大坝监测反演不同，边坡及地下硐室工程由于岩体结构的复杂性，其荷载及力学参数存在极大不确定性，常通过反分析来研究并修正计算模型。反分析的内容主要包括两方面，即地应力荷载的反演和力学参数的反演。

对于高山峡谷地带的高陡岩质边坡，由于开挖量大，对地表改造强烈，相对于边坡岩体强度，开挖过程中地应力卸荷强烈。由于岩体强度参数的反演来源于开挖过程中的岩体位移响应，不同于土质边坡，地应力因素不可忽略。地应力研究从最早的海姆假说及侧压力系数法开始，发展到依据实测数据反分析的方法，经历了相当长的时间，出现了大量的研究成果；地应力反分析的多元回归方法在国内最早由郭怀志、马启超、薛玺成等提出，基本思想是根据实际工程的地应力实测资料，运用有限元数学模型回归分析方法求解出岩体初始应力场。具体做法是依据弹性力学应力叠加原理，将复杂边界应力条件分解为几个简单的边界条件的线性组合，通过回归方法求解组合系数来实现。朱伯芳考虑到自重应力的计算精度要高于构造应力，不将自重应力列为反分析目标。此外，部分学者做了进一步的深入研究。张友天、胡惠昌提出用应力函数的趋势面分析法来解决应力场问题，但对于地质条件较复杂的地区，此方法的适用性受到限制。莫海鸿及陈胜宏、佘成学、熊文林将应力函数法与有限元联合反分析地应力场。2004 年以后，大量文献引入均匀试验设计及神经网络等优化算法来寻优求解初始地应力。付成华、汪卫明、陈胜宏认为地应力反演的回归分析法、神经网络方法、遗传算法的计算结果非常接近。综合起来，地应力反分析主要分为三类：一是以有限元等数值方法为支撑的多元回归方法；二是应力函数求解法；三是对模型边界条件进行调整的寻优算法。无论采用哪种方法求解出初始地应力，都需要考虑如何将初始地应力加载到模型中用于下一步计算，这对于工程应用具有十分重要的意义。数值计算中地应力的加载方法有两种：一是将反分析获得的应力值直接加到高斯点上；二是施加合适的边界应力，同时在内部单元施加自重荷载，通过计算应力平衡获得初始地应力。郭运华、朱维申、李新平等提出了一种利用偏最小二乘回归方法拟合地应力场及将地应力场精确加载至计算模型并实现平衡的方法，可以有效提高局部地应力异常区域的拟合精度，并解决了边界应力奇异分布的问题。

在 20 世纪 80 年代初，杨志法提出了对弹性介质围岩运用位移图谱法做反分析的方法；孙钧、袁勇讨论了反分析的概率方法；刘新宇研究了层状地层中地下硐室的位移反分析方法；张玉军提出了围岩流变参数反分析方法。20 世纪 90 年代后，反分析研究的重点集中在优化方法上。反分析的误差问题也得到了研究。针对岩土介质的力学参数的随机性，部分学者研究了随机反分析理论。解析-半解析的反演方法也同步得到了发展，部分学者注意到本构关系对反演结果准确性的影响，并开始关注模型识别及参数辨识问题。2000 年以来，智能反分析方法的研究逐渐占据主导地位。张路青、贾正雪研究了弹性反分析解的唯一性问题。2007 年，冯夏庭、周辉、李邵军等发展了岩石力学与工程综合集成智能反馈分析方法，标志着反馈分析逐渐向智能化、系统化方向发展。2014 年，徐奴文、梁正召、唐春安等将微震监测与三维反馈分析相结合，开创了反馈分析向破裂过程的适时化、精细化模拟方向发展。

1.2.4 稳定性评价方法

在工程实践中，当采用了上述的一种或几种分析方法后，还要进一步论证分析的边坡岩土体是否稳定，在此过程中，常借助一个阈值或范围，利用这个阈值或范围来判断边坡岩土体是否稳定、失稳的可能性大小、是否需要进行加固处理及有关加固处理设计的参数等，这个阈值或范围就是边坡稳定性判据。当前主要稳定性判据有：安全系数；可靠度或破坏概率；边坡岩土体的位移、应力、位移速度等限值；定性经验结论；干扰能量（荷载-响应比）；声发射（AE）率；等等。

尹祥础、尹灿在分析了不同的非线性系统的失稳过程后得出：其失稳前兆为响应率不断增高或响应比不断增高，而且系统临近失稳时加载与卸载的响应是不同的，在此基础上提出了响应比理论。许强、黄润秋将响应比理论引入滑坡前兆探索和滑坡中期预报中，研究表明，加/卸载响应比理论可作为滑坡前兆探索和滑坡预报的手段，并且在某些方面它比常规预报方法更具优越之处。吴树仁、金逸民、石菊松等提出 3 个层次的滑坡预警预报判据 27 条，包括：①滑坡空间预测识别判据 11 条，主要用于滑坡或潜在危岩体空间识别和危险性区划，是滑坡空间预测的基本判据；②滑坡状态判据 7 条，主要用于滑坡单体稳定性评价的亚临界-临界状态预警判据，是滑坡状态预警判据系统的重要组成部分；③滑坡临界时间预报判据 9 条，主要用于单体滑坡剧烈变形或临滑预报，是滑坡时间预报研究的关键判据。李东升在全面分析影响滑坡灾害因素的基础上，以风险评价及可靠度理论为基础，对滑坡灾害风险分析及风险设计进行了研究，提出了基于可靠度的滑坡灾害风险决策及评价方法。王旭华基于工程模糊集理论发展了边坡稳定性评价及预测方法。冯长安、张建斌、杨五喜根据层次分析法的思想，建立了一个影响库岸边坡稳定性的主要不确定性信息库和模糊评判模型。表 1-3 为滑坡的各种预报判据。

表 1-3 滑坡的各种预报判据

判据名称	判据值或范围	适用条件	备 注
稳定性系数(K)	$K\leqslant1$	长期预报	
可靠概率(P_s)	$P_s\leqslant95\%$	长期预报	
声发射参数	$K=A_0/A\leqslant1$	长期预报	A_0 为岩土破坏时声发射计数最大值；A 为实际观测值
塑性应变 ε_i^p	$\varepsilon_i^p\rightarrow\infty$	小变形滑坡	滑面或滑带上所有点的塑性应变均趋于无穷大
塑性应变率 $d\varepsilon_i^p$	$d\varepsilon_i^p\rightarrow\infty$	中长期预报 小变形滑坡	滑面或滑带上所有点的塑性应变率均趋于无穷大
变形速率 v_f	$v_f\rightarrow v_{Cr}$	中长期预报	不同类型的滑坡发生前，其临界变形速率 v_{Cr} 从 0.1mm/d 到 1000mm/d 不等，差别较大
位移加速度 a	$a\geqslant0$	临滑预报	加速度值应取一定时间段的持续值
蠕变曲线切线角 α	$\alpha\geqslant0°$	临滑预报	黄土滑坡 α 在 89°～89.5°为滑坡危险段
位移矢量角	突然增大或减小	临滑预报	堆积层滑坡位移矢量角锐减
分维值(D)	1	中长期预报	D 趋近于 1 意味着滑坡发生
分叉集方程判据(R)	0	临滑预报	R 趋近于 0 意味着滑坡发生
蠕变曲线切线角 α 和位移矢量角	$\alpha\geqslant70°$且位移矢量角突然增大或减小	临滑预报	新滩滑坡变形曲线的斜率为 74°，位移矢量角显著变化，锐减至 5°
位移速率和位移矢量角	位移速率不断增大或超过临界值，位移矢量角显著变化	堆积层滑坡 临滑预报	

数据融合是将多传感器信息源的数据和信息加以联合、相关及组合，获得更为精确的状态判断，从而实现对当前态势、威胁以及其重要程度进行实时、完整评价的处理过程。

郭科、彭继兵、许强讨论了集中式和有无反馈的分布式结构的融合算法，提出了应用多传感器目标跟踪融合技术来处理滑坡预报中多点监测问题，解决了传统滑坡预报中只能利用一个关键监测点进行预报的不足。谈小龙在单测点灰色预测模型基础上，将聚类分析方法应用于边坡监测数据的时间序列关系分析，并考虑多测点的空间关联性，建立了多测点整体变形预测模型。

1.3 边坡监测反馈分析的方法

1.3.1 数学物理模型方法

1.3.1.1 模糊神经网络方法

模糊神经网络是人工神经网络与模糊逻辑推理相结合形成的一种智能计算方法，作为人工智能领域的一种新技术，正向着更高层次的研究与应用方面发展。模糊理论和神经网络技术是近几年来人工智能研究较为活跃的两个领域。人工神经网络是模拟人脑结构的思维功能，具有较强的自学习和联想功能，人工干预少、精度较高，对专家知识的利用也较好。但缺点是它不能处理和描述模糊信息，不能很好地利用已有的经验知识，特别是学习及问题的求解具有黑箱的特性，其工作不具有可解释性，同时它对样本的要求较高；模糊系统相对于神经网络而言，具有推理过程容易理解、专家知识利用较好、对样本的要求较低等优点，但它同时又存在人工干预多、推理速度慢、精度较低等缺点，很难实现自适应学习的功能，而且如何自动生成和调整隶属度函数及模糊规则，是一个棘手的问题。如果将二者有机地结合起来，可起到互补的效果。

针对边坡稳定与其影响因素间复杂的模糊性和非线性关系，结合模糊分析与神经网络技术的边坡稳定性评价方法，使神经网络的神经元和权值物理意义明确，学习速度加快。同时神经网络计算又能克服模糊分析计算精度低、学习能力差等缺点，实现了计算方法的优势互补。模型的学习性、记忆性、稳定性高，泛化能力较强，能够满足实际工程的评价需求。

1.3.1.2 灰色系统方法

灰色系统理论是研究信息不完全的系统的有效方法，灰色系统分析和灰色模型是灰色系统理论的两大核心内容。一般情况下，构成现实问题的实体因素是多种多样的，因素间的实体关系也是多种形式的，因而想知道因素与因素间的全部关系是不可能的，也是不必要的。灰色系统理论提出了一种新的系统分析方法，称为系统的灰色关联度分析方法，它可在不完全信息中，对所要分析的各因素，通过一定的数据处理，在随机的因素序列间找出它们的关联性，发现主要矛盾，找到主要特性和主要影响因素。因此，它特别适合于边坡稳定性这种数据有限、没有原型、复杂且具有不确定性问题的分析和评价。

基于灰色系统理论的灰色预测模型在监测数据量相对较少的情况下，可以实现对边坡位移较为精确的预测。

1.3.1.3　偏最小二乘回归方法

偏最小二乘回归方法充分利用了最小二乘法，并结合了主成分回归的主成分思想，能较好地处理基于传统最小二乘回归方法难以解决的问题，主要特点如下：

①偏最小二乘回归方法提供了一种多因变量对多自变量的回归建模方法。

偏最小二乘回归方法主要研究焦点是多自变量对多因变量的回归建模，特别是当各自变量集合内部存在较高程度相关性时，采用偏最小二乘回归方法进行建模分析比采用最小二乘回归方法逐个因变量多元回归更加有效，其结论更加可靠，整体性更强。

②偏最小二乘回归方法可以较好地处理最小二乘回归方法难以解决的问题。

当自变量之间存在严重多重相关时使用最小二乘回归方法无法建立模型，偏最小二乘回归方法却能利用对系统中的数据信息进行分解和筛选，提取对因变量解释性最强的综合变量，辨识系统中的信息和噪声，建立适当的模型。另外，最小二乘回归方法建模时的样本数不宜太少，一般要求为拟合项的两倍以上，而偏最小二乘回归方法却能在样本数较少的情况下建立精度较高的模型。

偏最小二乘回归方法可以实现多种数据分析方法的综合应用，被称为第二代回归方法。偏最小二乘回归方法集多元线性回归分析、典型相关分析和主成分分析的基本功能为一体，将建模类型的预测分析方法与非模型式的数据内涵分析方法有机地结合起来。一方面，通过数据分析寻找因变量和自变量之间的函数关系，建立模型进行预测；另一方面，通过数据分析简化数据结构，观察变量间的相互关系。

1.3.2　数值分析法

1.3.2.1　正分析

所谓正分析，即采用数值分析方法模拟人工开挖过程，以获得应力场、位移场的演化规律，确定人工边坡的最终状态，并对边坡稳定性进行评判。对边坡的定量分析方法主要依靠数值分析方法，目前常用的有以下几种：

①极限平衡分析：包括经典的刚体极限平衡、弹塑性极限平衡分析及优势面理论。

②块体稳定性：基于结构控制理论的关键块体稳定性评价方法及基于接触理论的离散介质计算方法（如离散元、不连续变形分析）。

③弹塑性理论：基于有限元等连续介质理论的弹塑性分析及强度折减法及超载法。

④损伤力学方法：基于损伤断裂力学考虑开挖卸载作用下岩体性能劣化过程的计算方法。

⑤流变理论：基于岩石流变力学的考虑时效变形的理论。

⑥多场耦合理论：考虑边坡地下水、温度场、化学场等长期作用下的边坡长期稳定性评价方法。

上述六种常见计算理论和方法中，前面四种主要用于评价短期稳定性，后两种用于评价长期稳定性。

1.3.2.2　反分析

岩土工程的反演理论属于正演理论的反问题，与正演分析理论的研究方法相同，建立求解这类问题的方法时也需预先确定基本未知数，然后建立求解基本未知数的方程组。不同之处是进行反演理论研究时一般都有先验信息，并有预期要求确定的主要参数。这里将其称为目标未知数。因此，反分析的目标理论上可以是任何已知或未知的参数。从工程角度出发，反演研究的主要目的是为工程建设提供可靠的可供设计和施工的岩体力学参数和区域力学场信息，因此在工程上完全没有必要追求理论上的完备而将所有的参数拿来进行反分析。一般来说，反分析所要确定的研究目标应是对工程设计和施工具有重大意义而其他手段又无法确定或付出代价太大的那些参数。

对于高边坡，特别是具有强烈卸荷特征的高山峡谷区域岩质高陡边坡，考虑其区域构造应力的影响是非常有必要的，实际工程算例也证实，在充分考虑地应力的影响时，计算结果更加合理。控制性结构面力学参数往往对工程稳定性及加固方案构成决定性影响，又由于岩体力学参数的尺度效应及现场试验条件的限制，对其进行反分析也是常常采用的必要技术手段。

（1）地应力反分析

地应力反分析目前较为成熟且应用较广的有直接法和回归分析法。

①直接法

直接法又称直接逼近法，也可称为优化反演法。这种方法是把参数反演问题转化为一个目标函数的寻优问题，直接利用正分析的过程和格式，通过迭代最小误差函数，逐次修正未知参数的试算值，直至获得“最佳值”。

②回归分析法

由于天然应力状态下，可以假设岩土体处于弹性平衡状态，满足应力叠加条件，因此可将地质体所受的复杂地应力分解为几种简单的边界应力形式，通过在边界施加单位荷载来获得内部单元的基本初始应力，然后将基本初始应力当作自变量，实测地应力当作因变量进行偏最小二乘回归分析来求解回归系数。将初始试算阶段施加的边界应力分量乘以回归系数后加载到模型边界，作为最终地应力边界条件。

地应力回归分析法在原理上必须满足弹性假设，因此弹塑性岩土体就可能存在不满足弹性假设的问题，需要对超出强度条件的单元进行应力修正，同时边界应力叠加也可能出现边角位置的应力奇异，在使用上易受到限制。

(2)控制性结构面力学参数的反演

边坡监测仪器中反映岩体应变状态的最直接、最常见且可靠的监测手段莫过于位移监测，但多点位移计的实测信息包含了大量的信息，需要甄别使用。比如，穿过软弱夹层或剪切带的多点位移计，实测数据往往包括弱面剪切位移的信息，这些信息不能直接拿来反演岩体参数。对于结构面力学参数的反演，也必须选取那些反映控制性结构面的变形信息的测点数据。

利用多点位移计反分析，存在的一个困难是多点位移计安装时间总是滞后于该部位开挖卸载过程，大量的同部位位移信息实际上是无法观测到的，因此多点位移计的实测位移值往往是下一步开挖引起的较高高程部位的变形，其时空效应明显。因此，往往利用某阶段开挖的位移增量来进行反演。

1.4 边坡反馈分析的发展趋势

潘家铮认为，在勘测、设计和施工阶段即进行监测、采集资料、及时反馈到设计中去，以指导和改进设计，真正做到反馈设计，对于大型水工结构特别是涉及岩体问题时尤为必要。监测反馈分析技术的发展主要经历了三个阶段：早期主要是依据监测时程曲线，通过专家经验进行稳定性判断。如位移-时间曲线、回归分析、时间序列分析、灰色系统分析、损害度分析、加固度分析、时空综合分析、位移反分析，在此基础上，引入专家意见判断失稳先兆。第二阶段是利用监测数据进行岩体力学参数反演，再对边坡进行数值模拟来对结构稳定性及变位进行预测。第三阶段是应用人工智能、系统科学的研究成果，进行智能分析评估和时空预测。随着监测技术及计算机技术的发展，反馈分析研究逐步从宏观变形监测发展到开挖过程的岩体微破裂监测、从经验综合判断发展到依靠计算机模拟预测、从单一位移预测手段发展到多源信息融合技术，边坡反馈分析的研究取得了阶段性的进步，并在国外大型水利水电工程中得到大量的成功应用。今后一段时间，边坡反馈分析可能在以下几个方面展开进一步的深入研究：

(1)快速反馈分析方法

对于复杂高陡边坡，特别是我国西南地区的水电站高边坡，常常面临着多变的地质环境。因此，通过前期监测信息，实现快速反馈分析并及时优化设计，是工程建设的现实需求。当前的反馈分析方法多依赖于持续的监测数据，无论是回归预测模型还是灰色系统、神经网络方法，均以大量的实测数据为必要条件，需要一定的监测时长，在反馈的时效性方面受到一定的限制。发展快速的反馈分析方法可以从两方面着手：一是发展以计算机技术为依托的快速响应系统，实现实时反馈；二是挖掘边坡施工的早期响应信息(如爆破响应信息)，发展新的预测方法。前一方面的研究已经取得较大的进展，而后一方面的研究还在探索阶段。

(2)多模型策略及动态修正

目前，边坡反馈分析的预测模型已经出现了很多种，这些方法之间各有侧重，互有优劣，但各模型之间如何有效结合最终形成一个综合的评价指标尚没有成熟的解决方案。同时，由于边坡开挖是一个循环作业的反复过程，各预测模型需要根据后续监测数据进行动态修正，这也是一个发展的方向。

(3)多源信息融合

目前，边坡反馈分析主要利用位移响应信息，对于复杂边坡，尚有大量信息没有有效利用，如爆破振动监测信息、微震监测信息等。如何将这些与施工过程相关的多源数据进行融合，以实现多角度、多层次的反馈是接下来的一个研究方向。

本章小结

本章对边坡工程反馈分析的任务、研究现状进行了综合分析，从边坡变形破坏影响因素分析、趋势预测及破坏机制研究、反演分析及稳定性评价方法几方面对边坡反馈分析研究的现状进行了总结，对常见的边坡反馈分析模型和借助数值计算的反馈分析方法进行了介绍，并对边坡反馈分析的发展趋势进行了探讨。

2 监测数据预处理

目前对边坡监测数据进行分析的主要任务是：对具有一定精度的观测资料，通过合理的数学处理，寻找出监测对象变形的时空分布情况及其发展变化规律；掌握变形量与各种内外因素的关系，判断监测对象变形是否正常，防止变形朝不安全的方向发展。

监测资料分析最重要的工作是前期实测数据处理，模型和分析则是借助于工具对这些数据进行程式化演绎。数据的处理包括数据的考证、数据的衔接、误差的检验等。针对本课题的需要，监测成果的整理分析主要包括监测资料的误差处理与分析、观测资料的正分析、基于观测资料的工程性态反分析等。

首先应对原始监测资料进行误差处理与分析。一般可将安全监测数据的误差分为系统误差、随机误差和粗差三类。在测量过程中，应剔除粗差，消除或削弱系统误差，使观测值仅含随机误差。测量误差分析方法一般有测值范围检验分析法、数学模型分析法及统计检验法等。

系统误差可分为定值系统误差和变值系统误差。定值系统误差只引起随机误差在分布曲线位置上的平移，而不改变随机误差的分布规律，一般只能通过分析或试验的方法予以发现和消除。变值系统误差的发现、分离和消除方法与变值的规律有关，常见有残差代数和法、符号检验法、序差检验法等。系统误差一般通过数学模型结果进行判别，通常的处理方法是设法找出系统误差的函数表达式，然后在观测结果中加以扣除。

随机误差由随机因素造成，其符号和绝对值大小无规律且不可预料，但随着测次增加，一般认为随机误差呈正态分布，具有零均值。

粗差是由某些不正常因素所造成的与事实明显不符的一种误差，通常属于测量错误，这种误差较易发现，应予以剔除。目前，判别粗差常用 3σ 准则、罗曼诺法斯基准则、Grubbs 准则和 Dixon 准则。

监测物理量的变化发展趋势就是模型的预测预报，在一般情况下，预报前需要通过两个步骤来完成对数据的初步处理：

①为了提高预测精度，应对监测数据进行异常数据（粗差）的定位和剔除。包括滤波消除噪声（随机误差）和采集建模数据（采样间隔的确定及等间隔化处理）。

②对位移时间序列数据进行预处理。包括提取趋势项、零化处理和标准化处理。

③为了非线性建模的需要，有时还需进行非负生成，累加、累减生成等数据处理。

2.1　原始数据的预处理

根据时间序列最终做出的预测是在对原始数据进行一系列处理后获得的，所以原始数据的质量将极大地影响到通过原始数据建立的预测模型的质量。

2.1.1　异常值剔除

粗差实际上是一种错误，它们在测量中出现的可能性一般较小。通常可能由于观测者或操作者的错误，或者仪器处于不正常的工作状态等可能产生粗差。根据统计学的观点，粗差是与其他观测值不属于同一集合的观测值，因此它们不能和其他观测值一起使用，必须予以剔除。

按照边坡变形的规律，位移变形的时间序列曲线符合一定的趋势，表现为连续一维空间的渐变模型。与随机误差相比，粗差的存在会导致位移时间序列严重失真甚至完全不能接受。因此，设计一些算法对位移序列中的粗差予以剔除是完全必要的。但是，位移时间序列不可能进行重复测量，而且也没有必要的几何图形检核条件，这都给粗差定位和处理增加了一定的难度。

2.1.1.1　基于统计检验的异常点剔除方法——趋势法

传统的粗差处理都是基于平差原理，如果不存在平差的问题，也就不可能在平差过程中对粗差进行定位。因此，要检查出位移时间序列数据中存在的错误不能简单借用一般的平差方法，仅仅分析独立的数据是不够的，必须分析和它相邻的数据，从整体上进行分析处理才能使问题得到解决。

假设 $X_i^{(0)}$ 为原始观测位移时间序列，$\overline{X}_i^{(0)}$ 是以第 i 点 $X_i^{(0)}$ 为中心、时间 t 为半径的所有邻域点的加权平均值（i 点除外），权可取时间平方的倒数，即：

$$\left.\begin{aligned}
p_j &= \frac{1}{t_j^2} \\
\overline{X}_i^{(0)} &= \frac{\sum p_j X_i^{(0)}}{\sum p_j} \quad (j \neq i) \\
v_i &= X_i^{(0)} - \overline{X}_i^{(0)} \\
u &= \frac{\sum v_i}{n} \\
v_i' &= v_i - u
\end{aligned}\right\} \tag{2-1}$$

$$q = k\sqrt{\frac{\sum {v_i'}^2}{n-1}} \tag{2-2}$$

式中　n——邻域中点的数目(i 点除外)；

t——i 点的邻域半径，可以自行选择，一般不宜太小或太大；

k——系数，一般可取 2.0～3.0。

v 的观测值若大于 q，则认为其为异常值。根据此方法进行编程计算，分析结果对于得到一些孤立出现的粗差比较有效，但对于成簇出现的粗差剔除的效果不理想，必须采用其他的方法。

2.1.1.2　具有抗差性的异常点判断方法

经典的假设理论不具有抗差性，特别是在粗差成簇出现时，剔除的效果不理想。为了解决上述问题，既能对孤立的粗差有效剔除，又能在粗差成簇出现时有效，对应于经典间接平差模型，本节提出利用中值滤波与基于抗差估计的选权迭代相结合的方法。该方法分为两步，首先利用中值滤波：

$$Y(t) = \text{Median}\{X(t-k),\cdots,X(t),\cdots,X(t+k)\} \tag{2-3}$$

可以得到局部方差：

$$\hat{\sigma}_i^2 = \sum_{i=1}^{j}(X_i - \overline{Y})^2/(j-1) \tag{2-4}$$

式中　$\overline{Y}$——中值滤波后，滤波窗口内的平均值；

j——窗口内数值的个数。

根据局部方差确定阈值(一般取局部方差的 2～3 倍)用于剔除孤立的粗差，然后利用基于抗差估计的选权迭代法，即：

$$\boldsymbol{X}^{(k+1)} = (\boldsymbol{B}^{\mathrm{T}}\overline{\boldsymbol{P}}\boldsymbol{B})^{-1}\boldsymbol{B}^{\mathrm{T}}\overline{\boldsymbol{P}}^{(k)}X \tag{2-5}$$

式中　$\boldsymbol{X}$——模型的待定参数向量；

$\boldsymbol{B}$——系数阵；

$\bar{\boldsymbol{P}}$——等价权；

X——自由项。

等价权采用 IGG 方案，如式(2-6)所示：

$$\bar{P}_i = \begin{cases} P_i & ,|u_i| \leqslant 1.5 \\ \dfrac{P_i k_0}{|u_i|} & ,1.5 < |u_i| \leqslant 2.5 \\ 0 & ,|u_i| > 2.5 \end{cases} \tag{2-6}$$

$$u_i = v_i / \sigma$$

式中　v_i——每迭代 i 次计算后的残差；

σ——利用中值滤波得到的整体方差；

k_0——系数，可取 1.0～1.5。

整体方差可由式(2-7)确定，即：

$$\sigma^2 = \sum_{i=1}^{j} (X_i - \bar{Y}_j)^2 / (j-1) \tag{2-7}$$

式中　$\bar{Y}$——中值滤波后的值；

j——总的数值个数。

每次迭代的权由上次迭代的残差确定。迭代计算步骤可以写为：

$$\hat{Y}_{\mathrm{q}}^{(k+1)} = \sum_{i=1}^{j} \bar{P}_i^{(k)} X_i / \sum_{i=1}^{j} \bar{P}_i^{(k)} \tag{2-8}$$

式(2-8)与趋势法的公式(2-1)相似，其中，X_i 为 q 点邻域范围内的值，初始权由 $\bar{P}_i = 1/t^2$ 确定，显然权在迭代过程中是变化的，抗差迭代的初值可取中值滤波的值(中值具有 50%的抗崩溃率)，反复迭代计算直到 $\hat{Y}_{\mathrm{q}}$ 稳定，然后根据阈值剔除。$\Delta_{\mathrm{q}} = \hat{Y}_{\mathrm{q}} - X_{\mathrm{q}}$ 和阈值 $\Delta_{\max} = (1.5 \sim 2.0)\sigma$ 比较，当 $\Delta_{\mathrm{q}} > \Delta_{\max}$ 时，剔除 X_i。取$(1.5 \sim 2.0)\sigma$ 是因为随机误差超过 1.5σ 的概率只有 0.13。

为了检验该法的效果，模拟了两个数据集，第一个数据集服从 $N(\mu=5, \sigma^2=1)$分布，如表 2-1 所示。在表中序号为 8、12、18 和 24 的点分别加入了 4σ 的粗差，为孤立的粗差。中值滤波的窗口为 7，经中值滤波后的全局方差为 1.8。表中序号为 8、12、18 和 24 的点的局部方差分别为 1.6、2.0、2.0 和 1.8。当阈值取 2 倍的局部方差时，利用 8、12、18 和 24 点的残差 3.15、−4.09、−4.21 和 4.41，孤立的粗差是容易检测出来的。

第二个数据集与第一个相同，但粗差是成簇出现的，分别添加到序号为 7、

9、11 和 13 的点，大小还是 4σ 的粗差。从表 2-1 可以看出，如果仅利用中值滤波，有的粗差是检测不出来的，如 8 号点和 11 号点。利用前述的选权迭代法，得到的残差如表 2-2 所示。当阈值取 1.5σ 时，这样成簇出现的粗差是可以被检验出来的。

表 2-1　模拟数据

序号	原数据	滤波后	序号	原数据	滤波后
1	5.36	4.19	16	6.37	5.29
2	4.19	5.29	17	5.29	5.72
3	5.29	5.36	18	4.51－4	5.72
4	5.44	5.36	19	3.77	5.29
5	7.24	5.44	20	5.72	5.24
6	5.85	5.44	21	6.1	5.24
7	4.06	5.44	22	3.21	5.64
8	5.0＋4	5.85	23	5.24	5.72
9	5.19	5.29	24	6.05＋4	5.64
10	5.29	5.19	25	5.64	5.47
11	5.96	5.29	26	6.41	5.47
12	5.20－4	5.29	27	4.16	5.64
13	4.13	5.91	28	5.47	5.47
14	6.08	5.91	29	4.41	4.41
15	5.91	5.29	30	6.37	4.16

表 2-2　中值滤波和抗差选权迭代后的残差

序号	残差(中值滤波)	残差(抗差)	序号	残差(中值滤波)	残差(抗差)
1	1.17	0.74	16	0.46	－0.43
2	－1.1	1.92	17	－0.43	0.55
3	－0.07	0.84	18	－1.21	1.24
4	0.08	0.71	19	－1.52	1.89
5	1.8	－1.04	20	0.48	－0.13
6	0	0.37	21	0.86	－0.57
7	－1.79	1.99	22	－1.43	1.25
8	1.76	－2.72	23	－0.48	0.17
9	3.34	－2.9	24	0.41	－0.67
10	－2.84	0.99	25	0.17	－0.28
11	1.83	－3.69	26	0.94	－1.07
12	－0.88	1.02	27	－1.48	1.15
13	2.05	－2.78	28	0	－0.16
14	0	0.02	29	0	0.89
15	0	0.11	30	1.21	－1.06

2.1.1.3　粗差判别的实用方法

(1)莱茵达准则(亦称 3σ 准则)

3σ 准则是一种最常用的也是最简单的判别粗差的准则，如果残差的绝对值大于三倍的标准偏差时，即：

$$|x_i - x| > 3\sqrt{\frac{\sum_{i=1}^{n}(x_i - x)^2}{n-1}} \tag{2-9}$$

则认为该误差为异常值，应该剔除。该种方法假定测量值不含系统误差且随机误差服从正态分布。

(2)罗曼诺法斯基准则

罗曼诺法斯基准则又称为 t 检验准则，此方法是首先剔除一个可疑的测得值，然后按 t 分布检验被剔除的值是否含有粗差。

设对某量做多次等精度测量，得测量列 $x_1, x_2, \cdots, x_n$，若认为 x_j 为可疑数据，将其剔除后，计算平均值(不含 x_j)，有：

$$x = \frac{1}{n-1}\sum_{i=1, i\neq j}^{n} x_i \tag{2-10}$$

求得测量列标准差(不含 $v_j = x_j - x$)

$$\sigma = \sqrt{\frac{1}{n-2}\sum_{i=1, i\neq j}^{n} v_i^2} \tag{2-11}$$

根据测量次数 n 和选取的显著度 A，可由 t 检验系数表查得 $k(n, A)$。若：

$$|v_i| = |x_i - x| > k\sigma \tag{2-12}$$

则认为测量值 x_j 含有粗差，剔除 x_j 是正确的，否则应该予以保留。

(3)Grubbs 准则

设对某等精度独立测量，得测量列 $x_1, x_2, \cdots, x_n$，且 $x_i(i = 1, 2, \cdots, n)$ 服从正态分布。由测量列分别计算出：

$$x = \frac{1}{n}\sum_{i=1}^{n} x_i \tag{2-13}$$

$$v_i = x_i - x \tag{2-14}$$

$$\sigma = \sqrt{\frac{1}{n-1}\sum_{i=1}^{n} v_i^2} \tag{2-15}$$

为检验 x_i 是否含有粗差，将 x_i 按数值大小顺序排列成顺序统计量 $x(i)$，即：

$$x(1) \leqslant x(2) \leqslant \cdots \leqslant x(i) \leqslant \cdots \leqslant x(n)$$

其中,左右两端边缘测量值最有可能含有粗差,Grubbs 导出了:

$$g(n)=\frac{x(n)-x}{\sigma} \tag{2-16}$$

$$g(l)=\frac{x-x(l)}{\sigma} \tag{2-17}$$

的分布,若取定 A(显著度),可得检验系数 $G(n,A)$。此时,如判定该测量值含有粗差,应该予以剔除。

(4)Dixon 准则

3σ 准则需要的计算量比较大,而 Dixon 准则是直接根据测量值按其大小顺序重新排序统计量来判别可疑测量数据是否为异常值。对 n 次测量数据由小到大进行排列,按照顺序差的统计量分布及给定显著度 A 下的临界值 $d_0(n,a)$,若有 $d_{ij}>d_0(n,a)$则认为相应最大测量值和最小测量值为含有粗差的异常值,应剔除。

莱茵达准则使用比较简便,不需要查表,但是必须以 $n\to\infty$ 为前提,所以在 n 比较小的时候,此种方法的可靠性不高。罗曼诺法斯基准则是建立在频率近似等于概率的基础上的,所以在 n 比较小的时候也不可靠;Grubbs 准则比较好,但是需要计算均值和方差,应用起来比较麻烦。Dixon 准则克服了 Grubbs 准则的缺点,它是用测量值的差值比作为判别粗差的标准。

2.1.2 滤波

滤波的目的是把有用的信号从噪声中提取出来。因为噪声的存在往往会影响数据分析的精度,为了提高数据的精度,常采用滤波的方法对数据进行预处理。滤波是在给定的某种准则下对数据的最优估计。常用的滤波方法有修匀法、傅立叶分析、中值滤波、卷积滤波、Wiener 滤波、Kalman 滤波和小波滤波等。

2.1.2.1 中值滤波处理与卷积滤波去噪结合

任何一个数据集都可以看成由三部分组成:区域信号、局部信号和随机信号。在时间序列中,区域信号最为重要,它表述了该时间序列的基本形式。局部信号表达的是细节,随时间尺度选择的不同而表达的细节不同,当时间尺度较小时,可以表达出时间序列变化的细节,但有时并不需要表达出变化的细节,所以局部信号将被作为随机噪声处理。与前两部分相反,第三部分即随机信号无论在任何情况下总是会扭曲原始数据的真实性,但要明确区分这三部分是很困难的。

滤波效果的评价一般用如下指标来衡量。

指标1：原始信号与去噪后信号之间的方差，其表达式为：

$$\sigma^2 = \frac{1}{n}\sum[X^{(0)}(t_i) - X^{(1)}(t_i)]^2 \tag{2-18}$$

指标2：原始信号与去噪后信号之间的偏差平均值和最大、最小偏差，表达式分别为：

$$\bar{v} = \frac{1}{n}\sum[X^{(0)}(t_i) - X^{(1)}(t_i)] \tag{2-19}$$

$$v_{\max} = \max(v_i) \tag{2-20}$$

$$v_{\min} = \min(v_i) \tag{2-21}$$

指标3：信号与噪声的比（SNR），其表达式为：

$$SNR = 10 \times \lg\left\{\frac{1}{n}\sum[X^{(0)}(t_i)]^2/\sigma^2\right\} \tag{2-22}$$

指标4：去噪后信号的光滑性。

因此，对滤波的效果一般从上述4个方面进行评价。常用的滤波方法有中值滤波和卷积滤波。

（1）中值滤波

中值滤波是最常用的非线性滤波技术，它是一种邻域运算，类似于卷积，可以看成卷积的特殊情况，即反复运用离散数据的邻点插值作平滑处理，最后可以使原来的波动曲线变为一条光滑曲线。

中值滤波的原理十分简单，数据按降序重排，数组的中值仅仅是中心（位置）值，序列经过一个以当前点为中心的窗口，在窗口内所有点的中值替代窗口中心点的值。时间序列上各点都如此替换一遍，就完成了一次中值滤波。设原始时间序列为$\{X^{(0)}(t)\}$，用式(2-23)表示时间序列$\{X^{(0)}(t)\}$的中值滤波，其中值滤波长度为$(2k+1)$：

$$Y(t) = \text{Median}\{X^{(0)}(t-k), \cdots, X^{(0)}(t), \cdots, X^{(0)}(t+k)\} \tag{2-23}$$

尽管中值滤波原理很简单，但它们的性能分析起来是相当困难的。这是因为中值滤波是非线性滤波。当对称分布的数据作中值滤波时，会得到一个完全不同于线性滤波的滤波结果。中值滤波可设计为不同的滤波，以解决不同的滤波问题。资料处理中针对数据不同特征，可选用不同的中值滤波。如邻点中值滤波是在两个相邻的离散数据之间任取一点，作为新的离散数据（包括始点和终点）。若取相邻点间的中点，则称为邻点中值平滑处理。中值滤波可以较好滤去呈脉冲状的异常数据，克服线性滤波带来的细节模糊。中值滤波后的数据可以作为后续处理的数据，但中值滤波对高斯噪声滤波的效果较差，为了克服上述问题，可以将中值滤波的结果作为中间结果，再利用基于卷积的滤波进行进一步去噪处理。

(2)基于卷积的滤波去噪

卷积可以在一维空间或二维空间展开，时间序列是一维情况。

假设 $X^{(0)}(t)$ 和 $f(t)$ 是两个连续函数，$X^{(0)}(t)$ 和 $f(t)$ 卷积的结果是函数 $X_1^{(0)}(t)$，于是在位置 u 处的值 $X_1^{(0)}(t)$ 可以定义为：

$$X_1^{(0)}(u) = \int_{-\infty}^{+\infty} \frac{1}{n} X^{(0)}(t) f(u-t) \mathrm{d}t \tag{2-24}$$

对于连续时间序列 $X^{(0)}(t)$ 来说，它是可能包含随机因素的输入函数，$f(t)$ 是正态分布加权函数，$X_1^{(0)}(t)$ 包含数据滤波后的低频信息，即它是光滑函数。一般在实际应用中，t 的取值只需取在一定范围内即可，没有必要从负无穷取到正无穷。权函数可以使用多种函数，如巨型波函数、三角函数或高斯函数。高斯函数可以表述为：

$$f(t) = \frac{1}{\sqrt{2\pi}} \mathrm{e}^{\frac{t^2}{2}} \tag{2-25}$$

上述函数形式是对应于连续函数的，而在位移时间序列中，原始数据是离散的，离散化的原理是使用对称的函数作为权重函数，高斯函数是对称函数，因此可以作为权重函数。

因此，对于离散的时间序列的卷积运算可以描述如下：

原始时间序列为：

$$\{X^{(0)}(t)\} = \{X^{(0)}(t_1), X^{(0)}(t_2), \cdots, X^{(0)}(t_n)\}$$

权函数为：

$$f(x) = (q_1, q_2, q_3, \cdots, q_i, q_{i+1}, \cdots, q_k) \quad (k < n,\ k = 2i+1)$$

设滤波后的时间序列为：

$$\{X_1^{(0)}(t)\} = \{X_1^{(0)}(t_1), X_1^{(0)}(t_2), \cdots, X_1^{(0)}(t_n)\}$$

则滤波后 $X_1^{(0)}(t)$ 的一般表达式为：

$$X_1^{(0)}(t_m) = q_1 X^{(0)}(t_{m-i}) + \cdots + q_i X^{(0)}(t_{m-1}) + q_{i+1} X^{(0)}(t_m) + q_k X^{(0)}(t_{m+i+1}) \tag{2-26}$$

相当于通过选择一个合适的窗口，根据落在窗口中的点，选择不同的权重对某点进行滤波，如此反复，从第一个点到最后一个点。如果权重相同，就是算术平均值。使用高斯函数计算权重(未进行归一化处理)如表 2-3 所示。

表 2-3 高斯函数计算权重

t	0	0.5	1	1.5	2	3
$f(t)$	1	0.8825	0.6065	0.3247	0.1353	0.0111

(3)中值滤波和卷积滤波结合去噪

利用中值滤波和卷积滤波相结合的方法可以有效去除脉冲状异常数据和高斯噪声。利用表 2-1 的数据,先用中值滤波(滤波窗口为 7),然后用卷积滤波(权重见表 2-3),原始数据及滤波后的结果如图 2-1 所示,其中实线为滤波前数据,虚线为中值滤波结果,点画线为先中值滤波然后卷积滤波的结果。

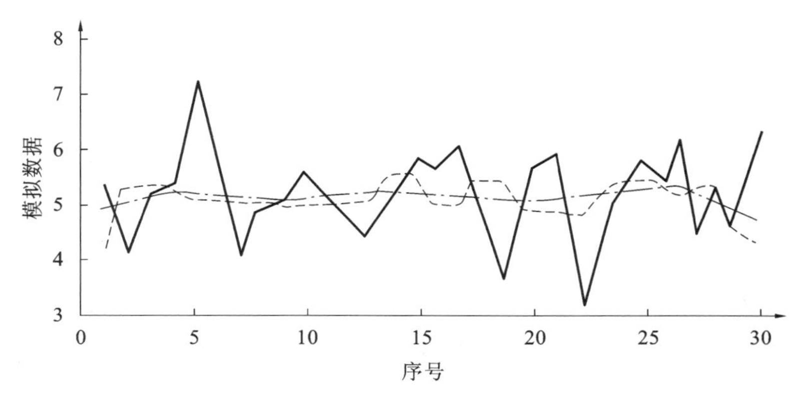

图 2-1 滤波前后比较

2.1.2.2 中值滤波、卷积滤波与神经网络结合去噪

神经网络具有高度的非线性映射能力,能较好逼近任意非线性函数。利用中值滤波、卷积滤波有两个目的,其一是将中值滤波、卷积滤波的结果作为中间结果,作为神经网络的训练数据集及输入数据;其二是根据中值滤波、卷积滤波的结果可以求得整体方差,整体方差的计算公式为式(2-7),而整体方差是计算神经网络训练是否结束的重要指标。

利用表 2-1 中的数据,数据集服从 $N(\mu=5,\sigma^2=1)$分布,表 2-4 为计算结果。图 2-2 的星形线为神经网络滤波结果。

表 2-4 滤波后的结果

参数	滤波前	中值滤波后	中值、卷积滤波后	神经网络滤波后
最大的残差	+2.24	+0.91	+0.58	+0.56
最小的残差	−1.79	−0.84	−0.37	−0.40
误差平均值	0.29	0.31	0.30	0.29
方差	0.84	0.17	0.05	0.04
中误差	±0.91	±0.41	±0.24	±0.02

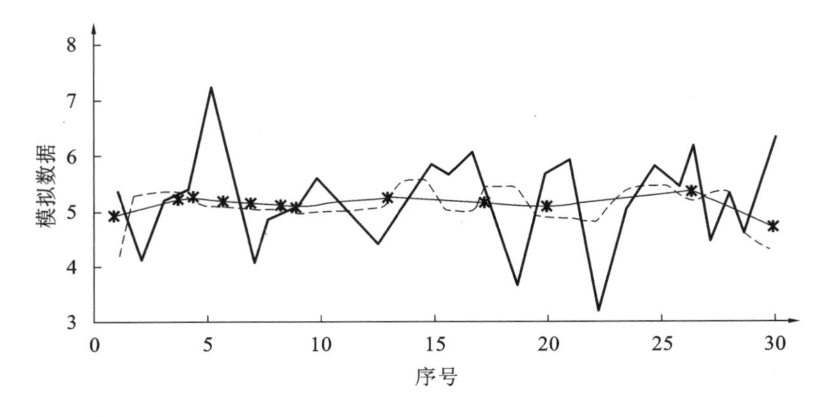

图 2-2　滤波后的效果

2.1.2.3　缺失数据(Missing Data)的处理

时间序列方法对数据要求严格,不能有缺失值,否则无法进入模型分析。因为缺失值在按时间采集的资料中经常不可避免地存在,所以,缺失数据估计是时间序列应用中无法回避的问题。

在边坡位移监测中,由于种种原因,位移监测的数据往往有缺失。一方面,对于某具体边坡而言,位移监测点可能很多,各监测点位移数据间存在着相关关系;另一方面,每个监测点的位移在时间上有它自身的规律。缺失数据的处理就是根据监测点位移在时间上自身的规律构造模型,用于在含有缺失值的时间序列中补缺。根据时间序列缺失数据的形式,有如下两种情况:

情况 1:缺失数据比较集中(连续),主要是缺失数据两边都有数据的情况,即时间序列如下:

$$\{X^{(0)}(t_1),\cdots,X^{(0)}(t_m),X^{(0)}(t_{m+1}),\cdots,X^{(0)}(t_{m+t}),X^{(0)}(t_{m+t+1}),\cdots,X^{(0)}(t_n)\} \tag{2-27}$$

情况 2:缺失数据随机出现,特别是不以连续的形式出现。

再就是根据缺失时间序列数据占总数据的比例可以分为重度缺失和一般缺失,但没有一个具体的数值来进行划分。当缺失数据超过总数的 10%就可以认为是重度缺失。为了解决时间序列数据缺失情况,本节提出如下几种模型:

①多项式拟合模型。其模型为:

$$X^{(0)}(t) = a_0 + a_1 t + a_2 t^2 + \cdots + a_k t^k + e \tag{2-28}$$

拟合时采用从低阶向高阶逐步进行,估计出系数和计算残差平方和,并对两次拟合的残差平方和做 F 检验,随着阶数的增加,当新添的项不能使残差平方和显著减小时,说明用拟合的多项式已能正确表达函数关系。利用拟合的多项式函数可以进行内插得到缺失的值。

②自回归模型(AR)。由于 ARMA 模型的参数估计要用非线性最小二乘估计法,故工程中一般采用 AR 模型。利用该模型进行外推得到缺失的值。

③三次样条插值模型。三次样条插值函数在插值点具有连续的二阶导数,因此插值函数是一条比较光滑的曲线。利用得到的三次样条函数进行内插可以得到缺失的值。

④神经网络模型。神经网络具有仿真能力,可以利用神经网络拟合曲线来达到处理缺失时间序列数据的目的。

为了比较上述模型对缺失时间序列数据处理的效果,采用服从 $N(\mu=5, \sigma^2=1)$ 分布的数据集随机生成 60 个数据。考虑数据缺失的比例,从轻度连续缺失到连续重度缺失,先从原序列中去掉原数据,然后分别用上述四种模型进行处理,求得缺失的值并与原序列值进行比较,用两者的误差平均值的绝对值和误差方差作为评价效果的标准,其结果如表 2-5 所示。

表 2-5 缺失值计算结果

缺失比例	多项式拟合模型		自回归模型		三次样条插值模型		神经网络模型	
(%)	μ	σ^2	μ	σ^2	μ	σ^2	μ	σ^2
5	0.03	0.64	0.01	1.25	0.05	1.75	0.02	0.5
10	0.05	0.98	0.04	0.97	0.03	1.4	0.05	0.31
15	0.08	1.77	0.07	1.5	0.11	1.53	0.06	0.77
20	0.11	3.84	0.15	2.33	0.17	2.35	0.08	1.98

注:μ 为误差平均值的绝对值;σ^2 为误差方差。

从表 2-5 可初步得到以下结论:

①不管采取何种方法,在数据缺失比例较小的情况下,处理的效果基本相同,但随着缺失比例的增大,方法不同,处理的结果也会有所不同,且相同方法缺失数据处理的效果降低。

②相比较而言,神经网络用于缺失数据的处理较其他方法效果要好且方便,而且不仅适用于本节讨论的缺失数据连续的情况,经试验对于缺失数据离散的情况同样适用。

③自回归模型和三次样条插值模型处理缺失数据的效果比较接近,但三次样条插值模型处理缺失数据较自回归模型方便。

④多项式拟合模型拟合的次数不能太多，一般不应超过 6 次。

⑤在实际问题处理过程中应根据情况选用合适的某一模型对缺失的数据进行处理，也可以用多种模型进行处理。

2.2 建模数据的采集与处理

2.2.1 建模数据的采集

建模所需离散的时间序列数据需要对原始数据进行采样。对于原始位移时间序列，由于采用的监测手段不同，得到的原始位移时间序列的形式不同，即离散的原始位移时间序列和连续的原始位移时间序列。对于离散的原始位移时间序列有时也不需要使用样本长度内所有数据，因此存在确定采样时间间隔 Δ 与样本长度 L 的问题。同样，对于连续的原始位移时间序列，由于建模所需的是离散时间序列，故存在离散化的问题，即存在确定采样时间间隔 Δ 与样本长度 L 的问题。

2.2.1.1 非等间隔离散时间序列的等间隔化处理

对于离散的非时间序列，根据建模所需的时间间隔 Δ 将观测得到的非等间隔时间序列等间隔化，具体方法如下：

设原始时间序列为：

$$\{X_0^{(0)}(t_1), X_0^{(0)}(t_2), \cdots, X_0^{(0)}(t_i)\} \quad (i = 1, 2, \cdots, n) \tag{2-29}$$

则非等间隔位移原始序列各时段的实际间隔为：

$$\Delta t_i = t_{i+1} - t_i; \Delta t_j = t_{j+1} - t_j$$

其中，$i \neq j$；$i, j = 1, 2, \cdots, n$；$\Delta t_i \neq \Delta t_j$。

则可求出平均时间间隔为：

$$\Delta t_0 = \frac{\sum_{i=1}^{n-1} \Delta t_i}{n-1} = \frac{t_n - t_1}{n-1} \quad (i = 1, 2, \cdots, n) \tag{2-30}$$

根据建模的需要也可以用确定的时间间隔 Δ。

各时段的单位时段差系数为：

$$\theta(t_i) = \frac{t_i - (i-1)\Delta t_0}{\Delta t_0} \quad (i = 1, 2, \cdots, n) \tag{2-31}$$

进一步求得总的差值为：

$$\Delta X_0^{(0)}(t_i) = \theta(t_i)[X_0^{(0)}(t_i) - X_0^{(0)}(t_{i-1})] \quad (i = 1,2,\cdots,n) \tag{2-32}$$

于是便得到等间隔时间序列为：

$$X^{(0)}(t_i) = X_0^{(0)}(t_i) - \Delta X_0^{(0)}(t_{i-1}) \quad (i = 1,2,\cdots,n) \tag{2-33}$$

事实上，非等间隔离散位移时间序列连续化问题与时间序列缺失数据（Missing Data）的处理有相似之处，可以用相应的处理模型灵活处理。

2.2.1.2　非等间隔离散位移时间序列连续化问题

时间序列分析的基础数据一般是离散、等间隔的数据序列，虽然某些系统的数据是离散数据，但对离散数据一般也需要重新进行采样处理。

对离散型数据进行重新采样，首先必须将离散型数据转化为连续型数据，很显然数据的这种转化必然会导致某种程度的信号失真。如何把这种失真控制在一个很小的范围内，是一个很值得研究的问题。

时序分析中数据量都很大，若想建立一个统一的插值函数以期反映整个系统的性质，比较困难。例如利用拉格朗日插值法，插值阶数很高时在两端有非常严重的失真。

三次样条函数具有计算的稳定性、最佳逼近性和一致收敛性，在插值过程中具有很好的抗差能力，对于含有误差的数据序列进行插值处理很合适。

2.2.1.3　连续位移时间序列采样间隔 Δ 的确定

一个要解决的问题是如何确定采样的间隔。在实际工作中，得到的是一串离散化的数据。或者是将连续变化的时间信号经采样后，转换成离散化的数据序列。

在频域分析中，一个连续的信号 $x(t)$ 可以分解为不同频率的谐波叠加，要求采样时间间隔 Δ 的大小不影响系统的输出信号的分辨率。因此，对于定长信号来说，时域中的等分增多，时域的分辨率提高，时域的分析范围不变；与此相应，频域的分析范围提高了，但频域的分辨率并没有改变。

设 $x(t)$ 中感兴趣的频率成分频带范围为 $-\omega_{\max} \sim +\omega_{\max}$，$\omega_{\max}$ 为 $x(t)$ 中感兴趣频率成分的最高圆频率。根据 Nyquist 采集定律，不发生混频的条件是：

$$\omega_s \geqslant 2\omega_{\max}$$

又由于采样频率：

$$f_s = 1/\Delta = \frac{\omega_s}{2\pi}, f_{\max} = \frac{\omega_{\max}}{2\pi}$$

则可以得到：

$$\Delta \leqslant \frac{1}{2f_{\max}} \tag{2-34}$$

由式(2-34)可以看出，为了正确获得连续信号中的各种频率的有效成分的信息，在最高频率谐波的一个周期内至少采样两次。另外，在确定Δ时还应注意：一是Δ取得过大时将影响信号的相关性；二是当Δ取得过小时，又会将高频噪声作为有用的信号计算。

因此，为了有效避免由于采样效应所出现的混频问题，可以先对观测得到的时序信号进行滤波以消除高频噪声。

2.2.2 位移数据预处理

为了应用传统的时域分析手段和频域分析手段，首先要对位移时间序列进行数据预处理。

数据预处理是对经过粗差检验、滤波处理的观测数据进行处理，以得到合乎平稳性、正态性及零均值要求的时间序列。前面主要讨论了异常值的剔除、数据滤波、采样等问题，在此主要讨论时间序列的趋势项和周期项的提取、平稳性检验与正态性检验、零均值性检验与零化处理、标准化处理等问题。

2.2.2.1 趋势项和周期项的提取

观测序列一般是包含趋势项和周期项的非平稳时间序列，是长记忆的时间序列，一般需要对这个序列进行平稳化处理，剔除其趋势项和周期项，使其成为短记忆序列。趋势项的处理有很多种方法，一般处理的方法分为两类：一类是趋势项直接剔除，包括差分法、季节性模型法和X-11法；另一类是趋势项提取，包括拟合函数法和灰色模型GM(1,1)法。

在时序建模趋势项的处理中，一般认为一组时间序列中含有周期性成分或趋势项时，该序列往往被当成非平稳的，因此传统上认为这类信号序列不能用AR模型精确描述，解决办法是在时序建模之前，先提取周期项和趋势项，然后对残留的随机部分建立AR模型。通常消除趋势项的方法是通过差分或多项式拟合，在消除趋势项后利用频域分析消除周期影响。

AR模型的参数估计方法一般分为两类：一类是直接估计法，这类方法直接根据观测数据或数据的统计特性估计模型的参数，例如最小二乘估计法、基于自相关函数的最小二乘估计法等。另一类称为递推估计法，例如递推最小二乘法、渐消记忆法等。

基于上面的认识，本节提出基于 AR(n)的神经网络非线性预测方法：利用神经网络来优化 AR(n)函数模型。

一方面，因为神经网络具有良好的非线性映射能力，首先利用神经网络对原序列进行处理，主要是提取原序列趋势成分和周期成分，并保存该网络结构，利用该网络可以对原序列进行预测，网络预测公式可以表示为：

$$X_0^{(0)}(n+k)=F[X_0^{(0)}(n),X_0^{(0)}(n-1),\cdots,X_0^{(0)}(n-m+1)] \quad (2\text{-}35)$$

然后对整个序列的 $n+k(k=1,2,\cdots)$以后的值进行预测。

另一方面，同时可以得到原时间序列的残差时间序列，在进行零均值性检验与零化处理和标准化处理后，其残差作为后续建模的时间序列，然后重新利用残差序列训练网络并得到网络结构，对残差序列进行预测，网络预测公式与式(2-35)类似。

2.2.2.2 平稳性检验与正态性检验

为了方便，仍用$\{X^{(0)}(t)\}$作为提取趋势项和周期项后的残差序列。一个平稳时间序列$\{X^{(0)}(t)\}$具有两个特点：一是其均值 μ_x 与方差 σ_x^2 都是常数；二是自协方差函数只与时间间隔 k 有关，而不依赖于时间 t。因此，平稳性检验就是对这两个特点的检验。平稳性检验的方法主要有参数检验法和非参数检验法。

(1)平稳性检验

当时间序列$\{X^{(0)}(t)\}(t=1,2,\cdots,n)$的样本长度较大时，工程中常用分段检验法，这是一种参数检验法。将$\{X^{(0)}(t)\}$均匀分为 l 段子序列$\{X^{(0)}(1t)\}$，$\{X^{(0)}(2t)\}$，…，$\{X^{(0)}(lt)\}$，每段子序列的长度为 M，$N=lM$，则第 j 段子序列的形式为：

$$\{X^{(0)}(jt)\}=\{X_{j1}^{(0)},X_{j2}^{(0)},\cdots,X_{jM}^{(0)}\} \quad (j=1,2,\cdots,l;t=1,2,\cdots,n)$$

对于各段子序列可以计算出其均值、方差和自协方差的估计值，分别为：

$$\mu_j=\frac{1}{M}\sum_{i=1}^{M}X_{ji}^{(0)} \quad (2\text{-}36)$$

$$\sigma_j^2=\frac{1}{M}\sum_{i=1}^{M}[X_{ji}^{(0)}-\mu_j]^2 \quad (2\text{-}37)$$

$$R_{j,k}=\frac{1}{M-k}\sum_{i=k+1}^{M}[X_{ji}^{(0)}-\mu_j][X_{j,i-k}^{(0)}-\mu_j] \quad (2\text{-}38)$$

如果$\{X^{(0)}(t)\}$是平稳序列，则按式(2-36)～式(2-38)计算的各子序列的均值 μ_j、方差 σ_j^2 和协方差 $R_{j,k}$ 不应有显著差异。这样可以用数理统计中的假设检验这种差异。如果$\{X^{(0)}(t)\}$是平稳序列，当取显著性水平为0.05时，若任意两个子序列间的统计特性满足下述关系：

$$\left.\begin{aligned}|\mu_i-\mu_j|&>2.77\sigma(\mu_j)\\|\sigma_i^2-\sigma_j^2|&>2.77\sigma(\sigma_j^2)\\|R_{i,j}-R_{j,k}|&>2.77\sigma(R_{j,k})\end{aligned}\right\}\tag{2-39}$$

则说明μ_i与μ_j，σ_i^2与σ_j^2，$R_{i,j}$与$R_{j,k}$差异显著，拒绝$\{X_0^{(0)}(t)\}$的平稳性假设。

其中，$\sigma(\mu_j)$、$\sigma(\sigma_j^2)$与$\sigma(R_{j,k})$分别是μ_j、σ_j^2与$R_{j,k}$的理论均方差，计算公式分别为：

$$\left.\begin{aligned}\sigma(\mu_j)&=\frac{\sigma_x^2}{M}\left[1+2\sum_{i=1}^{M}\left(1-\frac{i}{M}\right)R_k\right]\\\sigma(\sigma_j^2)&=\frac{2\sigma_x^2}{M}\left[1+2\sum_{i=1}^{M}\left(1-\frac{i}{M}\right)R_k^2\right]\\\sigma(R_{j,k})&=\frac{1}{M-k}\left[1+R_k^2+2\sum_{i=1}^{M-k}\left(1-\frac{i}{M-k}\right)\times(R_i^2+R_{i+k}R_{i-k})\right]\end{aligned}\right\}\tag{2-40}$$

其中，$R_k=\dfrac{1}{N-k}\sum\limits_{i=k+1}^{N}[X_i^{(0)}X_{i-k}^{(0)}]\quad(k=0,1,2,\cdots,N-1)$。

$$\sigma_x^2=R_0\tag{2-41}$$

式中　σ_x^2——观测序列$X_0^{(0)}(t)$的方差；

R_k——$X_0^{(0)}(t)$的自协方差函数。

分段检验法概念简单，计算较烦琐。除分段检验法外，还有逆序检验法，它比分段检验法简单，但只对具有单调趋势的时序有效，不能应用于具有非单调趋势时序的检验。

(2)正态性检验

对$\{X^{(0)}(t)\}$的正态性检验主要是检验$\{X^{(0)}(t)\}$的三阶矩（偏态系数）和四阶矩（峰态系数）是否满足正态随机变量的特性。理论上可以证明，若$\{X^{(0)}(t)\}$具有正态性，则有：

偏态系数$\xi=0$，峰态系数$\nu=3$，因此可以对$\{X^{(0)}(t)\}$计算偏态系数和峰态系数的估值：

$$\left.\begin{aligned}\xi&=\frac{1}{N\sigma_x^8}\sum_{i=1}^{M}[X_i^0-\mu_x]^8\\\nu&=\frac{1}{N\sigma_x^4}\sum_{i=1}^{N}[X_i^0-\mu_x]^4\end{aligned}\right\}\tag{2-42}$$

式中　σ_x^2,μ_x——$\{X^{(0)}(t)\}$的标准方差和均值。

但大多数工程问题都具有正态分布的特性，在实际中为了简化可以省去对$\{X^{(0)}(t)\}$的正态性检验。

2.2.2.3　零均值性检验与零化处理

零均值性检验是对时间序列$\{X^{(0)}(t)\}$的均值：

$$\mu_x = E[X^{(0)}(t)] \tag{2-43}$$

是否为零进行检验，此处的 $X^{(0)}(t)$是指整个随机过程的所有实现，而不是随机过程中的一个样本实现。对于有限长度的时间序列使用其估值进行检验。估值公式如下：

$$\mu_x = \frac{1}{N}[\sum_{i=1}^{N} X^{(0)}(t)] \tag{2-44}$$

零均值性检验是检验$\{X^{(0)}(t)\}$的均值 μ_x 是否为零，只有当 $\mu_x \neq 0$ 而又不知其真值时，需进行零化处理，否则处理后的序列将改变原序列的某些性质。如果不满足零化条件，可按式(2-45)处理，即：

$$Y^{(0)}(t) = X^{(0)}(t) - \hat{\mu}_x \tag{2-45}$$

式中　$\hat{\mu}_x$——均值的估计值。

2.2.2.4　标准化处理

(1)数据的中心化处理

数据的中心化处理是指平移变换，即：

$$x_{ij}^* = x_{ij} - \bar{x}_j \quad (i = 1,2,\cdots,n; j = 1,2,\cdots,p) \tag{2-46}$$

该变换可以使新坐标的原点与样本点集合的重心重合，而这样的变换既不会改变样本点间的相互位置，也不会改变变量间的相关性。但变换后，却常常有许多技术上的便利。

(2)数据的无量纲化处理

在实际问题中，不同变量的测量单位往往不一样，由于测量单位不同而不能真正反映数据本身的变化情况，因此，这种现象称为假变异方向。为了消除这种假变异的不良影响，就要消除变量的量纲效应，使每一个变量都具有同等的表现力。数据分析中常用的方法，是对不同的变量进行所谓的压缩处理，使每个变量的均方差变成 1，即：

$$x_{ij}^* = \frac{x_{ij}}{s_j} \tag{2-47}$$

式中　s_j——标准差。

(3)标准化处理

对数据的标准化处理，是指对数据同时进行中心化-压缩处理，即：

$$x_{ij}^{*}=\frac{x_{ij}-\overline{x}_j}{s_j}\quad(i=1,2,\cdots,n;j=1,2,\cdots,p)\tag{2-48}$$

2.2.2.5　非负生成

设有原始数据序列：

$$\overline{x}^{(0)}=[\overline{x}^{(0)}(1),\overline{x}^{(0)}(2),\cdots,\overline{x}^{(0)}(n)]\tag{2-49}$$

①假定 $\overline{x}^{(0)}$ 为非正数列，即 $\overline{x}^{(0)}(k)<0(k=1,2,\cdots,n)$，这时可直接用 -1 乘以该数列，即可得到非负数列 $x^{(0)}$；

② 假定 $\overline{x}^{(0)}$ 为非正非负数列，即数列中间存在正数和负数，通常可用平衡法生成原始数列。由于这种生成在一定程度上会产生系统误差，因此，当负值较小时，可不作处理；当负值较大时，可用如下方法进行处理：

$$x^{(0)}=\overline{x}^{(0)}+|\min\{\overline{x}^{(0)}(k)\}|+\alpha\quad(k=1,2,\cdots,n)\tag{2-50}$$

式中　α——小的正数。

2.2.2.6　累加生成处理

累加生成处理(Accumulated Generating Operation，AGO)是灰色理论中一种数据预处理方法。对原始离散位移监测序列进行累加生成处理可带来两点明显的好处：第一，可使原始离散序列的随机干扰成分在通过AGO后得到减弱或消除；第二，可使原始序列中蕴含的确定性信息在通过累加后得到加强。可以证明一条波动起伏的曲线，经过反复的累加以后，最终会变成一条光滑曲线。但实际的计算中，并不是累加次数越多越好，一般对原始离散序列进行一次累加处理就能满足要求。一次累加生成的公式可以表达为：

$$X^{(1)}(k)=\sum_{i=1}^{k}X^{(0)}(i)\quad[X^{(0)}(i)>0;k=1,2,\cdots,n]\tag{2-51}$$

其中，$X^{(0)}(i)$为原始时间序列，$X^{(1)}(k)$为一次累加生成处理后的序列。

2.3　监测数据分析方法

在系统的机制和主导因素比较清楚的情况下(确定性)，可以运用系统动力学方法(可以有确定性方程)进行模拟。在系统的机制和主导因素不清楚的情况下(不确定性),往往通过某些观测信息反演其过程机理,对系统进行分析和控制。边坡变形演变及破坏是一个复杂的过程,具有上述两方面的特征,其不确定性的特征更加明显,现有的确定性力学模型不足以解决地质条件复杂的边坡变形破坏机理分析及稳定性安全评价等工程问题。基于监测数据的反演分析仍然是工程应用的主要方法。目前用于边坡监测数据分析的常用方法有时间-过程曲线分析法、回归分析法、时间序列法等方法。

回归分析法:取变形(称为效应量,如各种位移值)为因变量,环境量(称为影响因子,如水压、温度等)为自变量,根据数理统计理论建立多元线性回归模型,用逐步回归法可得到效应量与环境量之间的函数模型,用这种方法可作变形的物理解释和变形预报。因为它是一种统计分析方法,需要效应量和环境量具有较长且一致性较好的观测值序列。在回归分析法中,当环境变量之间相关性较大时,可采用岭形回归分析;如果考虑测点上有多个效应量,如三向垂线坐标仪,二向、三向测缝计的观测值序列,则可采用偏回归模型,该模型具有多元线性回归分析、相关分析和主成分分析的功能,在某些情况下优于一般的逐步线性回归模型。

时间序列法:变形观测中,在测点上的许多效应量如三向垂线坐标仪、液体静力水准仪测量所获取的观测量都组成一个离散的随机时间序列,因此,可以采用时间序列分析理论与方法,建立 p 阶自回归 q 阶滑动平均模型——ARMA(p,q)。一般认为,采用动态数据系统(Dynamic Data System)法或趋势函数模型+ARMA 模型的组合建模法较好,前者把建模作为寻求随机动态系统表达式的过程来处理;而后者是将非平稳相关时序转化为平稳时序,模型参数聚集了系统输出的特征和状态,可对变形进行解释和预报。若顾及粗差的影响,可引入稳健时间序列分析法建模。

滑坡是一个多因子的共同作用过程,常规方法往往只能进行单一因子的提取和过程预报。要实现对复杂系统的科学分析,实现多因子的分析与综合,非线性分析方法具有更重要的作用。由于变形体是一个复杂的系统,是一个多维、多层的灰箱或黑箱结构,具有非线性、耗散性、随机性、外界干扰不确定性、对初始状态敏感性和长期行为混沌性等特点,所以系统论方法也逐步应用到边坡监测资料分析中。系统论方法涉及许多非线性科学学科的知识,如系统论、控制论、信息论、突变论、协同论、分形理论、混沌理论、耗散结构等。上述理论远不是一般工程技术人员所能掌握的,将系统论方法和变形分析与预报相结合的研究只是初步的。随着信息技术的高速发展,人们积累的数据量急剧增长,动辄以TB计，如何从海量的数据中提取有用的知识成为当务之急。非线性数据处理就是为顺应这种需要而发展起来的数据处理技术，是知识发现（Knowledge Discovery in Database，KDD）的关键步骤。需要特别指出的是：常规的统计分析是重要基础，往往和非线性分析相结合。

统计分析方法的中心内容是统计推断，就是获取数据后使用有效的方法去集中提取数据中的相关信息，以对所研究的问题做出尽可能精确和可靠的结论。统计分析方法中常用的方法有参数估计、假设检验、回归分析、方差分析和多元统计分析。

本节对经典的监测分析与建模的理论进行介绍，关于非线性分析方法将在后续章节中专门予以讨论。

2.3.1 回归分析法

一切客观事物都有其内在的规律性，而且每个物体的运动都与周围其他物体发生相互联系和影响，事物间的联系和影响反映到数学上，就是变量和变量之间的相互关系。科学实践表明，变量之间的关系可分成两大类，即确定性关系和相关关系。

实际问题中，许多变量之间虽然有密切的关系，但是要找出它们之间的确切关系是困难的，造成这种情况的原因极其复杂，影响因素很多，其中包括未被发现的或还不能控制的影响因素，而且各变量的测量总存在误差，因此所有这些因素的综合作用就造成了变量之间的不确定性。

回归分析就是应用数学方法对大量的测量数据进行去粗取精、去伪存真，从而得到反映事物内部规律性的方法。概括来说，回归分析主要解决以下几方面的问题：

①确定几个特定变量之间是否存在相关关系，如果存在的话，找出其数学表达式；

②根据一个或几个变量的值，预测或控制另一变量的取值，并给出其精度；

③进行因素分析，找出主要影响因素、次要因素，以及这些因素之间的相关程度。

2.3.1.1 线性回归分析

经典的多元线性回归分析法仍然广泛应用于观测数据处理的数理统计中。它是研究一个变量（因变量）与多个因子（自变量）之间非确定关系（相关关系）

的最基本方法。

设变量 y 与 m 个自变量 $x_1,x_2,\cdots,x_m$ 存在线性关系：

$$y_t = \beta_0 + \beta_1 x_{t1} + \beta_2 x_{t2} + \cdots + \beta_m x_{tm} + \varepsilon_t \quad [t = 1,2,\cdots,n;\varepsilon_t \in N(0,\sigma^2)] \tag{2-52}$$

式中 t——观测值变量，共有 n 组观测数据；

m——因子个数；

β_i——回归系数，$i=0,1,\cdots,m$；

ε——随机变量，称为随机误差。

设有 n 组边坡参数观测值数据，用矩阵可以表示为：

$$\boldsymbol{y} = \boldsymbol{x\beta} + \boldsymbol{\varepsilon} \tag{2-53}$$

式中 $\boldsymbol{y}$——n 维变量的观测向量(因变量)，$\boldsymbol{y} = [y_1 \quad y_2 \quad \cdots \quad y_n]^{\mathrm{T}}$；

$\boldsymbol{x}$——一个 $n\times(m+1)$ 矩阵，其元素是可以精确量测或可控制的一般变量的观测值或它们的函数(自变量)，其形式为：

$$\boldsymbol{x} = \begin{bmatrix} 1 & x_{11} & x_{12} & \cdots & x_{1m} \\ 1 & x_{21} & x_{22} & \cdots & x_{2m} \\ \vdots & \vdots & \vdots & & \vdots \\ 1 & x_{n1} & x_{n2} & \cdots & x_{nm} \end{bmatrix}$$

$\boldsymbol{\beta}$——待估计的回归参数向量，$\boldsymbol{\beta}=[\beta_1 \quad \beta_2 \quad \cdots \quad \beta_m]^{\mathrm{T}}$；

$\boldsymbol{\varepsilon}$——服从同一正态分布 $N(0,\sigma^2)$ 的 n 维随机向量，$\boldsymbol{\varepsilon}=[\varepsilon_1 \quad \varepsilon_2 \quad \cdots \quad \varepsilon_n]^{\mathrm{T}}$。

由最小二乘原理可以求得 $\boldsymbol{\beta}$ 的估计值 $\hat{\boldsymbol{\beta}}$ 为：

$$\hat{\boldsymbol{\beta}} = (\boldsymbol{x}^{\mathrm{T}}\boldsymbol{x})^{-1}\boldsymbol{x}^{\mathrm{T}}\boldsymbol{y} \tag{2-54}$$

事实上，式(2-54)只是我们对问题初步分析所得的一种假设，所以，在求得多元线性回归方程后，还需要对其进行统计检验。

2.3.1.2 非线性回归分析

边坡变形是一个复杂的非线性过程，它主要受到边坡地区的地质构造、边坡滑坡体及滑动面的力学性质、边坡滑坡体及滑坡地区的水文气象条件(如地下水、雨水等)的影响。显然，过程本质的非线性就决定了预报模型的非线性。

回归方法中常包含两种情况：一种是可以通过自变量因子变换，使非线性回归转化为线性回归，然后求解系数，并予以还原；另一种是不能用自变量因子转化为线性回归的情况，一些文献将它们区分为外在非线性和内在非线性。

对于第一种情况，预测模型是经常遇到的，以下是实际工作中的转换情况。

对于 $y=a+bt+ct^2$ 的类似情况，只需令 $x_1=t, x_2=t^2$，即可以转换为：$y=a+bx_1+cx_2$；

对于 $y=a+b\ln x$ 的回归模型，可以令 $x'=\ln x$，即转换为：$y=a+bx'$；

对于 $u=Ae^{-B/t}$ 指数型模型，令 $y=\ln u, x=1/t$，即转换为：$y=-Bx+\ln A=A'x+B'$（式中，$A'=-B, B'=\ln A$，求得 A', B' 后，由 $A=e^{B'}, B=-A'$ 求得最终回归系数）；

对于 $u=t/(A+Bt)$ 双曲线函数模型，令 $y=1/u, x=1/t$，即转换为：$y=Ax+B$。

以上的函数都可以通过辅助变量将非线性关系转换为线性关系，故此时可以通过上述的线性回归方法加以处理，通过还原后，就可以进行预测了。

对于第二种情况，不能转化为线性回归的非线性回归函数，就要采取其他方法加以处理，将回归函数按泰勒级数展开，去线性项就是其中的一种方法。具体做法如下：

记回归模型函数为 $y=f(x,\beta_1,\beta_2,\cdots,\beta_m)$，$b_1,b_2,\cdots,b_m$ 是系数 $\beta_1,\beta_2,\cdots,\beta_m$ 的回归拟合值，记为：

$$\delta_i=\beta_i-b_i \quad (i=1,2,\cdots,m)$$

将回归函数展开为泰勒级数，取线性项：

$$y=f(x,\beta_1,\beta_2,\cdots,\beta_m)\approx f(x,b_1,b_2,\cdots,b_m)+\sum_{j=1}^{m}f'_{\beta_j}(x,b_1,b_2,\cdots,b_m)\delta_j$$

$$\begin{aligned}\boldsymbol{Q}&=\sum_{i=1}^{n}[y_t-f(x,\beta_1,\beta_2,\cdots,\beta_m)]^2\\&\approx\sum_{t=1}^{n}[y_t-f(x,b_1,b_2,\cdots,b_m)-\sum_{j=1}^{m}f'_{\beta_j}(x,b_1,b_2,\cdots,b_m)\delta_j]^2\end{aligned}$$

令

$$\begin{aligned}\frac{\partial \boldsymbol{Q}}{\partial \delta_k}=&\sum_{i=1}^{n}\Big\{2[y_i-f(x_i,b_1,b_2,\cdots,b_m)\\&+\sum_{j=1}^{m}f'_{\beta_j}(x_i,b_1,b_2,\cdots,b_m)\delta_j][-f'_{\beta_j}(x_i,b_1,b_2,\cdots,b_m)]\Big\}\\\approx&2\Big\{\sum_{j=1}^{m}[\delta_j\sum_{i=1}^{n}f'_{\beta_j}(x_i,b_1,b_2,\cdots,b_m)f'_{\beta_k}(x_i,b_1,b_2,\cdots,b_m)]\\&-\sum_{i=1}^{n}[y_i-f(x_i,b_1,b_2,\cdots,b_m)]f'_{\beta_j}(x_i,b_1,b_2,\cdots,b_m)\Big\}\end{aligned}$$

记

$$a_{kj} = \sum_{i=1}^{n} f'_{\beta_j}(x_i, b_1, b_2, \cdots, b_m) f'_{\beta_k}(x_i, b_1, b_2, \cdots, b_m) \quad (k, j = 1, 2, \cdots, m)$$

$$c_k = \sum_{i=1}^{n} [y_i - f(x_i, b_1, b_2, \cdots, b_m)] f'_{\beta_j}(x_i, b_1, b_2, \cdots, b_m) \quad (k = 1, 2, \cdots, m)$$

则有

$$\begin{gathered} a_{11}\delta_1 + a_{12}\delta_2 + \cdots + a_{1m}\delta_m = c_1 \\ a_{21}\delta_1 + a_{22}\delta_2 + \cdots + a_{2m}\delta_m = c_2 \\ \vdots \\ a_{m1}\delta_1 + a_{m2}\delta_2 + \cdots + a_{mm}\delta_m = c_m \end{gathered}$$

求解时，先选取初始 $b_i(i=1,2,\cdots,m)$ 解出 δ_i，$b_i+\delta_i$ 作为新 b_i 再重复计算，直到 δ_i 足够小。

2.3.1.3　逐步回归计算

逐步回归计算是建立在 F 检验的基础上逐个接纳显著因子进入回归方程。当回归方程中接纳一个因子后，由于因子之间的相关性，可使原先已在回归方程中的其他因子变成不显著，需要从回归方程中剔除不显著因子。所以，在接纳一个因子后，必须对已在回归方程中的所有因子的显著性进行 F 检验，剔除不显著的因子，直到没有不显著因子后，再对未选入回归方程的其他因子用 F 检验来考虑是否接纳进入回归方程（一次只接纳一个）。反复运用 F 检验，进行剔除和接纳，直至得到所需的最佳回归方程。

逐步回归的计算过程可概括如下：

(1)由定性分析得到对因变量 y 的影响因子有 t 个，分别由每个因子建立 t 个一元线性回归方程，所求得相应的残差平方和 $S_{剩}$，选取与最小的 $S_{剩}$ 对应的因子作为第一个因子入选回归方程。对该因子进行 F 检验，当其影响显著时，接纳该因子进入回归方程。

(2)对余下的 $t-1$ 个因子，再分别依次选一个，建立二元线性方程（共有 $t-1$ 个），计算它们的残差平方和及各因子的偏回归平方和，选择与 $\max(\hat{\beta}_j^2/c_{jj})$ 对应的因子为预选因子，进行 F 检验，若影响显著，则接纳此因子进入回归方程。

(3)选第三个因子，方法同(2)，则共可建立 $t-2$ 个三元线性回归方程，计算它们的残差平方和及各因子的偏回归平方和，同样，选择与 $\max(\hat{\beta}_j^2/c_{jj})$ 对应的因子为预选因子，进行 F 检验，若影响显著，则接纳此因子进入回归方程。在选入第三个因子后，对原先已入选的回归方程的因子应重新进行显著性检验，在检验出不显著因子后，应将它剔除出回归方程，然后继续检验已入选的回归方程因子的显著性。

(4)在确认选入回归方程的因子均为显著因子后，则继续开始从未选入方程的因子中挑选显著因子进入回归方程，其方法与步骤(3)相同。

反复运用 F 检验进行因子的剔除与接纳，直至得到所需的回归方程。

多元线性回归分析应用于变形观测数据处理与变形预报中主要包括以下两个方面：

①变形的成因分析，当式(2-52)中的自变量 $x_{t1}, x_{t2}, \cdots, x_{tm}$ 为因变量的各个不同影响因子时，则方程式(2-52)可用来分析与解释变形与变形原因之间的因果关系；

②变形的预测预报，式(2-52)中的自变量 $x_{t1}, x_{t2}, \cdots, x_{tm}$ 在 t 时刻的值为已知值或可观测值时，则方程式(2-52)可预测变形体在同一时刻的变形大小。

由于在式(2-52)中，自变量 $x_{ti}(i=1,2,\cdots,m)$ 是作为确定性因素，$\{y_t\}$ 的统计性质由 $\{\varepsilon_t\}$ 确定，$\{y_t\}$ 序列彼此相互独立，都是同一总体 y 的不同次独立随机抽样值；式(2-52)反映了变形值相对于自变量 $x_{ti}(i=1,2,\cdots,m)$ 之间在同一时刻的相关性，而没有体现变形观测序列的时序性、相互依赖性以及变形的继续性。因此，多元线性回归分析应用于变形观测数据处理是一种静态的数据处理方法，所建立的模型是一种静态模型。

2.3.2 时间序列分析

无论是按时间序列排列的观测数据还是按空间位置顺序排列的观测数据，数据之间或多或少地存在统计自相关现象。然而长期以来，变形数据分析与处理的方法都是假设观测数据是统计上独立或互不相关的，如回归分析法等。这类统计方法是一种静态的数据处理方法，从严格意义上说，它不能直接应用于所考虑的数据是统计相关的情况。

时间序列分析是 20 世纪 20 年代后期开始出现的一种现代数据处理方法，是系统辨识与系统分析的重要方法之一，是一种动态的数据处理方法。时间序列分析的特点在于：逐次的观测值通常是不独立的，且分析必须考虑到观测资料的时间顺序，当逐次观测值相关时，未来数值可以由过去观测资料来预测，可以利用观测数据之间的自相关性建立相应的数学模型来描述客观现象的动态特征。

时间序列建模方法通常包括自回归模型、滑动平均模型、自回归滑动平均模型以及门限自回归模型。

2.3.2.1 自回归模型

自回归模型(Auto-Regressive)AR(n)的一般形式为：

$$x_t = \varphi_1 x_{t-1} + \varphi_2 x_{t-2} + \cdots + \varphi_n x_{t-n} + a_t \quad a_t \in N(0,\sigma^2) \tag{2-55}$$

其中，$\{x_t\}$为平稳时间序列($t=1,2,\cdots,n$)，x_t 为平稳时间序列$\{x_t\}$在 t 时刻的值；$\{a_t\}$为白噪声序列($t=1,2,\cdots,n$)，a_t 为白噪声序列$\{a_t\}$在 t 时刻的值；$\{\varphi_t\}$为自回归系数，表示 x_t 与它以前的时间 x_{t-1}($t=1,2,\cdots,n$)的相关程度。该模型描述了不同时刻的随机变量之间的相依关系。

对于一个平稳、正态、零均值的随机过程$\{x_t\}$的自协方差函数为：

$$R_k = E(x_t x_{t-k}) \quad (k=1,2,\cdots)$$

当 $k=0$ 时，得到$\{x_t\}$的方差函数 $\sigma_k^2 = R_0 = E(x_t^2)$，则自相关函数定义为：$\rho_k = R_k/R_0$，显然有 $0 \leqslant \rho_k \leqslant 1$。

对于平稳时间序列，选择适当的 k 个系数 $\varphi_{k1}, \varphi_{k2}, \cdots, \varphi_{kk}$，将 x_t 表示为 x_{t-i} 的线性组合：

$$x_t = \sum_{i=1}^{k} \varphi_{ki} x_{t-i}$$

当误差方差：

$$J = E\left(x_t - \sum_{i=1}^{k} \varphi_{ki} x_{t-i}\right) \tag{2-56}$$

为极小时，则定义最后一个系数 φ_{kk} 为偏自相关函数(系数)。φ_{ki} 的第一个下标 k 表示能满足定义的系数共有 k 个，第二个下标 i 表示这 k 个系数中的第 i 个。

将式(2-56)分别对 φ_{ki}($i=1,2,\cdots,k$)求偏导数，并令其等于 0，可得到：

$$\rho_k - \sum_{i=1}^{k} \varphi_{ki} \rho_{t-i} = 0$$

在上式中分别令 $i=1,2,\cdots,k$，共可得到 k 个关于 φ_{ki} 的线性方程，考虑 $\rho_i = \rho_{-i}$ 的性质，将这些方程整理并写成矩阵形式为：

$$\begin{bmatrix} \rho_0 & \rho_1 & \cdots & \rho_{k-1} \\ \rho_1 & \rho_0 & \cdots & \rho_{k-2} \\ \vdots & \vdots & & \vdots \\ \rho_{k-1} & \rho_{k-2} & \cdots & \rho_0 \end{bmatrix} \begin{bmatrix} \varphi_{k1} \\ \varphi_{k2} \\ \vdots \\ \varphi_{kk} \end{bmatrix} = \begin{bmatrix} \rho_1 \\ \rho_2 \\ \vdots \\ \rho_k \end{bmatrix}$$

据此可以解出所有系数 $\varphi_{k1},\varphi_{k2},\cdots,\varphi_{kk-1}$ 和偏自相关函数 φ_{kk}。偏自相关函数对 AR 模型最后是否趋近于零的截尾特性可用于判断可否对给定时间序列拟合 AR 模型，并且可以从 $k=1$ 起，逐步求出所有的系数和偏自相关函数，直到 $\varphi_{kk}\approx 0$ 时，就可以认为 $\{x_t\}$ 为 AR 序列，AR 模型的阶数为 $k-1$。

通过上面的判断可以确定是否可以采用 AR 模型以及采用模型的具体阶数，下面具体求解自回归模型的参数以及如何进行预测。

设 p 阶自回归模型 AR(n)的公式为：

$$x_t=\varphi_1 x_{t-1}+\varphi_2 x_{t-2}+\cdots+\varphi_n x_{t-n}+a_t$$

对于 $k=1,2,\cdots,n$，方程式两边同乘 x_{t-k}，可得：

$$x_t x_{t-k}=\varphi_1 x_{t-1}x_{t-k}+\varphi_2 x_{t-2}x_{t-k}+\cdots+\varphi_n x_{t-n}x_{t-k}+a_t x_{t-k}$$

$$E(x_t\cdot x_{t-k})=\varphi_1 E(x_{t-1}\cdot x_{t-k})+\varphi_2 E(x_{t-2}\cdot x_{t-k})+\cdots+\varphi_n E(x_{t-n}\cdot x_{t-k})$$

也即

$$R_k=\varphi_1 R_{k-1}+\varphi_2 R_{k-2}+\cdots+\varphi_n R_{k-n} \tag{2-57}$$

这就是著名的 Yuel-Walker 方程。根据上面的方程组就可以初步估计得 $\varphi_1,\varphi_2,\cdots,\varphi_n$。记 $\hat{\varphi}_1,\hat{\varphi}_2,\cdots,\hat{\varphi}_n$ 为 AR(n)模型中相应系数的估计值，则 AR(n)模型预测的递推公式为：

$$\hat{x}_t(1)=\hat{\varphi}_1 x_t+\hat{\varphi}_2 x_{t-1}+\cdots+\hat{\varphi}_n x_{t-n+1}$$

$$\hat{x}_t(2)=\hat{\varphi}_1\hat{x}_t(1)+\hat{\varphi}_2 x_t+\cdots+\hat{\varphi}_n x_{t-n+2}$$

$$\vdots$$

$$\hat{x}_t(n)=\hat{\varphi}_1\hat{x}_t(n-1)+\hat{\varphi}_2\hat{x}_t(n-2)+\cdots+\hat{\varphi}_{n-1}\hat{x}_t(1)+\hat{\varphi}_n\hat{x}_t$$

$$\hat{x}_t(L)=\hat{\varphi}_1\hat{x}_t(L-1)+\hat{\varphi}_2\hat{x}_t(L-2)+\cdots+\hat{\varphi}_{n-1}\hat{x}_t(L-n+1)+\hat{\varphi}_n\hat{x}_t(L-n)\quad (L>n)$$

2.3.2.2 滑动平均模型

滑动平均模型 MA(m)的一般形式为：

$$x_t=a_t-\theta_1 a_{t-1}-\theta_2 a_{t-2}+\cdots+\theta_m a_{t-m} \tag{2-58}$$

a_t、x_t 的意义同式(2-55)，$\theta_j(j=1,2,\cdots,m)$为滑动平均参数。

对于有限长度的样本值 $\{x_t\}(t=1,2,\cdots,n)$，其协方差函数的估计值 $\hat{R}_{\mathrm{t}}$ 和 $\hat{R}_0$ 的计算公式为：

$$\hat{R}_{\mathrm{t}}=\frac{1}{n}\sum_{t=k+1}^{n}x_t x_{t-k},\hat{R}_0=\frac{1}{n}\sum_{t=k+1}^{n}x_t^2$$

于是，$\hat{\rho}_k=\hat{R}_{\mathrm{t}}/\hat{R}_0,k=0,1,2,\cdots,n-1$。

设$\{x_t\}$是正态的零均值平稳 MA(m)序列，则对于充分大的 n，$\hat{\rho}_k$ 的分布渐近于正态分布 $N(0,(1/\sqrt{n})^2)$，于是有：

$|\hat{\rho}_k| \leqslant \dfrac{1}{\sqrt{n}}$的概率约为 68.3%或$|\hat{\rho}_k| \leqslant \dfrac{2}{\sqrt{n}}$的概率约为 95.5%。

于是，$\hat{\rho}_k$ 的截尾判断如下：首先计算 $\hat{\rho}_1, \hat{\rho}_2, \cdots, \hat{\rho}_{Al}$（一般 $m < n/4$，常取 $m = n/10$ 左右)，因为 m 的值未知，故令 m 从小到大取值，分别检验 $\hat{\rho}_{m+1}, \hat{\rho}_{m+2}, \cdots, \hat{\rho}_{Al}$ 满足 $|\hat{\rho}_k| \leqslant \dfrac{1}{\sqrt{n}}$ 或 $|\hat{\rho}_k| \leqslant \dfrac{2}{\sqrt{n}}$ 的比例是否占总个数 m 的 68.3%或 95.5%。第一个满足上述条件的 m 就是 MA(m)的阶数。

设 q 阶滑动平均模型 MA(q)的公式为：

$$x_t = a_t - \theta_1 a_{t-1} - \theta_2 a_{t-2} + \cdots + \theta_q x_{t-q} \tag{2-59}$$

对于时滞 $t-k$，有：

$$x_{t-k} = a_{t-k} - \theta_1 a_{t-k-1} - \theta_2 a_{t-k-2} + \cdots + \theta_q x_{t-k-q}$$

将两者相乘，可以得到：

$$\begin{aligned} x_t x_{t-k} = & (a_t - \theta_1 a_{t-1} - \theta_2 a_{t-2} + \cdots + \theta_q a_{t-q}) \cdot \\ & (a_{t-k} - \theta_1 a_{t-k-1} - \theta_2 a_{t-k-2} + \cdots + \theta_q a_{t-k-q}) \end{aligned}$$

与 p 阶自回归模型的初步估计公式的推导类似，当 $k=0$ 时，$R_k=1$。

$$R_k = \frac{-\theta_k + \theta_1\theta_{k+1} + \theta_2\theta_{k+2} + \cdots + \theta_{q-k}\theta_q}{1 + \theta_1^2 + \theta_2^2 + \cdots + \theta_q^2} \quad (0 < k \leqslant q)$$

当 $k > q$ 时，$R_k = 0$，分别取 $k = 1,2,\cdots,q$，建立方程组，可以估计出滑动平均模型的系数。系数估计出来之后，就可以进行预测了。

2.3.2.3 自回归滑动平均模型

一般的自回归滑动平均模型 ARMA(n,m)的表达式为：

$$x_t = \varphi_1 x_{t-1} + \varphi_2 x_{t-2} + \cdots + \varphi_n x_{t-n} + a_t - \theta_1 a_{t-1} - \theta_2 a_{t-2} - \cdots - \theta_m a_{t-m} \tag{2-60}$$

式中，变量的意义同自回归模型和滑动平均模型。其中若取 $\varphi_t=0$，则变成了 n 阶的自回归模型，取 $\theta_t=0$ 则变成了 m 阶滑动平均模型。

ARMA(n,m)模型是时间序列分析中最具代表性的一类线性模型。它与回归模型的根本区别就在于：回归模型可以描述随机变量与其他变量之间的相关关系。但是，对于一组随机观测数据 $x_1, x_2, \cdots$，即一个时间序列$\{x_t\}$，它却不能描述其内部的相关关系；另一方面，实际上某些随机过程与另一些变量取值之间的随机关系往往根本无法用任何函数关系式来描述。这时，需要采用这个随机过程本身的观测数据之间的依赖关系来揭示这个随机过程的规律性。x_t 和 x_{t-1}，x_{t-2}，…同属于时间序列$\{x_t\}$，是序列中不同时刻的随机变量，彼此相互关联，带有记忆性和继续性，是一种动态数据模型。

由上面的分析可以知道，若 $\{\hat{\rho}_k\}$ 和$\{\varphi_{kk}\}$ 均不截尾，但收敛于零的速度较快，则$\{x_t\}$可能是 ARMA(n,m)序列，此时阶数 n 和 m 较难确定，一般采用由低阶向高阶逐次试探，如取(n,m)为$(1,1)$，$(1,2)$，$(2,1)$，…，直到经检验认为模型合适为止。

由相关分析识别模型类型后，若是 AR(n)或 MA(m)模型，此时模型阶数 n 或 m 已经确定，故可以直接运用上面介绍的参数估计方法求出模型参数；但若是 ARMA(n,m)模型，此时 n、m 阶数未定，只能从 $n=1$，$m=1$ 开始采用某一参数估计方法对$\{x_t\}$拟合 ARMA(n,m)，进行模型适用性检验，如果检验通过，则确定 ARMA(n,m)为适用模型；否则令 $n=n+1$ 或 $m=m+1$ 继续拟合，直至搜索到使用模型为止。

对所建立的 ARMA 模型优劣的检验，是通过对原始时间序列与所建立的 ARMA 模型之间的误差序列进行检验来实现的。若误差序列具有随机性，这就意味着所建立的模型已包含了原始时间序列的所有趋势(包括周期性的变动)，从而将所建立的模型应用于预测是合适的；若误差序列不具有随机性，说明所建模型还有进一步改进的余地，应重新建模。

误差序列的这种随机性可以利用自相关分析图来判断。这种方法比较简单直观，但检验精度不太理想。博克斯和皮尔斯于 1970 年提出了一种简单且精度较高的模型检验法，这种方法为博克斯-皮尔斯 Q 统计量。Q 统计量可按下式计算：

$$Q = n\sum_{k=1}^{m} R_k^1$$

式中 m——ARMA 模型中所含的最大时滞；

n——时间序列的观测值的个数。

对于给定的置信概率 $1-\alpha$，可查χ^2 分布表中自由度为 m 的χ^2 的值$\chi_\alpha(m)$，将 Q 与$\chi_\alpha(m)$比较。

若 $Q\leqslant\chi_\alpha(m)$，则判定所选用的 ARMA 模型是合适的，可以用于预测。

若 $Q>\chi_\alpha(m)$，则判定所选用的 ARMA 模型不适用于预测的时间序列数据,应进一步改进模型。

对 ARMA 模型的预测可以综合前面介绍的 AR 模型和 MA 模型的预测。

2.3.2.4 门限自回归模型

门限自回归模型(TAR 模型)的基本思路为:在观测时间序列$\{x_t\}$的取值范围内引入 $l-1$ 个门限值 $r_j(j=1,2,\cdots,l-1)$,将时间轴分成 l 个区间,并用延迟步数 d 将$\{x_t\}$按$\{x_{t-d}\}$值的大小分配到不同的门限区间内,然后对不同区间的 x_t 采用不同的 AR 模型来描述,这些 AR 模型的总和完成了对整个时序非线性动态系统的描述。门限自回归模型的一般形式为:

$$\left.\begin{aligned} x_t &= \varphi_0^{(j)} + \sum_{l=1}^{n_j} \varphi_l^{(j)} x_{t-l} + \alpha_t^{(j)} \\ r_{j-1} &< x_{t-d} \leqslant r_j (j = 1,2,\cdots,l) \end{aligned}\right\} \tag{2-61}$$

式中,$r_{j-1}\to-\infty$,$r_j\to+\infty$。上式的展开形式为:

$$x_t = \varphi_0^{(1)} + \sum_{l=1}^{n_j} \varphi_l^{(1)} x_{t-l} + a_t^{(1)} \quad (-\infty < x_{t-d} \leqslant r_1)$$

$$x_t = \varphi_0^{(2)} + \sum_{l=1}^{n_j} \varphi_l^{(2)} x_{t-l} + a_t^{(2)} \quad (r_1 < x_{t-d} \leqslant r_2)$$

$$\vdots$$

$$x_t = \varphi_0^{(l)} + \sum_{l=1}^{n_j} \varphi_l^{(l)} x_{t-l} + a_t^{(l)} \quad (r_{l-1} < x_{t-d} \leqslant +\infty)$$

其中,$r_j(j=1,2,\cdots,l-1)$为门限值;l 为门限区间的个数;d 为延迟步数;$\{a_t^{(j)}\}$对每一个固定的 j 是方差为 σ_j^2 的白噪声序列,各$\{a_t^{(j)}\}(j=1,2,\cdots,l-1)$之间相互独立;$\{\varphi_l^{(j)}\}$为第 j 个门限区间内模型的自回归系数;n_j 为第 j 个门限区间内模型的阶数。由于门限自回归模型能有效地描述非线性系统的自激励振动现象,故又被称为自激励门限自回归模型,记为 SETAR($l;d;n_1,n_2,\cdots,n_j$)。显然,对于 SETAR 模型的特例,当 $l=1,d=0$ 时,就是 AR 模型。因此可以认为,SETAR 模型实质上是分区间的 AR 模型(线性模型),就是用这些 AR 模型来描述非线性系统。

对于门限自回归模型的建模,简要说明如下:

设$\{x_t|t=1,2,\cdots\}$是非平稳时间序列,采用 H. Tong(汤家豪)的方法对其建模。基本思路是:首先固定一组 $d,l,r_j(j=1,2,\cdots,l-1)$,分别在各区间内从低阶至高阶逐步升阶建立 AR 模型,按 AIC 准则分别确定每一区间的适用模

型，从而得到一个 SETAR 模型；然后分别改变 $d, l, r_j (j=1,2,\cdots,l-1)$ 的值，同样再分区间建立 AR 模型以得到 SETAR 模型，比较各种 $d, l, r_j (j=1,2,\cdots,l-1)$ 情况下所建 SETAR 模型的 AIC 值，确定其中 AIC 值最小的模型为适用模型。

利用所建 SETAR$(l;d;n_1,n_2,\cdots,n_j)$ 模型可进行任意的 m 步预报，其中 m 为预报步长。当 $m<d$ 时，已观察到的样本值为 x_{t+m-d}，它属于一个确定的门限区间。

因此，对于 x_{t+m} 就可采用相应区间上的 AR(n_j) 模型进行预报：

$$x_{t+m} = \varphi_0^{(i)} + \sum_{j=1}^{n_j} \varphi_l^{(j)} x_{t+m-1} \tag{2-62}$$

当 $m>d$ 时，x_{t+m-d} 是尚未观察到的样本值，可先作一步预报。因为 x'_{t+m-d} 是已观察到的，x'_{t+1} 是可预报的，然后以 x'_{t+1} 作为 x_{t+1} 的观察值，用同样的方法求得 x'_{t+2} 作为 x_{t+2} 的观察值，依次类推，便可求得任意的 m 步预报。

2.3.3 其他分析方法

2.3.3.1 趋势叠加法

趋势叠加法的基本原理就是：根据滑坡所处的阶段，用一个函数先拟合所要处理数据的总体发展状态，用这个趋势函数和周期函数进行叠加建立模型，即：

$$x_t = f(t) + \sum_{l=1}^{n} \left(a_l \cos \frac{2\pi i}{T} t + b_l \sin \frac{2\pi i}{T} t \right) \tag{2-63}$$

当然，有的趋势叠加模型采用如下方法，先用传统函数拟合总体发展趋势，再用周期项进行修正，最后即可得到随机因素产生的影响。这样处理的好处就是，有些滑坡的发生并不是由于内部总体发展趋势引起的，而是由于随机因素诱发的，所以我们就可以通过这种方法专门分析随机项。

下面以变形来说明趋势叠加法的具体处理方法。

设某滑坡体处于匀速蠕滑变形阶段，尚没有进入加速变形阶段，因此我们可以将变形模型表示为线性趋势和周期叠加模型，即：

$$x_t = a + bt + \sum_{l=1}^{n} \left(a_l \cos \frac{2\pi i}{T} t + b_l \sin \frac{2\pi i}{T} t \right) \tag{2-64}$$

对于上式线性叠加模型，根据已观测得到的位移数序列，采用最小二乘法在残差平方和最小的条件下可算得模型参数；但是，对于变形中的岩体，利用不同数量的已知信息将得到不同的预测模型，即对不同的信息量 N 将得到一个预测模型群；另一方面，对于相同的信息量 N，取不同的 L 值也可得到一个预测模型群，即预测值 $\hat{x}_t$ 为关于 N、L 的函数（N 为信息量数目，L 为数据序列中所含的周期数）。

$$\hat{x}_t = f(N,L) \tag{2-65}$$

针对上式求解最优模型。模型最优的准则为拟合精度、预测精度较高，计算相对简单。针对滑坡的变形特征，寻求最优模型组合，即模型的适用性研究可通过已知数据序列进行大量的模拟计算、分析，按照最优准则找到最佳 N、L 值。可以从 $N=1$，$L=1$ 开始比较，找出模型拟合精度最高，计算量小的 N、L 值。

同时也可以建立非线性项与周期函数进行叠加。

2.3.3.2 敏感度分析

敏感度分析是指通过计算一个自变量发生变化时所引起的因变量的改变率，从而分析该自变量对因变量的贡献。

边坡稳定性的敏感度分析主要是研究影响边坡稳定性的各因素与相应的稳定性系数之间的相互关系。它由各因素的相对变化率与边坡稳定性系数的相对变化率之间的比值来进行衡量，即第 i 个影响因素的敏感度 S_i 可表示如下：

$$S_i = \left|\frac{\Delta K_i}{K_i}\right| \bigg/ \left|\frac{\Delta X_i}{X_i}\right| \tag{2-66}$$

式中，$\left|\frac{\Delta K_i}{K_i}\right|$ 为影响因素 X_i 的相对变化率；$\left|\frac{\Delta X_i}{X_i}\right|$ 为稳定性系数 K_i 的相对变化率。

敏感度分析适用于可定量计算的确定的边坡系统。

2.3.3.3 灰色关联分析

客观世界一切事物都是以系统形式存在和发展的，而系统又是由多种因素组成的。这些系统之间、因素之间彼此的关系错综复杂，特别是一些表面现象和变化的随机现象，极易混淆人们的直觉，掩盖事物的本质，使人们在认识、分析、预测、决策和控制时，得不到全面、足够的信息，难以形成明确的概念，难以抓住主要矛盾和发现主要特征。一时分不清哪些是主要的，哪些是次要的；哪些因素影响大，哪些因素影响小；哪些因素是明显的，哪些因素是潜在的。

灰色关联分析正是适应灰色系统因素分析的这种客观需要而提出的。其目的就是要通过一定的方法，寻找系统中各因素之间的主要关系，找出影响变形效应量的主要因素。其基本思路是根据表征系统行为特征的数列的几何关系及其相似程度来判断其关联程度。灰色关联分析的研究为建立合理的系统模型奠定了基础。由于这种分析方法能使灰色系统各因素之间的灰色关系白化，所以把它称为灰色关联分析。

在关联分析中，衡量两个系统或系统中两个因素间随时间变化的关联性大小的量度，称为关联度。它定量地描述了系统发展过程中，因素之间相对变化的情况。在系统发展过程中，如果两个因素变化的态势基本一致，即同步变化程度较高，则可以认为两者关联度较大；反之，两者关联度就小。因此，灰色关联分析是对系统发展变化态势的定量比较与描述。概括而论，灰色关联分析可按如下步骤进行：

(1)原始数据的生成

在监测中，各因素的物理意义不同，数据的量纲也不同，如水深因子一般以米(m)为单位；温度因子以摄氏度(℃)为单位；位移以毫米(mm)为单位等。而且其数值大小、数量级相差较大，几何曲线比例也不同。此时，温度和位移量数列还不一定为非负数列。这样直接进行比较就难以得到正确的结果。因此，在进行关联分析前有必要对原始数据进行生成，使数列具有可比性。根据原始数据情况，一般可用数列非负生成、等时距生成和无量纲生成等。

设有数据序列 $x_0=\{x_0(1),x_0(2),x_0(3),\cdots,x_0(n)\}$，对 x_0 作区间相对值化处理，则可得：

$$x_0'=\{x_0'(1),x_0'(2),x_0'(3),\cdots,x_0'(n)\} \tag{2-67}$$

其中，$x_0'(j)=\dfrac{x_0(j)-\min[x_0(j)]}{\max[x_0(j)]-\min[x_0(j)]}$。

这样就对原序列进行了无量纲处理。

(2)计算关联系数

关联性实质上是曲线间几何形状的差别，因此将以曲线间差值的大小，作为关联程度的衡量尺度。设经过数据生成的母数列为：

$$x_0^{(0)}=\{x_0^{(0)}(1),x_0^{(0)}(2),\cdots,x_0^{(0)}(n)\}$$

子数列为：

$$x_i^{(0)}=\{x_i^{(0)}(1),x_i^{(0)}(2),\cdots,x_i^{(0)}(n)\}\quad(i=1,2,\cdots,m)$$

则母数列与子数列在各时刻的关联系数为 $\xi_{0i}(k)$，其计算公式为：

$$\xi_{0i}(k)=\frac{\Delta_{\min}+\rho\Delta_{\max}}{\Delta_{0i}(k)+\rho\Delta_{\max}} \tag{2-68}$$

其中：

$\Delta_{0i}(k)=|x_0(k)-x_i(k)|\ (1\leqslant i\leqslant m)$，为 k 时刻两比较数列的绝对差；

$\Delta_{\min}$ 为 m 个子数列在各个时刻的距离最小值，$\Delta_{0i}(\min)=\min[|x_0(k)-x_i(k)|]$(因比较数列生成后存在同一起点或交点，故实际计算时取 $\Delta_{\min}=0$)；

$\Delta_{\max}$ 为 m 个子数列在各个时刻的距离最大值，$\Delta_{0i}(\max)=\max[|x_0(k)-x_i(k)|]$；

ρ 为分辨系数，用来削弱 $\Delta_{\max}$ 数值过大而失真的影响，提高关联系数之间的差异显著性，$\rho\in(0,1]$，使用时根据经验常取 $\rho\leqslant 0.5$。

关联系数 $\xi_{0i}(k)$ 是定性分析和定量分析相结合的产物，其抽象思维的准则如下：

①规范性

$\xi_{0i}(k)\in(0,1]$。由关联系数计算公式知，在 $\Delta_{\min}$ 时刻 $\xi_{0i}(k)=1$，关联系数最大；在 $\Delta_{\max}$ 时刻关联系数最小，显然，$\xi_{0i}(k)>0$。其直观的解释为：两个因素关联是绝对的，即 $\xi_{0i}(k)>0$；虽然没有绝对关联的两个因素，但自己和自己在同一时间、地点和条件下相比总是相同的，$\xi_{0i}(k)\leqslant 1$。

②偶对对称性

偶对即“两两”，对称即“彼此”，两两彼此关联是关联的基础。关联分析把不同曲线的距离空间转变为关联空间。

③整体性

关联系数是在保留最小差值和最大差值的条件下，计算各时刻子数列与母数列的相对差值。

④接近性

分辨系数 ρ 实际上是人为给定的定性分析的系数。其值大小影响 $\xi_{0i}(k)$ 的值，但不影响各时刻关联系数的序。

(3)求关联度

由于关联系数的几何意义就是母数列与子数列在各个时刻的相对距离，所以关联系数很多，信息过于分散，不便从整体上进行比较。为此，取各个时刻关联系数的平均值来表示关联程度的数量。记母数列与子数列的关联度为 r_{0i}，其计算公式为：

$$r_{0i}=\sum_{i=1}^{n}\xi_{0i}(k)/n \tag{2-69}$$

不难看出，关联度的计算同下列因素有关：

①母数列 $x_0^{(0)}$ 不同，关联度不同；

②子数列 $x_i^{(0)}$ 不同，关联度不同；

③原始数据变换方法不同，关联度不同；

④数据长度（个数）不同，关联度不同；

⑤分辨系数 ρ 不同，关联度不同。

（4）排关联序

在关联分析中，各因素间关联度数值大小意义不大，关键是比较子数列相对于母数列的大小。因此，关联序就是将 m 个子数列相对于同一个母数列的关联度，按从大到小的顺序排列起来的一组数列。它直观地反映了各个子数列相对于同一母数列的关联程度，即优劣关系。

（5）关联矩阵

设有 n 个母数列 $y_1^{(0)}, y_2^{(0)}, \cdots, y_n^{(0)}(n>1)$，相应有 m 个子数列 $x_1^{(0)}, x_2^{(0)}, \cdots, x_m^{(0)}(m>1)$，则各子数列对于母数列有关联度 $r_{i1}, r_{i2}, \cdots, r_{im}(i=1,2,\cdots,n)$。

将 r_{ij} 作适当排列，得关联度矩阵：

$$\boldsymbol{R}=\begin{bmatrix} r_{11} & r_{12} & \cdots & r_{1m} \\ r_{21} & r_{22} & \cdots & r_{2m} \\ \vdots & \vdots & & \vdots \\ r_{n1} & r_{n2} & \cdots & r_{nm} \end{bmatrix} \tag{2-70}$$

关联度矩阵既是决策的原始依据，又是系统优势分析的基础。在变形观测数列分析中，它的一个重要作用就是选择变形模型的最佳因子子集合。

2.4 影响因子分析与选择

影响边坡稳定性的因素众多，且机理复杂多变，如果不加区分与筛选，就无法建立全面系统地表达各种因素的数学模型，即使通过一定手段建立一种复杂的模型，针对具体的边坡，其模型参数也难以确定。事实上，边坡稳定性分析以及基于监测数据的预测模型分析，不可能也没有必要建立考虑所有因素的数据模型。一方面，只需根据解决问题的目的与方法手段选取对应的主要影响因素建模即可；另一方面，根据工程经验与岩土工程相关理论可知，在剔除影响边坡稳定性的次要因素之后，往往在影响边坡稳定性的主要因素中，仍有一部分是密切相关的，另一部分是独立的，由统计学理论可知，密切相关的因素对建模极为不利，这就需要考虑如何选择变量因子，本节进一步讨论因子选择的相关理论与方法。

2.4.1 主成分分析与因子选择

设 $\boldsymbol{x}$ 为 m 维随机向量，$\boldsymbol{x}'$ 为中心化后的向量，其协方差矩阵为 $\boldsymbol{R}$，这里假设 $\boldsymbol{R}$ 已知。设 $\lambda_1,\lambda_2,\cdots,\lambda_n$ 为 $\boldsymbol{R}$ 的特征值，且 $\lambda_1\geqslant\lambda_2\geqslant\cdots\geqslant\lambda_n$，$u_1,u_2,\cdots,u_m$ 为对应的标准正交化特征向量的元素值，即 $\boldsymbol{U}=[u_1 \quad u_2 \quad \cdots \quad u_m]$ 为正交矩阵，且使 $\boldsymbol{U}^{\mathrm{T}}\boldsymbol{R}\boldsymbol{U}=\mathrm{diag}(\lambda_1,\lambda_2,\cdots,\lambda_m)$，则称 $\boldsymbol{Z}=[Z_1 \quad Z_2 \quad \cdots \quad Z_m]^{\mathrm{T}}=\boldsymbol{U}^{\mathrm{T}}\boldsymbol{x}'\boldsymbol{Z}$ 为随机向量 $\boldsymbol{x}$ 的主分量；$\boldsymbol{Z}_i=\boldsymbol{u}_i^{\mathrm{T}}\boldsymbol{x}'$ 为第 i 个主分量，$i=1,2,\cdots,m$，它具有如下性质：

① $Cov(\boldsymbol{Z})=\wedge$，即任意 2 个主分量都不相关，且第 i 个主分量的方差为 λ_1；

② $\sum\limits_{i=1}^{m}Var(\boldsymbol{Z}_i)=\sum\limits_{i=1}^{m}Var(\boldsymbol{x}_i)=rt(\boldsymbol{R})$，即主分量的方差之和与原随机向量的方差之和相等；

③$\bar{Z}_i=\dfrac{1}{n}\sum\limits_{j=1}^{n}Z_{ij}=0(i=1,2,\cdots,m;j=1,2,\cdots,n)$ 即主分量的均值为零；

④对于任意向量 $\boldsymbol{\alpha}$ 有：

$$\max[Var(\boldsymbol{\alpha}^{\mathrm{T}}\boldsymbol{x}')]=Var(\boldsymbol{Z}_1)=\lambda_1 \quad (\boldsymbol{\alpha}^{\mathrm{T}}\boldsymbol{\alpha}=1)$$

$$\max[Var(\boldsymbol{\alpha}^{\mathrm{T}}\boldsymbol{x}')]=Var(\boldsymbol{Z}_i)=\lambda_i \quad (\boldsymbol{u}_j^{\mathrm{T}}\boldsymbol{\alpha}=1,j=1,2,\cdots,i-1;\boldsymbol{\alpha}^{\mathrm{T}}\boldsymbol{\alpha}=1) \tag{2-71}$$

上式表明，在随机向量的一切线性组合中，对标准化系数向量，第 1 个主分量 $\boldsymbol{Z}_1=\boldsymbol{u}_1^{\mathrm{T}}\boldsymbol{x}'$ 的方差最大；而在与 $\boldsymbol{Z}_1$ 不相关的任意线性组合中，第 2 个主分量 $\boldsymbol{Z}_2=\boldsymbol{u}_2^{\mathrm{T}}\boldsymbol{x}'$ 的方差最大。依次类推，在与前 $i-1$ 个主分量不相关的任意线性组合中，第 i 个主分量 $\boldsymbol{Z}_i=\boldsymbol{u}_i^{\mathrm{T}}\boldsymbol{x}'$ 的方差最大。

由于建模时，通常用因子矩阵 $\boldsymbol{X}$ 的 $\boldsymbol{X}^{\mathrm{T}}\boldsymbol{X}/n$ 估计 $\boldsymbol{R}$。所以，第 i 个主分量 $\boldsymbol{Z}_i=\boldsymbol{u}_i^{\mathrm{T}}\boldsymbol{x}'$ 的方差 λ_i 大小直接反映了该主分量对模型参数最小二乘法估计的影响。显然，当最小的 $\lambda_i\to0$ 时，表明因子间存在密切相关的因子。此时，观测效应量的微小变化，都会对模型参数产生较大波动。因此，应将 $\lambda_i\to0$ 的主分量舍去，以保证模型参数的稳定性。考虑特征值 λ_i 所对应的特征向量元素是每个原始因子对主分量的贡献，即可以认为在该特征向量中，权数最大的因子对主分量的贡献最大。因此，可以得到筛选因子的原则：每次在 $\min(\lambda_i)$ 所对应的特征微量中，删除权数最大的因子，直至 $\min(\lambda_i)$ 不是很小时为止。根据经验，应使下式成立，即：

$$\frac{\min(\lambda_i)}{\sum \lambda_i} \times 100\% \geqslant 10\% \tag{2-72}$$

然后，对剩下因子再作因子组合，分别进行模型参数估计。

2.4.2 灰色关联度分析与模型因子选择

设有 m 个子序列（原因量）与母序列（效应量）有一定关联作用的 n 个同期动态观测值，其原始序列简记为：

母序列：$\{X_0(i)\}$　$(i=1,2,\cdots,n)$；

子序列：$\{X_k(i)\}$　$(i=l,2,\cdots,n;k=1,2,\cdots,m)$。

为便于比较，将它们进行标准化处理。令：

$$\bar{x}_0 = \frac{1}{n}\sum_{i=1}^{n} X_0(i)$$

$$\bar{x}_k = \frac{1}{n}\sum_{i=1}^{n} X_k(i)$$

其中，$k = 1,2,\cdots,m$。

于是有标准化新序列：

母序列：$\{x_0(i)\} = \{X_0(i)\}/\bar{x}_0$　$(i = 1,2,\cdots,n)$；

子序列：$\{x_k(i)\} = \{X_k(i)\}/\bar{x}_k$　$(i = 1,2,\cdots,n;k = 1,2,\cdots,m)$。

这时在以序列为纵轴、时间为横轴的 tox 坐标系中，有 $m+1$ 条折线；$x_k = \{x_k(i) \mid k=0,1,\cdots,m\}$。直观上，凡是子序列几何形状与母序列比较接近的，关联度就较大。根据这一基本观点，可得到描述关联度的量化模型。

由于关联度 $r_{ok} \in [0,1]$，其值大小反映了 x_k 与 x_0 关联程度的高低，r_{ok} 愈接近于 1，关联度愈高。所以，可用关联度来选择模型因子，即将较大关联度所对应的因子子序列选入模型。为避免密切相关的因子同时被选入模型，还应首先分析因子子序列之间的关联度 $r_{kj}(k,j=1,2,\cdots,m)$，并根据关联度矩阵 $\boldsymbol{r} = [r_{kj}]$ 的元素大小，将因子分成若干独立或近似独立的组，然后再计算母序列与子序列之间的关联度 $r_{ok}(k=1,2,\cdots,m)$。选择因子组中最大关联度所对应的因子进入模型。若一个因子组中没有较大的关联度时,可删除该因子组。由经验可知,当分辨系数 $\xi=0.5$,关联度 $r_{ok}\geqslant 0.6$ 时,则认为子序列 x_k 与母序列 x_0 关系密切,否则相反。入选因子组合后,分别进行回归分析,并按 AIC 信息量准则来选择最佳因子子集合,从而获得最优统计模型。

2.4.3　基于变量影响重要性的自变量筛选

偏最小二乘回归分析在建模过程中集中了主成分分析、典型相关分析和线性回归分析的工作特点。因此,它在分析结果中,除了可以提供一个更合理的回归模型外,还可以同时完成一些类似于主成分分析和典型相关分析的研究内容,提供更加丰富、深入的系统信息。这方面的有关内容,被称之为最小二乘回归的辅助分析技术。关于偏最小二乘回归建模技术,将在第 3 章详细介绍,本节仅就其应用于变量筛选的 *VIP* 计算作相关探讨。

在偏最小二乘回归计算过程中,所提取自变量成分 t_h,一方面尽可能多地代表 X 中的变异信息;另一方面又尽可能与 Y 相关联,解释 Y 中的信息。为了测量 t_h 对 X 和 Y 的解释能力,定义 t_h 的各种解释能力如下:

①t_h 对某自变量 x_j 的解释能力为:

$$Rd(x_j;t_h)=r^2(x_j;t_h) \tag{2-73}$$

②t_h 对 X 的解释能力为:

$$Rd(X;t_h)=\frac{1}{p}\sum_{j=1}^{p}Rd(x_j;t_h) \tag{2-74}$$

③$t_1,t_2,\cdots,t_m$ 对 X 的累计解释能力为:

$$Rd(X;t_1,t_2,\cdots,t_m)=\sum_{h=1}^{m}Rd(X;t_h) \tag{2-75}$$

④$t_1,t_2,\cdots,t_m$ 对某自变量 x_j 的累计解释能力为:

$$Rd(x_j;t_1,t_2,\cdots,t_m)=\sum_{h=1}^{m}Rd(x_j;t_h) \tag{2-76}$$

⑤t_h 对某因变量 y_k 的解释能力为:

$$Rd(y_k;t_h)=r^2(y_k;t_h) \tag{2-77}$$

⑥t_h 对 Y 的解释能力为:

$$Rd(Y;t_h)=\frac{1}{q}\sum_{k=1}^{q}Rd(y_k;t_h) \tag{2-78}$$

⑦$t_1, t_2, \cdots, t_m$ 对 Y 的累计解释能力为：

$$Rd(Y; t_1, t_2, \cdots, t_m) = \sum_{h=1}^{m} Rd(Y; t_h) \tag{2-79}$$

⑧$t_1, t_2, \cdots, t_m$ 对某因变量 y_k 的累计解释能力为：

$$Rd(y_k; t_1, t_2, \cdots, t_m) = \sum_{h=1}^{m} Rd(y_k; t_h) \tag{2-80}$$

为了分析自变量 X 与因变量 Y 之间的关系，同时，也为了便于自变量集合的调整，需进一步讨论如何测度每一个自变量 X 对因变量集合的解释能力。

X 在解释 Y 时作用的重要性，可以用变量投影重要性指标 VIP_j 来测度(Variable Importance in Projection)，其计算式如下：

$$VIP_j = \sqrt{\frac{p}{Rd(Y; t_1, t_2, \cdots, t_m)} \sum_{h=1}^{m} Rd(Y; t_h) w_{hj}^2} \tag{2-81}$$

式中，w_{hj} 是轴 w_h 的第 j 个分量。在这里，它被用于测量 x_j 对构造 t_h 成分的边际贡献。对于任意 $h=1,2,\cdots,m$，有：

$$\sum_{j=1}^{p} w_{hj}^2 = w_h' w_h = 1 \tag{2-82}$$

我们知道，x_j 对 Y 的解释是通过 t_h 来传递的。如果 t_h 对 Y 的解释能力很强，而 x_j 在构造 t_h 时又起到了相当重要的作用，则 x_j 对 Y 的解释能力就被视为很大。换句话说，如果在 $Rd(Y; t_h)$ 值很大的 t_h 成分上，w_{hj} 取很大的值，则 x_j 对解释所有的 Y 就有很重要的作用。

从 VIP_j 公式的定义反映了上述分析思想，即：

$$VIP_j^2 = \frac{p \sum_{h=1}^{m} Rd(Y; t_h) w_{hj}^2}{\sum_{h=1}^{m} Rd(Y; t_h)} \tag{2-83}$$

可见，当 $Rd(Y; t_h)$ 很大时，w_{hj}^2 取很大值，则 VIP_j^2 也取较大值。

另一方面

$$\sum_{j=1}^{p} VIP_j^2 = \sum_{j=1}^{p} \frac{p \sum_{h=1}^{m} Rd(Y; t_h) w_{hj}^2}{\sum_{h=1}^{m} Rd(Y; t_h)} = \frac{p \sum_{h=1}^{m} Rd(Y; t_h)}{\sum_{h=1}^{m} Rd(Y; t_h)} \sum_{j=1}^{p} w_{hj}^2 = p \tag{2-84}$$

所以，对于 p 个自变量 $x_j(j=1,2,\cdots,p)$，如果它们在解释 Y 时的作用都相同,则所有的 VIP_j 均等于 1;否则,对于 VIP_j 很大(>1)的 x_j,它在解释 Y 时就有更加重要的作用。

VIP 值代表自变量对模型拟合的重要程度,如果各自变量对 y 的解释作用都相同,则所有自变量的 *VIP* 值均为 1。如果各自变量回归系数和 *VIP* 值均较小,意味着该变量对模型的贡献很小,可以考虑删除。这一结论为模型因子的筛选提供了理论依据。

2.4.4 实例分析

边坡的变形破坏过程实质上是潜在的变形体在各种因素的作用下其稳定性逐渐降低的过程。影响因素主要可以分为内在因素和外部因素。按表现形式又可分为:

(1)地质因素:①地层岩性;②地质构造;③岩土体结构(包括:a. 结构面的倾向和倾角;b. 结构面的走向;c. 结构面的组数和数量;d. 结构面的连续性)。

(2)环境因素:①水的作用;②气候条件;③风化作用;④地震。

(3)施工因素:①开挖卸荷效应(包括:a. 开挖方式的影响;b. 开挖速度的影响;c. 施工扰动和坡顶加载);②加固措施。

(4)边坡几何形态:①坡度和坡高;②边坡形状。

显然全面系统地不加区分考虑各因子的影响,任何一种理论模型都难以建立,同时也没有必要,因此研究影响边坡稳定性或变形破坏的主要因素是边坡变形破坏机理分析和确定边坡开挖加固合理施工方法的重要前提条件;同时在主要因素中还有部分因素严格线性相关,这对理论模型的建立极为不利,必须在众多的影响因子中挑选既能反映边坡变形特征,又相互独立的因子,因子选择成为理论建模的又一先决条件。为说明因子选择技术的应用,选择大岗山水电站枢纽区边坡实测多点位移计孔口位移值及相关工程地质数据,如表 2-6 所示。将表 2-6 数据进行定量化与无量纲化后列于表 2-7。

方法一:用主分量分析法选择因子,计算步骤如下:

(1)将表 2-6 中定性数据定量化;

(2)将所有数据无量纲化;

(3)用 Excel 统计功能求相关系数,构成相关矩阵 $\boldsymbol{R}_0$,见表 2-8;

(4)用 MATLAB 函数求矩阵 $\boldsymbol{R}_0$ 的特征值与特征向量;

表 2-6　大岗山水电站枢纽区边坡典型测点多点位移计实测值及相关地质地形参数

序号	仪器编号	位移（mm）	岩体质量	风化程度	岩体结构类型	K_v	坡形	坡角（坡比）	坡高（m）	E（GPa）	c（MPa）	$\tan\varphi$	R_b（MPa）
1	M^4_{2LJC}	1.95	Ⅰ	未风化	块状	0.85	0.7	1∶0.4	1262	30	2	1.5	100
2	M^4_{3LJC}	1.7	Ⅰ	未风化	块状	0.85	0.7	1∶0.4	1261	30	2	1.5	100
3	M^4_{1JSK}	11.67	Ⅲ	弱风化	块裂	0.5	0.6	1∶0.5	1136	9	1.25	1.1	60
4	M^4_{3JSK}	6.94	Ⅱ	微风化	镶嵌	0.65	0.7	1∶0.5	1196	20	1.65	1.25	75
5	M^4_{5JSK}	9.72	Ⅱ	微风化	镶嵌	0.65	0.7	1∶0.5	1141	20	1.65	1.25	75
6	M^1_{LX}	6.63	Ⅱ	微风化	镶嵌	0.65	0.7	1∶0.45	1136	20	1.65	1.25	75
7	M^3_{LX}	17.73	Ⅳ	中风化	碎裂	0.2	0.7	1∶0.45	1136	3	0.7	0.825	30
8	M^5_{LX}	30.5	Ⅴ	强风化	散体	0.1	0.5	1∶0.45	1136	0.25	0.2	0.5	12
9	M^7_{LX}	6.99	Ⅱ	微风化	镶嵌	0.65	0.7	1∶0.45	1136	20	1.65	1.25	75
10	M^4_{1RJC}	0.75	Ⅰ	未风化	块状	0.85	0.7	1∶0.4	1247	30	2	1.5	100
11	M^4_{2RJC}	0.04	Ⅰ	未风化	块状	0.85	0.7	1∶0.4	1247	30	2	1.5	100
12	M^4_{1RX}	10.01	Ⅲ	弱风化	块裂	0.5	0.6	1∶0.5	1336	9	1.25	1.1	60
13	M^4_{3RX}	7.57	Ⅱ	微风化	镶嵌	0.65	0.6	1∶0.5	1136	20	1.65	1.25	75
14	M^4_{5RX}	14	Ⅲ	弱风化	块裂	0.5	0.6	1∶0.5	1136	9	1.25	1.1	60
15	M^4_{7RX}	32	Ⅴ	强风化	散体	0.1	0.5	1∶0.5	1136	0.25	0.2	0.5	30
16	M^4_{1LBP}	4.38	Ⅰ	未风化	块状	0.85	0.7	1∶0.45	1040	30	2	1.5	100
17	M^4_{3LBP}	11.1	Ⅲ	弱风化	块裂	0.65	0.6	1∶0.45	1101	9	1.25	1.1	60
18	M^4_{5LBP}	15.87	Ⅳ	中风化	碎裂	0.2	0.5	1∶0.45	1071	3	0.7	0.825	30
19	M^4_{7LBP}	3.21	Ⅳ	中风化	碎裂	0.2	0.7	1∶0.45	1041	3	0.7	0.825	30
20	M^4_{9RBP}	16.11	Ⅳ	中风化	碎裂	0.2	0.7	1∶0.45	1040	3	0.7	0.825	30
21	M^4_{11RBP}	23.65	Ⅴ	强风化	散体	0.1	0.5	1∶0.45	1101	0.25	0.2	0.5	12
22	M^4_{13RBP}	46	Ⅴ	强风化	散体	0.1	0.5	1∶0.45	1101	0.25	0.2	0.5	12
23	M^4_{15RBP}	20.61	Ⅳ	中风化	碎裂	0.5	0.6	1∶0.45	1101	3	0.7	0.825	30
24	M^4_{17RBP}	8.42	Ⅱ	微风化	镶嵌	0.65	0.7	1∶0.45	1136	20	1.65	1.25	75

表 2-7 大岗山水电站枢纽区边坡典型测点多点位移计实测值及相关地质地形参数预处理后的数据

y	X_1	X_2	X_3	X_4	X_5	X_6	X_7	X_8	X_9	X_{10}	X_{11}
0.04	0.9	0.9	0.9	0.85	0.7	1.00	0.79	1.00	1	1.00	1
0.04	0.9	0.9	0.9	0.85	0.7	1.00	0.78	1.00	1	1.00	1
0.25	0.5	0.5	0.5	0.5	0.6	0.80	0.48	0.30	0.625	0.73	0.6
0.15	0.7	0.7	0.7	0.65	0.7	0.80	0.62	0.67	0.825	0.83	0.75
0.21	0.7	0.7	0.7	0.65	0.7	0.80	0.49	0.67	0.825	0.83	0.75
0.14	0.7	0.7	0.7	0.65	0.7	0.89	0.48	0.67	0.825	0.83	0.75
0.39	0.3	0.3	0.3	0.2	0.7	0.89	0.48	0.10	0.35	0.55	0.3
0.66	0.1	0.1	0.1	0.1	0.5	0.89	0.48	0.01	0.1	0.33	0.12
0.15	0.7	0.7	0.7	0.65	0.7	0.89	0.48	0.67	0.825	0.83	0.75
0.02	0.9	0.9	0.9	0.85	0.7	1.00	0.75	1.00	1	1.00	1
0.00	0.9	0.9	0.9	0.85	0.7	1.00	0.75	1.00	1	1.00	1
0.22	0.5	0.5	0.5	0.5	0.6	0.80	0.97	0.30	0.625	0.73	0.6
0.16	0.7	0.7	0.7	0.65	0.6	0.80	0.48	0.67	0.825	0.83	0.75
0.30	0.5	0.7	0.7	0.5	0.6	0.80	0.48	0.30	0.625	0.73	0.6
0.70	0.1	0.1	0.1	0.1	0.5	0.80	0.48	0.01	0.1	0.33	0.3
0.10	0.9	0.9	0.9	0.85	0.7	0.89	0.24	1.00	1	1.00	1
0.24	0.5	0.5	0.5	0.65	0.6	0.89	0.39	0.30	0.625	0.73	0.6
0.35	0.3	0.3	0.3	0.2	0.5	0.89	0.32	0.10	0.35	0.55	0.3
0.07	0.3	0.3	0.3	0.2	0.7	0.89	0.25	0.10	0.35	0.55	0.3
0.35	0.3	0.3	0.3	0.2	0.7	0.89	0.24	0.10	0.35	0.55	0.3
0.51	0.1	0.1	0.1	0.1	0.5	0.89	0.39	0.01	0.1	0.33	0.12
1.00	0.1	0.1	0.1	0.1	0.5	0.89	0.39	0.01	0.1	0.33	0.12
0.45	0.3	0.3	0.3	0.5	0.6	0.89	0.39	0.10	0.35	0.55	0.3
0.18	0.7	0.7	0.7	0.65	0.7	0.89	0.48	0.67	0.825	0.83	0.75

表 2-8　因子相关系数

因子	X_1	X_2	X_3	X_4	X_5	X_6	X_7	X_8	X_9	X_{10}	X_{11}
X_1	1.0000	0.9898	0.9898	0.9687	0.7480	0.3745	0.4881	0.9783	0.9962	0.9929	0.9884
X_2	0.9898	1.0000	1.0000	0.9614	0.7300	0.3349	0.4804	0.9591	0.9902	0.9887	0.9824
X_3	0.9898	1.0000	1.0000	0.9614	0.7300	0.3349	0.4804	0.9591	0.9902	0.9887	0.9824
X_4	0.9687	0.9614	0.9614	1.0000	0.6718	0.3533	0.4957	0.9391	0.9700	0.9683	0.9668
X_5	0.7480	0.7300	0.7300	0.6718	1.0000	0.3295	0.2122	0.6944	0.7488	0.7573	0.6954
X_6	0.3745	0.3349	0.3349	0.3533	0.3295	1.0000	0.2620	0.4561	0.3142	0.3481	0.3426
X_7	0.4881	0.4804	0.4804	0.4957	0.2122	0.2620	1.0000	0.4985	0.4840	0.4831	0.5298
X_8	0.9783	0.9591	0.9591	0.9391	0.6944	0.4561	0.4985	1.0000	0.9590	0.9490	0.9723
X_9	0.9962	0.9902	0.9902	0.9700	0.7488	0.3142	0.4840	0.9590	1.0000	0.9957	0.9845
X_{10}	0.9929	0.9887	0.9887	0.9683	0.7573	0.3481	0.4831	0.9490	0.9957	1.0000	0.9810
X_{11}	0.9884	0.9824	0.9824	0.9668	0.6954	0.3426	0.5298	0.9723	0.9845	0.9810	1.0000

(5)找出最小特征值对应的特征向量中权重最大的分量，即需剔出的变量，如表 2-9 中 $\lambda_{\min}=0$，对应的最大权向量 $w_2=-0.8484$，为岩体风化程度因子，删除；

表 2-9　特征值与对应的特征向量

w_1	w_2	w_3	w_4	w_5	w_6	w_7	w_8	w_9	w_{10}	w_{11}	λ
0	−0.8484	0.0185	−0.2892	−0.2489	0.0396	0.1086	−0.0703	−0.0141	−0.0554	0.3356	0
−0.7071	−0.0075	−0.0083	0.0476	0.4132	−0.4431	0.0408	−0.0937	0.0113	−0.095	0.3331	0.001
0.7071	−0.0075	−0.0083	0.0476	0.4132	−0.4431	0.0408	−0.0937	0.0113	−0.095	0.3331	0.004
0	−0.0061	0.0371	−0.0028	0.3189	0.5328	−0.6806	−0.1955	0.0474	−0.0496	0.3269	0.012
0	0.0059	0.0024	0.063	0.0879	0.1212	−0.0022	0.8393	−0.4306	−0.1338	0.2564	0.016
0	−0.0005	−0.0616	0.0314	−0.0329	−0.0972	−0.0858	−0.1292	−0.4639	0.8522	0.1384	0.04
0	−0.0026	0.0083	−0.0356	0.0282	−0.0082	−0.0045	0.4125	0.7682	0.4532	0.1792	0.059
0	0.283	0.2255	−0.2443	0.175	0.4588	0.6532	−0.1727	−0.0274	0.0559	0.3284	0.363
0	0.3341	−0.7197	−0.352	−0.3338	−0.0617	−0.0635	−0.042	0.0171	−0.1165	0.3339	0.797
0	0.2948	0.6335	−0.093	−0.5146	−0.2533	−0.2334	−0.027	−0.0082	−0.0857	0.3339	0.898
0	−0.0366	−0.1552	0.8446	−0.2801	0.1386	0.1704	−0.125	0.0741	−0.0528	0.3327	8.861

(6)将剔除后的因子构成新的相关矩阵 $\boldsymbol{R}_i$，重新求 $\boldsymbol{R}_i$ 特征值与特征向量；

(7)如此循环，直到最小特征值占所有特征值之和的比例大于 10%(或 8%)为止。

按上述方法计算，剩余因子为 X_1、X_4、X_6、X_7、X_8、X_{10} 和 X_{11}。

方法二：用关联度分析法选择因子

按式(2-69)计算表 2-7 因子子序列关联度矩阵：

$$
\boldsymbol{R}=\begin{bmatrix}
1.0 & 0.9722 & 0.9722 & 0.7111 & 0.5861 & 0.6066 & 0.7108 & 0.6715 & 0.5014 & 0.7604 & 0.6806 \\
 & 1.0 & 1.0 & 0.6833 & 0.5861 & 0.6164 & 0.6957 & 0.7560 & 0.5065 & 0.5583 & 0.6806 \\
 & & 1.0 & 0.6833 & 0.5861 & 0.6164 & 0.6957 & 0.7560 & 0.5065 & 0.5583 & 0.6806 \\
 & & & 1.0 & 0.7404 & 0.6178 & 0.7163 & 0.7223 & 0.4874 & 0.6113 & 0.6167 \\
 & & & & 1.0 & 0.6907 & 0.6640 & 0.6082 & 0.5880 & 0.6510 & 0.5836 \\
 & & & & & 1.0 & 0.7116 & 0.5865 & 0.6806 & 0.6908 & 0.6495 \\
 & & & & & & 1.0 & 0.6767 & 0.6721 & 0.7148 & 0.6870 \\
 & & & & & & & 1.0 & 0.5791 & 0.5465 & 0.5997 \\
 & & & & & & & & 1.0 & 0.6604 & 0.7415 \\
 & & & & & & & & & 1.0 & 0.5875 \\
 & & & & & & & & & & 1.0
\end{bmatrix}
$$

这里取 $\xi=0.5$。根据矩阵元素 r_{kj} 将因子分成$\{x_1,x_2,x_3,x_4\}$、$\{x_5,x_6,x_7\}$、$\{x_8\}$、$\{x_9,x_{10}\}$、$\{x_{11}\}$5 组。计算母序列同子序列的关联度如下：

母因素：$r_{00}=1.0$。

子因素：$r_{10}=0.608$；$r_{20}=0.601$；$r_{30}=0.601$；$r_{40}=0.616$；$r_{50}=0.614$；$r_{60}=0.460$；$r_{70}=0.670$；$r_{80}=0.599$；$r_{90}=0.578$；$r_{100}=0.578$；$r_{110}=0.502$。

在第 1 组中，由于 X_1、X_4 与位移关联度最大，因此，作为代表因子进入模型；

在第 2 组中，X_7 又具有最大关联度，选 X_7 进入模型；

在第 3 组中，X_8 只有一个因子，X_8 进入模型；

在第 4 组中，X_9、X_{10} 与测点位移的关联度相当，因子之间的关联度 $r_{910}=0.660$，也不是很高，因此建模时，可以同时考虑两个因子；

在第 5 组中，X_{11} 只有一个因子，但因 $r_{110}=0.502$ 关联度较低，应予以舍弃。

最后，X_1、X_4、X_7、X_8、X_9 和 X_{10} 被选入模型，这同用主分量分析法所得结果基本一致。

方法三：基于 *VIP* 的因子筛选

计算步骤如下：

(1)将表 2-6 中定性数据定量化；

(2)将所有数据无量纲化；

(3)用 Excel 统计功能求相关系数，构成相关矩阵 $\boldsymbol{R}_0$；

(4)用 MATLAB 函数求矩阵 $\boldsymbol{R}_0$ 的特征值与特征向量；

(5)从最大特征值到最小特征值按 2.4.3 节方法依次计算 $t_1, t_2, \cdots, t_m$;

(6)按式(2-77)计算 $Rd(y_j; t_h)$;

(7)按式(2-78)计算 $Rd(Y; t_h)$;

(8)按式(2-79)计算 $Rd(Y; t_1, t_2, \cdots, t_m)$;

(9)按式(2-81)计算 VIP_j;

(10)当 $VIP_j < 0.8$ 时舍去。

按上述方法计算,只需提取两次主成分 t_1、t_2 后,$Rd(X; t_1, t_2) = 0.864$,$Rd(Y; t_1, t_2) = 0.735$,说明第一、二主成分基本概括了自变量 86.4%的信息,因变量 73.5%的信息,无须进一步提取第三成分。此时,各因子的 VIP 值如表2-10所示。

表 2-10 因子的 VIP 值及其方差

X_1	X_2	X_3	X_4	X_5	X_6	X_7	X_8	X_9	X_{10}	X_{11}	$Rd(X; t_1, t_2)$	$Rd(Y; t_1, t_2)$
1.08	1.07	1.07	1.02	0.42	0.61	1.16	1.01	1.09	1.12	1.04	0.864	0.735

按照上述规则,建模时可以选择 X_1、X_2、X_7、X_9、X_{10} 和 X_{11}。

综上分析,尽管三种方法推荐的因子不完全相同,但整体趋势基本一致。三种方法的综合运用,为定量选择影响因子提供了理论依据,从而为科学地建立回归分析模型及监测数据预测模型,奠定了坚实的理论基础。

2.5 大岗山边坡开挖变形影响因素相关性分析

影响边坡稳定的主要因素可归纳为地质因素、环境因素、施工因素和几何因素。

地质因素主要是岩性与岩体结构。对于岩体结构,控制性结构面是影响边坡稳定的决定因素,这已是业界公认的事实。进行因素相关性分析时,重点考虑不存在控制性结构面的岩体稳定性,对于此类岩体,围岩稳定性类型是综合反映地质影响因素的重要指标,相关性分析时重点分析围岩稳定性类型与边坡表面位移的相关性。

环境因素主要考察降雨量与边坡位移的相关关系,地下水对于研究边坡而言处于次要地位,地震因素因实测数据较少,很难有规律性的统计指标。

施工因素主要是工程开挖与支护,因开挖与支护难以定量表达,因此使用作图法分析工程施工的影响。

几何因素主要是边坡高度与外形，对于研究区边坡均为凹面弧形台阶形，不具有对比性，因此相关性分析主要分析边坡高度的影响。

2.5.1 位移与开挖进度的相关性分析

为获得开挖推进过程与边坡位移增长之间的关系，需要从原始监测数据中提取相关信息，这里以大岗山水电站坝肩边坡位移监测数据说明分析过程。图 2-3～图 2-8 分别显示左、右岸坝顶以上典型的位移与开挖过程关系曲线。

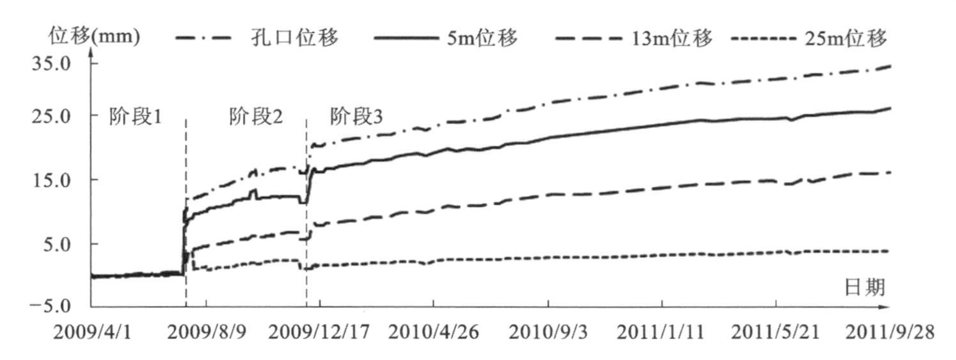

图 2-3 左岸坝顶以上边坡M^4_{5LX}的累计位移与开挖过程关系曲线

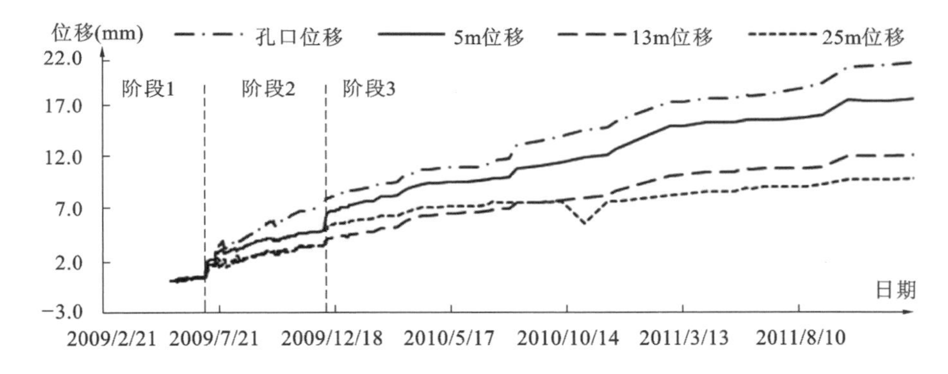

图 2-4 左岸坝顶以上边坡M^4_{3LX}的累计位移与开挖过程关系曲线

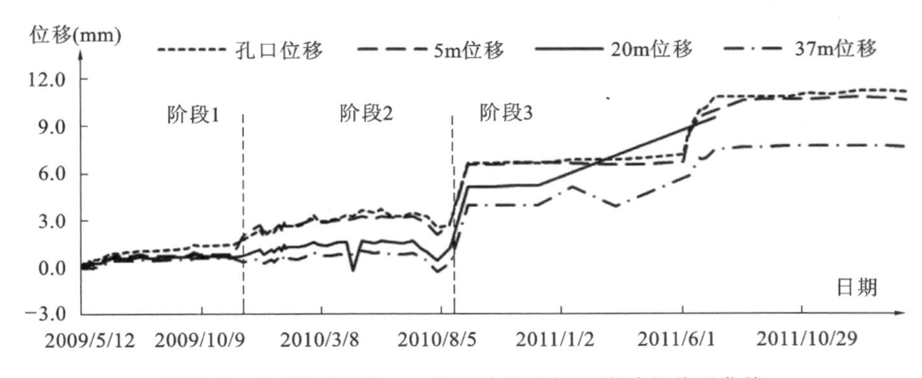

图 2-5 左岸边坡M^4_{3JSKBP}的累计位移与开挖过程关系曲线

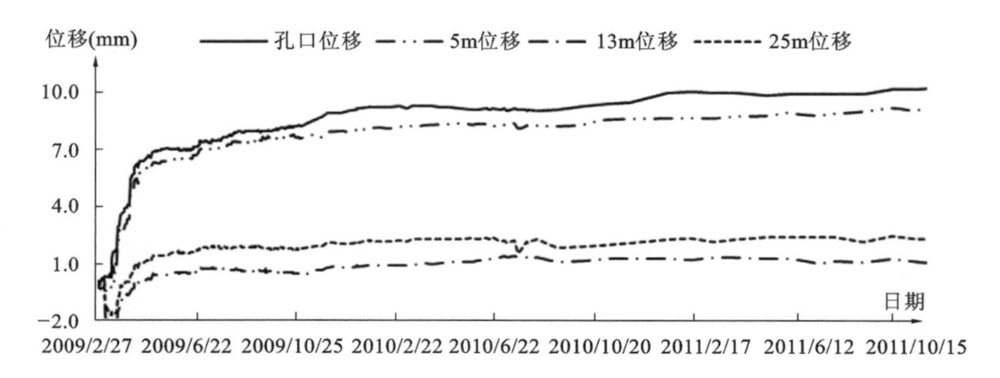

图 2-6 右岸坝顶以上边坡$M^4{}_{1RBP}$累计位移与开挖过程关系曲线

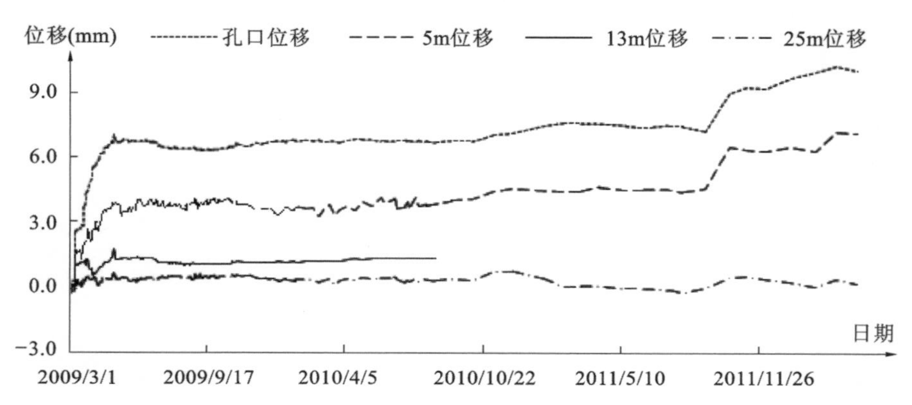

图 2-7 右岸坝顶以上边坡$M^4{}_{3RBP}$的累计位移与开挖过程关系曲线

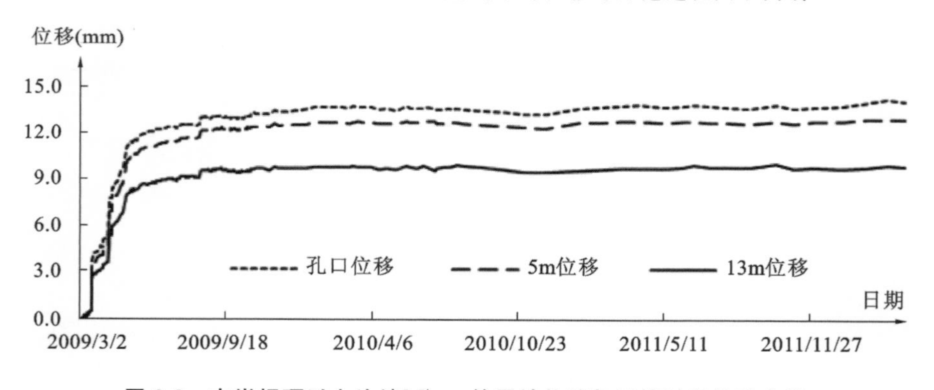

图 2-8 右岸坝顶以上边坡$M^4{}_{5RBP}$的累计位移与开挖过程关系曲线

从时间因素分析，由图 2-3～图 2-5 所示的边坡多点位移计位移-时间过程曲线可以看出，对应于边坡开挖的阶段性卸荷过程，边坡位移具有明显的阶段性突变特征。

从空间因素分析，图 2-6～图 2-8 所示的边坡多点位移计位移-时间过程曲线表明，当岩体完整性较好时，位移均发生在初始阶段，后面的开挖对位移的影响不显著。

总体而言,边坡上部岩体(1135m 以上)表面位移受开挖过程影响显著,后面进一步的分析将说明这一因素是边坡表面变形的重要因素。这可理解为上部岩体裸露,风化相对严重,结构弱面发育,岩体松散,一旦开挖卸荷,原有应力平衡被打破,一方面岩体因卸载发生弹性变形;另一方面结构面因卸荷裂缝扩张,从而导致边坡位移因开挖出现突然增加的现象。之后受环境因素的影响,如风化、温度和降雨等作用,部分岩体发生蠕变,导致开挖后较长时间内位移仍缓慢增加。边坡下部岩体(1135m 以下)则受开挖影响不显著。这可解释为:一方面,下部岩体埋深大,风化作用小,完整性好,强度、刚度等力学指标均较高,其自身抵抗变形的能力较强;另一方面,下部岩体开挖面呈内凹的拱形曲面,形成自然承压拱,受周围岩体的夹制作用,限制边坡表面自由变形,因此受二次开挖的影响不显著。

2.5.2 位移与支护进度的相关性分析

图 2-9～图 2-14 分别显示左、右岸坝顶以上关键点的位移受支护过程影响曲线。

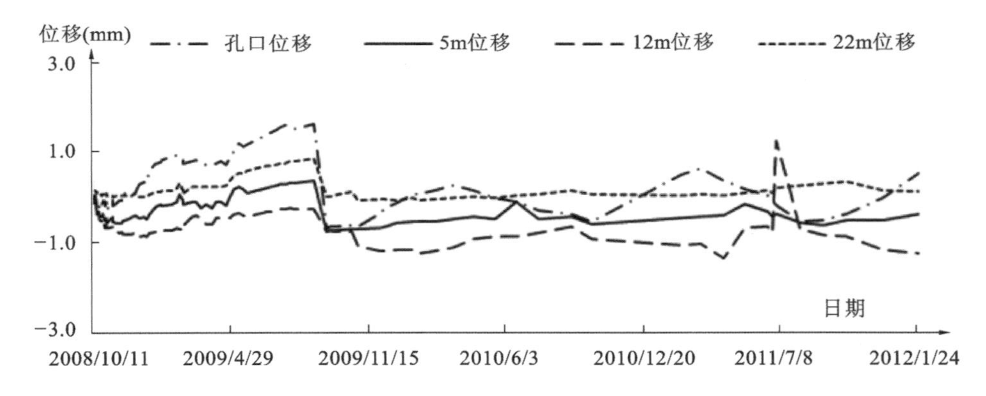

图 2-9 左岸坝顶以上边坡多点位移计 M^4_{11LJC} 累计位移受支护影响曲线

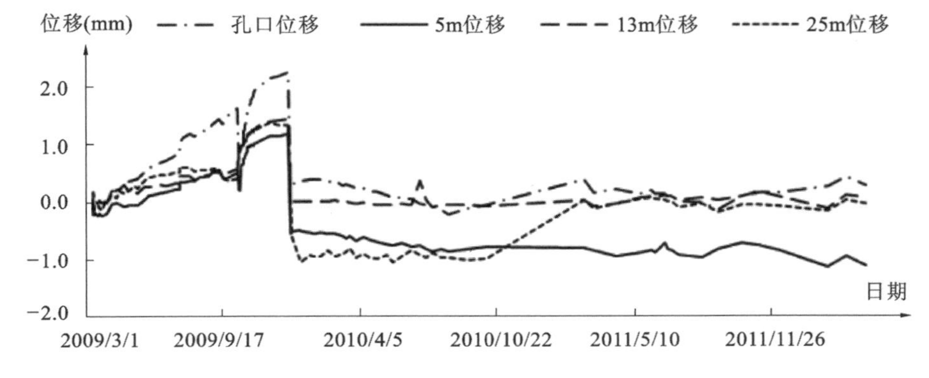

图 2-10 左岸坝顶以上边坡多点位移计 M^4_{6LBP} 累计位移受支护影响曲线

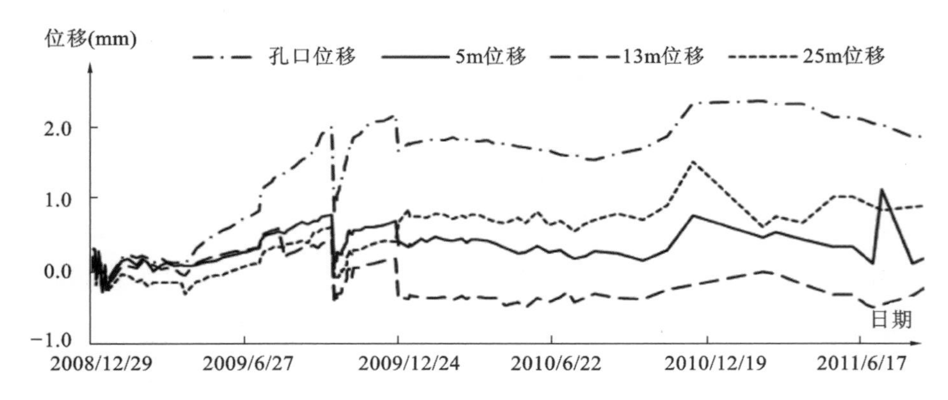

图 2-11 左岸坝顶以上边坡多点位移计M^4_{8LBP}累计位移受支护影响曲线

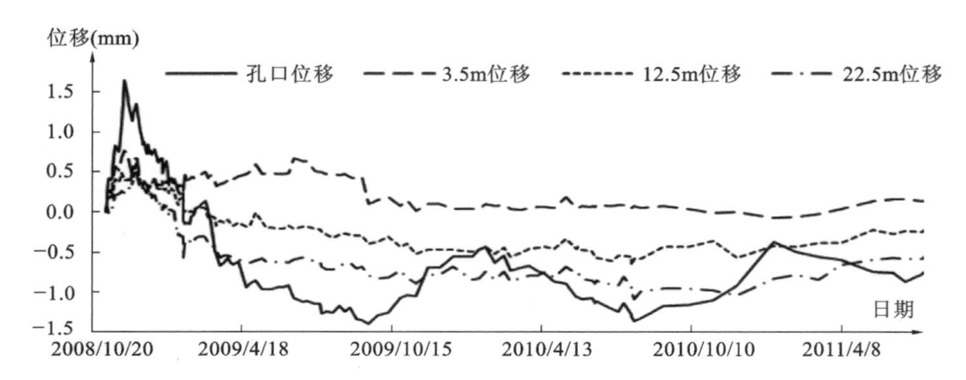

图 2-12 右岸坝顶以上边坡多点位移计M^4_{2RJC}累计位移受支护影响曲线

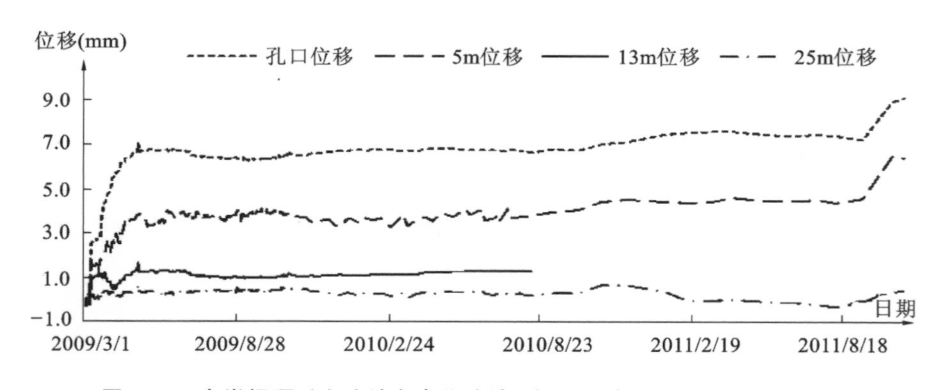

图 2-13 右岸坝顶以上边坡多点位移计M^4_{3RBP}累计位移受支护影响曲线

图 2-9～图 2-11 所示的多点位移计位移-时间过程曲线显示，边坡上部(1135m 以上)典型测点的位移与支护施工过程也密切相关，当施加预应力锚索后，边坡表面位移不但没有增加，反而出现回缩变小的现象。这与前节所述的围岩蠕变特性有关，因为施加预应力锚索时，给边坡表面岩体施加较高的压应力，一方面使得原有因卸荷而扩张的裂缝重新闭合，另一方面因岩体蠕变屈服

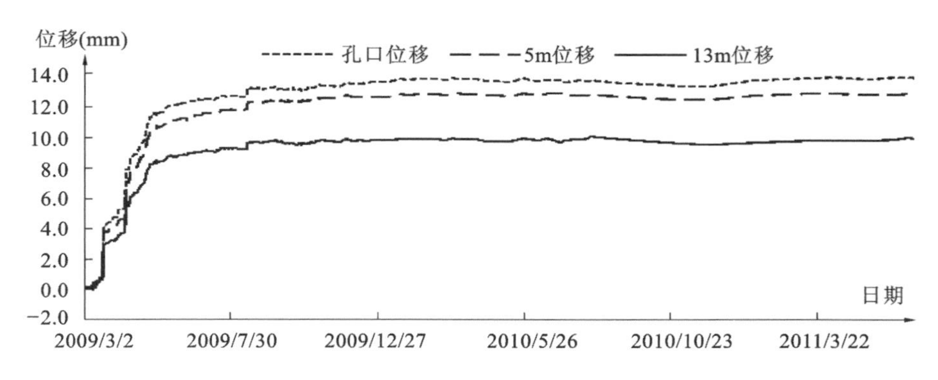

图 2-14 右岸坝顶以上边坡多点位移计 M^4_{5RBP} 累计位移受支护影响曲线

使表面应力向深处转移，因而出现位移变小的现象。

图 2-12～图 2-14 所示的多点位移计位移-时间过程曲线表明，边坡下部(1135m 以下)典型测点的位移，受支护作用的影响也不显著。理由与上一节分析正好相互印证。一方面因下部岩体埋深大，风化程度轻，完整性好，且强度、刚度较大，自身抵抗变形能力强，另一方面也是由于支护表面承压拱的作用，变形受限，导致锚索预应力产生的附加变形较小，因而位移变化不显著。

2.5.3 位移与相对高度间的相关性分析

为分析测点相对于边坡整体高度对边坡表面位移的影响，选择若干典型断面的测点位移与相对高度数据列于表 2-11。然后分别用直线、多项式、对数曲线和指数曲线进行回归拟合，比较其相关系数 R^2 的大小，可判明哪种拟合函数更合理，回归结果见表 2-12。

表 2-11 测点相对高度与当前位移

测点编号	绝对标高 z(m)	相对高度 δ	位移 u (mm)	测点编号	绝对标高 z(m)	相对高度 δ	位移 u (mm)
M^4_{1LJC}	1262	0.85	0.62	M^4_{2LX}	1166	0.76	9.57
M^4_{2LJC}	1261	0.85	1.95	M^4_{3LX}	1136	0.75	17.73
M^4_{3LJC}	1263	0.86	1.70	M^4_{4LX}	1166	0.76	2.80
M^4_{1JSK}	1136	0.75	11.67	M^4_{5LX}	1136	0.75	30.50
M^4_{2LSK}	1166	0.78	4.03	M^4_{6LX}	1166	0.76	0.22
M^4_{3JSK}	1196	0.80	6.94	M^4_{7LX}	1136	0.75	6.99
M^4_{4JSK}	1256	0.86	3.41	M^4_{8LX}	1166	0.76	2.31
M^4_{5JSK}	1141	0.75	9.72	M^4_{1RJC}	1247	0.84	0.75
M^4_{6JSK}	1141	0.75	10.14	M^4_{2RJC}	1247	0.84	0.04
M^4_{1LX}	1136	0.75	6.63	M^4_{1RX}	1336	0.92	10.01

续表 2-11

测点编号	绝对标高 z(m)	相对高度 δ	位移 u (mm)	测点编号	绝对标高 z(m)	相对高度 δ	位移 u (mm)
$M^4{}_{2RX}$	1166	0.76	4.07	$M^4{}_{8LBP}$	1071	0.63	3.0
$M^4{}_{3RX}$	1136	0.75	7.57	$M^4{}_{6BDYXBP}$	1013	0.60	2.96
$M^4{}_{4RX}$	1166	0.76	6.96	$M^4{}_{LXBP-1}$	1010	0.60	0.48
$M^4{}_{5RX}$	1136	0.75	14.0	$M^4{}_{9RBP}$	1040	0.61	16.11
$M^4{}_{6RX}$	1166	0.76	11.1	$M^4{}_{10RBP}$	1071	0.62	33.23
$M^4{}_{7RX}$	1136	0.75	32.0	$M^4{}_{11RBP}$	1101	0.64	23.65
$M^4{}_{8RX}$	1166	0.76	5.64	$M^4{}_{12RBP}$	1075	0.63	26.90
$M^4{}_{1LBP}$	1041	0.60	4.38	$M^4{}_{13RBP}$	1101	0.65	46.0
$M^4{}_{2LBP}$	1071	0.62	10.32	$M^4{}_{14RBP}$	1127	0.70	13.20
$M^4{}_{3LBP}$	1101	0.63	11.10	$M^4{}_{15RBP}$	1101	0.64	20.61
$M^4{}_{4LBP}$	1041	0.62	29.74	$M^4{}_{16RBP}$	1110	0.65	16.26
$M^4{}_{5LBP}$	1071	0.63	15.87	$M^4{}_{17RBP}$	1136	0.70	8.42
$M^4{}_{6LBP}$	1101	0.65	0.84	$M^6{}_{1GJC}$	1081	0.68	3.90
$M^4{}_{7LBP}$	1041	0.62	3.21				

表 2-12 测点位移与相对高度相关性分析表

拟合函数	直线	对数曲线	指数曲线	二次多项式	三次多项式
相关系数 R^2	0.127	0.122	0.121	0.136	0.127

从表 2-12 中可以看出，五种拟合函数中，相关系数最大值为 0.136，很明显，相对高度与测点位移之间相关性很弱(或没有相关性)，也即测点高度对边坡表面位移影响不大。

2.5.4 位移与围岩质量等级间的相关性分析

与 2.5.3 节同理，选择典型断面测点位移数据与测点围岩质量等级列于表 2-13。然后用 Excel 的回归分析功能，分别选用直线、对数、指数、三次多项式和六次多项式进行回归拟合，分析结果列于表 2-14。

表 2-13 测点围岩质量等级与某一时段的位移

测点编号	围岩岩性	围岩质量等级	位移 (mm)	测点编号	围岩岩性	围岩质量等级	位移 (mm)
$M^4{}_{1LJC}$	辉绿岩 β_6	Ⅰ	0.62	$M^4{}_{1JSK}$	花岗细晶岩 γ_L	Ⅲ	11.67
$M^4{}_{2LJC}$	辉绿岩 β_4	Ⅰ	1.95	$M^4{}_{2LSK}$	花岗细晶岩 γ_L	Ⅰ	4.03
$M^4{}_{3LJC}$	辉绿岩 β_4	Ⅰ	1.70	$M^4{}_{3JSK}$	花岗细晶岩 γ_L	Ⅱ	6.94

续表 2-13

测点编号	围岩岩性	围岩质量等级	位移(mm)	测点编号	围岩岩性	围岩质量等级	位移(mm)
M^4_{4JSK}	花岗细晶岩 γ_L	Ⅱ	3.41	M^4_{1LBP}	辉绿岩	Ⅰ	4.38
M^4_{5JSK}	花岗细晶岩 γ_L	Ⅱ	9.72	M^4_{2LBP}	辉绿岩	Ⅲ	10.32
M^4_{6JSK}	花岗细晶岩 γ_L	Ⅲ	10.14	M^4_{3LBP}	辉绿岩	Ⅲ	11.10
M^4_{1LX}	闪长岩 δ	Ⅱ	6.63	M^4_{4LBP}	辉绿岩	Ⅴ	29.74
M^4_{2LX}	闪长岩 δ	Ⅱ	9.57	M^4_{5LBP}	辉绿岩	Ⅳ	15.87
M^4_{3LX}	闪长岩 δ	Ⅳ	17.73	M^4_{6LBP}	辉绿岩	Ⅰ	0.84
M^4_{4LX}	闪长岩 δ	Ⅰ	2.80	M^4_{7LBP}	辉绿岩	Ⅳ	3.21
M^4_{5LX}	闪长岩 δ	Ⅴ	30.50	M^4_{8LBP}	辉绿岩	Ⅳ	3.0
M^4_{6LX}	闪长岩 δ	Ⅰ	0.22	$M^4_{6BDYXBP}$	辉绿岩	Ⅰ	2.96
M^4_{7LX}	闪长岩 δ	Ⅱ	6.99	M^4_{LXBP-1}	辉绿岩	Ⅰ	0.48
M^4_{8LX}	闪长岩 δ	Ⅰ	2.31	M^4_{9RBP}	辉绿岩	Ⅳ	16.11
M^4_{1RJC}	花岗岩 γ	Ⅰ	0.75	M^4_{10RBP}	辉绿岩	Ⅴ	33.23
M^4_{2RJC}	花岗岩 γ	Ⅰ	0.04	M^4_{11RBP}	辉绿岩	Ⅴ	23.65
M^4_{1RX}	花岗岩 γ	Ⅲ	10.01	M^4_{12RBP}	辉绿岩	Ⅴ	26.90
M^4_{2RX}	花岗岩 γ	Ⅰ	4.07	M^4_{13RBP}	辉绿岩	Ⅴ	46.0
M^4_{3RX}	花岗岩 γ	Ⅱ	7.57	M^4_{14RBP}	辉绿岩	Ⅲ	13.20
M^4_{4RX}	花岗岩 γ	Ⅱ	6.96	M^4_{15RBP}	辉绿岩	Ⅳ	20.61
M^4_{5RX}	花岗岩 γ	Ⅲ	14.0	M^4_{16RBP}	辉绿岩	Ⅳ	16.26
M^4_{6RX}	花岗岩 γ	Ⅲ	11.1	M^4_{17RBP}	辉绿岩	Ⅱ	8.42
M^4_{7RX}	花岗岩 γ	Ⅴ	32.0	M^6_{1GJC}	辉绿岩	Ⅰ	3.90
M^4_{8RX}	花岗岩 γ	Ⅱ	5.64				

表 2-14 测点位移与围岩质量等级相关性分析表

拟合函数	直线	对数曲线	指数曲线	三次多项式	六次多项式
相关系数 R^2	0.869	0.762	0.640	0.924	0.924

从表 2-14 中可以看出，五种拟合函数中相关系数最大值为 0.924，其中三次多项式与六次多项式精度相同，因此，认为围岩质量等级与边坡表面位移密切相关，且呈三次多项式关系。

2.5.5 监测位移与降雨的相关性分析

与 2.5.4 节同理，选择典型断面测点位移数据、最大位移速率与对应月份的降雨量数据列于表 2-15。然后用 Excel 的回归分析功能，分别选用直线、对数、指数、三次多项式和六次多项式进行回归拟合，分析结果列于表 2-16。

表 2-15　典型测点最大位移速率与对应时段降雨量

测点编号	最大位移速率(mm/d)	累计位移(mm)	对应日期	月降雨量(mm)
M^4_{1LJC}	0.24	1.16	2009/05/11	110
M^4_{2LJC}	0.22	1.29	2010/06/18	139
M^4_{3LJC}	0.30	1.14	2009/07/11	299
M^4_{3JSK}	0.03	2.38	2009/12/22	9
M^4_{4JSK}	0.076	−4.80	2010/12/04	7
M^4_{5JSK}	0.088	4.94	2010/02/15	2
M^4_{6JSK}	0.120	5.42	2010/03/14	22
M^4_{1LX}	0.070	3.69	2009/12/19	9
M^4_{2LX}	0.015	5.65	2010/01/19	2
M^4_{3LX}	0.020	8.14	2009/12/14	8
M^4_{4LX}	0.040	2.29	2009/11/02	7
M^4_{5LX}	0.020	20.24	2009/12/13	9
M^4_{6LX}	0.018	2.10	2009/11/16	7
M^4_{7LX}	0.015	4.69	2009/10/04	26
M^4_{8LX}	0.14	1.72	2009/10/30	26
M^4_{1RJC}	0.365	1.12	2010/07/29	328
M^4_{2RJC}	0.017	1.10	2008/11/23	7
M^4_{1RX}	0.20	6.39	2009/04/17	81
M^4_{3RX}	0.22	6.15	2009/04/13	81
M^4_{6RX}	0.086	7.93	2010/02/10	2
M^4_{7RX}	0.28	9.71	2009/05/08	110
M^4_{2LBP}	0.16	3.83	2010/03/22	22
M^4_{3LBP}	0.06	2.86	2009/12/07	9
M^4_{4LBP}	0.45	19.29	2010/07/16	328
M^4_{5LBP}	0.44	11.16	2010/07/25	328
M^4_{6LBP}	0.240	1.06	2010/04/11	54
M^4_{7LBP}	0.41	0.55	2010/07/12	328
M^4_{8LBP}	0.147	2.89	2011/03/31	22
$M^4_{6BDYXBP}$	0.096	1.68	2011/01/12	0
$M^4_{LXBP\text{-}1}$	0.043	0.33	2011/01/06	0
M^4_{10RBP}	0.230	18.43	2010/10/08	80
M^4_{11RBP}	0.530	18.27	2010/08/26	373
M^4_{13RBP}	0.250	20.95	2009/08/05	307
M^4_{14RBP}	0.170	9.12	2010/04/15	54
M^4_{15RBP}	0.110	13.16	2010/01/05	2
M^4_{16RBP}	0.44	6.91	2010/07/10	328
M^4_{17RBP}	0.54	5.89	2010/08/16	373
M^6_{1GJC}	0.035	3.34	2010/12/29	7

表 2-16 测点位移速率与降雨量间的相关性分析表

拟合函数	直线	对数曲线	指数曲线	三次多项式	六次多项式
相关系数 R^2	0.86	0.579	—	0.9178	0.9279

从表 2-16 可以看出,测点位移速率与降雨量有显著的相关性,用六次多项式能较为精确地描述这种相关性。

2.5.6 监测位移与环境温度的相关性分析

与 2.5.5 节同理,选择典型断面测点位移数据、最大位移速率与对应时段环境温度数据列于表 2-17。然后用 Excel 的回归分析功能,分别选用直线、对数、指数、三次多项式和六次多项式进行回归拟合,分析结果列于表 2-18。

表 2-17 典型测点最大位移速率与对应时段环境温度

测点编号	最大位移速率(mm/d)	对应累计位移(mm)	对应日期	月平均温度(℃)
$M^4{}_{1LJC}$	0.24	1.16	2009/05/11	17.9
$M^4{}_{2LJC}$	0.22	1.29	2010/06/18	20.3
$M^4{}_{3LJC}$	0.30	1.14	2009/07/11	24.1
$M^4{}_{3JSK}$	0.03	2.38	2009/12/22	11.3
$M^4{}_{4JSK}$	0.076	−4.80	2010/12/04	16.0
$M^4{}_{5JSK}$	0.088	4.94	2010/02/15	12.2
$M^4{}_{6JSK}$	0.120	5.42	2010/03/14	13.9
$M^4{}_{1LX}$	0.070	3.69	2009/12/19	11.3
$M^4{}_{2LX}$	0.015	5.65	2010/01/19	10.7
$M^4{}_{3LX}$	0.020	8.14	2009/12/14	11.3
$M^4{}_{4LX}$	0.040	2.29	2009/11/02	15.8
$M^4{}_{5LX}$	0.020	20.24	2009/12/13	11.3
$M^4{}_{6LX}$	0.018	2.10	2009/11/16	15.8
$M^4{}_{7LX}$	0.015	4.69	2009/10/04	17.3
$M^4{}_{8LX}$	0.140	1.72	2009/10/30	17.3
$M^4{}_{1RJC}$	0.365	1.12	2010/07/29	26.3
$M^4{}_{2RJC}$	0.017	1.10	2008/11/23	15.4
$M^4{}_{1RX}$	0.200	6.39	2009/04/17	16.0
$M^4{}_{3RX}$	0.220	6.15	2009/04/13	16.0
$M^4{}_{6RX}$	0.086	7.93	2010/02/10	12.2
$M^4{}_{7RX}$	0.280	9.71	2009/05/08	17.9
$M^4{}_{2LBP}$	0.160	3.83	2010/03/22	13.9
$M^4{}_{3LBP}$	0.060	2.86	2009/12/07	11.3
$M^4{}_{4LBP}$	0.450	19.29	2010/07/16	26.3
$M^4{}_{5LBP}$	0.440	11.16	2010/07/25	26.3

续表 2-17

测点编号	最大位移速率(mm/d)	对应累计位移(mm)	对应日期	月平均温度(℃)
M^4_{6LBP}	0.240	1.06	2010/04/11	14.0
M^4_{7LBP}	0.410	0.55	2010/07/12	26.3
M^4_{8LBP}	0.147	2.89	2011/03/31	11.2
$M^4_{6BDYXBP}$	0.096	1.68	2011/01/12	7.0
$M^4_{LXBP\text{-}1}$	0.043	0.33	2011/01/06	7.0
M^4_{10RBP}	0.230	18.43	2010/10/08	17.9
M^4_{11RBP}	0.530	18.27	2010/08/26	25.5
M^4_{13RBP}	0.250	20.95	2009/08/05	23.4
M^4_{14RBP}	0.170	9.12	2010/04/15	14.0
M^4_{15RBP}	0.110	13.16	2010/01/05	8.9
M^4_{16RBP}	0.440	6.91	2010/07/10	26.3
M^4_{17RBP}	0.540	5.89	2010/08/16	25.5
M^6_{1GJC}	0.035	3.34	2010/12/29	11.4

表 2-18　测点位移速率与环境温度间的相关性分析表

拟合函数	直线	对数曲线	指数曲线	三次多项式	六次多项式
相关系数 R^2	0.763	0.536	0.662	0.826	0.831

可以看出，测点位移速率与温度有一定的相关性，最高精度为六次多项式。

2.5.7　多点位移计与锚索测力计监测结果的相关性

为分析监测数据的可靠性与处理方法的置信度，选取研究区边坡关键点处不同监测参量的实测数据，绘制监测数据-时间过程曲线，从其变化趋势可以判定参数间的相关性与一致性，结合连续介质力学理论分析，进而综合判定边坡所处活动状态。图 2-15～图 2-17 分别显示多点位移计实测值-时间过程曲线和相邻锚索测力计的实测值-时间过程曲线。

从图 2-15～图 2-17 可以看出，三组监测数据具有共同的特点：多点位移计孔口位移随时间延长而逐渐增加，而锚索预应力随时间延长而逐渐下降；位移突变处，也是锚索预应力的突变点，其变化趋势表现出显著的相关性与一致性。这可解释为边坡岩体在初始锚索预应力作用下，将坡体表面岩体裂隙压缩，同时较大的预应力使岩体出现应力转移，导致多点位移计孔口位移变小，直至变形稳定；一旦因某种因素的干扰，比如锚索出现应力松弛、开挖或其他人为活动，锚索加固力下降，边坡岩体应力相应降低或部分释放，从而出现位移增加。这些特点进一步验证监测数据的可靠性，同时也可推断边坡岩体的完整性与稳定性。

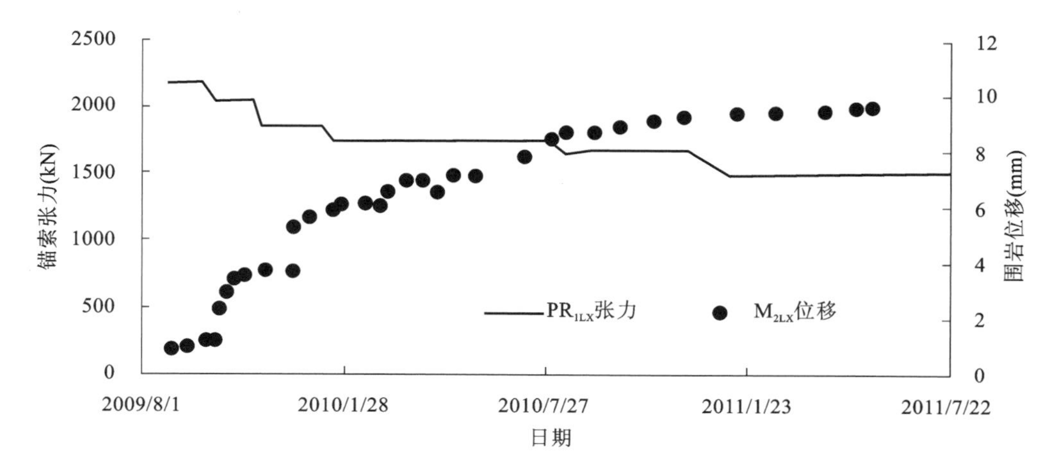

图 2-15　多点位移计 M_{2LX} 孔口位移与锚索测力计 PR_{1LX} 实测值-时间过程曲线

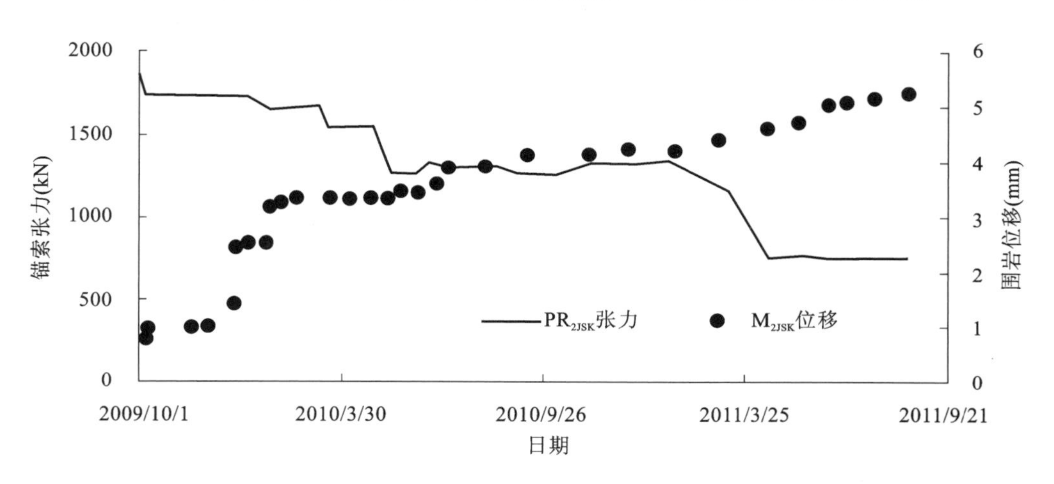

图 2-16　多点位移计 M_{2JSK} 孔口位移与锚索测力计 PR_{2JSK} 实测值-时间过程曲线

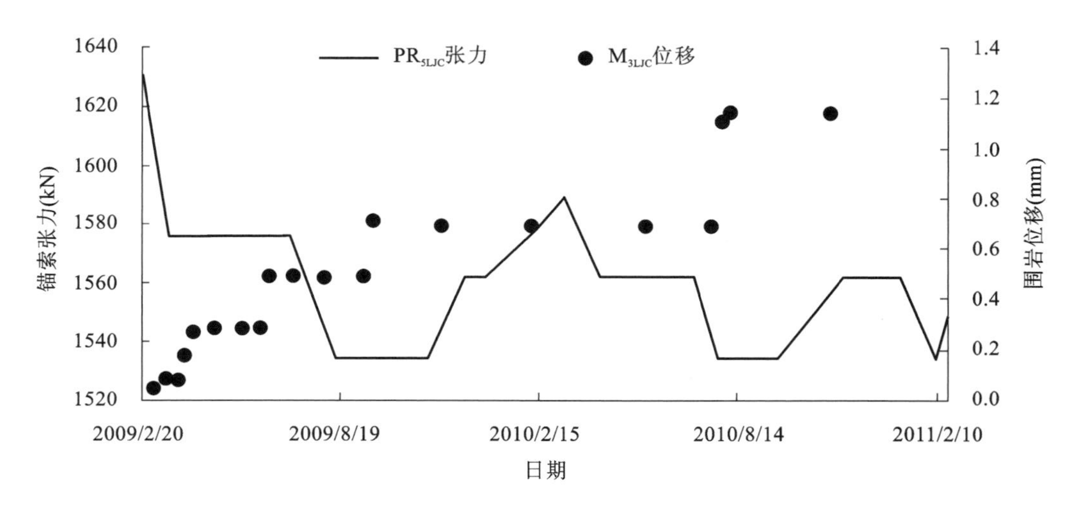

图 2-17　多点位移计 M_{3LJC} 孔口位移与锚索测力计 PR_{5LJC} 实测值-时间过程曲线

2.5.8 相关度排序

相关度排序的目的是找出问题的主要因素、次要因素、微小因素，以便工程设计、施工及安全管理决策时重点考虑主要因素，兼顾次要因素，忽略微小因素。关于影响因素相关度排序，与边坡类型、所处环境等多种因素有关，目前仍无统一认识，这里通过查阅文献，选取代表性的案例列于表 2-19。

表 2-19 边坡影响因素相关度排序

序号	边坡类型	考虑因素	排序	文献
1	均质土坡	1. 重度(γ) 2. 内聚力(c) 3. 内摩擦角(φ) 4. 坡面角(β) 5. 边坡高度(H) 6. 孔隙水压力(u)	$c>H>\varphi>u>\gamma>\beta$	甘勇(2010)
2	均质土坡(黄土)	1. 内聚力(c) 2. 内摩擦角(φ) 3. 坡高(H) 4. 平均坡比(m) 5. 重度(γ)	$c>\varphi>H>m>\gamma$	陈海明(2010)
3	软硬岩互层型顺层边坡	1. 岩层倾角(β) 2. 岩层面摩擦角(φ) 3. 夹层厚度(H) 4. 水力作用(w) 5. 内聚力(c)	$\beta>\varphi>H>w>c$	陈从新等(2013)
4	路基边坡	1. 内摩擦角(φ) 2. 土体重度(γ) 3. 内聚力(c) 4. 含水率(w) 5. 边坡高度(H) 6. 坡率(m)	$\varphi>\gamma>c>w>H>m$	胡中全(2012)
5	露天矿边坡	1. 内聚力(c) 2. 内摩擦角(φ) 3. 重度(γ) 4. 边坡角(β) 5. 边坡高度(H) 6. 地下水作用(w)	$\gamma>w>H>c>\varphi>\beta$	周雪亭(2005)

续表 2-19

序号	边坡类型	考虑因素	排序	文献
6	土质边坡	1. 土体重度(γ) 2. 内聚力(c) 3. 内摩擦角(φ) 4. 地下水位(h_w) 5. 坡高(H) 6. 坡率(m)	$\varphi>c>h_w>H>\gamma>m$	陈志波(2006)
7	路基边坡	1. 内摩擦角(φ) 2. 内聚力(c) 3. 重度(γ) 4. 坡高(H) 5. 坡角(β)	$\varphi>c>\gamma>H>\beta$	井培登(2011)
8	岩质边坡	1. 坡高(H) 2. 坡角(β) 3. 弹性模量(E) 4. 泊松比(μ) 5. 内聚力(c) 6. 内摩擦角(φ) 7. 地应力(σ)	$\sigma>c>\varphi>\mu>\beta>H>E$	付建军(2011)

从上表可见，影响边坡稳定性的因素及其相关度排序，因环境与工程性质不同而异。从排序方法来看，基本上考虑的是不同边坡静态物理量的统计序列(子序列)，然后利用极限平衡法或强度折减法计算边坡的安全系数，以边坡稳定性系数作为因变量(母序列)，利用灰色关联度法求关联度，按关联度大小排序，或改变各因素的变化量求对应安全系数的变化率进行敏感性分析，按变化率大小进行排序。

2.5.8.1　基于多测点静态参数的统计序列排序

上节分析影响边坡稳定性的主要因素中，测点围岩稳定性类型、测点的相对高度，为不随时间变化的物理量，其关联度排序只能用统计序列法进行。

边坡表面位移是边坡稳定状态的综合指标，以此为因变量进行灰色关联度计算。将表 2-11 和表 2-13 中数据进行归一化处理，合并后列于表 2-20，据此按式(2-52)进行计算。

表 2-20　测点相对高度、围岩类型与现时位移灰色关联度计算表

测点编号	相对高度 $x_1(k)$	围岩类型 $x_2(k)$	位移 $x_0(k)$	$\Delta_{01}(k)$	$\xi_{01}(k)$	$\Delta_{02}(k)$	$\xi_{02}(k)$
M^4_{1LJC}	0.85	0.9	0.01	0.84	0.37	0.89	0.36
M^4_{2LJC}	0.85	0.9	0.04	0.81	0.38	0.86	0.37
M^4_{3LJC}	0.86	0.9	0.04	0.82	0.38	0.86	0.37
M^4_{1JSK}	0.75	0.5	0.25	0.5	0.5	0.25	0.67
M^4_{2LSK}	0.78	0.9	0.09	0.69	0.42	0.81	0.38
M^4_{3JSK}	0.8	0.7	0.15	0.65	0.44	0.55	0.48
M^4_{4JSK}	0.86	0.7	0.07	0.79	0.39	0.63	0.44
M^4_{5JSK}	0.75	0.7	0.21	0.54	0.48	0.49	0.51
M^4_{6JSK}	0.75	0.5	0.22	0.53	0.49	0.28	0.64
M^4_{1LX}	0.75	0.7	0.14	0.61	0.45	0.56	0.47
M^4_{2LX}	0.76	0.7	0.21	0.55	0.48	0.49	0.5
M^4_{3LX}	0.75	0.3	0.39	0.36	0.58	0.09	0.85
M^4_{4LX}	0.76	0.9	0.06	0.7	0.42	0.84	0.37
M^4_{5LX}	0.75	0.1	0.66	0.09	0.85	0.56	0.47
M^4_{6LX}	0.76	0.9	0	0.76	0.4	0.9	0.36
M^4_{7LX}	0.75	0.7	0.15	0.6	0.46	0.55	0.48
M^4_{8LX}	0.76	0.9	0.05	0.71	0.41	0.85	0.37
M^4_{1RJC}	0.84	0.9	0.02	0.82	0.38	0.88	0.36
M^4_{2RJC}	0.84	0.9	0	0.84	0.37	0.9	0.36
M^4_{1RX}	0.92	0.5	0.22	0.7	0.42	0.28	0.64
M^4_{2RX}	0.76	0.9	0.09	0.67	0.43	0.81	0.38
M^4_{3RX}	0.75	0.7	0.16	0.59	0.46	0.54	0.48
M^4_{4RX}	0.76	0.7	0.15	0.61	0.45	0.55	0.48
M^4_{5RX}	0.75	0.5	0.3	0.45	0.53	0.2	0.72
M^4_{6RX}	0.76	0.5	0.24	0.52	0.49	0.26	0.66
M^4_{7RX}	0.75	0.1	0.7	0.05	0.9	0.6	0.46
M^4_{8RX}	0.76	0.7	0.12	0.64	0.44	0.58	0.46
M^4_{1LBP}	0.6	0.9	0.1	0.5	0.5	0.8	0.38
M^4_{2LBP}	0.62	0.5	0.22	0.4	0.56	0.28	0.64
M^4_{3LBP}	0.63	0.5	0.24	0.39	0.56	0.26	0.66
M^4_{4LBP}	0.62	0.1	0.65	0.03	0.95	0.55	0.48
M^4_{5LBP}	0.63	0.3	0.35	0.29	0.64	0.05	0.92
M^4_{6LBP}	0.65	0.9	0.02	0.63	0.44	0.88	0.36
M^4_{7LBP}	0.62	0.3	0.07	0.55	0.48	0.23	0.68
M^4_{8LBP}	0.63	0.3	0.07	0.56	0.47	0.23	0.68

续表 2-20

测点编号	相对高度 $x_1(k)$	围岩类型 $x_2(k)$	位移 $x_0(k)$	$\Delta_{01}(k)$	$\xi_{01}(k)$	$\Delta_{02}(k)$	$\xi_{02}(k)$
$M^4{}_{6BDYXBP}$	0.6	0.9	0.06	0.54	0.48	0.84	0.37
$M^4{}_{LXBP-1}$	0.6	0.9	0.01	0.59	0.46	0.89	0.36
$M^4{}_{9RBP}$	0.61	0.3	0.35	0.26	0.66	0.05	0.91
$M^4{}_{10RBP}$	0.62	0.1	0.72	0.1	0.83	0.62	0.45
$M^4{}_{11RBP}$	0.64	0.1	0.51	0.13	0.8	0.41	0.55
$M^4{}_{12RBP}$	0.63	0.1	0.58	0.05	0.92	0.48	0.51
$M^4{}_{13RBP}$	0.65	0.1	1	0.35	0.59	0.9	0.36
$M^4{}_{14RBP}$	0.7	0.5	0.29	0.41	0.55	0.21	0.7
$M^4{}_{15RBP}$	0.64	0.3	0.45	0.19	0.72	0.15	0.77
$M^4{}_{16RBP}$	0.65	0.3	0.35	0.3	0.63	0.05	0.9
$M^4{}_{17RBP}$	0.7	0.7	0.18	0.52	0.49	0.52	0.49
M^6_{1GJC}	0.68	0.9	0.08	0.6	0.46	0.82	0.38

上表数据计算过程中取 $\rho=0.4$，得 $r_{01}=0.53$，$r_{02}=0.56$，根据关联度大小排序，$r_{02}>r_{01}$，即围岩类型与边坡表面位移的关联度大于边坡相对高度与边坡位移的相关度。

2.5.8.2 基于监测数据的时间序列排序

影响边坡稳定性的主要因素中工程施工（包括开挖与支护）、降雨量为时间序列，以灰色关联度法进行排序。仍以边坡表面位移为因变量进行灰色关联度计算。将表 2-20 中的数据与对应时期的降雨量列于同一表中，并进行无量纲化处理，见表 2-21。

表 2-21 测点$M^4{}_{5LX}$施工、降雨量和位移关联度计算

日期	开挖状态	支护状态	降雨量(mm)	位移(mm)	$\Delta_{01}(k)$	$\xi_{01}(k)$	$\Delta_{02}(k)$	$\xi_{02}(k)$	$\Delta_{03}(k)$	$\xi_{03}(k)$
2009/4/1	0.5	0.5	80	0.01	1	0.5	0.5	0.67	0.21	0.83
2009/5/8	0.8	0.5	110	0.02	1	0.5	0.5	0.67	0.29	0.78
2009/6/8	1	0.8	90	0.01	0.5	0.67	0.8	0.56	0.24	0.81
2009/7/8	1	1	200	0.5	0.46	0.69	0.96	0.51	0.49	0.67
2009/8/8	1	0.8	322	12	0.5	0.67	0.2	0.83	0.15	0.87
2009/9/8	1	0.8	220	3	0.55	0.65	0.55	0.65	0.33	0.75
2009/10/8	1	1	45	2	0.63	0.61	0.83	0.55	0.05	0.95
2009/11/8	1	0.8	9	1	0.72	0.58	0.72	0.58	0.06	0.94
2009/12/8	1	0.7	9	6	0.3	0.77	0.2	0.83	0.48	0.68

续表 2-21

日期	开挖状态	支护状态	降雨量(mm)	位移(mm)	$\Delta_{01}(k)$	$\xi_{01}(k)$	$\Delta_{02}(k)$	$\xi_{02}(k)$	$\Delta_{03}(k)$	$\xi_{03}(k)$
2010/1/8	1	0.6	2	2	0.83	0.55	0.43	0.7	0.16	0.86
2010/2/8	1	0.6	2	1	0.92	0.52	0.52	0.66	0.08	0.93
2010/3/8	1	0.6	20	1	0.92	0.52	0.52	0.66	0.03	0.97
2010/4/8	1	0.5	60	1	0.92	0.52	0.42	0.71	0.08	0.93
2010/5/8	1	0.5	147	1	0.92	0.52	0.42	0.71	0.31	0.77
2010/6/8	1	0.5	141	1	0.92	0.52	0.42	0.71	0.29	0.77
2010/7/8	1	0.5	332	1	0.92	0.52	0.42	0.71	0.8	0.56
2010/8/8	1	0.5	377	1	0.92	0.52	0.42	0.71	0.92	0.52
2010/9/8	1	0.5	111	0.5	0.96	0.51	0.46	0.69	0.25	0.8
2010/10/8	1	0.5	83	0.5	0.96	0.51	0.46	0.69	0.18	0.85
2010/11/8	1	0.5	6	0.5	0.96	0.51	0.46	0.69	0.03	0.97
2010/12/8	1	0.5	12	0.5	0.96	0.51	0.46	0.69	0.01	0.99
2011/1/8	1	0.5	0	0.5	0.96	0.51	0.46	0.69	0.04	0.96
2011/2/8	1	0.5	4	0.5	0.96	0.51	0.46	0.69	0.03	0.97
2011/3/8	1	0.5	0	0.5	0.96	0.51	0.46	0.69	0.04	0.96
2011/4/8	1	0.5	88	0.2	0.98	0.5	0.48	0.67	0.22	0.82
2011/5/8	1	0.5	220	0.2	0.98	0.5	0.48	0.67	0.57	0.64
2011/6/8	1	0.5	184	0.2	0.98	0.5	0.48	0.67	0.47	0.68
2011/7/8	1	0.5	168	0.2	0.98	0.5	0.48	0.67	0.43	0.7
2011/8/8	1	0.5	342	0.1	0.99	0.5	0.49	0.67	0.9	0.53
2011/9/8	1	0.5	124	0.1	0.99	0.5	0.49	0.67	0.32	0.76
2011/10/8	1	0.5	68	0.1	0.99	0.5	0.49	0.67	0.17	0.85
2011/11/8	1	0.5	10	0	1	0.5	0.5	0.67	0.03	0.97
2012/12/8	1	0.5	8	0	1	0.5	0.5	0.67	0.02	0.98

上表数据计算过程中取 $\rho=1.0$，得 $r_{01}=0.67$，$r_{02}=0.54$，$r_{03}=0.82$，根据关联度大小排序，$r_{03}>r_{01}>r_{02}$，即边坡表面位移与边坡开挖、支护和降雨量的关联度顺序为边坡开挖>边坡支护>降雨量。

若结合 2.5.8.1 节计算结果，进行排序，可以得出与边坡表面位移的关联度从大到小的顺序依次为边坡开挖、边坡支护、围岩稳定性类型、边坡相对高度和降雨量。这一结果与业界对边坡稳定性的认识基本相符。

本章小结

监测反馈分析的第一步就是对监测原始数据进行整理,为分析提供基础数据。本章介绍了监测数据整理的一般方法,对如何将监测原始数据转化为建立分析模型所需变量信息的方法进行了总结,并对如何通过因素分析挑选合适的因素建立反馈分析模型的方法进行了介绍。最后以大岗山水电站边坡开挖过程的实测数据为例,介绍了影响边坡变形的因素间的相关性分析方法。

3 边坡变形趋势预测模型

监测数据反馈分析的重要任务是对监测数据的发展趋势给出定性与定量预测结果。数据变化趋势的发现有助于预先把握事物发展的规律，为决策提供可靠的支持，进而及时规避事物发展中的潜在风险，避免造成重大损失。

预测是一门新兴科学，预测方法从技术上分为定性预测和定量预测两种。

(1)定性预测。定性预测是指预测者依靠熟悉业务知识、具有丰富经验和综合分析能力的人员与专家，根据已掌握的历史资料和直观材料，运用个人的经验和分析判断能力，对事物的未来发展做出性质和程度上的判断，然后再通过一定形式综合各方面的意见，作为预测未来的主要依据。也即定性预测是对事物的某种特性或某种倾向可能出现，也可能不出现的一种事前推测。目前，主要采用的定性预测方法有：专家会议法、德尔菲法、主观概率法、领先指标法、情景预测法等。

(2)定量预测。定量预测是使用历史数据或因素变量来预测需求的数学模型。根据已掌握的比较完备的历史统计数据，运用一定的数学方法进行科学的加工整理，借以揭示有关变量之间的规律性联系，用于预测和推测未来发展变化情况的一类预测方法。目前，主要采用的定量预测方法有：时间序列分析法、回归分析法、灰色预测法、人工神经网络法、粒子群优化法、组合预测法等。

定性预测具有综合性强、需要的历史数据少，并能考虑到某些无法定量的因素等优点，其准确程度主要取决于预测者的经验、理论素质、业务水平以及掌握的情况和分析判断能力；相应地，定量预测要求有完整的历史数据和先进的计算手段，所以计算结果较为科学、可靠，受主观因素的影响小。

自 20 世纪 90 年代以来，边坡安全监测数据分析中，最小二乘回归法、逐步回归分析法得到广泛的应用，卡尔曼滤波、灰色理论、模糊逻辑、神经网络以及小波分析理论等现代应用数学方法也相继得到应用，边坡性态的正反分析方法有了长足的进展。然而，迄今为止，还没有一种公认且行之有效的预测模型。往往根据不同的工程问题，不同的变形阶段，选用不同的模型。本节针对大岗山水电站枢纽区边坡安全监测数据分析处理问题，选择灰色预测理论、模糊神经网络理论及双参数组合预测理论进行分析与应用研究。

3.1　施工期边坡变形趋势的快速预测

3.1.1　基于灰色理论的参数预测模型研究

通常,人们只能建立边坡安全监测动态系统的一般递推数学模型。然而,要揭示该系统内部的物质交换、能量流动或信息传递过程的本质,还得借助于微分方程时间连续模型。由于现代测量技术和方法难以测量边坡及其基础空间动态系统的输入-输出信号的时间导数,因此,要建立描述该系统微分方程动态模型的关键,便是对导数信号的近似处理。1982 年,邓聚龙教授创立的灰色系统理论,基于关联空间、光滑离散函数概念等,定义了灰导数与灰微分方程,进而可用离散数据序列建立微分方程动态模型,简记为 GM(n,h)模型。近年来,该模型在边坡安全监测数据处理中得到了应用,取得了一些应用研究成果,为探索建立边坡及其基础空间动态系统的微分方程动态模型做了初步尝试。

在灰色系统理论研究中,将各类系统分为白色、黑色和灰色系统。“白”指信息完全已知;“黑”指信息完全未知;“灰”则指信息部分已知、部分未知,或者说信息不完全,这是“灰”的基本含义。没有确定的映射关系(函数关系)的系统就是灰色系统。

按照研究对象的性质和特征,灰色系统可划分为两类:一类是非本征性灰色系统,另一类是本征性灰色系统。所谓非本征性灰色系统,是指有物理原型但只有部分信息可观测的不完全系统,如大气系统、水文系统和工程技术系统等。这类系统的特征是:系统内部结构复杂,影响因素众多,且部分可观测(包括缺乏充足的先验知识)。在系统分析、模拟、预测、决策与控制中,常常遇到不确定干扰与分析结果非唯一等问题。另一类则是本征性灰色系统,它的特点是缺乏原型甚至无“模型信息”,像社会、经济、文史、心理和思维等学科的研究对象,人们只能凭逻辑推理、凭某种主观意识或某种准则对系统的结构关系进行论证,然后建立某种模型,并且模型不是唯一的,因此它也只能在某一方面、从某一角度、在某一准则下成立。

灰色动态模型是以灰色生成函数概念为基础,以微分拟合为核心的建模方法。灰色系统理论认为:一切随机变量都是在一定范围内、一定时刻上变化的灰色量和灰过程，对于灰色量的处理不是寻求它的统计规律和概率分布，而是将杂乱无章的原始序列数据通过一定的方法处理，变成比较有规律的时间序列数据，即以数找数的规律，建立动态模型。对于原始数据，以一定方法进行处理，其目的有二：一是为建立模型提供中间信息；二是将原始数据的波动性弱化。若给定原始时间序列：$X^{(0)}=\{X^{(0)}(1),X^{(0)}(2),\cdots,X^{(0)}(n)\}$。这些数据多为无规律、随机的，有明显的波动性。

若将原始时间序列进行一次累加生成，获得新的序列：

$$X^{(1)}=\{X^{(1)}(1),X^{(1)}(2),\cdots,X^{(1)}(n)\}$$

其中，$X^{(1)}(i)=\sum_{k=1}^{i}X^{(0)}(k),i=1,2,\cdots,n$。

新生成的序列为一条单调增长的曲线，增加了原始序列的规律性，而弱化了波动性。一般来说，对非负的数列，累加可以弱化波动性，增加规律性，这就比较容易用某种函数去逼近拟合。这种经过一定方法生成的数列在几何意义上称为"模块"，而由已知数列构成的模块被称为"白色模块"，而由白色模块建模外推得到未知模块即预测值构成的模块被称为"灰色模块"。

灰色系统建模思想是直接将时间序列转化为微分方程，从而建立抽象系统的发展变化动态模型（即 Grey Dynamic Model，GM）。GM(n,h)模型是微分方程的时间连续函数，括号中的 n 表示微分方程的阶数，h 表示变量的个数。

GM(n,h)模型具有如下特点：

（1）模型所需信息较少，通常只要有 3 个以上数据即可建模。

（2）不必知道原始数据分布的先验特征，对无规律或服从任何分布的任意光滑离散的原始序列，通过有限次的生成即可转化为有序序列，并对此序列进行建模。

（3）建模的精度较高，可保持原系统的特征，能较好地反映系统的实际状况。

（4）运算量小，运算时间短，适用于在线实时预报和中期预报。

3.1.1.1 GM(n,h)模型建模机理

一个 n 阶 h 个变量的 GM(n,h)模型为：

$$\frac{\mathrm{d}^n x_1^{(1)}}{\mathrm{d}t^n}+\sum_{i=1}^{n}a_i\frac{\mathrm{d}^{n-i}x_1^{(1)}}{\mathrm{d}t^{n-i}} \tag{3-1}$$

式中，$x_i^{(1)}(i=1,2,\cdots,h)$为原始序列 $x_i^{(0)}$ 一次累加生成序列，记 $x_i^{(0)}$ 为系统主行为（输出）；$x_i^{(0)}(i=2,3,\cdots,h)$ 为系统行为因子（输入）。

$x_i^{(1)}$ 与 $x_i^{(0)}$ 满足如下关系：

$$x_i^{(1)}(k)=\sum_{j=1}^{k}x_i^{(0)}(j)\quad(i=1,2,\cdots,h;j=1,2,\cdots,n)\tag{3-2}$$

相应对 $x_1^{(1)}$ 作 n 次累减生成，记为 $a^{(n)}[x_1^{(1)}(k)]$，有：

$$a^{(n)}[x_1^{(1)}(k)]=a^{(n-1)}[x_1^{(1)}(k)]-a^{(n-1)}[x_1^{(1)}(k-1)]\tag{3-3}$$

式中，$a^{(n)}[x_1^{(1)}(k)]=x_1^{(1)}(k)(k=1,2,\cdots,n)$。

由此可构成累减生成矩阵 $\boldsymbol{A}$、累加生成矩阵 $\boldsymbol{B}$ 和常数向量 $\boldsymbol{Y}_n$：

$$\boldsymbol{A}=\begin{bmatrix}-a^{(n-1)}[x_1^{(1)}(2)] & a^{(n-2)}[x_1^{(1)}(2)] & \cdots & -a^{(1)}[x_1^{(1)}(2)]\\ -a^{(n-1)}[x_1^{(1)}(3)] & a^{(n-2)}[x_1^{(1)}(3)] & \cdots & -a^{(1)}[x_1^{(1)}(3)]\\ \vdots & \vdots & & \vdots\\ -a^{(n-1)}[x_1^{(1)}(n)] & a^{(n-2)}[x_1^{(1)}(n)] & \cdots & -a^{(1)}[x_1^{(1)}(n)]\end{bmatrix}$$

$$\boldsymbol{B}=\begin{bmatrix}-0.5[x_1^{(1)}(2)+x_1^{(1)}(1)] & x_2^{(1)}(2) & \cdots & x_h^{(1)}(2)\\ -0.5[x_1^{(1)}(3)+x_1^{(1)}(2)] & x_2^{(1)}(3) & \cdots & x_h^{(1)}(3)\\ \vdots & \vdots & & \vdots\\ -0.5[x_1^{(1)}(n)+x_1^{(1)}(n-1)] & x_2^{(1)}(n) & \cdots & x_h^{(1)}(n)\end{bmatrix}$$

用最小二乘回归法可求得式(3-3)参数列 $\boldsymbol{a}=[a_1\quad a_2\quad\cdots\quad a_{n-1}\,|\,a_n\quad b_2\quad b_3\quad\cdots\quad b_h]^{\mathrm{T}}$ 的辨识算式：

$$\hat{\boldsymbol{a}}[(\boldsymbol{A}\mid\boldsymbol{B})^{\mathrm{T}}\quad(\boldsymbol{A}\mid\boldsymbol{B})]^{-1}(\boldsymbol{A}\mid\boldsymbol{B})^{\mathrm{T}}\boldsymbol{Y}_n\tag{3-4}$$

以上描述可看出由式(3-1)推至式(3-4)的机理：

(1)假定原始序列为等间距采样，即：

$$\Delta t=(t+1)-t=1$$

(2)用累减生成近似 $x_1^{(1)}$ 的导数信号：

$$\frac{\mathrm{d}^n x_1^{(1)}(k)}{\mathrm{d}t^n}=\Delta^n[x_1^{(1)}(k)]=a^{(n)}x_i^{(1)}(k)=a^{(n-1)}x_1^{(1)}(k)-a^{(n-1)}x_1^{(1)}(k-1)\tag{3-5}$$

(3)用均值生成近似 $x_1^{(1)}$ 的零导数信号：

$$\frac{\mathrm{d}^0 x_1^{(1)}(k)}{\mathrm{d}t^0}=x_1^{(1)}(k)=0.5[x_1^{(1)}(k)-a^{(n-1)}x_1^{(1)}(k-1)]\tag{3-6}$$

由于 GM(n,h)模型在边坡监测资料分析中常取 $n=1$，这时式(3-1)退化为：

$$\frac{\mathrm{d}x_1^{(1)}}{\mathrm{d}t}+ax_1^{(1)}=\sum_{i=2}^{h}b_ix_i^{(1)}\tag{3-7}$$

式(3-4)变为：

$$\hat{\boldsymbol{u}}=[a \quad b_2 \quad b_3 \quad \cdots \quad b_h]^{\mathrm{T}}=(\boldsymbol{B}^{\mathrm{T}}\boldsymbol{B})^{-1}\boldsymbol{B}^{\mathrm{T}}\boldsymbol{Y}_n \tag{3-8}$$

式(3-8)的离散解为：

$$\hat{x}_1^{(1)}(k)=\left[x_1^{(1)}(1)-\frac{1}{a}\sum_{j=2}^{h}b_i x_0^{(1)}(k)\right]\mathrm{e}^{-a(k-1)}+\frac{1}{a}\sum_{j=2}^{h}b_i x_1^{(1)}(k) \tag{3-9}$$

对上式计算的 $\hat{x}_1^{(1)}(k)$ 作一次累减生成，即可还原成原始序列。

3.1.1.2　变形体变形的灰色特征

由于区别白色系统与灰色系统的主要标志是系统各因素之间是否具有确定的关系，显然任何要研究的变形体系统都是一个灰色系统，而且是一个本征性灰色系统，这是因为变形体的变形大都没有物理原型。从边坡变形过程来看，影响因素是多方面的，例如边坡的地质条件、坝区气象条件、上游和下游水位变化以及边坡的结构形式等，还有很多不知道或不可观测的影响因素。而滑坡体的变形则受到该滑坡区内的地质环境、气象条件以及滑坡体的自身构造等因素的综合影响。对于矿山地表变形，还受到地下开采规模、速度以及方法的综合影响。

变形体的状态变化是以各种形式的物理量表现出来的，如位移、应变等，这些物理量可看作是变形体的状态信息，变形观测就是获取变形体变形的实际信息的工作，因此变形观测数据蕴藏了丰富的信息，对观测数据的分析和利用具有十分重要的意义。对人工变形体来说，对观测数据的分析与处理可以检验设计参数，评估建(构)筑物设计情况与实际情况的差别，从而有利于提高设计水平，此外，还可对建(构)筑物的变形趋势进行预测和控制。对于自然变形体来说，对观测数据的分析和处理，可为整治方案提供定量参数，可以评估变形体的发展态势以及预测变形破坏时间和规模。

变形体的变形特征和变形观测工作的特点决定了观测数据的一些灰色特征。除了观测数据不可避免地存在粗差的干扰外，一般具有如下的灰色特征。

(1)随机性和灰色性

从变形体上获得的一系列观测数据，实际上是该系统多种影响因素总效应的综合反映，其中有许多难以准确描述的随机因素的作用，加上观测时必然带有偶然误差的干扰，使同样条件下得到的观测数据各不相同，具有某种程度的不确定性，即随机性。由于影响因素对观测数据序列具有不确知现象，因此观测数据序列又具有灰色性。对于变形体上不同点的观测数据序列，可看作是一种既有多个影响因素作用又有若干随机影响因素的多元条件的随机过程，显然它又可看成是在一定范围和时区变化的灰色过程。

(2)精度和灰数

变形观测数据是从变形体上有关部位实际观测得到的，它不带任何主观假定条件，是客观系统的直接反映。由于在获取观测数据时不可避免地带有偶然误差，有时受观测设备和方法等影响，观测数据还可能带有系统误差，当观测周期安排不当时，又会有代表性不足的抽样误差，因此实际观测数据具有近似性。在测量学中，通常衡量观测数据是否准确的指标是精度，精密变形观测工作就是要获取高精度的观测数据，也就是说，要尽量消除或避免系统误差，减小偶然误差。

3.1.1.3　变形体变形性态的灰色评估

以上分析论证了变形体系统是一个灰色系统，因此完全可以用灰色系统理论方法来分析和处理变形观测数据序列，从而达到评估变形体变形性态的目的。

变形观测数据作为一个行为特征量本身，它是所有因素作用的结果。而作为一串观测数据则表征了变形体变形发展的变化，即时间序列，其中蕴含着各种因子在不同时间内的各种作用，或者说，序列中各个数据的大小就体现了这些因子的不同作用。显然，影响因子构成了一个无限集，这是因为影响因子太多，且因子之间的关系也不明确，所以因子集又是一个灰集。因此，用变形观测值序列本身建立GM(1,1)模型对变形体变形性态进行评估具有实际意义。

现行灰色系统预测模型，是一种全因果模型，因为系统的输出包含了系统各种输入及环境因素影响所作用的信息。因此，它的信息内涵最丰富，可直接对输出序列建模，系统变量 n 取1时，为GM(1,1)模型。

建立GM(1,1)模型只需一个数列，即原始数列 $X^{(0)}$，令：

$$X^{(0)}=\{X^{(0)}(1),X^{(0)}(2),\cdots,X^{(0)}(n)\}$$

作1-AGO：

$$X^{(1)}(i)=\sum_{k=1}^{i}X^{(0)}(k)\quad(i=1,2,\cdots,n)\tag{3-10}$$

得 $X^{(1)}=\{X^{(1)}(1),X^{(1)}(2),\cdots,X^{(1)}(n)\}$。

$X^{(1)}$ 的白化方程：

$$\frac{\mathrm{d}X^{(1)}}{\mathrm{d}t^{(n)}}+aX^{(1)}=u$$

按白化导数定义有：

$$\frac{\mathrm{d}X}{\mathrm{d}t}=\lim_{\Delta t}\frac{X(t+\Delta t)-X(t)}{\Delta t}$$

当 Δt 计时单位密化到一定程度后，有：

$$\frac{\mathrm{d}X}{\mathrm{d}t}=X(t+\Delta t)-X(t)$$

离散上式可得：

$$\frac{\mathrm{d}X}{\mathrm{d}t}=X(k+1)-X(k)$$

当对象是广义能量系统时，可以认为在 Δt 足够小的前提下，Δt 在这一很短时间内，变量从 $x(t)$ 到 $x(t+\Delta t)$ 不会出现突变，为此可以取 $x(t)$ 到 $x(t+\Delta t)$ 的平均值，作为 Δt 这一过程 $\mathrm{d}X/\mathrm{d}t$ 的背景值，或者说用 $\frac{1}{2}[X(k+1)-X(k)]$ 作为 k 到 $k+1$ 这段时间内 $\mathrm{d}X/\mathrm{d}t$ 的背景值 $X(k+1)$ 是合适的。

对 GM(1,1)模型有下述算式及关系：

(1)微分方程：

$$\frac{\mathrm{d}X^{(1)}}{\mathrm{d}t^{n}}+aX^{(1)}=u \tag{3-11}$$

(2)背景变量形式：

$$a^{(1)}[X^{(1)}(k+1)]=-a[X^{(1)}(k+1)]+u \tag{3-12}$$

(3)基本关系式：

$$\left.\begin{aligned}a^{(1)}[X^{(1)}(k+1)]&=X^{(0)}(k+1)\\X^{(1)}(k+1)&=\frac{1}{2}[X^{(1)}(k+1)+X^{(1)}(k)]\end{aligned}\right\} \tag{3-13}$$

(4)参数列 $\hat{\boldsymbol{a}}$ 为：

$$\hat{\boldsymbol{a}}=[a\quad u]$$

(5)参数算式：

$$\hat{\boldsymbol{a}}=(\boldsymbol{B}^{\mathrm{T}}\boldsymbol{B})^{-1}\boldsymbol{B}^{\mathrm{T}}\boldsymbol{Y}_{n} \tag{3-14}$$

$$\boldsymbol{B}=\begin{bmatrix}-\frac{1}{2}[X^{(1)}(1)+X^{(1)}(2)] & 1\\ -\frac{1}{2}[X^{(1)}(2)+X^{(1)}(3)] & 1\\ \vdots & \vdots\\ -\frac{1}{2}[X^{(1)}(n-1)+X^{(1)}(n)] & 1\end{bmatrix}$$

$$\boldsymbol{Y}_n = [X_1^{(0)}(2) \quad X_1^{(0)}(3) \quad \cdots \quad X_1^{(0)}(n)]^{\mathrm{T}}$$

$$\hat{X}^{(1)}(t+1) = \left[X^{(1)}(0) - \frac{u}{a}\right]\mathrm{e}^{-at} + \frac{u}{a} \tag{3-15}$$

(6)还原数列：

$$\hat{X}^{(0)}(t) = \hat{X}^{(1)}(t+1) - \hat{X}^{(1)}(t) \tag{3-16}$$

(7)残差值：

$$\varepsilon^{(0)}(t) = \hat{X}^{(0)}(i) - X^{(0)}(i) \tag{3-17}$$

(8)相对误差：

$$q(i) = \frac{\varepsilon^{(0)}(i)}{\hat{X}^{(0)}(i)} \times 100\% \tag{3-18}$$

对于用GM(1,1)得到的预测值是否可信，需要进行后验差检验。后验差检验是根据计算值与实际值之间的统计情况进行检验的方法，具体计算步骤如下：

(1)原始数列的均值：

$$\overline{X}^{(0)}(t) = \frac{1}{N}\sum_{k=1}^{N} X^{(0)}(k) \tag{3-19}$$

(2)原始数列的方差：

$$S_1^2 = \frac{1}{N}\sum_{k=1}^{N}[X^{(0)}(k) - \overline{X}^{(0)}]^2 \tag{3-20}$$

(3)残差的均值：

$$\bar{\varepsilon}^{(0)} = \frac{1}{N}\sum_{k=1}^{N}\varepsilon^{(0)}(k) \tag{3-21}$$

(4)残差方差：

$$S_2^2 = \frac{1}{N}\sum_{k=1}^{N}[\varepsilon^{(0)}(k) - \bar{\varepsilon}^{(0)}]^2 \tag{3-22}$$

(5)后验差比值：

$$C = \frac{S_2}{S_1} \tag{3-23}$$

(6)小误差概率：

$$P = \{|\varepsilon^{(0)}(k) - \bar{\varepsilon}^{(0)}| < 0.6745 S_1\} \tag{3-24}$$

根据经验，一般可按表3-1划分精度等级。

表 3-1　精度判断表

预测精度	P	ε	C
好	>0.95	<0.01	<0.35
合格	>0.80	<0.05	<0.5
勉强	>0.70	<0.10	<0.65
不合格	<0.65	<0.20	≥0.65

3.1.1.4　变形趋势的预测灰色平面

对于给定的变形过程 $X_0^{(1)}$，有：

$$X_0^{(1)} = [X_0^{(1)}(1) \cdot X_0^{(1)}(2) \cdot \cdots \cdot X_0^{(1)}(n)] \tag{3-25}$$

常记 $k \in (1,2,\cdots,n-1)$ 为过去时刻；$k=n$ 为现在时刻，或称 $x^{(0)}(n)$ 为原点 $k \in (n+1,n+2,\cdots,n+\xi)$ 为未来时刻（$\xi=1$）。现从 $X_0^{(1)}$ 中取出不同长度包含原点在内的子序列：

$$X_1^{(0)} = [x^{(0)}(2) \cdot x^{(0)}(3) \cdot \cdots \cdot x^{(0)}(n)]$$

$$X_2^{(0)} = [x^{(0)}(3) \cdot x^{(0)}(4) \cdot \cdots \cdot x^{(0)}(n)]$$

$$X_{n-4}^{(0)} = [x^{(0)}(n-3) \cdot x^{(0)}(n-2) \cdot x^{(0)}(n-1) \cdot x^{(0)}(n)]$$

当把 $x_0^{(1)}$ 看作是一个特殊的子序列时，按上述方法可构成 $n-3$ 子序列 $x_i^{(1)}$，对 $x_i^{(1)}$ 可建立 $\text{GM}(1,1)_i$ 模型群。由此可得一组预测值：

$$\hat{x}_i^{(1)}(n+\xi) \quad (\xi > 1) \tag{3-26}$$

若记预测值的全体为 X，则有：

$$X = \{\hat{x}_i^{(1)}(n+\xi) \mid i = 0,1,2,\cdots,n-4;\xi > 1\} \tag{3-27}$$

并用 $\overline{X}=\max\{\hat{x}_i^{(1)}(n+\xi)\}$ 和 $\underline{X}=\max\{\hat{x}_i^{(1)}(n+\xi)\}$ 分别表示预测上界和下界，则称：

$$S(x) = \overline{X} - \underline{X} \tag{3-28}$$

为系统未来发展的可能平面，即变形趋势预测灰色平面。灰色平面呈喇叭形展开，表明未来时刻越远，预测值的灰色区间越大。显然 $S(x)$ 越小，模型预测精度越高，反之越低。灰色平面在灰色预测中有重要作用，可用来估计未来预测值的可信程度，一般认为，未来的发展取上界或下界都是不可信的，只有灰色平面的均线才是依赖度较高的。为此，可在 $\text{GM}(1,1)_i$ 中选择预测值序列接近灰色平面均线的模型作为变形趋势预测模型。

3.1.1.5　灰色理论模型的算法实现

（1）灰色预测步骤

①整理原始监测数据，必要时进行标准化处理；

②按式(3-10)生成累加序列；

③按式(3-14)计算参数 $\hat{a} = (\boldsymbol{B}^{\mathrm{T}}\boldsymbol{B})^{-1}\boldsymbol{B}^{\mathrm{T}}\boldsymbol{Y}_n$；

④按式(3-16)计算还原数列；

⑤按式(3-17)计算残差值 ε；

⑥按式(3-23)计算后验差比值 C；

⑦按式(3-24)计算小误差概率 P；

⑧按表 3-1 划分精度等级；

⑨若精度等级为合格以上，转入第⑪步，否则进行下一步；

⑩若模型不适用，进行残差修正，转入第②步或打印输出；

⑪按式(3-15)进行参数预测。

(2)灰色预测模型程序设计

基于 Visual FORTRAN 平台，将上述算法程序化，源程序清单如下：

C 灰色预测 GM(1,1)模型源程序清单

```
C    * 灰色预测模型 GM(1,1)程序*
     DIMENSION A(30),A1(30),B(29),B1(29),Q(30),Z(2,2)
     OPEN(1,FILE='F1.TXT',STATUS='OLD')
     OPEN(2,FILE='F2.TXT',STATUS='NEW')
     READ(1,* )T0,TN
     N=TN-T0+1
     READ(1,*)(A(I),I=1,N)
       WRITE(2,*)(A(I),I=1,N)
     DO 5 I=1,N
     A1(I)=0.0
       B(I)=0.0
       B1(I)=0.0
       Q(I)=0.0
5     CONTINUE
     A1(1)=A(1)
C         累加生成
     DO 10 I=2,N
     A1(I)=A1(I-1)+A(I)
```

```
10     CONTINUE
         WRITE(2,*)(A1(I),I=1,N)
      DO 20 I=1,N-1
      B(I)=-(A1(I)+A1(I+1))/2
20     CONTINUE
         WRITE(2,*)(B(I),I=1,N-1)
      DO 21 I=1,2
      DO 21 J=1,2
          Z(I,J)=0
21     CONTINUE
C        求 B×B 矩阵
      DO 30 I=1,N-1
      Z(1,1)=Z(1,1)+B(I)*B(I)
         Z(1,2)=Z(1,2)+B(I)
30     CONTINUE
           Z(2,1)=Z(1,2)
         Z(2,2)=N-1
         WRITE(2,*)((Z(I,J),J=1,2),I=1,2)
C        求逆矩阵
      D=Z(1,1)*Z(2,2)-Z(1,2)*Z(2,1)
          Z(1,1)=Z(1,1)/D
          Z(1,2)=-Z(1,2)/D
          Z(2,2)=Z(2,2)/D
          Z(2,1)=Z(1,2)
      WRITE(2,*)'打印 Z(I,J)的逆'
      WRITE(2,*)((Z(I,J),J=1,2),I=1,2)
C        求 BT X YN
          C1=0
          C2=0
      DO 40 I=1,N-1
      C1=C1+B(I)*A(I+1)
```

```
      C2=C2+A(I+ 1)
40    CONTINUE
      A0=C1*Z(2,2)+C2*Z(2,1)
      U=C1*Z(1,2)+C2*Z(1,1)
    WRITE(2,*)'系数向量'
    WRITE(2,*)A0,U
C     预测方程
    DO 50 I=1,N-1
    A1(I+1)=(A(1)-U/A0)*EXP(-A0*I)+U/A0
50    CONTINUE
    DO 60 I=2,N
    B1(I)=A1(I)-A1(I-1)
60    CONTINUE
    DO 70 I=2,N
    Q(I)=A(I)-B1(I)
70    CONTINUE
      DO 80 I=2,N
    WRITE(2,*)I,Q(I),I,Q(I)/A(I)*100
80    CONTINUE
    Y=0
      YY=0
    DO 90 I=1,N
    Y=Y+A(I)
90    CONTINUE
       Y=Y/N
    DO 95 J=1,N
      YY=YY+(A(J)-Y)*(A(J)-Y)
95    CONTINUE
      YY=YY/N
      S1=SQRT(YY)
    YY=0
```

```
      Y=0
      DO 96 I=1,N
          Y=Y+Q(I)
96     CONTINUE
          Y=Y/N
          DO 97 I=1,N
      YY=YY+(Q(I)-Y)*(Q(I)-Y)
97     CONTINUE
      YY=YY/N
      S2=SQRT(YY)
      C=S2/S1
          P=0
      DO 98 I=1,N
          IF(ABS(Q(I)-Y).LT.0.6745*S1)THEN
            P=P+1
          END IF
98     CONTINUE
          P=P/N
      WRITE(2,* )'P=',P
          WRITE(2,* )'后误差检验'
      IF(C.LT.0.35)THEN
      WRITE(2,*)'好'
      ELSE IF(C.LT.0.5)THEN
          WRITE(2,*)'合格'
      ELSE IF(C.LT.0.65)THEN
          WRITE(2,*)'勉强'
      ELSE
      WRITE(2,*)'不合格'
      END IF
      WRITE(2,*)'小误差概率 P='
      IF(P.GT.0.95)THEN
```

```
    WRITE(2,*)'好'
    ELSE IF(P.GT.0.8)THEN
    WRITE(2,*)'合格'
    ELSE IF(P.GT.0.7)THEN
    WRITE(2,*)'勉强'
    ELSE
    WRITE(2,*)'不合格'
        END IF
    WRITE(* ,*)'预测年 T='
    READ(*,*)T
    T=T-TN
    G0=(A(1)-U/A0)*EXP(-A0*N)+U/A0
    WRITE(2,*)TN+1,G0-A1(N)
    DO 100 I=1,T-1
    G=(A(1)-U/A0)*EXP(-A0*(N+I))+U/A0
        G1=G-G0
    WRITE(2,*)TN+I+1,G1
      G0=G
100   CONTINUE
    END
```

3.1.1.6 *灰色模型的局限及其改进方法*

灰色预测具有要求样本数据少、原理简单、运算方便、短期预测精度高、可检验等优点，因此得到了广泛的应用，并取得了令人满意的效果。但是，它和其他预测方法一样，也存在一定的局限性，主要有如下几个原因：

(1)传统 GM(1,1)模型建成后，需进行检验，若检验不合格时需进行残差修正。

(2)传统 GM(1,1)模型中灰微分方程的解是在初始条件为 $\hat{X}_1^{(1)}=X_1^{(1)}=X_1^{(0)}$ 时得出的，这样得到的拟合曲线在坐标平面上必然通过点$(1,X^{(0)}(1))$。而由最小二乘回归法原理可知，拟合曲线并不一定通过第一个数据点，所以将 $\hat{X}_1^{(1)}=X_1^{(1)}=X_1^{(0)}$ 作为初始条件的理论依据并不存在。而且许多试验也证明了以这一初始条件建立的 GM(1,1)模型的预测精度并不一定很高。

(3)在传统的GM(1,1)模型中,一旦计算出辨识参数 a 和 u,其值就是固定不变的,不管随时间推移预测多少个值,都是使用相同的 a,u。显然,这是不合理的,而且也不太适合于长期的数据预测。因为在任何一个灰色系统的发展过程中,随着时间的推移,将会不断地有一些随机扰动和驱动因素进入系统,使系统的发展相继受到影响,因此,用GM(1,1)模型进行预测,精度较高的仅仅是距离起始点最近的几个点的数据。一般来说,越往未来发展,越是远离时间原点,GM(1,1)的预测精度越低,其预测意义也就越弱。所以,在实际应用中,应考虑那些随着时间推移相继进入系统的扰动或驱动因素。

基于上述原因,有必要探讨GM(1,1)模型的改进方法。对GM(1,1)模型的改进方法有很多种,如新信息GM(1,1)模型、新陈代谢GM(1,1)模型、带残差修正的GM(1,1)模型、GM(1,1)模型群法、灰色预测-校正模型及灰色摆动GM(1,1)模型法等。以上模型均在不同场合下对GM(1,l)模型进行了一定程度的改进。在此,仅对几种常见且有效的修正方法予以探讨。

(1)带残差修正的GM(1,1)模型

若用原始时间序列建立的GM(1,1)模型检验不合格时,要对建立的GM(1,1)模型进行残差修正。设原始时间序列建立的模型为:

$$\hat{X}^{(1)}(i+1)=\left[X^{(0)}(1)-\frac{u}{a}\right]\mathrm{e}^{-ai}+\frac{u}{a}$$

可获得生成序列 $X^{(1)}$ 的预测值 $\hat{X}^{(1)}$,即对于 $X^{(1)}=\{X^{(1)}(1),X^{(1)}(2),\cdots,X^{(1)}(n)\}$ 有预测序列 $\hat{X}^{(1)}=\{\hat{X}^{(1)}(1),\hat{X}^{(1)}(2),\cdots,\hat{X}(n)\}$。

定义残差为:

$$e^{(0)}(j)=X^{(1)}(j)-\hat{X}^{(1)}(j)$$

若取 $j=i,i+1,\cdots,n$,则与 $X^{(1)}$ 及 $\hat{X}^{(1)}$ 对应的残差序列为:

$$e^{(0)}=\{e^{(0)}(i),e^{(0)}(i+1),\cdots,e^{(0)}(n)\}$$

其累加生成序列为:

$$e^{(1)}=\{e^{(1)}(i),e^{(1)}(i+1),\cdots,e^{(1)}(n)\}$$

利用 $e^{(1)}$ 建立相应的GM(1,1)模型:

$$\hat{e}^{(1)}(k+1)=\left[e^{(0)}(1)-\frac{u_{\mathrm{e}}}{a_{\mathrm{e}}}\right]\mathrm{e}^{-a_{\mathrm{e}}k}+\frac{u_{\mathrm{e}}}{a_{\mathrm{e}}}$$

值得注意的是,上式中 i 的取值取决于残差的大小,一般取残差序列中尾部残差较大的几项进行建模修正,并一定是全部残差构成的完整序列。归纳上述思路，建立带残差修正的 GM(1,1)模型的步骤为：

①运用 GM(1,1)模型求得 $\hat{X}^{(1)}$，$\hat{X}^{(0)}$，$e^{(0)}$。

②对残差序列进行处理，要求有两点：非负 $e \geqslant 0$；单调升 $e(k+1) > e(k)$。如果残差序列中有值小于 0，则应在残差序列上加一个适当的正数，使其中最小值变为 0，取 $e_{\min}\{e^{(0)}(1), e^{(0)}(2), \cdots, e^{(0)}(n)\}$，将其绝对值加在残差序列上得到非负序列 $e^{(0)}$，即 $e^{(0')}(k) = e^{(0)}(k) + |e_{\min}|$，$e^{(1)}(k) = \sum e^{(0')}(i)$，且 $e^{(1)}(k)$ 必为单调升的序列。

③利用 GM(1,1)模型求得 $\hat{e}^{(1)}$，将其累减生成序列 $\hat{e}^{(0)}$，再减去 $e_{\min}$ 得到：

$$\hat{e}^{(0')} = \hat{e}^{(0)} - |e_{\min}|$$

④将 $e^{(0')}$ 加在预测序列上 $\hat{X}^{(1)}$，得到修正后的预测值 $\hat{X}^{(1')} = \hat{X}^{(1)} + \hat{e}^{(0)}$，将其累减生成序列 $\hat{X}^{(0)}$。

⑤重新计算残差，即 $\hat{X}^{(0)} - X^{(0)}$ 的误差，作后验差检验。

(2)新陈代谢 GM(1,1)模型

把 a 和 u 看成是关于时间 t 的变量，先对 a 和 u 进行计算，然后再用新的 a、u 建立新的 GM(1,1)模型。

其具体算法为：在得到第一次预测的新信息后，将其补充到原数据序列中，同时去掉最老的那个数据，用新得到的数据序列再算出新的 a 和 u，建立新的模型，求出下一个预测值。如此循环，直至达到预测目标。

此模型把 a 和 u 看成随时间动态变化的变量，从而更能反映系统的目前特征。尤其是系统由量变到质变时，新系统与老系统相比可能已面目全非。故去掉已根本不可能反映系统的特征的老数据，不仅避免了随着信息量的增大，耗费更多的内存，更重要的是能用作长期预测并使预测值精度更高。

3.1.1.7　基于灰色理论的边坡位移预测

位移预测的目的有：

①精确的位移预测，可判断开挖与支护对边坡稳定性的影响，从而指导施工；

②精确的位移预测，为后续的参数反演提供依据；

③精确的位移预测，为最终评定边坡的稳定状态奠定基础。

由于实际监测时间间隔与频次往往是不等间距的，因此，上述基本程序略作修改后才能进行预测。

将上述灰色模型对大岗山右岸边坡关键点多点位移计进行实测结果与模拟预测分析，其结果分别见表 3-2 和图 3-1。

表 3-2　多点位移计M^4_{1LX}孔口位移实测数据与灰色预测值

序次	日期	时间间隔 (d)	累计时间 (d)	实测值 (mm)	灰色预测值 (mm)	误差	相对误差
1	2009/5/19	0	0	0	0	0	0
2	2009/5/20	1	1	0.1	0.2	0.1	100
3	2009/5/23	3	4	0.2	0.4	0.2	100
4	2009/5/27	4	8	0.4	0.6	0.2	50
5	2009/6/1	5	13	0.43	0.8	0.37	86.05
6	2009/6/17	16	29	0.51	1.1	0.59	115.69
7	2009/6/25	8	37	0.54	1.3	0.76	140.74
8	2009/7/15	20	57	1.24	1.7	0.46	37.1
9	2009/8/15	31	88	2.72	2.72	0	0
10	2009/8/25	20	108	3.06	2.8	−0.26	−8.5
11	2009/9/15	21	129	3.8	3.2	−0.6	−15.79
12	2009/9/25	10	139	4.17	3.6	−0.57	−13.67
13	2009/10/15	20	159	3.36	3.7	0.34	10.12
14	2009/11/1	17	176	4	4	0	0
15	2009/11/25	24	200	3.52	4.2	0.68	19.32
16	2009/12/22	27	227	3.97	4.3	0.33	8.31
17	2010/1/2	11	238	4.18	4.4	0.22	5.26
18	2010/1/26	24	262	4.3	4.45	0.15	3.49
19	2010/2/26	31	293	4.7	4.5	−0.2	−4.26
20	2010/3/28	30	323	5.03	4.7	−0.33	−6.56
21	2010/4/28	31	354	5.37	5	−0.37	−6.89
22	2010/5/25	27	381	5.43	5.23	−0.2	−3.68
23	2010/6/17	23	404	5.32	5.32	0	0
24	2010/7/30	43	447	5.44	5.44	0	0
25	2010/8/10	11	458	5.77	5.62	−0.15	−2.6
26	2010/9/6	27	485	5.79	5.75	−0.04	−0.69
27	2010/10/6	30	515	5.82	5.8	−0.02	−0.34
28	2010/11/4	29	544	6.04	6.04	0	0
29	2010/12/4	30	574	6.14	6.14	0	0
30	2011/1/7	34	608	6.25	6.25	0	0
31	2011/2/24	48	656	6.78	6.42	−0.36	−5.31
32	2011/3/11	15	671	6.62	6.62	0	0
33	2011/4/11	31	702	6.63	6.63	0	0
34	2011/5/16	35	737	6.66	6.64	−0.02	−0.3
35	2011/6/8	23	760	6.52	6.52	0	0
36	2011/6/26	18	778	6.59	6.55	−0.04	−0.61
37	2011/7/13	17	795	6.46	6.56	0.1	1.55
38	2011/8/17	35	830	6.57	6.57	0	0

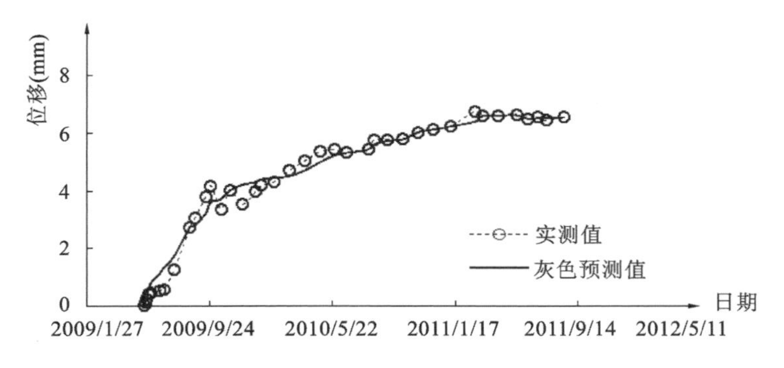

图 3-1　多点位移计M^4_{1LX}孔口位移实测数据与灰色预测值对比曲线

可以看出，灰色预测值与实测值具有较好的吻合度，除早期受开挖影响有一定的波动外，大部分灰色预测值与实测值的相对误差均在10%以内。

3.1.2　边坡位移模糊神经网络预测模型研究

3.1.2.1　模糊神经网络概述

模糊神经网络是人工神经网络与模糊逻辑推理相结合形成的一种新型的智能计算方法，作为人工智能领域的一种新技术，正向着更高层次的研究与应用方面发展。

1974年，S. C. Lee 和 E. T. Lee 在 Cybernetics 杂志上发表了 *Fuzzy set and neural network* 一文，首次把模糊集和神经网络联系在一起。1975年，他们又在 Math. Biosci 杂志上发表了 *Fuzzy neural network* 一文，明确地对模糊神经网络进行了定义、研究。在文章中，作者用0和1之间的中间值推广了 McCulloch-Pitts 神经网络模型。自1992年开始，J. J. Backley 发表了多篇关于混合模糊神经网络的文章，逐步形成了模糊神经网络的理论基础。

随着时间的推移及学科的发展，模糊技术、神经网络技术以及进化计算的相互渗透与协作，已是一个毋庸置疑的发展方向。作为智能化信息处理领域或者说计算智能领域中三项重要而又充满活力的信息处理技术，它们在工程应用及进一步发展的过程中，迫切需要相互结合、相互促进。它们之间的关系，已是密不可分的。作为智能化信息处理的方法和手段，模糊技术和神经网络技术，各有优势。前者抓住了人类思维中模糊性的特点，以模仿人的模糊信息处理能力和综合判断能力的方式处理常规数学方法难以解决的模糊信息处理难题，使计算机的应用得以扩展到那些需要借助人的经验才能完善、解决的问题领域，并在描述高层知识方面有其长处；而后者则以生物神经网络为模拟基础，以非线性大规模并行处理为主要特征，可以以任意精度逼近任意实连续函数，在诸如模式识别、聚类分析及计算机视觉等方面发挥许多不可替代的作用，并在自适应及自学习方面显示出不少新的前景和新的思路。同时，尽管以生理模式为基础的神经网络技术和以模拟人脑综合处理能力见长的模糊技术都有其各自的优势，并且都是智能化信息处理中不可缺少的技术和方法，但是，现实也已证明，要真正实现智能化信息处理，特别是用它们来处理一些较为复杂的工程技术问题，只单纯依靠一种方法是很难做到的。而将它们进行有机结合，则可有效地发挥出其各自的长处而弥补其不足，在工程应用领域更是如此。当前模糊神经网络技术的应用主要集中在以下几个领域：

(1)模糊控制：L. A. Zadeh 教授于 1972 年提出了模糊控制的基本原理。1974 年，瑞典学者 E. H. Mamdani 首次把模糊控制原理用于蒸汽机的控制。模糊控制是以模糊集合论、模糊逻辑、模糊语言变量以及模糊推理为基础的一种非线性的计算机数字控制技术。

(2)模糊专家系统：传统的专家系统实际上是一个二值逻辑系统，它只能处理确定性的(即只能在{0,1}中取值)数据和命题；模糊专家系统与之不同的是它可以处理不确定性的数据和命题，即它们可以在{0,1}中取值，也就是说，模糊专家系统是采用模糊集、模糊数和模糊关系的模糊技术手段来表示和处理知识的不确定性和不精确性，输入给系统的可能是一些模糊数和离散的模糊集，规则(即模糊产生式规则)则可能包含模糊数，输出或推理结构则可能是一个模糊集。

(3)模糊决策：简单地说，决策就是从获得的可供选择的方法(或方案)中根据相关的理论选择出一个好的(或最佳)方法的技术。由于提供给决策者的信息有许多是不完全的、不精确的和主观的，所以这就对决策者提出了更高的要求，要想在模糊环境条件下做出合理和正确的决策，就必须采用模糊集的理论和技术来处理目标和约束。

(4)模式识别："模式"一词来源于英文 Pattern，原意是典范、式样、样品，在不同场合有其不同的含义。在此，模式是指具有一定结构的信息集合。模式识别就是识别给定的事物以及与它相同或类似的事物，也可以理解为模式的分类，即把样品分成若干类，判断给定事物属于哪一类，这与我们前面介绍的判别分析很相似。模式识别的方法大致可以分为两种，即根据最大隶属原则进行识别的直接法和根据择近原则进行归类的间接法。

此外，模糊神经网络技术还应用于模糊回归、模糊矩阵方程和模糊建模等领域。随着模糊神经网络理论研究的深入发展，模糊神经网络技术必将成为人工智能领域核心且带头的技术。

3.1.2.2 模糊神经网络的基础理论

(1)模糊逻辑系统

①模糊逻辑系统的组成

一般而言，模糊逻辑系统是指那些与模糊概念和模糊逻辑有直接关系的系统。它由模糊产生器、模糊规则库、模糊推理机和反模糊化器四部分组成，如图3-2所示。

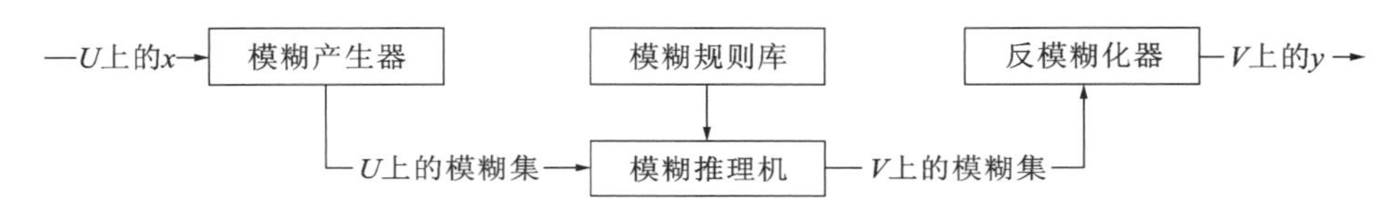

图 3-2 模糊逻辑系统

模糊产生器将论域 U 上的点一一映射为 U 上的模糊集合；反模糊化器将论域 V 上的模糊集合一一映射为 V 上确定的点；模糊推理机根据模糊规则库中的模糊推理知识以及由模糊产生器产生的模糊集合，推理出模糊结论，亦即论域 V 上的模糊集，并将其输入到反模糊化器。

模糊逻辑系统具有许多优点：

a. 由于输入、输出均为实型变量，故特别适用于工程应用系统；

b. 它提供了一种描述专家知识的模糊“if-then”规则的一般化模式；

c. 模糊产生器、模糊推理机和反模糊化器的选择有很大的自由度，因此当用模糊逻辑系统解决某些特殊问题时，可通过学习的方法，选取最优的模糊逻辑系统，使之能有效地利用数据和语言两类信息。

②模糊规则库

模糊规则库是由若干模糊推理规则组成的，其模糊推理规则形式为：

$$R^{(l)}: \text{if } x_1 \text{ is } F_1^l, x_2 \text{ is } F_2^l, \cdots, x_n \text{ is } F_n^l \text{ then } y \text{ is } G^l \tag{3-29}$$

其中，F_i^l 和 G^l 分别为 $U_i \in R$ 和 $V \in R$ 上的模糊集合，且 $x = \{x_1, x_2, \cdots, x_n\}^{\mathrm{T}} \in U_1 \times U_2 \times \cdots \times U_n$ 和 $y \in V$ 均为语言变量，$l = 1, 2, \cdots, M$，亦即 M 为规则总数。可以看出，x、y 是模糊逻辑系统的输入、输出。由于多输入多输出系

统可以分解为多输入单输出系统，故只考虑多输入单输出的模糊逻辑系统。

式(3-29)具有很强的一般性，足以概括其他类型的语言信息。

模糊规则库的获取问题是模糊规则库构造的瓶颈问题。一般有两种解决方法：从专家那里直接得到；通过自学习的方法。第一种方法的优点是简便、快捷；缺点是对专家的要求太高，有时专家对于模糊规则也讲不清，则此时这种方法就失去了意义。由于神经网络技术的出现，第二种方法得到了广泛的重视。应用这种方法，应首先确定出模糊规则数以及 F_i^l、G^l 的隶属函数形式，然后决定隶属函数中的参数估计问题。常用的隶属函数形式是三角形、梯形和高斯型等。高斯型函数曲线具有光滑平稳的过渡特性，而三角形函数和梯形函数则便于计算。

③模糊推理机

模糊推理机的作用在于：根据模糊逻辑规则把模糊规则库中的模糊“if-then”规则转换为某种映射，即将 $U_1 \times U_2 \times \cdots \times U_n \in R^n$ 上的模糊集合映射成 V 上的模糊集合。模糊规则有：

$$R^{(l)}: \text{if } x_1 \text{ is } F_1^l, x_2 \text{ is } F_2^l, \cdots, x_n \text{ is } F_n^l \text{ then } y \text{ is } G^l$$

可以被表示成一个积空间 $U \times V$ 上的模糊蕴涵 $F_1^l \times F_2^l \times \cdots \times F_n^l \rightarrow G^l$。设 U 上的模糊集合 A' 为模糊推理机的输入，若采用 sup-* 合成运算，则由每一条模糊推理规则所导出的 V 上的模糊集合 B' 为：$u_{B'}(y) = \sup\limits_{x \in U}[u_{F_1^l \times \cdots \times F_{n1}^l} \rightarrow G^l(x, y) * u_{A'}(x)]$。

由于规则库中有 M 条规则，即 $l = 1, 2, \cdots, M$，故对于模糊推理机的输入 A'，模糊推理机有两种输出形式：

a. M 个 B^l 组成的模糊集合群体；

b. 由 M 个模糊集合 B^l 之和组成的模糊集合 B'，即：

$$u_{B'}(y) = u_{B^l}(y) \oplus \cdots \oplus u_{B^l}(y)$$

式中，$\oplus$表示 max、$\times$或其他算子。

④模糊产生器和反模糊化器

模糊产生器的功用在于将 $U \in R^n$ 上的一个确定的点 $x = \{x_1, x_2, \cdots, x_n\}^{\mathrm{T}}$ 映射为一个模糊集合 A'。其映射方式有两种：

a. 单值模糊产生器：若模糊集合 A' 对支撑集 x 为模糊单值，则对某一点 $x' = x$，有 $u_{A'}(x) = 1$，而对其余所有的 $x' \neq x$，$u_{A'}(x') = 0$。

b. 非单值模糊产生器：$x' = x$，$u_{A'}(x') = 1$，但当 x' 逐渐远离 x 时，$u_{A'}(x')$

从1开始衰减。

在大多数应用中，经常采用第一种方法，即单值模糊产生器。

反模糊化器的功用在于把 $V \in R$ 上的一个模糊集合 G 映射为一个确定的点 $y \in V$。反模糊化器 DF 应满足下列性质：

a. 若 $u_G(x)=0, x\in(-\infty,a]$，则 $DF[u_G(x)]\geqslant a$。

b. 若 $u_G(x)=0, x\in(-\infty,a)$，则 $DF[u_G(x)]>a$。

c. 若 $u_G(x)=0, x\in(a,-\infty)$，则 $DF[u_G(x)]<a$。

d. 若 $u_G(x)=0, x\in[a,-\infty)$，则 $DF[u_G(x)]\leqslant a$。

常见的三种反模糊化器是最大值反模糊化器、中心平均反模糊化器、改进型中心平均反模糊化器。

a. 最大值反模糊化器，其定义为：

$$y = \arg \sup_{y\in V}[u_{B'}(x)]$$

b. 中心平均反模糊化器，其定义为：

$$y = \frac{\sum_{l=1}^{M} \bar{y}^l [u_{B'}(\bar{y}^l)]}{\sum_{l=1}^{M} u_{B'}(\bar{y}^l)}$$

c. 改进型中心平均反模糊化器，其定义为：

$$y = \frac{\sum_{l=1}^{M} \bar{y}^l [u_{B'}(\bar{y}^l)/\delta^l]}{\sum_{l=1}^{M} [u_{B'}(\bar{y}^l)/\delta^l]}$$

式中，δ^l 为决定 $u_{G^l}(x)$ 函数曲线形状的特征参数，如曲线的宽窄等。

(2)人工神经网络

人工神经网络(Artificial Neural Network，ANN)是对人脑或自然神经网络若干基本特性的抽象和模拟。从本质上讲，人工神经网络是一种经验建模工具，它是以曲线(面)拟合方式工作的。然而，人工神经网络具有一系列使其优于其他计算方法的性质。

①大规模并行分布处理，使其能同时高速处理大量的高维数的信息。

②所有定量或定性的信息都等势分布贮存于网络内的神经元，每个神经元反映出输入、输出模式的一个微特征(Microfeature)，这意味着每个神经元只是轻微影响输入、输出模式，只有将所有神经元组织在一起构成一个单独的完整

的网络时，这些微特征才能反映出宏观的输入输出模式。由于进入神经元及由神经元发出的信号是连续非线性函数，所以人工神经网络可以从即使是带有噪声的、不完整或不一致的输入信号中也能得到恰当的结论。这就使人工神经网络具有很强的鲁棒性或容错能力。

③联想式的存取方式，使其具有自适应、自组织和自学习能力。由于网络的连接强度可以改变，就使网络的拓扑结构具有非常大的可塑性，从而具有很高的自适应能力。人工神经元的输入、输出关系都是非线性的，因此，人工神经网络是一类大规模的非线性系统，这就提供了系统的自组织和协同的潜力。

④神经元可以处理环境信息十分复杂、知识背景不清楚和推理不规则不明确的问题。例如语音识别、手写体识别、医学诊断以及市场估计等，都是具有复杂非线性和不确定对象的控制。在上述领域，信息提供的模式丰富多彩，有的互相之间存在矛盾，而判定决策原则又无条理可循，通过神经元网络学习，从典型事例中学会处理具体事例，可以给出比较满意的解答。

神经网络在土木工程领域应用的首篇文章出现于1989年，随后，大量的研究性文章开始出现，这些文章绝大部分处理的是关于“模式识别和学习分类”的问题。神经网络方法在处理“难以学习”或缺乏基本理论支持的问题方面更具吸引力，而工程设计和图形识别就属于这类问题。神经网络得以流行的一个重要原因是梯度下降优化技术的误差逆向传递学习算法的出现和对该算法的有效实施，使神经网络成为解决土木工程领域问题可行的有效工具。

土木工程领域的许多问题通常具有复杂性、动态性和不可重复的高度非线性特点，问题涉及的变量也很多，相应的变量常常是高噪声、不确定和模糊的，传统分析方法常常面临着困难，而神经网络在处理这些问题方面有着传统方法无法比拟的优越性。纵观国内外相关研究，神经网络在土木工程领域的应用几乎涉及结构工程、管理工程、环境工程、水利工程、交通工程、道路工程、岩土和矿业工程等各个方面，并取得了一定成果。从基本方法的角度来讲，迄今为止，人工神经网络在土木工程中的应用主要包括四大领域：施工过程控制、结构诊断、参数识别和过程预报。

(3)模糊神经网络

随着现代科学技术的迅猛发展，人们所面临的问题和所研究的系统日益呈现出如下一些特征：①复杂性。系统的结构和参数具有高维性、时变性和高度非线性。②不确定性。系统及其外部环境具有许多未知的和不确定的模糊性因素。③高标准的性能要求。控制目标的多样性和各种目标之间的矛盾,使得在设计控制器时需要综合考虑各种因素。而相对于线性,非线性是绝对的、全局的。一般意义的线性系统都是对非线性系统的一种理想化或近似的描述。非线性系统的显著特点是存在多平衡点、极限环、分歧与混沌等现象。非线性系统的描述方法比线性系统复杂得多,到目前为止,还没有一种公认的较好的模型描述。因此,传统的信息处理技术对这些复杂系统时常无能为力,但有经验的专家却能对这些复杂的对象进行令人满意的处理。

于是在以算法为核心的传统信息处理理论的基础上,诞生了集启发式知识获取、处理与应用于一体的新型处理技术——智能信息处理,它有望解决信息量不足的病态问题、用数学模型难以描述的非线性问题、有计算的复杂性与实时性要求的问题等。其中采用的方法之一便是把经验和知识数字化的模糊化处理与把规则、推理变成神经网络映射处理及直接从数据样本中抽取经验规则相结合的模糊神经网络技术。模糊逻辑和神经网络在许多方面具有关联性和互补性。而且,理论上已经证明:模糊逻辑系统能以任意精度逼近一个非线性函数,神经网络具有映射能力。这说明二者之间有密切的联系。所以,将模糊逻辑系统与人工神经网络结合起来,取长补短,必能把信息处理领域提高到一个新的高度。在那样的系统中,神经网络模拟大脑的拓扑结构,即“硬件”;模糊逻辑系统模拟信息模糊处理的思维能力,即“软件”。模糊逻辑与神经网络的结合就产生了模糊神经网络(Fuzzy Neural Networks,FNN)。

(4)模糊神经网络分类

模糊逻辑系统和人工神经网络的结合有两种途径:

①主从型结合:在这种结构中,模糊逻辑系统与人工神经网络一主一次。通常先由模糊逻辑系统对数据样本进行处理,再由人工神经网络进一步完善,或者相反。主从型结构的模糊神经网络的最大特点是模糊逻辑系统与人工神经网络的相互独立性。

②融合型结合:在这种结构中,模糊逻辑系统与人工神经网络无主次之分,用其中一个来实现另一个不能实现或难以实现的功能。

概括地说,模糊神经网络包括用于处理模糊信息的神经网络和以神经网络作为工具来实现的模糊系统两大类。表3-3列出了各种不同类型的模糊神经网络。

表 3-3　各种不同类型的模糊神经网络

类型	FNN_0	FNN_1	FNN_2	FNN_3	HNN	$HFNN_i$
特征	实现模糊逻辑，输入量和权值为精确值	权值为模糊量	输入量为模糊量	输入量和权值均为模糊量	含有模糊神经元	在 FNN 的基础上含有模糊神经元

(5)模糊神经网络的主要形式

①逻辑模糊神经网络

逻辑模糊神经网络是由逻辑模糊神经元组成的。逻辑模糊神经元是具有模糊权系数，并且可对输入的模糊信号执行逻辑操作的神经元。模糊神经元所执行的模糊运算有逻辑运算、算术运算和其他运算。无论如何，模糊神经元的基础是传统神经元，它们可以从传统神经元推导出。

可执行模糊运算的模糊神经网络是从一般神经网络发展而得到的。对于一般神经网络，它的基本单元是传统神经元。传统神经元的模型是由下式描述的：

$$Y_l = f\left[\sum_{i=1}^{n} w_{ij} X_j - \theta_i\right] \tag{3-30}$$

当阈值 $\theta_i = 0°$时，有：

$$Y_l = f\left[\sum_{i=1}^{n} w_{ij} X_j\right] \tag{3-31}$$

式中　X_j——神经元的输入量；

w_{ij}——权系数；

$f[\cdot]$——非线性激发函数；

Y_l——神经元的输出量。

如果把式(3-30)中的有关运算改为模糊运算，从而可以得到基于模糊运算的模糊神经元，这种神经元的模型可以用下式(3-32)表示：

$$Y_l = f\left[\bigoplus_{i=1}^{n} (w_{ij} \otimes X_j)\right] \tag{3-32}$$

式中　$\oplus$——模糊加运算；

$\otimes$——模糊乘运算。

同理，式(3-32)中的运算也可以用模糊逻辑运算取代。从而有“或”神经元如下：

$$Y_l = f\left[\operatorname*{OR}_{i=1}^{n} (w_{ij} \text{ AND } X_j)\right]$$

同理，也就有“与”神经元的模型如下：

$$Y_l = f[\mathop{\mathrm{AND}}_{i=1}^{n}(w_{ij}\ \mathrm{OR}\ X_j)]$$

②算术模糊神经网络

算术模糊神经网络是可以对输入模糊信号执行模糊算术运算，并含有模糊权系数的神经网络。通常，算术模糊神经网络也称为常规模糊神经网络，或称为标准模糊神经网络。

常规模糊神经网络一般简称为 RFNN(Regular Fuzzy Neural Network)或称为 FNN(Fuzzy Neural Network)。在一般情况下，都把常规模糊神经网络简称为 FNN。

常规模糊神经网络有四种基本类型，并分别用 FNN_0，FNN_1，FNN_2，FNN_3 表示。这四种类型的意义如下：

a. FNN_0 是含有精确权系数，而输入信号为实数的网络。

b. FNN_1 是含有模糊权系数，而输入信号为实数的网络。

c. FNN_2 是含有实数权系数，而输入信号为模糊数的网络。

d. FNN_3 是含有模糊权系数，而输入信号为模糊数的网络。

③混合模糊神经网络

混合模糊神经网络简称 HFNN(Hybrid Fuzzy Neural Network)。在网络的拓扑结构上，混合模糊神经网络和常规模糊神经网络是一样的。它们之间的不同仅在于如下两点功能：

a. 输入到神经元的数据聚合方法不同；

b. 神经元的激发函数，即传递函数不同。

在混合模糊神经网络中，任何操作都可以用于聚合数据，任何函数都可以用作传递函数去产生网络的输出。对于专门的用途，可选择与之相关而有效的聚合运算和传递函数。而在常规模糊神经网络，也即标准模糊神经网络中，数据的聚合方法采用模糊加或乘运算，传递函数采用 S 函数。

(6)模糊神经网络结构

目前，模糊神经网络中较多采用 Mamdani 以及 Takagi-Sugeno 推理。本文所提出的模糊神经模型为一个多输入单输出的 5 层模糊神经网络，其拓扑结构如图 3-3 所示。设网络结构中的第 L 层的第 b 个节点的输入为 $I(L)b$，输出为 $O(L)b$，并用 h、i、j、k、l 分别表示第一层、第二层、第三层、第四层和第五层的神经元标号，各层之间输入、输出关系表示如下：

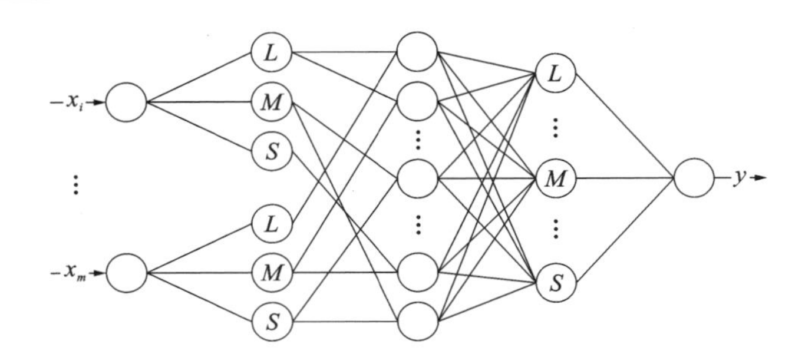

图 3-3　模糊神经网络结构

第 1 层为输入层：该层每个神经元表示一个输入变量，在这一层中的神经元直接将输入值送到下一层的神经元，即：

$$\left.\begin{aligned} I_h^{(1)} &= x_h \\ O_h^{(1)} &= I_h^{(1)} \end{aligned}\right\} \tag{3-33}$$

式中，$h=1,2,\cdots,m$，为 m 个输入量。

第 2 层为模糊化层：该层神经元用于实现规则的前件命题，将上一层的清晰输入变量模糊化。这一层的神经元与上一层的神经元连接权值均为 1，每个神经元的隶属函数取为高斯型，输入、输出关系式为：

$$\left.\begin{aligned} I_i^{(2)} &= O_h^{(1)} \\ O_i^{(1)} &= \mathrm{e}^{-\frac{2(I_i^{(2)}-c_i)}{\sigma_i^2}} \end{aligned}\right\} \tag{3-34}$$

式中，c_i 和 σ_i 分别表示隶属函数的中心和宽度，为待调节的可变参数。

第 3 层为规则层：该层的神经元与第 2 层神经元的连接强度全为 1，规则神经元完成模糊逻辑“与”操作，即：

$$O_j^{(3)} = \min_{i\in I_j}(O_i^2) \tag{3-35}$$

式中，I_j 表示与第 3 层第 j 个神经元连接的第 2 层神经元的下标集，$O_i^{(2)}$ 为第 2 层第 i 个神经元的输出。

第 4 层为结论层：该层每个神经元的隶属函数取为高斯型，与第 3 层神经元的初始连接权值在[−1, 1]之间随机选取，每条规则激活程度由权值的平方决定。该层函数表示如下：

$$O_j^{(4)} = \max_{j\in I_k}[O_j^{(2)} w_{kj}^2] \tag{3-36}$$

式中，I_k 表示与第 4 层第 k 个神经元连接的第 3 层所有神经元的下标集。

第 5 层为清晰化层：本层神经元及与之相连的权值实现解模糊作用。本次采用面积中心法进行解模糊，最终输出信号可表示为：

$$O_j^{(5)} = \frac{\sum_{k \in I_l} O_k^{(4)} \sigma_{lk} c_{lk}}{\sum_{k \in I_k} O_k^{(4)} \sigma_{lk}} \tag{3-37}$$

式中，I_l 表示与第5层第 l 个神经元相连的第4层神经元的下标集；c_{lk} 和 σ_{lk} 分别表示第4层第 k 个神经元的输出语言变量隶属函数的中心和宽度，该神经元与第5层第 l 个神经元相连，这层神经元与第4层神经元的连接权值为单位向量。因此，整个网络需学习的权值只有第4层神经元与第3层神经元之间的连接权值 w_{kj}。

(7)混合学习算法

在模糊神经推理系统模型中，学习过程分两个步骤，即“结构学习阶段”找到合适的模型逻辑(FL)规则和“参数学习阶段”对隶属函数及网络参数进行微调。系统的结构决定了模糊规则的条数及输入、输出语言变量模糊子集个数；而参数学习则决定了每条规则的具体表达及隶属函数的形状。

①网络结构学习

本文采用 Wang 和 Mendel 提出的模糊技术从输入-输出样本数据中获得一组模糊规则。为简单起见，选择具有两个输入一个输出的系统为例对该方法加以说明。假定有一批期望输入输出数据对：

$$(x_{11}, x_{12}; y_1), (x_{21}, x_{22}; y_2), \cdots$$

其中，x_1 和 x_2 为输入，y 为输出。

步骤1：将输入输出空间分割成若干个模糊子空间，确定每个输入输出变量模糊标记，然后按隶属函数的中心等分输入输出数据空间的原则初选隶属函数参数(即中心和宽度)。

步骤2：从学习样本数据对产生模糊规则。首先，确定不同区间已知数据对的隶属度；其次，给 x_{i1}、x_{i2}、y_i 在某一区间赋最大隶属度；最后，从一对期望输入输出数据对中得到一条规则。

步骤3：给每条规则分配一个隶属度。当规则具有相同的前件(IF)部分，而后件(THEN)部分不同时，可取规则强度最大的那条起作用，即每条规则 R_i；若 x_1 为 a，x_2 为 b，则 y 为 $c(w_i)$，其强度可表示为 $w_i = \mu a(x_1)\mu b(x_2)\mu c(y)$；这一阶段学习结束，既可解决规则冲突问题，又能得到简化的规则基。

②结构参数学习

一旦确定了模糊规则基，则整个网络结构也就建立起来了。接下来的工作就是通过网络的学习优化调整隶属函数的形状以及网络权值。本文采用梯度下降法使目标误差函数最小。

$$E = \frac{1}{2}\sum_{l=1}^{q}[\hat{O}_l - O_l^{(5)}]^2 \tag{3-38}$$

式中 q——第5层神经元数；

$\hat{O}_l, O_l^{(5)}$——第5层神经元 l 的目标输出和实际输出。

权值修正式为：

$$w_{kj}(t+1) = w_{kj}(t) - \eta\left(\frac{\partial E}{\partial w_{kj}}\right) \tag{3-39}$$

式中 w_{kj}——对应第4层 k 神经元和第3层 j 神经元的权值；

η——学习率。

根据链式求导法则将式(3-39)改写为：

$$w_{kj}(t+1) = w_{kj}(t) - \eta\left(\frac{\partial E}{\partial O_k^{(4)}}\frac{\partial O_k^{(4)}}{\partial w_{kj}}\right) = w_{kj}(t) - \eta\left(\frac{\partial E}{\partial O_l^{(5)}}\frac{\partial O_l^{(5)}}{\partial O_k^{(4)}}\frac{\partial O_k^{(4)}}{\partial w_{kj}}\right) \tag{3-40}$$

高斯型隶属函数的中心(c)和宽度(σ)计算过程如下：

步骤1：由方程式(3-34)～式(3-37)将网络输入转换成输出；

步骤2：误差反传，其过程如下：

第5层由方程式(3-38)可以得到：

$$\frac{\partial E}{\partial O_l^{(5)}} = -(\hat{O}_l - O_l^{(5)}) \tag{3-41}$$

$$\frac{\partial E}{\partial \sigma_{lk}} = \frac{\partial E}{\partial O_l^{(5)}}\frac{\partial O_l^{(5)}}{\partial \sigma_{lk}} \tag{3-42}$$

由式(3-37)、式(3-41)和式(3-42)可以得到：

$$\frac{\partial E}{\partial \sigma_{lk}} = -A\frac{O_k^{(4)}(c_{lk}\sum_{k'}O_{k'}^{(4)}\sigma_{lk'} - \sum_{k'}O_{k'}^{(4)}\sigma_{lk'}c_{lk'})}{(\sum_{k'}O_{k'}^{(4)}\sigma_{lk'})^2} \tag{3-43}$$

式中，$A = \hat{O}_l - O_l^{(5)}$，$k'$为第4层一个神经元的标号，它与第5层的 l 神经元相连。

故参数 σ 可按下式修正：

$$\sigma_{lk}^{(4)}(t+1) = -B\frac{O_k^{(4)}(c_{lk}\sum_{k'}O_{k'}^{(4)}\sigma_{lk'} - \sum_{k'}O_{k'}^{(4)}\sigma_{lk'}c_{lk'})}{\sum_{k'}O_{k'}^{(4)}\sigma_{lk'}} \tag{3-44}$$

式中，$B=\sigma_{lk}^{(4)}(t)+\eta\delta_l^{(5)}$。

类似地，可推导出可调中心参数 c 按下式修正：

$$c_{lk}(t+1)=c_{lk}(t)+\eta\delta_l^{(5)}\frac{O_k^{(4)}\sigma_{lk}}{\sum_k O_k^{(4)}\sigma_{lk}} \tag{3-45}$$

第 4 层所有神经元的误差是根据目标输出的解模糊及每个神经元的激活状况进行计算，只有误差信号需要计算和传播，因此有：

$$\delta_k^{(4)}=\frac{\partial E}{\partial O_k^{(4)}}=\frac{\partial E}{\partial O_l^{(5)}}\frac{\partial O_l^{(5)}}{\partial O_k^{(4)}} \tag{3-46}$$

将式(3-35)和式(3-39)代入式(3-44)可以得到误差信号为：

$$\delta_k^{(4)}=C\frac{\sigma_{lk}(c_{lk}\sum_{k'}O_{k'}^{(4)}\sigma_{lk'}-\sum_{k'}O_{k'}^{(4)}\sigma_{lk'}c_{lk'})}{(\sum_{k'}O_{k'}^{(4)}\sigma_{lk'})^2} \tag{3-47}$$

式中，$C=\hat{O}_l-O_l^{(5)}$。

第 3 层与第 4 层一样，没有参数需要调整，只有误差信号需计算，然后反向传播，误差信号 $\delta_j^{(3)}$ 按下式得出：

$$\delta_j^{(3)}=\frac{\partial E}{\partial O_j^{(3)}}=\frac{\partial E}{\partial O_k^{(4)}}\frac{\partial O_k^{(4)}}{\partial O_j^{(3)}}=S_{kj}\frac{\partial E}{\partial O_k^{(4)}}=S_{kj}\delta_k^{(4)} \tag{3-48}$$

式中，当第 3 层第 j 个神经元的输出加权平方为第 4 层第 k 个节点输入的最大值时，$S_{kj}=w_{kj}^2$；否则，$S_{kj}=0$。

第 2 层利用式(3-33)、式(3-35)、式(3-40)和式(3-45)可以得出输入变量隶属函数的可调中心参数 c 的修正式为：

$$c_i(t+1)=c_i(t)+\eta\frac{\partial E}{\partial O_i^{(2)}}O_i^{(2)}\frac{2(I_i^{(2)}-c_i)}{\sigma_i^2} \tag{3-49}$$

类似地，利用式(3-31)和式(3-39)可推导出输入变量隶属函数的参数 $\sigma_i^{(2)}$ 的修正式为：

$$\sigma_i(t+1)=\sigma_i(t)+\eta\frac{\partial E}{\partial O_i^{(2)}}O_i^{(2)}\frac{2(I_i^{(2)}-c_i)^2}{\sigma_i^3} \tag{3-50}$$

步骤 3：确定学习是否成功。设均方根误差(MSE)为：

$$MSE=\frac{1}{N}\sum_{i=1}^{N}(O_i-\hat{O}_i)^2 \tag{3-51}$$

式中，N 为训练样本个数；$\hat{O}_i$、O_i 分别为第 i 个目标输出和实际输出，当 MSE 小于某个预先设定的误差值时，学习成功；否则，转步骤 1。

3.1.2.3　基于 MATLAB 的边坡变形模糊神经网络设计

(1)边坡监测数据分析方案选择

由于边坡系统是一个开放的高度非线性复杂动态系统,其稳定性受地质因素和工程因素的综合影响。这些影响因素中只有少部分是确定性的,而绝大部分具有随机性、模糊性、可变性等不确定性特点,它们对不同类型边坡岩体稳定性的影响权重是变化的,在边坡岩体稳定性分析过程中应根据具体情况动态选择参评参数。这些都要求边坡岩体稳定性分析方法应当具有能够同时处理确定性和不确定性信息的动态非线性能力,在大量已有的边坡工程实例的基础上,客观地识别出边坡的稳定状态。目前,边坡稳定性评价与预测方法大致分为两大类:一类为数学力学定量法,它是以边坡的数学力学分析为基本手段的评价方法,主要包括刚体极限平衡法和数值分析法等;另一类为位移时序分析法,它主要是以位移、位移速率、位移加速率为主要信息来源的分析预测法,如统计预测模型差别法、灰色系统理论、突变理论预测模型、周期位移分析法等。这些分析方法考虑了影响边坡稳定的主要因素,但计算冗长烦琐,工作量大,很难准确描述影响边坡稳定性的各主要因素之间的高度非线性关系。随着非线性科学的发展,遗传算法、人工神经网络等智能方法的应用,为边坡稳定性的预测提供了新的思路。因此,强调“明确的输入、正确的输出”的基于黑箱理论(Black-Box Based)的模糊神经网络方法愈来愈引起学术界的关注和用户的欢迎。

运用模糊神经网络模型分析边坡变形规律及其稳定性评价的方法众多,但可大致归纳为如下几种方案:

①将影响边坡变形的主要因素,如边坡几何参数、力学参数、工程地质、环境地质、气象因素以及人为工程因素等参数作为网络的输入参数,其中包括定量和定性数据,将变形或稳定性评判指标作为网络的输出参数,以大量的已竣工边坡工程的监测数据训练网络结构参数,之后,用此模型预测在建边坡工程特征点某一时点的位移。此方案将考察的视角集中于一点,且为静态值,适用于一般规律性探讨,不宜用于某一特定边坡工程的稳定性评判及位移随时间变化的预测。

②将研究对象集中于边坡工程的某一特征点,考察该点位移随时间变化的规律,以预测未来某一时点的位移值。以影响位移且随时间变化的因素,如开挖过程、工程加固、降雨、地下水位或库水位以及温度等参数作为网络的输入参数,以考察点的位移为网络的输出参数,用已往这些参数随时间变化的监测数据训练网络结构,将训练稳定的网络模型预测未来某一时点的位移值。此方案

的优点在于以某一具体工程特征点的经验，预测同一点的未来值，除随时间变化的参数外，其他环境条件不变，其结果具有一定的置信度。其不足之处是仅考虑单点的变形规律，没有考虑边坡工程的几何特性、工程地质和环境地质条件等不随时间变化的参数。

③将几何特性、工程地质和环境地质条件与开挖、加固、降雨、地下水位和环境温度等参数等同，均视为随时间变化的量，将整个边坡的变形用同一模糊神经网络模拟。以某一监测点的基础数据作为网络的输入参数，该点位移作为网络输出参数。用该点过往的监测数据训练网络结构，以此模型预测边坡所有点未来某一时点的位移。此模型的优点在于同时考虑时间效应与空间效应，将整个边坡视为具有同一变化规律的动态非线性时空系统，只需一次建模，即可进行多点多次预测，但此方法在数学上还需进一步的理论证明。

鉴于此，本章拟采用第③种方案，基于神经网络与模糊逻辑相结合用来进行边坡位移预测的模糊神经网络模型。该模型利用神经网络强大的学习能力及模糊逻辑的推理作用，通过混合学习算法，仅从期望输入输出数据集便可达到获取知识、确定模糊初始规则基的目的。然后，再利用神经网络的学习能力，便不难修改规则库中的模糊规则以及隶属函数和网络权值等参数，从而提高模型的预测能力。

(2)参数确定及其取值规则

影响边坡位移的因素很多，概括起来主要有：①工程因素，包括开挖与支护；②地质因素，包括围岩坚硬程度、完整程度、结构面特性、弹性参数、强度参数以及地应力大小等；③环境因素，包括降雨量和环境温度。从理论上讲，神经网络的输入值越多，就越能描述边坡的稳定状态，但同时用于表达边坡位移的非线性关系也就越复杂。本文结合前人的研究成果与大岗山水电站枢纽工程的实际情况，拟采用上述几种主要因素。各类参数的取值方法与规则定义如下：

①工程因素

分别以开挖状态 E 和加固状态 A 两个时变参数表达。假设测点按圣维南原理在开挖影响范围内，E 的取值：全面开挖取 1.0，部分开挖取 0.8，未开挖取 0.5；A 的取值：测点上下左右全面加固取 0.5，部分加固取 0.8，没有加固取 1.0。

②地质因素

包括围岩坚硬程度、完整程度、结构面特性、弹性参数、强度参数以及地应力大小等。全面系统地考虑这些因素固然重要，但工程实践中往往很难获取基础数据，或获取数据的成本太高，因此，寻求一种既能简单获取，又能综合反映上述影响因素的定量指标是问题的关键。所幸的是《工程围岩分级标准》(GB/T 50218—2014)给出了解决问题的有效途径，围岩质量等级指标 Q 满足上述要求。按等级越高稳定性越好，从而位移越小的原则，Q 的取值：Ⅰ级取0.6，Ⅱ级取 0.7，Ⅲ级取 0.8，Ⅳ级取 0.9，Ⅴ级取 1.0。

③环境因素

因水电站边坡工程的施工周期较长，监测控制点与监测数据量较大，若按传统的方法取 1d 为时间步，则数据量太大。经验已证明过多的训练数据既不会对网络的泛化能力有利，相反往往易出现过训练现象。综合施工进度与时变参数取值的代表性，认为取 1 个月为时间步较为合适。因此与时间相关的参数，均取月平均值，即月降雨量 H(mm)和月平均环境温度 T(℃)。

(3)网络结构

根据上述分析，影响边坡位移的主要因素为：工程因素 E 和 A，地质因素 Q，环境因素 h 和 T，共 5 个基本参数，输出值为测点的位移。因此网络的结构：

第一层：输入层对应的节点 $N_1=5$，其作用将输入值传入下一层。

第二层：计算各输入分量属于各语言变量模糊集合的隶属度函数。第二层的节点数为 $N_2=\sum m_i$，m_i 为参数的模糊分割数。对应于上述 5 个参数 E、A、Q、h、T，其分割子域数分别为 3、3、5、5、5，则 $N_2=21$。隶属度函数采用高斯函数计算，其计算式为：

$$\mu_i^{j_1}=\mu_A(x_i)=\exp\left[\frac{-(x_i-c_{ij})}{\sigma_{ij}^2}\right] \tag{3-52}$$

式中，c_{ij} 和 σ_{ij} 分别表示隶属度函数的中心和宽度，$i=1,2,\cdots,n$；$j=1,2,\cdots,m_i$。n 为变量个数 5，m_i 分别为 3、3、5、5、5。

第三层：每一个节点代表一条模糊规则，用来匹配模糊规则的前件，计算出每条规则的适用度，即：

$$a_j=\min(\mu_j^{i_1},\mu_j^{i_2},\mu_j^{i_3}) \tag{3-53}$$

$j=1,2,\cdots,m$；$m=3\times3\times5\times5\times5=1125$。该层的节点数 $N_3=1125$。对于给定的输入变量，只有在输入点附近的语言变量值才有较大的隶属度值，远离输入点的语言变量值的隶属度很小或者为零。当隶属度很小时(如小于0.05)，近似取 0。

第四层的节点数与第三层相同，即 $N_4=N_3=1125$，它所实现的是归一化计算，即：

$$\bar{a}_j = a_j / \sum_{i=1}^{m} a_i \quad (i = 1,2,\cdots,m) \tag{3-54}$$

第五层是后件网络，用于计算每一条规则的后件，即：

$$v_j = p_{j0} + p_{j1}x_1 + \cdots + p_{jn}x_n = \sum_{k=1}^{n} p_{jk}x_k \tag{3-55}$$

式中，$j=1,2,\cdots,m$。

每条规则的后件在简化结构中变成了最后一层的连接权，系统的输出为：

$$y_j = \sum_{j=1}^{m} \bar{a}_j v_j \tag{3-56}$$

可见 y 为各规则后件的加权和，加权系数为各模糊规则归一化的适用度，即前件网络的输出用作后件网络的连接权值。

设计中使用本章介绍的 BP 算法进行网络训练，其学习的主要参数为第二层各节点隶属度函数的转折点，并依据输出误差优化隶属度函数。

3.1.2.4　基于 MATLAB 的算法实现

在 MATLAB 提供了众多工具箱，其中模糊逻辑工具箱中的 ANFIS(Adaptive Neuro-Fuzzy Inference System)为自适应模糊神经推理系统。它能将输入特性映射为输入隶属度函数，将输入隶属度函数映射为规则，将规则映射为一组输出特性，将输出特性映射为输出隶属度函数，将输出隶属度函数映射为一个单值输出，并能完成隶属度函数参数自动调节的任务。ANFIS 或单独使用反向传播算法，或结合最小二乘回归法一起进行隶属度函数参数的预测与优化。因此，使模糊建模预测变得很容易实现。模糊建模过程可以分成下面 6 个步骤：

(1)将原始数据经归一化整理后，分别写入两个数据文件，一个用于训练网络，另一个用于网络的检验；

(2)运用 ANFIS 编辑器，打开训练样本文件，选择输入变量的隶属度函数的类型和分割数，选择输出为“Constant”；

(3)由 genfis1 函数产生初始的 FIS 结构；

(4)设定 ANFIS 训练的参数，如优化算法“Optim. Method”为 backpropa，“error Tolerance”为 0.01，“Epochs”为 1500；

(5)利用 anfis 函数训练 ANFIS；

(6)检验得到的 FIS 的性能；

(7)利用 evalfis 函数进行预测；

(8)预测数据的反归一化。

3.1.2.5 边坡变形的模糊神经网络预测

(1)基础数据准备

基础数据准备主要是将监测的大量原始数据，按第 4 章的方法进行误差分析与处理，然后从多测点数据中选择具有代表性剖面关键点的数据用于建模。并用下式进行归一化处理：

$$x_{ij} = \frac{x'_{ij} - x'_{j\min}}{x'_{j\max} - x'_{j\min}} \tag{3-57}$$

式中，$x'_{j\min}$、$x'_{j\max}$分别表示x'_{1j}，x'_{2j}，…，x'_{kj}中的最小值和最大值，x_{ij} 为归一化后的值。仍取表 2-21 的实测数据进行模糊神经网络训练，原始数据与归一化处理后的数据见表 3-4 和表 3-5。

表 3-4　多点位移计M^4_{5LX}孔口位移与各变量实测数据

日期	围岩等级分值	开挖状态分值	支护状态分值	月降雨量(mm)	月平均温度(℃)	累计位移(mm)
9 月 4 日	0.8	0.8	1	81	16	0.04
9 月 5 日	0.8	0.8	1	110	17.9	0.27
9 月 6 日	0.8	0.8	1	79	21.5	0.48
9 月 7 日	0.8	0.8	1	299	24.1	12.22
9 月 8 日	0.8	0.8	1	307	23.4	14.07
9 月 9 日	0.8	0.8	1	223	19.9	16.07
9 月 10 日	0.8	0.8	1	26	17.3	16.64
9 月 11 日	0.8	0.8	1	7	15.8	15.93
9 月 12 日	0.8	0.8	1	9	11.3	20.78
10 月 1 日	0.7	1	0.8	2	10.7	21.44
10 月 2 日	0.7	1	0.8	2	12.2	22
10 月 3 日	0.7	1	0.8	22	13.9	22.82
10 月 4 日	0.7	1	0.8	54	14	23.46
10 月 5 日	0.7	1	0.8	81	25.1	24.12
10 月 6 日	0.7	1	0.8	139	20.3	24.33
10 月 7 日	0.7	1	0.8	328	26.3	25.83
10 月 8 日	0.6	0.5	0.5	373	25.5	25.95
10 月 9 日	0.6	0.5	0.5	104	21.8	27.21
10 月 10 日	0.6	0.5	0.5	80	17.9	27.71
10 月 11 日	0.6	0.5	0.5	6	14.3	28
10 月 12 日	0.6	0.5	0.5	7	11.4	28.5
11 月 1 日	0.6	0.5	0.5	0	7	29
11 月 2 日	0.6	0.5	0.5	4	13.7	30.21
11 月 3 日	0.6	0.5	0.5	22	11.2	30.13
11 月 4 日	0.6	0.5	0.5	54	14	30.5

表 3-5 归一化处理后的数据

序号	Q	E	A	h	K	u
1	0.8	0.8	1	0.217	0.466	0
2	0.8	0.8	1	0.295	0.565	0.008
3	0.8	0.8	1	0.212	0.751	0.014
4	0.8	0.8	1	0.802	0.886	0.4
5	0.8	0.8	1	0.823	0.85	0.461
6	0.8	0.8	1	0.598	0.668	0.526
7	0.8	0.8	1	0.07	0.534	0.545
8	0.8	0.8	1	0.019	0.456	0.522
9	0.8	0.8	1	0.024	0.223	0.681
10	0.7	1	0.8	0.005	0.192	0.703
11	0.7	1	0.8	0.005	0.269	0.721
12	0.7	1	0.8	0.059	0.358	0.748
13	0.7	1	0.8	0.145	0.363	0.769
14	0.7	1	0.8	0.217	0.938	0.791
15	0.7	1	0.8	0.373	0.689	0.797
16	0.7	1	0.8	0.879	1	0.847
17	0.6	0.5	0.5	1	0.959	0.851
18	0.6	0.5	0.5	0.279	0.767	0.892
19	0.6	0.5	0.5	0.214	0.565	0.908
20	0.6	0.5	0.5	0.016	0.378	0.918
21	0.6	0.5	0.5	0.019	0.228	0.934
22	0.6	0.5	0.5	0	0	0.951
23	0.6	0.5	0.5	0.011	0.347	0.99
24	0.6	0.5	0.5	0.059	0.218	0.988
25	0.6	0.5	0.5	0.145	0.363	1

(2)网络训练

将表 3-4 所示的 25 组数据分为两组,前 20 组数据作为网络训练样本代入建立好的模糊神经网络模型中对网络进行训练,直至输出误差满足收敛准则,后 5 组数据用于检验网络。训练过程的目标迭代曲线如图 3-4 所示。各输入变量隶属度函数训练前后的图形见图 3-5~图 3-8。

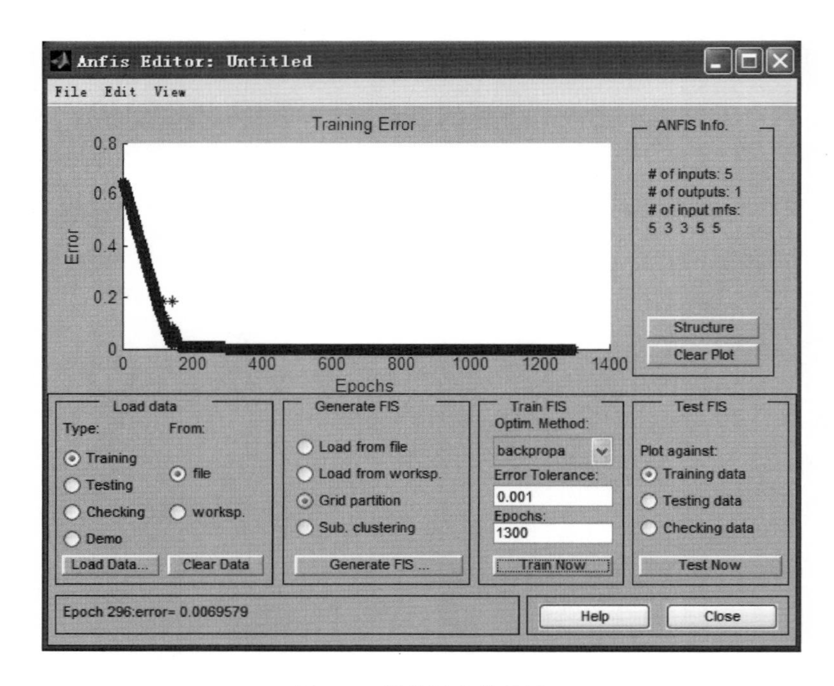

图 3-4　训练误差曲线图

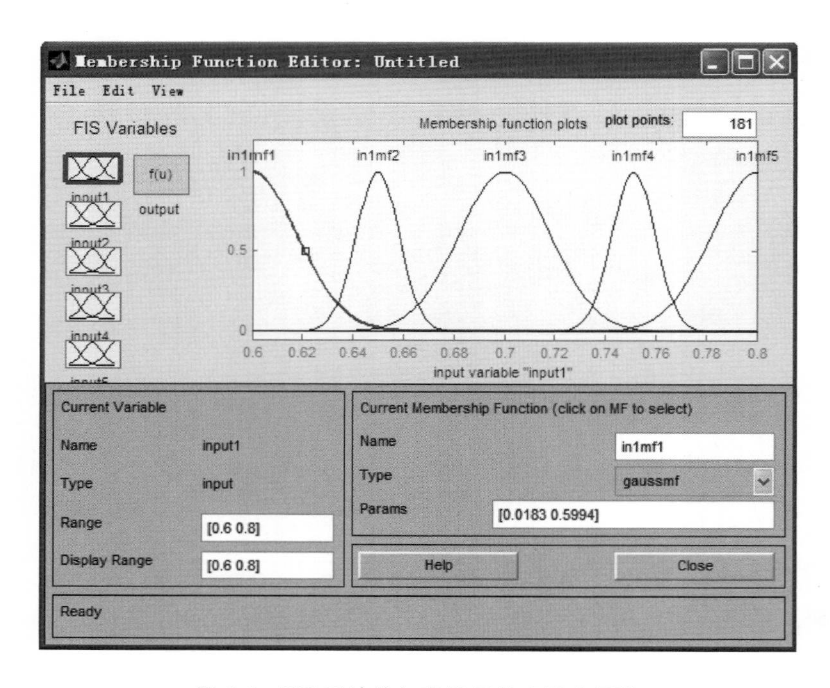

图 3-5　FIS 系统输入变量 E 的隶属度函数

将训练好的网络结构存入名为 struct. fis 的文件中。

(3)边坡位移预测

将实测各影响参数的值重新代入上述已形成的网络，对每一步的位移进行

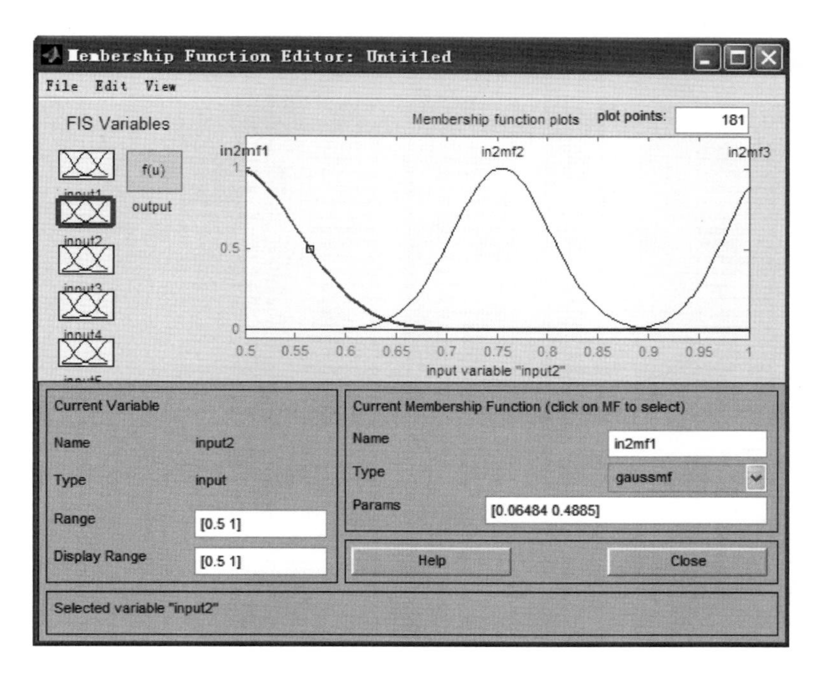

图 3-6 FIS 系统输入变量 Q 的隶属度函数

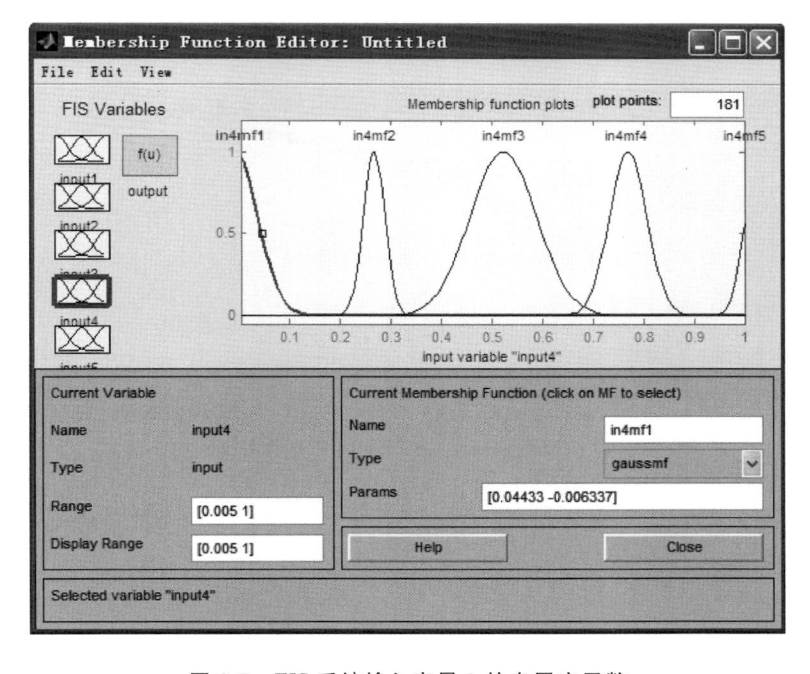

图 3-7 FIS 系统输入变量 h 的隶属度函数

预测，从两者的对比曲线可以检验模糊神经网络预测的适用性及预测精度。典型测点的实测值与预测值曲线分别见图 3-9～图 3-11。

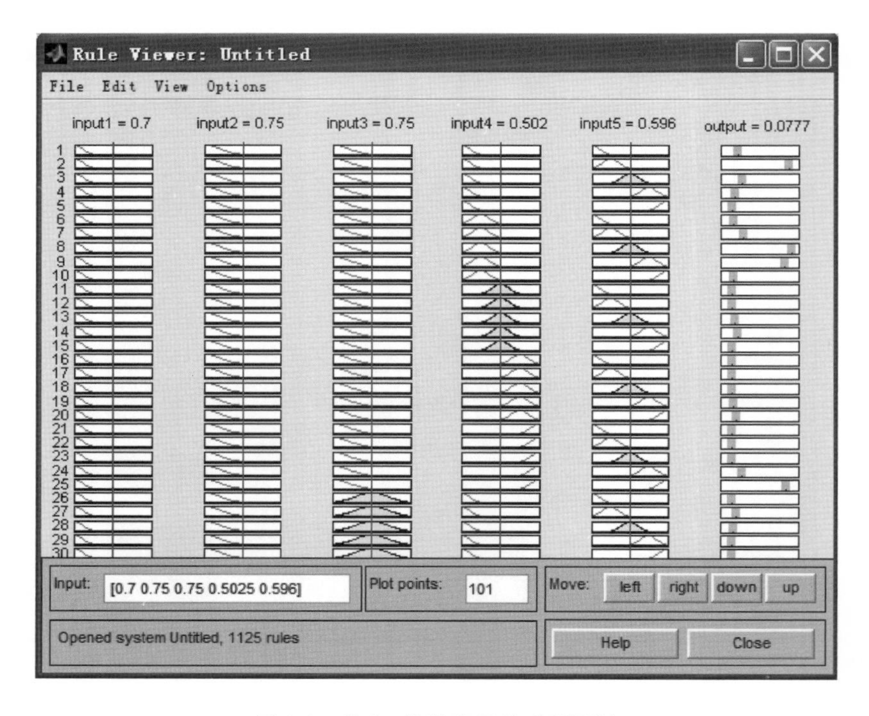

图 3-8　输入、输出变量关系观测图

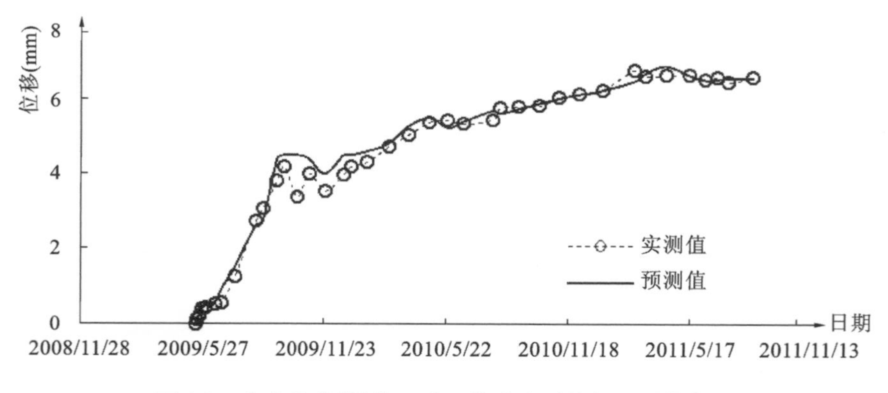

图 3-9　多点位移计M^4_{1LX}孔口位移实测值与预测值曲线

从图 3-9～图 3-11 可以看出，模糊神经网络的预测值与实测值吻合度很高，由此可以说明所建模型具有较强的拟合能力。

将待开挖阶段的围岩质量等级、开挖与支护状态，借用历史水文气象资料或用常用的预测方法，比如灰色预测理论，获取下一阶段的降雨量和环境温度等参数，代入经上述验证的模型网络结构，可预测未来一段时间边坡位移。上述大岗山水电站枢纽区左岸边坡几个关键点的预测值见表 3-6，并与偏最小二乘法回归模型预测值进行对比。

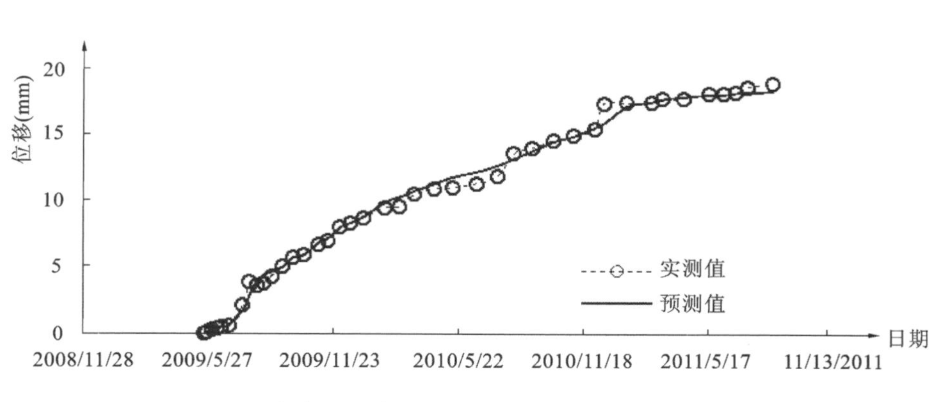

图 3-10 多点位移计 $M^4{}_{3LX}$ 孔口位移实测值与预测值曲线

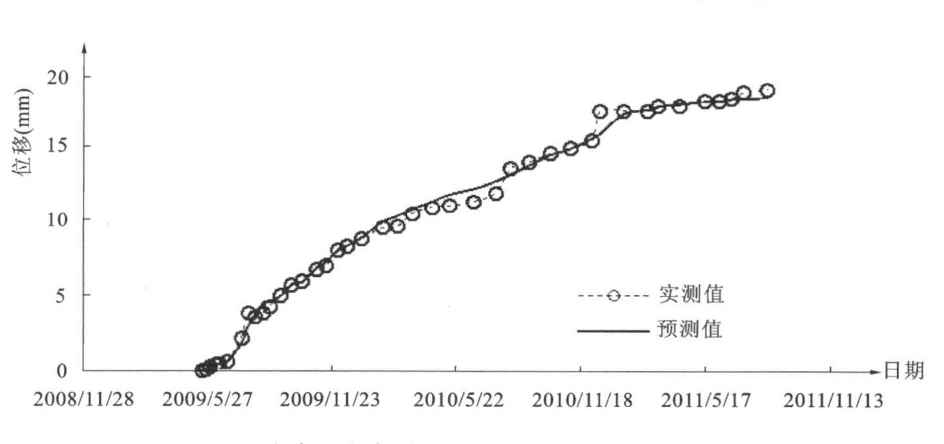

图 3-11 多点位移计 $M^4{}_{5LBP}$ 孔口位移实测值与预测值曲线

表 3-6 大岗山水电站枢纽区左岸边坡多点位移计孔口位移的预测值(2011 年 5 月份)

测点编号	$M^4{}_{1LX}$	$M^4{}_{3LX}$	$M^4{}_{5LX}$	$M^4{}_{1LBP}$	$M^4{}_{3LBP}$	$M^4{}_{5LBP}$
模糊神经网络预测值(mm)	7.12	18.15	30.6	4.72	11.20	15.90
偏最小二乘法回归模型预测值(mm)	6.22	16.2	33.5	6.42	13.2	16.85

从表 3-6 可以看出,虽然两种方法的预测精度有待日后实测值的检验,但从预测数据的分布规律与先前实测值的对比可知,模糊神经网络的预测值比偏最小二乘法回归模型的预测值具有更好的稳定性与拟合度,偏最小二乘法回归模型与传统的回归模型相比,同样需用确定的数学关系式表达各变量间的定量关系,而这恰好是其偏差较大的原因所在。

3.1.3 边坡位移监测快速反馈的交叉影响分析

3.1.3.1 边坡块体间的相互影响

一般来说，块体位移主要由以下几部分构成：(1)爆破振动效应的残余位移 D_b；(2)开挖卸荷引起的回弹位移 D_u；(3)作为边界条件的邻近块体位置调整而引起的块体位移 D_d；(4)块体破裂、蠕变导致的附加变形 D_f。这四类位移中 D_b 与 D_u 的弹性部分瞬时完成，其他部分位移增长则具有时间相关性。因此，监测时程曲线表现为阶段性突变与时变过程的叠加。以大岗山水电站枢纽区右岸坝肩边坡多点位移计 $M^3{}_{13RBP}$ 的实测数据为例，来分析岩质边坡位移的增长规律。监测设备采用北京基康的振弦式多点位移计，传感器灵敏度为 0.025%FS，量程 100mm，采集设备分辨率为 1Hz，综合可识别的位移变化约为0.01mm。实测位移增长过程如图 3-12、图 3-13 所示。显然前面阐述的残余位移 D_b、回弹位移 D_u 主导着位移增长曲线上的突变阶段；而振荡及增长阶段由块体位移 D_d、附加变形 D_f 主导。

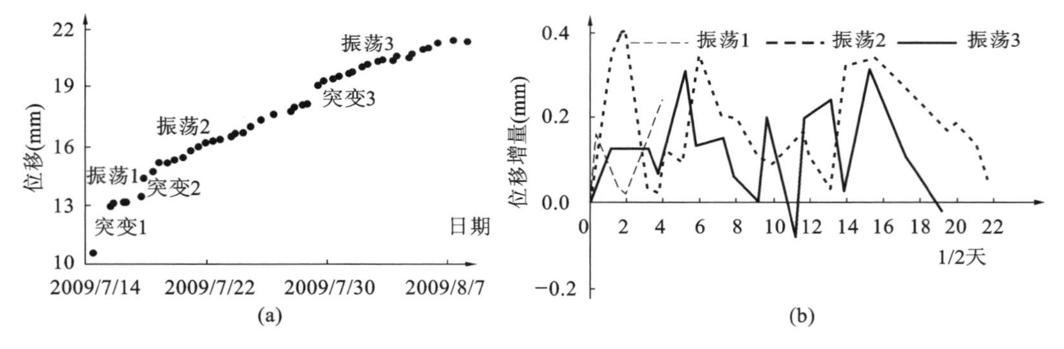

图 3-12 开挖期典型实测位移突变及振荡过程(一)

(a)开挖过程的位移突变及位移振荡过程；(b)开挖期位移增量的振荡形态

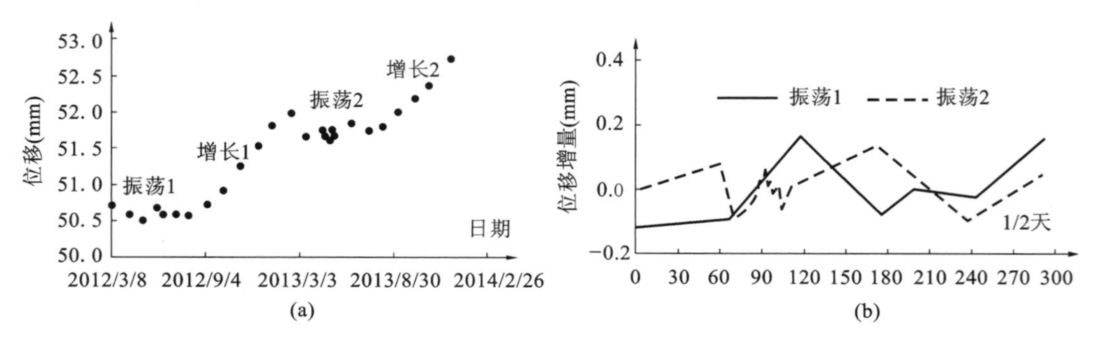

图 3-13 开挖期典型实测位移突变及振荡过程(二)

(a)施工结束后的位移突变及振荡过程；(b)施工结束后位移增量的振荡形态

当选取爆破开挖阶段与边坡施工结束后的位移增长实测过程对比，可以发现：(1)无论在开挖期还是在后来的运营期，时变位移都不是一个线性增长过程，而是伴随有明显的不断加速与减速的波动过程；(2)波动期间的位移增量平均值均大于零；(3)开挖过程结束后位移振荡过程明显弱于施工期。由于测点位移增量随时间的振荡过程在仪器可感知的范围内，这就说明了边坡位移的时变增长除了我们熟知的蠕变机制外，还存在一种块体间相互作用导致的类似于带阻尼的相互挤压碰撞，也就是我们前面阐述的由于作为边界的邻近块体位置调整而引起的块体位移 D_d。这种位移体现的是边坡变形在边坡各部位之间的相互依赖、相互制约关系，当块体群处于平衡态时，这种相互影响关系一定具有稳定性，而一旦块体群丧失平衡，块体群间的相互制约关系出现崩溃时，则出现局部脱离整体而失稳的情况。

(1)块体群间的交叉影响模型

边坡的各部分之间的相互影响关系，可以通过以下理想化模型来说明：图3-14中的圆球代表构成岩质边坡的各个块体，各块体之间的联系由带摩擦片的弹簧连接，当弹簧所受的力大于摩擦片阈值时，摩擦片发生滑移形成位移 D_d。

当 A_1 在开挖卸荷作用下发生瞬时位置变动，其首先作用于 K_1、K_2、K_3、K_4，又由于弹簧刚度和摩擦片阈值各不相同，使得传递到 A_2、A_3、A_4、A_5 上的力及引起的位移也各不相同。A_2、A_3、A_4、A_5 之间又因 K_5、K_6、K_7、K_8 发生联系而再次调整并反作用于 A_1，形成一次碰撞调整过程。这种交叉影响的作用与反作用可以通过图3-15示意如下：

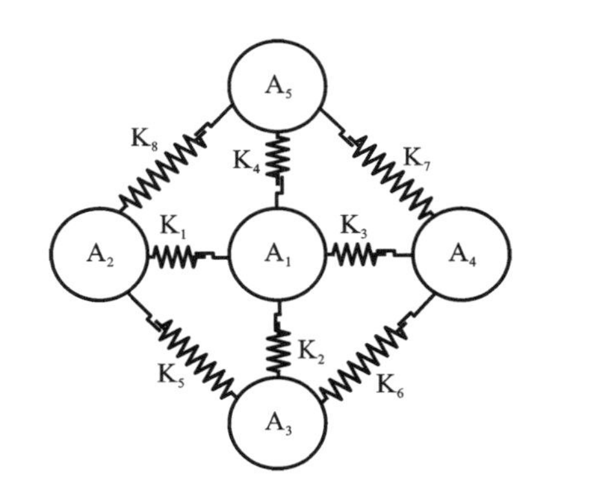

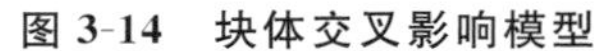
图3-14　块体交叉影响模型

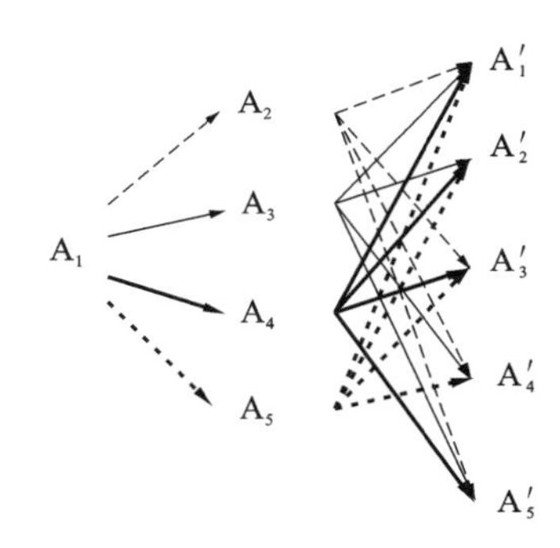

图3-15　由 A_1 位移引起的交叉影响扩散路径图

若系统处于平衡态，则通过几次碰撞调整，各位移值收敛于平衡位置，否则总有某个块体会由于位移增长到稳定极限而率先脱离平衡系统。

对于图 3-15 这种相互影响的复杂系统的未来趋势预测方法，J. C. Duperrin 和 M. Godet 在德尔菲法和主观概率法的基础上发展了一种充分考虑动态系统复杂性的交叉影响分析法，最早在经济学领域提出，目前已被推广和应用到许多预测领域，成为一种比较重要的预测技术。Jeong Gi Ho 和 Kim Soung Hie 提出了基于模糊关系的交叉影响定量分析方法，并应用于技术影响评估，认为该方法对确定关键技术非常有效。Asan Seyda Serdar 和 Asan Umut 提出了考虑时间过程的交叉影响分析方法，并认为可以检验间接关系的存在。Villacorta Pablo J.，Masegosa Antonio D.，Castellanos Dagoberto 等人提出允许评估变量之间存在模糊影响的关系，这种方法具有更高的健壮性和精确性。与经济活动的复杂相互影响过程类似，边坡块体间的相互影响关系也具有复杂性和模糊性，适用于交叉影响分析方法。

(2)边坡块体群间的相互影响关系

经济学领域的不同研究对象间的影响关系一般通过专家意见或蒙特卡罗方法确定。边坡块体间的相互影响关系无法采用上述方法直接确定，下面提出一种利用开挖过程监测位移增量信息来确定边坡块体间相互影响的方法，仍以典型的大岗山水电站枢纽区右岸岩质块体边坡为例来说明。

如图 3-16 所示，当开挖区 1 开挖作业时，距离最近的测点 1 附近块体首先受到扰动，并产生位移，依次影响到邻近的测点 2、测点 4，然后传递到测点 3、测点 5、测点 7 等，并产生相应位移。这一位移可以通过同时段的位移增量信息获

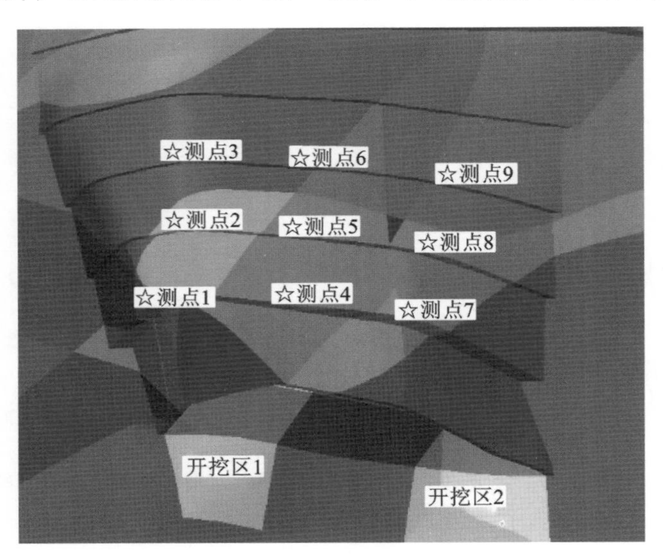

图 3-16　边坡块体及测点关系图(不同块体用颜色区分)

得。将任一测点部位附近的开挖引起的其他部位块体位移都可以通过位移监测数据获取，构造如表 3-7 所示的测点间相互影响关系表。

表 3-7 测点间相互影响关系表

测点	空间影响				
	A_1	A_2	A_3	…	A_n
A_1	—	$P(1,2)$	$P(1,3)$	…	$P(1,n)$
A_2	$P(2,1)$	—	$P(2,3)$	…	$P(2,n)$
A_3	$P(3,1)$	$P(3,2)$	—	…	$P(3,n)$
⋮	⋮	⋮	⋮		⋮
A_n	$P(n,1)$	$P(n,2)$	$P(n,3)$	…	—

表 3-7 中 A_n 表示第 n 个测点。$P(i,j)$表示事件 i 对事件 j 的影响，为测点 j 与测点 i 部位开挖对应时段的位移增量与同时段测点 i 位移增量的比值，数值大小表示影响的强度。分别将 A_2、A_3、…、A_n 安装后开始阶段对应的各测点位移增量比值填入表 3-7 的第 2 行、第 3 行、…、第 n 行，为了排除扰动位移的影响，将主对角线上的值置为零。这样各测点间的影响关系就建立了起来，与传统交叉影响分析方法的初始数据表不同的是，表 3-7 各行的影响强度之和可能不等于 1，由于本方法是定性分析，并不影响最终结果。

3.1.3.2 交叉影响分析

(1)交叉影响分析原理

交叉影响分析方法分为用于预见事件发生概率的模式、用于预见事件发展趋势的模式和用于选取关键事件的模式三种。其中，第三种模式用于挑选出那些对未来情景影响较大，同时也对未来情景的变化比较敏感的事件。最著名的是 MICMAC 方法。这种方法对代表事件之间相互影响的交叉影响矩阵进行矩阵相乘，从而得到事件之间的全部影响，包括直接影响和间接影响。

表 3-7 中的数据构成一个矩阵，对矩阵取平方后，形成交叉影响矩阵。则交叉影响矩阵元素为：

$$a_{i,j} = \sum_{j=1}^{n} P(i,k) \times P(k,j)$$

若元素 $a_{i,j}$不为零，说明至少存在一个中间事件 k，使事件 i 对 j 产生间接影响。而交叉影响矩阵的元素 $a_{i,j}$代表块体 i 的扰动引起其他块体位移后反作用于自身产生的位移影响，而这第 j 列元素之和代表所有部位开挖扰动引起块

体 A_j 位移影响的和(依存度)。如果这一依存度最大,则块体 j 形成不稳定块体的风险最大。同理,对交叉影响矩阵的第 i 行相加,代表了块体 i 扰动引起其他所有块体位移影响的和(影响度)。如果这一影响度最大,则块体 i 扰动对边坡整体位移增长影响最大。

交叉影响分析隐含了这样一个假定:由于 i 的扰动(D_i)导致 j 产生位移(D_j)并反作用于 i 的附加位移(Δ_i),与 j 的扰动(d_j)导致 i 产生位移(d_i)的效果等同,即 $\frac{\Delta_i}{D_j}=\frac{d_i}{d_j}$,也可以对矩阵取3次方、4次方等,直到各测点的影响度和依存度排序不再变化,则表明交叉影响矩阵达到稳定状态,即所有测点之间是否有影响(既包括直接的影响,也包括间接的影响),已经明确下来。则那些对未来变形趋势影响较大,同时也对未来的变形比较敏感的测点就被筛选出来。它反映的不是开挖卸荷的直接影响,而是块体群间的相互作用的"挤出效应",也就是块体群位移变形的协调性。

(2)岩质边坡块体群交叉影响的分析步骤

有了前面的理论基础,我们就可以对施工过程的监测数据进行交叉影响分析,以筛选出那些变形趋势更加敏感的潜在变形不协调区。分析过程分以下几步:

第一步:构造空间影响数据表(矩阵),参见表3-8。

表3-8　测点位移空间影响数据表

测点	开挖位移	位移响应			
		A_1	A_2	…	A_n
A_1	P_1	0	P_{12}	…	P_{1n}
A_2	P_2	P_{21}	0	…	P_{2n}
⋮	⋮	⋮	⋮		⋮
A_n	P_n	P_{n1}	P_{n2}	…	0

P_1、P_2、…、P_n 表示此时间段内 A_1、A_2、…、A_n 的位移增量。P_{12}、…、P_{1n} 分别代表此时间段内测点 A_2、…、A_n 的实测位移增量,如果此时段 A_k 尚未安装,则将该响应 P_{1k} 设为0。

第二步:计算交叉影响矩阵。

根据空间影响表,计算 $P(1,2)=P_{12}/P_1$、…、$P(1,n)=P_{1n}/P_1$,以此类推,获得空间影响矩阵:

$$\boldsymbol{M}=\begin{bmatrix}0 & P(1,2) & \cdots & P(1,n)\\ P(2,1) & 0 & \cdots & P(2,n)\\ \vdots & \vdots & & \vdots\\ P(n,1) & P(n,2) & \cdots & 0\end{bmatrix} \tag{3-58}$$

那么交叉影响矩阵为：

$$\boldsymbol{M}^2=\{\sum_{j=1}^{n}P(i,j)\times P(j,k)\} \tag{3-59}$$

第三步：计算影响度、依存度、协同度。

在交叉影响矩阵的基础上，将每行累加形成影响度，每列累加形成依存度，并计算每列与影响度列的相关系数填入协同度一栏，协同度体现的是交叉影响下该测点的响应规律与所有测点响应规律的一致性，也就是边坡局部位移增量与整体位移增量之间的协调性，用于判断是否为局部不稳定块体。

根据依存度及影响度大小对表 3-9 的元素进行排序，根据影响度和依存度的高低可分为四个区间，如表 3-10 所示。

表 3-9　交叉影响分析计算表

起始	结束	测点	A_1 列	A_2 列	…	A_n 列	影响度
d_1	d_1'	A_1	0	$\sum_{j=1}^{n}P(1,j)\times P(j,2)$	…	$\sum_{j=1}^{n}P(1,j)\times P(j,n)$	$\sum_{l=1}^{n}\sum_{j=1}^{n}P(1,j)\times P(j,l)$
d_2	d_2'	A_2	$\sum_{j=1}^{n}P(2,j)\times P(j,1)$	0	…	$\sum_{j=1}^{n}P(2,j)\times P(j,n)$	$\sum_{l=1}^{n}\sum_{j=1}^{n}P(2,j)\times P(j,l)$
⋮	⋮	⋮	⋮	⋮	0	⋮	⋮
d_n	d_n'	A_n	$\sum_{j=1}^{n}P(n,j)\times P(j,1)$	$\sum_{j=1}^{n}P(n,j)\times P(j,2)$	…	0	$\sum_{l=1}^{n}\sum_{j=1}^{n}P(n,j)\times P(j,l)$
依存度			$\sum_{l=1}^{n}\sum_{j=1}^{n}P(l,j)\times P(j,1)$	$\sum_{l=1}^{n}\sum_{j=1}^{n}P(l,j)\times P(j,2)$	…	$\sum_{l=1}^{n}\sum_{j=1}^{n}P(l,j)\times P(j,n)$	注：表中 $j=k$ 时，$P(n,j)=0$
协同度			COR(A_1 列，影响度)	COR(A_2 列，影响度)		COR(A_n 列，影响度)	

表 3-10　测点排序分区

影响度排序＼依存度排序	低	高
高	Ⅱ	Ⅰ
低	Ⅳ	Ⅲ

影响度高说明该部位测点变形会引起其他部位测点强烈的响应；依存度高说明其他部位的变形会导致该部位强烈响应；协同度反映该部位与边坡整体响应的协调性。据此可以根据以上三个指标对边坡块体的稳定性趋势做出判断。

(3)时间段的选择对分析结果的影响

下面我们考查表 3-9 中，分析起始时间不变、时间跨度变化对结果的影响。我们采用已安装设备投入使用开始，累计 15d、30d、60d、90d 的时间跨度来分析方法结果的稳定性，采用 30d 的倍数主要是考虑到后期设备的观测频次。

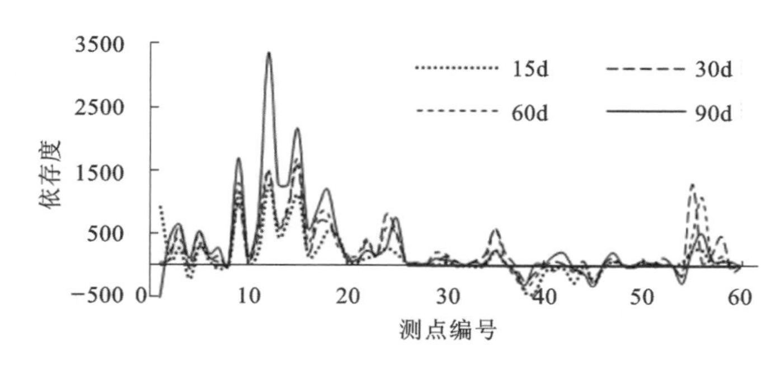

图 3-17　不同时间段的稳定性分析结果

图 3-17 结果显示采用 15d、30d、60d、90d 等不同时间跨度对最终分析结果并没有影响到依存度排序结果，说明分析结果具有足够的健壮性。正如前面所述，这是因为我们分析的交叉影响体现的是块体群之间的“挤出效应”，排除了开挖的直接影响，因此分析结果与开挖步的选择关系不大。这与相关文献中认为的交叉影响分析具有良好的健壮性的结论是一致的。需要注意的是，在本节第二步的除法操作中可能由于分母接近于零而夸大空间影响矩阵中的某行元素，需要在构造位移空间影响数据表时将此类几乎没有监测到位移变化的设备排除。

3.2　边坡变形趋势的中长期预测模型

3.2.1　边坡变形偏最小二乘法回归模型

偏最小二乘法回归是一种新型的多元统计数据分析方法，它集多元线性回归分析、典型相关分析和主成分分析的基本功能于一体，将建模预测类型的数据分析方法与非模型式的数据认识性分析有机地结合起来，利用对系统中的数据信息进行分解和筛选的方式，提取对因变量解释性最强的综合变量，并能识别系统中的信息与噪声，从而建立具有较好拟合和预测效果的模型。

偏最小二乘回归（Partial Least-Squares Regression，简称 PLS 法），是在 1983 年由 S. Wold 和 C. Albano 等人首次提出的一种在多元统计分析基础上建立起来的新型回归方法，它不仅能较好地解决以往用普通多元线性回归难以解决的难题，而且还可以完成类似于主成分分析和典型相关分析的研究，它提供了一个更为合理的回归模型和较高的预测精度。与普通的回归方法比较，PLS 法具有以下独特的优点：

（1）PLS 法有效地解决了回归方程中变量的多重共线性问题；

（2）PLS 法提供了一种多因变量对多自变量的回归建模方法，建模过程更为经济、方便；

（3）PLS 法尤其适用于在样本容量小于变量个数的情况下进行回归建模计算问题；

（4）PLS 法解决了多种多元统计分析方法的综合应用。作为一种具有广阔发展前途的新型数据分析方法，PLS 法常被誉为第二代回归方法。

3.2.1.1 多因变量的偏最小二乘回归基本原理

在一般的多元线性回归模型中，如果有一组因变量 $\boldsymbol{Y}=[y_1 \quad y_2 \quad \cdots \quad y_q]$ 和一组自变量 $\boldsymbol{X}=[x_1 \quad x_2 \quad \cdots \quad x_p]$，当数据总体能够满足高斯-马尔科夫假设条件时，根据最小二乘法有：

$$\hat{\boldsymbol{Y}} = \boldsymbol{X}(\boldsymbol{X}^{\mathrm{T}}\boldsymbol{X})^{-1}\boldsymbol{X}^{\mathrm{T}}\boldsymbol{Y} \tag{3-60}$$

则 $\hat{\boldsymbol{Y}}$ 将是 $\boldsymbol{Y}$ 的一个很好的估计量。

偏最小二乘回归分析提出了采用成分提取的方法。在主成分分析中，对于单张数据表 $\boldsymbol{X}$，为了找到能最好概括原数据信息的综合变量，在其中提取第一主成分 F_1，使得 F_1 中所包含的原数据变异信息可达到最大，即：

$$\mathrm{Var}(F_1) \rightarrow \max \tag{3-61}$$

提取成分的做法在数据分析方法中十分常见，除主成分、典型成分外，常见到的还有费歇判别法中的判别成分等。在典型相关分析中，为了从整体上研究两个数据表之间的相关关系，分别在 $\boldsymbol{X}$ 和 $\boldsymbol{Y}$ 中提取典型成分 F_1 和 G_1，它们满足：

$$\max(F_1, G_1); st. \begin{cases} F_1' \cdot F_1 = 1 \\ G_1' \cdot G_1 = 1 \end{cases} \tag{3-62}$$

在能够达到相关度最大的综合变量 F_1 和 G_1 之间，如果存在明显的相关关系，则可以认为在两个数据表间亦存在相关关系。如果问题研究需要的话，无论是主成分分析，还是典型相关分析，都可以提取更高阶的成分。事实上，如果 F 是 $\boldsymbol{X}$ 数据表的某种成分，则意味着 F 是 $\boldsymbol{X}$ 中变量的某一线性组合，$F = X_a$。而 F 作为一个综合变量，它在 $\boldsymbol{X}$ 中所综合提取的信息，将满足特殊的分析需要。从这个意义上看，最小二乘法所得到的多元线性回归方程亦可以看成是一个成分，因为这时有 $\hat{\boldsymbol{Y}}$ 是 $x_1, x_2, \cdots, x_p$ 的线性组合。

(1)偏最小二乘回归分析的建模方法

设有 q 个因变量 $\{y_1, y_2, \cdots, y_q\}$ 和 p 个自变量 $\{x_1, x_2, \cdots, x_p\}$，为了研究因变量与自变量的统计关系，采集 n 个样本点，构成自变量与因变量的数据表。$\boldsymbol{X} = [x_1 \quad x_2 \quad \cdots \quad x_p]$ 和 $\boldsymbol{Y} = [y_1 \quad y_2 \quad \cdots \quad y_q]_{n \times q}$，分别在 $\boldsymbol{X}$ 和 $\boldsymbol{Y}$ 中提取主成分 t_1 和 u_1（也就是说，t_1 是 $x_1, x_2, \cdots, x_p$ 的线性组合，u_1 是 $y_1, y_2, \cdots, y_q$ 的线性组合）。在提取这两个成分时，为了回归分析的需要，要求：

①t_1 和 u_1 应尽可能多地携带它们各自数据表中的变异信息；

②t_1 和 u_1 的相关程度能够达到最大。

这两个要求表明，t_1 和 u_1 应尽可能好地代表数据表 $\boldsymbol{X}$ 和 $\boldsymbol{Y}$，同时自变量的成分 t_1 对因变量在第 1 个成分 t_1 和 u_1 被提取后，用偏最小二乘回归方法分别实施 $\boldsymbol{X}$ 对 t_1 的回归以及 $\boldsymbol{Y}$ 对 t_1 的回归，如果回归方程已经达到满意的精度，则算法终止；否则，将利用 $\boldsymbol{X}$ 被 t_1 解释后的残余信息以及 $\boldsymbol{Y}$ 被 t_1 解释后的残余信息进行第 2 轮的成分提取。如此往复，直到能达到一个较满意的精度为止，精度可以通过交叉有效性来判别。

(2)偏最小二乘回归的计算方法

①为方便计算，首先将数据做标准化处理。$\boldsymbol{X}$ 经标准化处理后的数据矩阵，记为 $\boldsymbol{E}_0 = [\boldsymbol{E}_{01} \quad \boldsymbol{E}_{02} \quad \cdots \quad \boldsymbol{E}_{0p}]_{n \times p}$，$\boldsymbol{Y}$ 经标准化处理后的数据矩阵记为 $\boldsymbol{F}_0 = [\boldsymbol{F}_{01} \quad \boldsymbol{F}_{02} \quad \cdots \quad \boldsymbol{F}_{0p}]_{n \times p}$。记 t_1 是 $\boldsymbol{E}_0$ 的第 1 个成分，$t_1 = \boldsymbol{E}_0 \boldsymbol{w}_1$，$\boldsymbol{w}_1$ 是 $\boldsymbol{E}_0$ 的第 1 个轴，它是一个单位向量，即 $\| \boldsymbol{w}_1 \| = 1$。记 u_1 是 $\boldsymbol{F}_0$ 的第 1 个成分，$u_1 = \boldsymbol{F}_0 \boldsymbol{c}_1$，$\boldsymbol{c}_1$ 是 $\boldsymbol{F}_0$ 的第 1 个轴，并且 $\| \boldsymbol{c}_1 \| = 1$。

②如果 t_1、u_1 能分别很好地代表 $\boldsymbol{X}$ 和 $\boldsymbol{Y}$ 中的数据变异信息，根据主成分分析原理，应该有：$Var(t_1)$ 及 $Var(u_1)$ 为最大。

另外，由于回归建模的需要，又要求 t_1 对 u_1 有最大的解释能力，由典型相关分析的思路，t_1 和 u_1 相关度应达到最大值，即 $r(t_1, u_1)$ 为最大。

综合起来，在偏最小二乘回归方法中，要求 t_1 与 u_1 的协方差达到最大，即：

$$Cov(t_1,u_1)=\sqrt{Var(t_1)Var(u_1)}r(t_1,u_1) \tag{3-63}$$

为最大。

正规的数学表述是求解下列优化问题，即：

$$\max_{w_1,c_1}(\boldsymbol{E}_0\boldsymbol{w}_1,\boldsymbol{F}_0\boldsymbol{c}_1);\ st.\begin{cases}w_1\cdot w_1'=1\\c_1\cdot c_1'=1\end{cases} \tag{3-64}$$

因此，将在 $\|\boldsymbol{w}_1\|^2=1$ 和 $\|\boldsymbol{c}_1\|^2=1$ 的约束条件下求（$\boldsymbol{w}_1'\boldsymbol{E}_0'\boldsymbol{F}_0\boldsymbol{c}_1$）的最大值。

③求得轴 $\boldsymbol{w}_1$ 和 $\boldsymbol{c}_1$ 后，可得到成分：

$$\left.\begin{aligned}t_1&=\boldsymbol{E}_0\boldsymbol{w}_1\\u_1&=\boldsymbol{F}_0\boldsymbol{c}_1\end{aligned}\right\} \tag{3-65}$$

然后分别求 $\boldsymbol{E}_0$ 和 $\boldsymbol{F}_0$ 对 t_1、u_1 的三个回归方程：

$$\left.\begin{aligned}p_1&=\frac{\boldsymbol{E}_0't_1}{\|t_1\|^2}\\q_1&=\frac{\boldsymbol{F}_0'u_1}{\|u_1\|^2}\\r_1&=\frac{\boldsymbol{F}_0't_1}{\|t_1\|^2}\end{aligned}\right\} \tag{3-66}$$

而 $\boldsymbol{E}_1$，$\boldsymbol{F}_1'$，$\boldsymbol{F}_1$ 分别是三个回归方程的残差矩阵。

④用残差矩阵 $\boldsymbol{E}_1$ 和 $\boldsymbol{F}_1$ 取代 $\boldsymbol{E}_0$ 和 $\boldsymbol{F}_0$，然后求第 2 个轴 $\boldsymbol{w}_2$ 和 $\boldsymbol{c}_2$，以及第 2 个成分 t_2 和 u_2，有：

$$\left.\begin{aligned}t_2&=\boldsymbol{E}_1\boldsymbol{w}_2\\u_2&=\boldsymbol{F}_1\boldsymbol{c}_2\\\theta_2&=(t_2,u_2)=\boldsymbol{w}_2'\boldsymbol{E}_1'\boldsymbol{F}_1\boldsymbol{c}_2\end{aligned}\right\} \tag{3-67}$$

$\boldsymbol{w}_2$ 是对应于矩阵 $\boldsymbol{E}_1'\boldsymbol{F}_1\boldsymbol{F}_1'\boldsymbol{E}_1$ 最大特征值的特征向量，$\boldsymbol{c}_2$ 是对应于矩阵 $\boldsymbol{F}_1'\boldsymbol{E}_1\boldsymbol{E}_1'\boldsymbol{F}_1$ 最大特征值的特征向量，计算回归系数为：

$$p_2=\frac{\boldsymbol{E}_1't_2}{\|t_2\|^2},r_2=\frac{\boldsymbol{F}_1't_2}{\|t_2\|^2}$$

因此，有回归方程：

$$\left.\begin{aligned}E_1&=t_2p_2'+E_2\\F_1&=t_2r_2'+F_2\end{aligned}\right\} \tag{3-68}$$

如此计算下去，如果 $\boldsymbol{X}$ 的秩是 A，则有：

$$E_0=t_1p_1'+t_2p_2'+\cdots+t_Ap_A' \tag{3-69}$$

$$F_0 = t_1 r'_1 + t_2 r'_2 + \cdots + t_A r'_A + F_A \tag{3-70}$$

⑤由于 $t_1, t_2, \cdots, t_A$ 均可表示成 $E_{01}, E_{02}, \cdots, E_{0p}$ 的线性组合。因此，式(3-70)可以还原成 y_k^* 关于 x_k^* 的回归方程，即：

$$y_k^* = a_{k1} x_1^* + a_{k2} x_2^* + \cdots + a_{kA} x_A^* + F_{Ak} \quad (k = 1, 2, \cdots, q) \tag{3-71}$$

式中，F_{Ak} 为残差矩阵 $\boldsymbol{F}_A$ 的第 k 列。

定义 y_j 的预测误差平方和 $PRESS_{hj}$，有：

$$PRESS_{hj} = \sum_{i=1}^{n} [y_{ij} - \hat{y}_{hj(-i)}]^2 \tag{3-72}$$

定义 $\boldsymbol{Y}$ 的预测误差平方和 $PRESS_h$，有：

$$PRESS_h = \sum_{j=1}^{q} PRESS_{hj} \tag{3-73}$$

定义 y_j 的误差平方和 SS_{hj}，有：

$$SS_{hj} = \sum_{i=1}^{h} (y_{ij} - \hat{y}_{hji})^2 \tag{3-74}$$

定义 $\boldsymbol{Y}$ 的误差平方和 SS_h，有：

$$SS_h = \sum_{j=1}^{q} SS_{hj} \tag{3-75}$$

对于每一因变量 y_k，交叉有效性定义为：

$$Q_{hk}^2 = 1 - \frac{PRESS_{hk}}{SS_{(h-1)k}} \tag{3-76}$$

对于全部因变量 $\boldsymbol{Y}$，成分 t_h 的交叉有效性定义为：

$$Q_h^2 = 1 - \frac{\sum_{k=1}^{q} PRESS_{hk}}{\sum_{k=1}^{q} SS_{(h-1)k}} = 1 - \frac{PRESS_h}{SS_{h-1}} \tag{3-77}$$

一般来说，总是有：

$$PRESS_h > SS_h \text{ 且 } SS_h < SS_{h-1} \tag{3-78}$$

⑥交叉有效性尺度。用交叉有效性测量成分 t_h 对预测模型精度的边际贡献有如下两个尺度：

a. 当 $Q_h^2 \geqslant 0.0975$ 时，t_h 成分的边际贡献是显著的（$Q_h^2 \geqslant 0.0975$ 与 $PRESS_h / SS_{h-1} < 0.95^2$ 完全等价）。

b. 对于 $k = 1, 2, \cdots, q$，至少有一个 k 使得 $Q_{hk}^2 \geqslant 0.0975$。

这时增加成分 t_k，至少使一个因变量 y_k 的预测模型得到显著的改善。因此，增加成分 t_h 是明显有益的。

在第 1 个成分 t_1 和 u_1 被提取后，偏最小二乘回归方法分别实施 $\boldsymbol{X}$ 对 t_1 的回归以及 $\boldsymbol{Y}$ 对 u_1 的回归，利用 $\boldsymbol{X}$ 被 t_1 解释后的残余信息以及 $\boldsymbol{Y}$ 被 u_1 解释后的残余信息进行第 2 个成分提取。如此往复，直到能达到一个较满意的精度为止，精度可以通过交叉有效性判别。若最终对 $\boldsymbol{X}$ 选取了 m 个成分 $t_1,t_2,\cdots,t_m$，将通过实施 $\boldsymbol{Y}$ 对 $t_1,t_2,\cdots,t_m$ 的回归，然后表达成 $\boldsymbol{Y}$ 关于原变量 $x_1,x_2,\cdots,x_p$ 的回归方程。

3.2.1.2　基于 MATLAB 的偏最小二乘法的实现

(1)偏最小二乘法程序框图

根据上述分析，绘制程序框图如图 3-18 所示(图中 $i=0,1,2,\cdots$)。

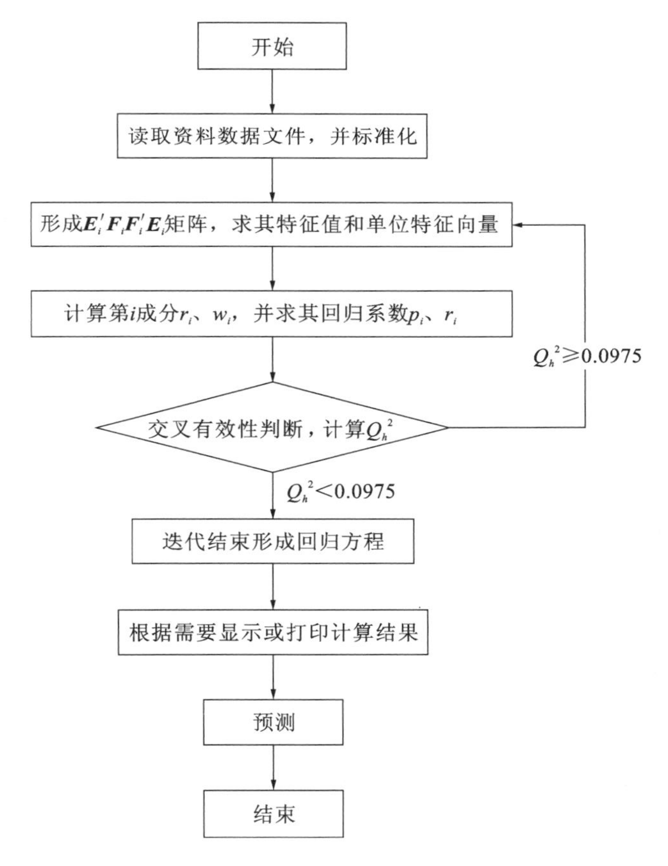

图 3-18　偏最小二乘法程序框图

(2)基于 MATLAB 的偏最小二乘法程序

采用 MATLAB 工具编制了应用程序。程序清单如下：

```
%利用如下的 MATLAB 程序:
```

```
clc,clear
load pz.txt  %原始数据存放在纯文本文件 pz.txt 中
mu=mean(pz);sig=std(pz);  %求均值和标准差
rr=corrcoef(pz);  %求相关系数矩阵
data=zscore(pz);  %数据标准化
n=5;m=1;  %n 是自变量的个数,m 是因变量的个数
x0=pz(:,1:n);y0=pz(:,n+1:end);
e0=data(:,1:n);f0=data(:,n+1:end);
num=size(e0,1);  %求样本点的个数
chg=eye(n);  %w 到 w*变换矩阵的初始化
for i=1:n
%以下计算 w,w*和 t 的得分向量
matrix=e0'*f0*f0'*e0;
[vec,val]=eig(matrix);  %求特征值和特征向量
val=diag(val);  %提出对角线元素
[val,ind]=sort(val,'descend');
w(:,i)=vec(:,ind(1));  %提出最大特征值对应的特征向量
w_star(:,i)=chg*w(:,i);  %计算 w*的取值
t(:,i)=e0*w(:,i);  %计算成分 ti 的得分
alpha=e0'*t(:,i)/(t(:,i)'*t(:,i));  %计算 alpha_i
chg=chg*(eye(n)-w(:,i)*alpha');  %计算 w 到 w*的变换矩阵
e=e0-t(:,i)*alpha';  %计算残差矩阵
e0=e;
%以下计算 ss(i)的值
beta=[t(:,1:i),ones(num,1)]\f0;  %求回归方程的系数
beta(end,:)=[];  %删除回归分析的常数项
cancha=f0-t(:,1:i)*beta;  %求残差矩阵
ss(i)=sum(sum(cancha.^2));  %求误差平方和
%以下计算 press(i)
for j=1:num
t1=t(:,1:i);f1=f0;
```

```
she_t=t1(j,:);she_f=f1(j,:);  %把舍去的第 j 个样本点保存起来
t1(j,:)=[];f1(j,:)=[];  %删除第 j 个观测值
beta1=[t1,ones(num-1,1)]\f1;  %求回归分析的系数
beta1(end,:)=[];  %删除回归分析的常数项
cancha=she_f-she_t*beta1;  %求残差向量
press_i(j)=sum(cancha.^2);
end
press(i)=sum(press_i);
if i>1
Q_h2(i)=1-press(i)/ss(i-1);
else
Q_h2(1)=1;
end
if Q_h2(i)<0.0975
fprintf('提出的成分个数 r=% d',i);
r=i;
break
end
end
beta_z=[t(:,1:r),ones(num,1)]\f0; %求 Y 关于 t 的回归系数
beta_z(end,:)=[];  %删除常数项
xishu=w_star(:,1:r)*beta_z; %求 Y 关于 X 的回归系数,且是针对
标准数据的
%回归系数每一列是一个回归方程
mu_x=mu(1:n);mu_y=mu(n+1:end);
sig_x=sig(1:n);sig_y=sig(n+1:end);
for i=1:m
ch0(i)=mu_y(i)-mu_x./sig_x*sig_y(i)*xishu(:,i);
%计算原始数据的回归方程的常数项
end
for i=1:m
```

```
xish(:,i)=xishu(:,i)./sig_x'*sig_y(i);
%计算原始数据的回归方程的系数,每一列是一个回归方程
end
sol=[ch0;xish]
%显示回归方程的系数,每一列是一个方程,每一列的第一个数是常数项
Save  mydata  x0  y0  num  xishu  ch0  xish
```

3.2.1.3　边坡位移偏最小二乘回归模型

(1)边坡位移影响因素

根据前述第 2 章分析,边坡位移建模时主要考虑以下因素:

①工程因素 E 和 A,包括开挖与支护。结合前人研究的经验,边坡位移与开挖和支护的关系可分别用 S 型函数和幂函数表达:

$$u_1 = f_1(E) = \frac{1}{a_1 + b_1 \mathrm{e}^{-(E-6)}} \tag{3-79}$$

$$u_2 = f_2(A) = a_2 A^{b_2} \tag{3-80}$$

上述两式线性化处理后为:

$$\left.\begin{aligned} y_1 &= 1/u_1 \\ x_1 &= \mathrm{e}^{-(E-6)} \\ y_1 &= a_1 + b_1 x_1 \end{aligned}\right\} \tag{3-81}$$

$$\left.\begin{aligned} y_2 &= \lg u_2 \\ x_2 &= \lg A \\ c &= \lg a_1 \\ y_2 &= a_2 + b_2 x_2 \end{aligned}\right\} \tag{3-82}$$

E,A 取值用开挖面和支护面与测点的相对高度表达(单位:m)。

②地质因素 Q。包括围岩坚硬程度、完整程度、结构面特性、弹性参数、强度参数以及地应力大小等多个因素,围岩质量与边坡位移之间的关系可用下式描述:

$$u_3 = f_3(Q) = a_3 Q + b_3 Q^2 + c_3 Q^3 \tag{3-83}$$

参数 Q 的取值原则与取值方法参见本书第 6 章说明。

③环境因素,包括降雨量 h 和环境温度 K。根据本书第 6 章分析,边坡位移与降雨量和环境温度之间的关系可分别用下式描述:

$$u_4 = f_4(h) = a_4 h + b_4 h^2 + c_4 h^3 \tag{3-84}$$

$$u_5 = f_5(K) = = a_5 K + b_5 K^2 + c_5 K^3 \tag{3-85}$$

降雨量取最大位移速率对应月份的降雨量(mm),温度取最大位移速率对应月份的平均温度。

④时间因素。参照混凝土坝体监测模型的相关文献,时间因素与位移的关系可用下式描述:

$$u_6 = f_6(t) = a_6 t + b_6 \ln(1+t) \tag{3-86}$$

时间以月为单位,起点取仪器安装后读取初始值的日期。

(2)单测点时序位移模型

以单测点为分析对象时,测点的地质条件不变(即认为 Q 为常量),边坡位移主要考虑开挖高度、支护高度、降雨量和环境温度。回归模型可用于预测未来开挖阶段对测点位移的影响。为便于描述,将边坡位移模型中的影响因子分别用 $x_1,x_2,\cdots,x_8$ 替换。边坡某一时段变形总位移 u 为各影响因素产生位移之和,进行线性化处理可得:

$$\begin{aligned} u &= u_1 + u_2 + u_4 + u_5 + u_6 \\ &= \alpha_0 + \alpha_1 x_1 + \alpha_2 x_2 + \alpha_3 x_3 + \alpha_4 x_4 + \alpha_5 x_5 + \alpha_6 x_6 + \alpha_7 x_7 + \alpha_8 x_8 + \alpha_9 x_9 + \alpha_{10} x_{10} \end{aligned}$$

以大岗山水电站枢纽区右岸边坡典型多点位移计 M^4_{5LX} 的孔口位移为原始数据建模,数据取值截至 2011 年 4 月底,详见表 3-11,处理后的数据见表 3-12。

表 3-11　多点位移计 M^4_{5LX} 孔口位移与各变量实测数据

日期(年-月)	开挖高度(m)	支护高度(m)	月降雨量(mm)	月平均温度(℃)	累计时间(月)	累计位移 u(mm)
2009-04	10	10	81	16	1	0.04
2009-05	20	20	110	17.9	2	0.27
2009-06	20	20	79	21.5	3	0.48
2009-07	35	35	299	24.1	4	12.22
2009-08	45	45	307	23.4	5	14.07
2009-09	55	55	223	19.9	6	16.07
2009-10	55	55	26	17.3	7	16.64
2009-11	65	65	7	15.8	8	15.93
2009-12	65	65	9	11.3	9	20.78
2010-01	75	75	2	10.7	10	21.44
2010-02	75	75	2	12.2	11	22
2010-03	85	85	22	13.9	12	22.82
2010-04	105	105	54	14	13	23.46
2010-05	115	115	81	25.1	14	24.12
2010-06	125	125	139	20.3	15	24.33

续表 3-11

日期（年-月）	开挖高度（m）	支护高度（m）	月降雨量（mm）	月平均温度（℃）	累计时间（月）	累计位移 u(mm)
2010-07	125	125	328	26.3	16	25.83
2010-08	145	145	373	25.5	17	25.95
2010-09	155	155	104	21.8	18	27.21
2010-10	155	155	80	17.9	19	27.71
2010-11	165	165	6	14.3	20	28
2010-12	165	165	7	11.4	21	28.5
2011-01	165	165	0	7	22	29
2011-02	165	165	4	13.7	23	30.21
2011-03	175	175	22	11.2	24	30.13
2011-04	175	175	54	14	25	30.5

表 3-12　处理后的数据

序号	x_1	x_2	x_3	x_4	x_5	x_6	x_7	x_8	x_9	x_{10}
1	−4.667	1	81	6561	531441	16	256	4096	1	0.69
2	−3.333	1.301	110	12100	1331000	17.9	320.41	5735.34	2	1.1
3	−3.333	1.301	79	6241	493039	21.5	462.25	9938.38	3	1.39
4	−1.333	1.544	299	89401	26730899	24.1	580.81	13997.52	4	1.61
5	0	1.653	307	94249	28934443	23.4	547.56	12812.9	5	1.79
6	1.333	1.74	223	49729	11089567	19.9	396.01	7880.6	6	1.95
7	1.333	1.74	26	676	17576	17.3	299.29	5177.72	7	2.08
8	2.667	1.813	7	49	343	15.8	249.64	3944.31	8	2.2
9	2.667	1.813	9	81	729	11.3	127.69	1442.9	9	2.3
10	4	1.875	2	4	8	10.7	114.49	1225.04	10	2.4
11	4	1.875	2	4	8	12.2	148.84	1815.85	11	2.48
12	5.333	1.929	22	484	10648	13.9	193.21	2685.62	12	2.56
13	8	2.021	54	2916	157464	14	196	2744	13	2.64
14	9.333	2.061	81	6561	531441	25.1	630.01	15813.25	14	2.71
15	10.667	2.097	139	19321	2685619	20.3	412.09	8365.43	15	2.77
16	10.667	2.097	328	107584	35287552	26.3	691.69	18191.45	16	2.83
17	13.333	2.161	373	139129	51895117	25.5	650.25	16581.38	17	2.89
18	14.667	2.19	104	10816	1124864	21.8	475.24	10360.23	18	2.94
19	14.667	2.19	80	6400	512000	17.9	320.41	5735.34	19	3
20	16	2.217	6	36	216	14.3	204.49	2924.21	20	3.04
21	16	2.217	7	49	343	11.4	129.96	1481.54	21	3.09
22	16	2.217	0	0	0	7	49	343	22	3.14
23	16	2.217	4	16	64	13.7	187.69	2571.35	23	3.18
24	17.333	2.243	22	484	10648	11.2	125.44	1404.93	24	3.22
25	17.333	2.243	54	2916	157464	14	196	2744	25	3.26

将上述原始数据按格式写入数据文件 PZ. TXT 中，在 MATLAB 环境调用回归程序，可得变量间的相关系数，见表 3-13。提出的成分个数 $r=3$，交叉有效性判别表见表 3-14。

表 3-13 变量间的相关系数

$r(i,j)$	x_1	x_2	x_3	x_4	x_5	x_6	x_7	x_8	x_9	x_{10}	u
x_1	1.00	0.94	−0.18	−0.10	−0.05	−0.24	−0.19	−0.15	0.99	0.95	0.92
x_2		1.00	−0.15	−0.05	0.00	−0.20	−0.15	−0.10	0.93	0.99	0.98
x_3			1.00	0.96	0.92	0.82	0.85	0.86	−0.25	−0.22	−0.18
x_4				1.00	0.99	0.72	0.77	0.80	−0.16	−0.11	−0.07
x_5					1.00	0.67	0.72	0.76	−0.10	−0.05	−0.01
x_6						1.00	0.99	0.97	−0.32	−0.26	−0.27
x_7							1.00	0.99	−0.27	−0.21	−0.21
x_8								1.00	−0.22	−0.16	−0.16
x_9									1.00	0.95	0.92
x_{10}										1.00	0.98
u											1.00

表 3-14 交叉有效性判别表

成分数	Q_h^2	临界值
1	1	0.0975
2	0.2885	0.0975
3	0.0713	0.0975

针对标准化数据的回归方程为：

$$y=0.039x_1+0.456x_2+0.005x_3+0.1x_4+0.09x_5-0.103x_6-0.073x_7-0.035x_8+0.047x_9+0.406x_{10}$$

针对线性化后的原始数据的回归方程为：

$$u=-13.79+0.05x_1+12.463x_2+0.0004x_3+0.0000x_4+0.0000x_5-0.1779x_6-0.0036x_7+0.0001x_8+0.0565x_9+5.3810x_{10}$$

利用上述回归方程，可预测后几个台阶开挖对测点位移的影响，同理可预测其他测点位移。几个典型剖面测点的预测值列于表 3-15。

表 3-15 大岗山水电站枢纽区左岸边坡多点位移计孔口位移的预测值（2011 年 5 月）

测点编号	$M^4{}_{1LX}$	$M^4{}_{3LX}$	$M^4{}_{5LX}$	$M^4{}_{1LBP}$	$M^4{}_{3LBP}$	$M^4{}_{5LBP}$
位移预测值(mm)	6.22	16.2	33.5	6.42	13.20	16.85

上述预测结果与本书的模糊神经网络预测值相比，有一定的误差，但其相对误差最大值为 8.5%，在工程实际允许范围内。

3.2.1.4 模型评价

(1)回归精度。为验证回归方程的预测精度，偏最小二乘法回归得到的拟合值(预测值)与实测值进行比较，见图 3-19。

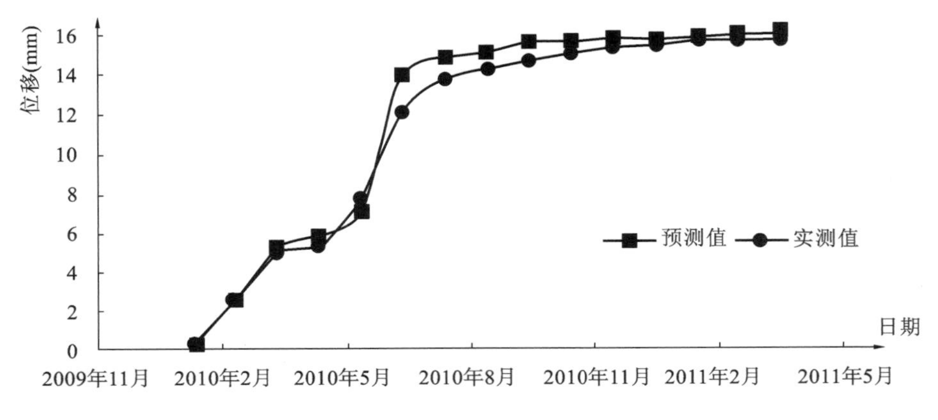

图 3-19 边坡位移测点 M^4_{5LBP} 拟合值与实测值比较

上图表明，拟合值与实测值的趋势基本一致，除个别测点值误差在 5%～15%范围之外，其余数据拟合值与实测值基本在此范围内波动，说明用 PLS 法处理边坡位移类多重相关性问题是适用的。

(2)预测精度。为进一步分析用 PLS 法的预测精度，将多点位移计 M^4_{5LBP}、M^4_{5LX} 孔口位移部分预测值与实测值列于表 3-16。

表 3-16 多点位移计孔口位移部分用 PLS 法的预测值与实测值

测点编号	日期(年-月)	预测值(mm)	实测值(mm)	相对误差(%)
M^4_{5LBP}	2009-06	0.22	0.48	−54.0%
	2009-09	14.85	16.07	−8.0%
	2009-12	19.05	20.78	−8.0%
	2010-06	26.52	24.33	9.0%
	2010-12	30.24	28.5	6.0%
M^4_{5LX}	2010-03	2.54	2.62	−3.0%
	2010-06	7.73	7.25	7.0%
	2010-09	14.22	14.05	1.0%
	2010-12	15.36	16.82	−9.0%
	2011-03	15.86	16.88	6.0%

表 3-16 说明，用 PLS 法得到的关系式对边坡位移进行预测，其相对误差除个别点较大外（最大为－54.0％），绝大多数均在 10％以内。预测结果与实测值较为吻合。

3.2.2 边坡位移响应的趋势叠加预测方法

人工边坡位移增长在不同时期具有明显不同的特点。在施工期，影响位移增长的主要因素是开挖卸荷作用，带有明显的与开挖过程相对应的阶段性突变特点，同时也与岩体时变变形有关，但卸荷因素起主导作用。在运营期，由于卸荷过程已经结束，边坡位移增长则由时变变形和年度波动起主导作用。因此，开挖期的位移增长机制与运营期的有明显的差异，从位移增长的全过程上讲，具有二阶段的明显特点。

数据分析的目的是通过建立的模型对位移增长的未来趋势进行预测，因此一般我们以时间变量作为模型的自变量。那么相对于时间自变量，位移信息可以分为三种：第一种是确定性的信息。这种位移信息存在与时间的直接相关性，如时变位移，我们可以根据时间-位移增量之间的关系建立确定性的回归模型。第二种是非确定性信息。这些信息往往与时间变量无关，如地震导致的位移等，不能直接与时间变量相联系。第三种是介于这两种之间的位移信息，其特点是具有时间尺度效应。如人工开挖卸荷导致的位移，由于开挖过程是不连续的，对于短期来讲，位移增长不直接与时间相关，而与开挖卸荷量相关，但如果放到更长的时间尺度，开挖卸荷过程总是随时间而推进的，又可以简化为与时间相关的量，类似的还有温度、降雨量等这种具有年度波动性质的影响因素。因此，位移预测的模型也具有时间尺度效应，短期内预测有效的模型，可能不能无限地推广至长期预测模型；对于过滤掉了一些短期变形信息的长期预测模型，也可能对短期位移增长趋势预测存在较大误差。

除此之外，影响位移的还有地形地貌、地层岩性、地质构造等因素，对最大位移值有直接影响，与时间变量无关，体现的是位移分布的空间分布规律。因此，一个模型可能无法有效应对所有的监测仪器。

正因为影响位移增长的因素非常复杂，因此建立预测模型需要根据不同的条件采用不同的建模策略。下面我们根据位移增长的不同内在机制建立相应模型，通过叠加的方法，在不同阶段突出其主要位移增长分量，以满足边坡工程不同阶段的预测精度要求。

3.2.2.1 开挖卸荷引起的位移增长模型

开挖卸荷与定轴压、卸围压的岩石试验类似，实测边坡位移就是卸围压过程的横向位移，如图 3-20 所示。

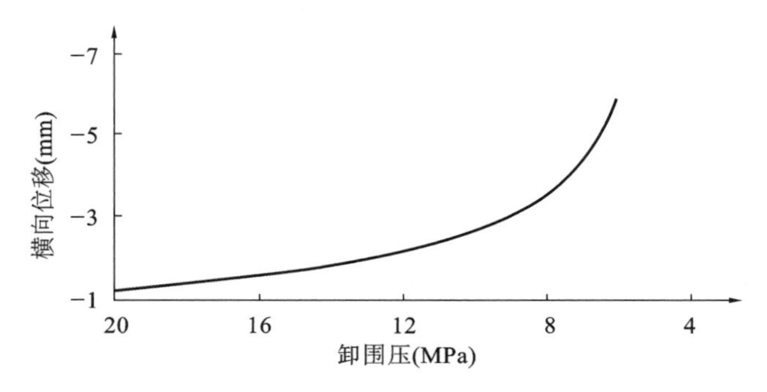

图 3-20 卸围压过程的横向位移

当开挖卸荷量有限，不破坏边坡，则横向位移增长存在极限值，完整函数图像如图 3-21 所示。

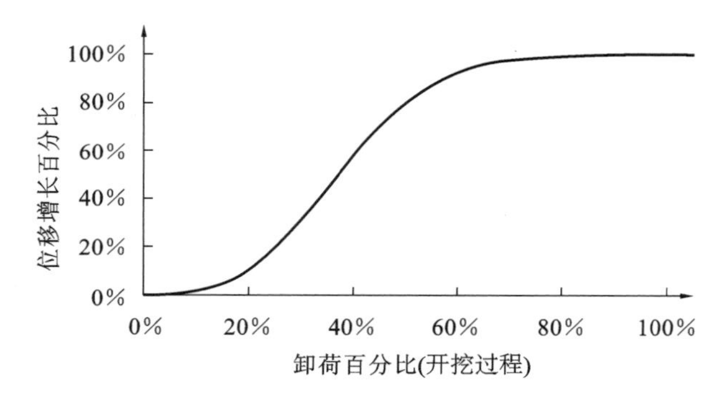

图 3-21 开挖过程横向位移增长模型

不同种类的边坡，其开挖卸荷条件不尽相同，对于深凹型边坡，由于边界约束作用，开挖后应力释放并不充分，其开挖卸荷导致的限制性位移增长模式可采用下式描述：

$$S_1(t)=\frac{a}{1+\mathrm{e}^{b(1-t/c)}} \tag{3-87}$$

而对于开放性的边坡，由于边界约束作用相对较弱，其开挖卸荷导致的位移增长模式可采用下式描述：

$$S_1(t)=a(1-b\mathrm{e}^{-ct})^d \tag{3-88}$$

其中，$S_1(t)$为开挖卸荷位移；a、b、c、d 为参数；t 为广义时间，表示从开挖面到测点的距离所需的时间。

3.2.2.2 时变位移引起的位移增长模型

时变位移为不可逆的位移增长过程，其中主要为蠕变(图 3-22)，其他还包括随着风化作用导致岩体的劣化及剪切带因地下水等的侵蚀导致的岩体强度弱化作用等。

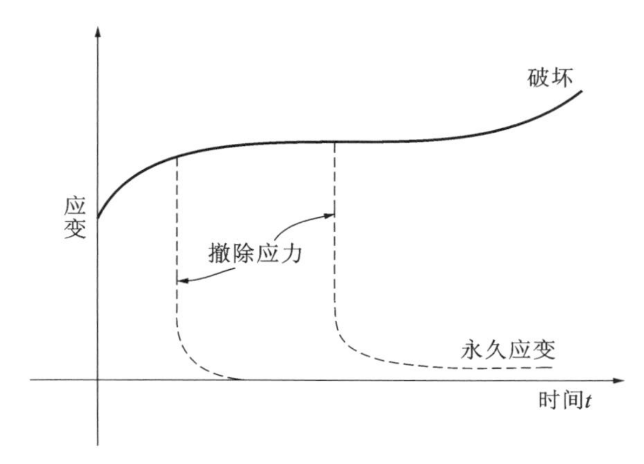

图 3-22 蠕变曲线一般形式

时变位移的模型也类似于开挖卸荷位移增长函数，采用以下函数描述：

$$S_2(t) = e(1 - f\mathrm{e}^{-gt})^h \tag{3-89}$$

其中，$S_2(t)$ 为时变位移；e、f、g、h 为参数；t 为监测时间。

3.2.2.3 年度因素引起的位移波动模型

年度波动主要受年度周期性温度变化、降水等导致的可恢复变形，可采用下式拟合：

$$S_3(t) = j\sin\frac{2(t+k)\pi}{365} \tag{3-90}$$

其中，$S_3(t)$ 为年度波动量；j、k 为参数；t 为监测时间。

3.2.2.4 总位移的趋势叠加预测模型

在以上三种分量增长函数基础上，建立总位移的预测模型，则其函数表达式为无形状约束效应的边坡：

$$S(t) = a(1 - b\mathrm{e}^{-ct_1})^d + e(1 - f\mathrm{e}^{-gt})^h + j\sin\frac{2(t+k)\pi}{365} \tag{3-91}$$

具有约束效果的深凹边坡：

$$S(t) = \frac{a}{1+\mathrm{e}^{b\left(1-\frac{t_1}{c}\right)}} + e(1 - f\mathrm{e}^{-gt})^h + j\sin\frac{2(t+k)\pi}{365} \tag{3-92}$$

广义时间 t_1 表示测点距开挖面的距离，代表开挖卸荷程度。t 表示监测时长，右边第一项为开挖位移，第二项为时变位移，第三项为年度波动位移。

根据边坡位移的时间序列变化特征，将边坡位移按开挖阶段和运行阶段的响应特征，将位移增量分解为以下几种分量的组合：

(1)开挖阶段

开挖阶段的位移增长由以下几部分构成：①开挖卸荷引起的位移增长；②与环境量有关的周期性波动分量；③与时间相关的时变分量，如蠕变、风化作用等产生的变形；④其他随机位移分量，主要是地震作用、突然的边界条件剧变引起的突变。

若不考虑随机位移，则开挖期边坡位移增长模型的表达式可以写成：

$$S_t = S_1(t_1) + S_2(t) + S_3(t) \tag{3-93}$$

(2)运营阶段

边坡运营阶段的位移增长由以下几部分构成：①与环境量有关的周期性波动分量；②与时间相关的时变分量，如蠕变、风化作用等产生的变形；③其他随机位移分量，主要是地震作用、突然的边界条件剧变引起的突变。

若不考虑随机位移，则边坡运营阶段位移增长模型的表达式可以写成：

$$S_t = S_2(t) + S_3(t) \tag{3-94}$$

3.3 变形趋势预测在大岗山水电站枢纽区边坡反馈分析中的应用

3.3.1 稳定性趋势定性预测的交叉影响分析

为了分析边坡变形在时间上的演化关系，将时间过程引入交叉影响分析，分别分析几个不同时间段内块体间的交叉影响关系是否发生变化。

截至 2009 年 1 月，大岗山水电站枢纽区右岸边坡已投入使用测点共 6 套，通过交叉影响分析，高依存度设备 3 套，高依存度测点为$M^4{}_{2RX}$、$M^4{}_{4RX}$、$M^4{}_{8RX}$，其中前两套为高影响度，三套测点协同度均为 1，说明上述部位位移增长与边坡整体位移增长同步。

截至 2009 年 3 月，随着开挖过程的推进，投入使用设备共 11 套，识别出的高依存度测点依次为$M^4{}_{3RX}$、$M^4{}_{1RX}$、$M^4{}_{4RX}$、$M^4{}_{2RX}$、$M^4{}_{8RX}$、$M^4{}_{5RX}$，除$M^4{}_{8RX}$外，均为高影响度测点，变形协同度分别为：0．9、0．9、0．3、0．2、0．8、1．0。此时开挖高程 1100m，喷射混凝土施工高程 1165m，锚索施工高程 1195m，测点$M^4{}_{4RX}$、$M^4{}_{2RX}$协同度降低，支护作业约束了位移增长。

截至2009年7月，投入使用设备14套，识别出的高依存度测点依次为M^{4}_{13RBP}、M^{4}_{1RX}、M^{4}_{3RX}、M^{4}_{7RX}、M^{4}_{5RX}、M^{4}_{15RBP}、M^{4}_{4RX}、M^{4}_{11RBP}，均为高影响度测点，协同度分别为：0.9、0.5、0.1、0.9、0.8、0.9、－0.2、0.8。此时开挖高程为1060m，喷射混凝土及系统锚索施工已至1135m高程以下。M^{4}_{1RX}、M^{4}_{3RX}、M^{4}_{4RX}、M^{4}_{2RX}部位块体变形虽已因锚索施工而得到控制，但协同度明显降低。M^{4}_{13RBP}、M^{4}_{7RX}、M^{4}_{5RX}、M^{4}_{15RBP}、M^{4}_{11RBP}协同度无明显降低，说明锚索支护的约束效果不理想。补充勘察显示，该部位存在倾向坡外的深部卸荷裂隙带，超出了锚索的锚固深度。

截至2009年12月，投入使用设备16套，识别出的高依存度测点依次为M^{4}_{13RBP}、M^{4}_{1RX}、M^{4}_{3RX}、M^{4}_{7RX}、M^{4}_{5RX}、M^{4}_{15RBP}、M^{4}_{4RX}、M^{4}_{11RBP}，均为高影响度测点，协同度分别为：0.9、0.5、0.2、0.9、0.8、0.9、－0.2、0.8。测点M^{4}_{13RBP}、M^{4}_{7RX}、M^{4}_{5RX}、M^{4}_{15RBP}、M^{4}_{11RBP}协同度无明显改善。

综合以上分析，M^{4}_{1RX}、M^{4}_{3RX}、M^{4}_{4RX}所处区域为存在局部不稳定块体，在锚索加固后得到有效约束。M^{4}_{13RBP}、M^{4}_{7RX}、M^{4}_{5RX}、M^{4}_{15RBP}、M^{4}_{11RBP}所处部位为边坡变形显著区域，由于测点分散、分布面广，说明边坡整体稳定性安全储备不足，且2009年12月相对于2009年7月并无明显改善，说明仅依靠锚索加固不能改善边坡整体稳定性，需要采取进一步抗剪加固措施。识别出的高依存度测点位置参见图3-23。

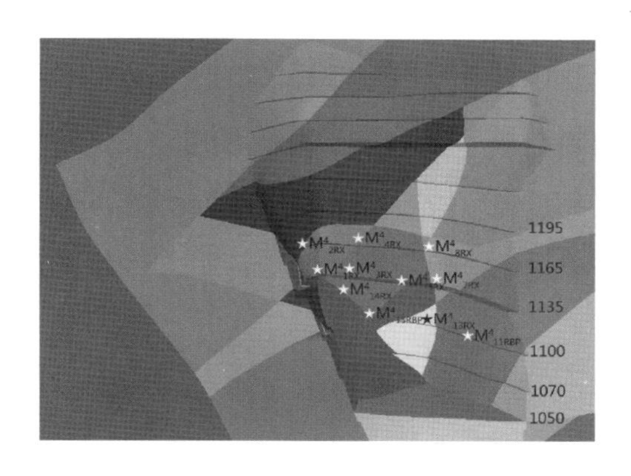

图3-23　识别出的高依存度测点位置

基于以上的分析，我们可以方便地对整体加固方案与局部加固方案进行建议。根据同样的原理，我们可以对加固效果进行评估。

传统基于单测点位移过程曲线的趋势分析的一个不足在于：当开挖施工停止时，位移增长则立即放缓，需要一段观察时间才能判断位移过程是否收敛，交叉影响分析则通过较短的时间跨度信息就可以判断块体变形协调性，从而快速决策边坡加固方案。对于加固效果的评估，可以通过加固后的交叉影响分析与加固前的分析进行对比，通过分析块体群变形协调性的演化来分析加固效果。

通过对抗剪锚固洞加固前、后分别进行交叉分析对比（图 3-24），可以获得以下结论：

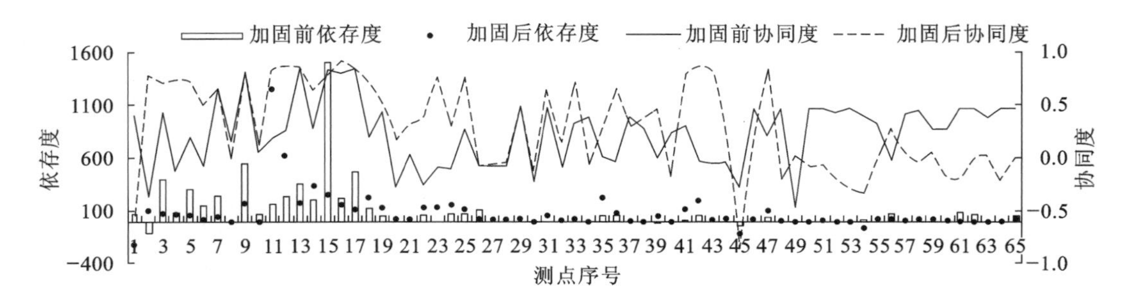

图 3-24　加固前后交叉分析结果比较

（1）M^4_{1RX}、M^4_{3RX}、M^4_{4RX}所处区域为存在局部不稳定块体，在锚索加固后得到有效约束，并已退出高依存度区。但锚索加固方案并不能有效降低代表边坡整体变形的测点依存度，因此采用额外的抗剪锚固洞加固措施是必要的。

（2）抗剪锚固洞加固前依存度最高的M^4_{13RBP}（图 3-24 中序号 15）、M^4_{7RX}（序号 9）、M^4_{15RBP}（序号 17）、M^4_{1RX}（序号 3），在加固后其依存度排序已经后退至第 5、10、17、22 号，加固前的高依存度区域已经消除，说明抗剪锚固洞有效控制了边坡的整体变形。

（3）抗剪锚固洞加固后测点变形协同度的变化有两个特点：一是部分测点协同度小于零，说明这部分测点部位受强烈约束；二是高依存度测点协同度普遍增大，说明边坡变形趋于协调，块体滑移风险已经得到控制。

3.3.2　位移监测时间序列的定量预测

如前所示，边坡位移增长函数除与时间有关外，还与开挖卸荷过程息息相关，也就是在开挖期的位移增长与开挖面-测点的距离有关。显然，开挖阶段与运营阶段的变形机制存在明显的差异，对边坡位移预测需要针对不同阶段展开分析。

式（3-91）、式（3-92）中的 a、b、c、d、e、f、g、h、j、k 均为参数，且在边坡不同位置其值可能各不相同，9 个参数的回归可能导致解不具有唯一性。为了压缩回归方程参数的个数，可以利用无开挖作业施工时段的实测数据先对式（3-94）进行第一步回归，以确定 e、f、g、h，第二步回归全过程的监测数据，以确定 a、b、c、d、e，并据此分析边坡开挖扰动变形、年度波动、蠕变变形规律。由于大岗山水电站枢纽区右岸边坡在 2009 年 9 月至 2014 年 12 月期间无开挖作业，取该段数据作为第一步回归的原始数据，典型回归结果参见图 3-25～图 3-28。

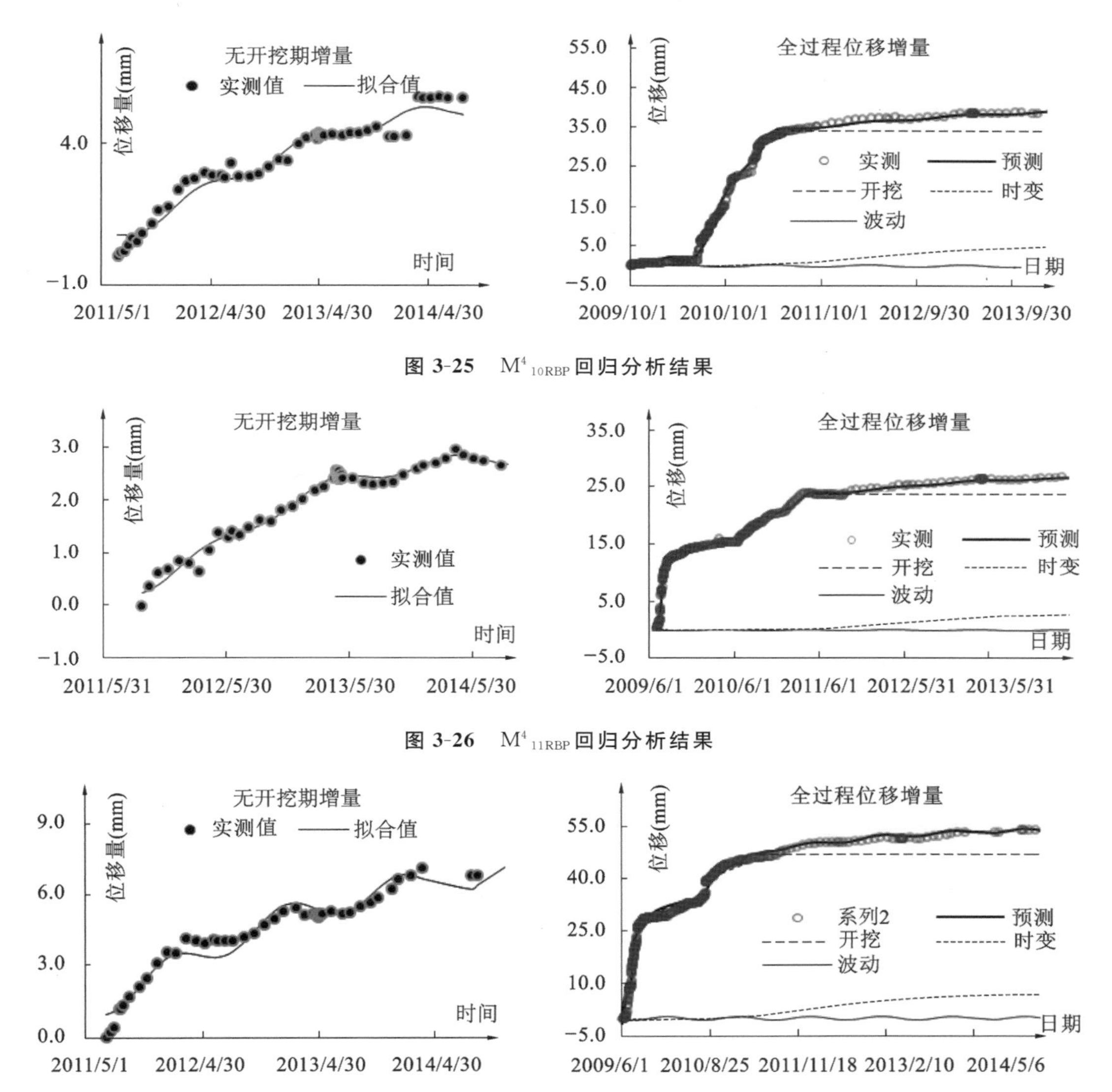

图 3-25 M^4_{10RBP} **回归分析结果**

图 3-26 M^4_{11RBP} **回归分析结果**

图 3-27 M^4_{13RBP} **回归分析结果**

显然，以上模型与实测数据吻合程度相当高，说明模型本身较好地诠释了位移增长的机制。在此基础上，获得各测点卸荷位移增长与开挖距离的关系，如图 3-29 所示。

对于如大岗山水电站坝肩边坡，开挖卸荷引起的边坡位移增长在边坡中部

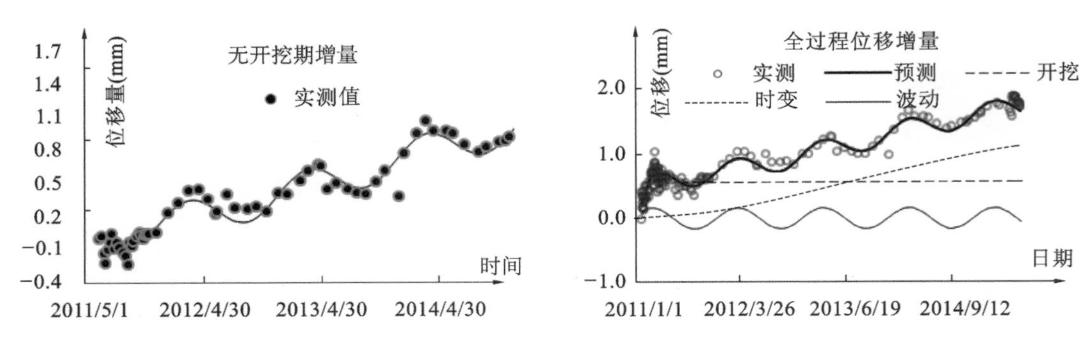

图 3-28　$M^4_{1BDYXBP}$ 回归分析结果

高程最为显著，这与朱继良对小湾电站坝肩边坡变形增长规律的研究结论一致，图 3-29 还表明，大岗山水电站坝肩边坡的开挖卸荷垂直影响距离达到 120m。

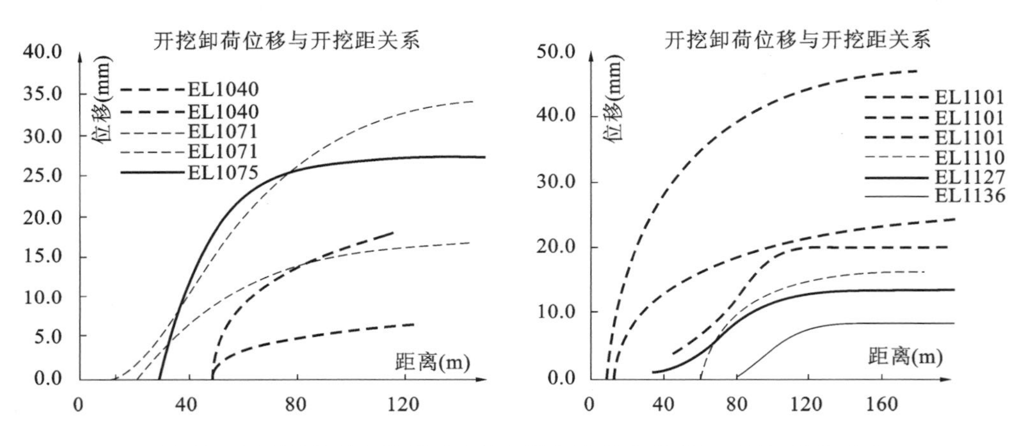

图 3-29　根据趋势叠加模型确定的开挖卸荷位移增长与开挖距离的关系

本 章 小 结

本章对几种边坡变形趋势的预测模型及应用条件进行了详细介绍。适用于短期快速定量预测的灰色系统方法及模糊神经网络方法、定性判断的交叉影响空间分析方法；适用于中长期预测的最小二乘回归模型及开挖-运营两阶段的趋势叠加预测模型。

本章重点介绍了交叉影响分析及趋势叠加预测模型在大岗山水电站坝肩边坡的应用实践，交叉影响分析实现了边坡变形趋势的空间预测，弥补了常规预测模型局限于时间序列分析的不足；趋势叠加预测模型则将考虑卸荷因素的开挖距离作为模型的自变量之一，弥补了以单一时间为自变量的模型预测精度不高的不足。

4 基于数值模拟技术的反馈分析方法

4.1 地应力反演分析方法

4.1.1 地应力反演的多元回归方法

4.1.1.1 基本原理

多元回归方法是建立在弹性力学叠加原理基础上的，由于在天然应力状态下，可以假设岩土体处于平衡状态且无塑性变形，将地质体所受的复杂地应力分解为图 4-1 中几种简单的边界应力形式，那么复杂应力状态下的模型内部某点的应力应为各边界应力分量单独加载在该点产生的应力叠加。那么，通过在边界施加单位荷载获得内部单元的单位应力分量，然后将单位应力分量作为自变量，实测地应力分量作为因变量进行偏最小二乘回归分析地应力场就成为可能。

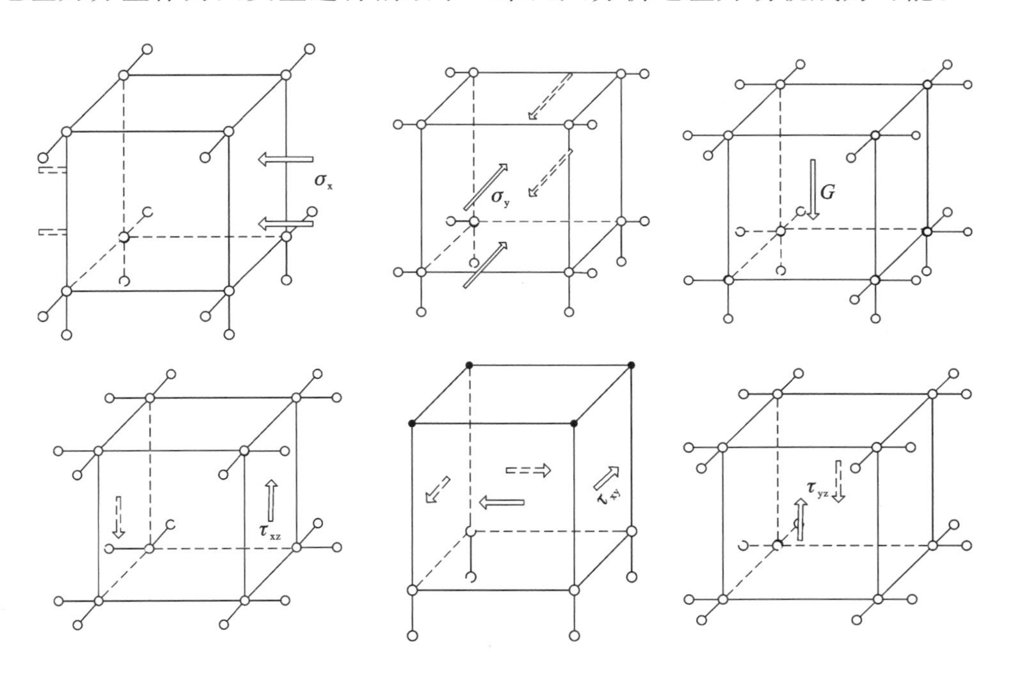

图 4-1 几种边界应力加载的分解示意图

实际工程中，由于边界应力并不一定均匀分布，实际加载中一般采用边界位移加载，即在边界上预加一定的速度按指定的步骤计算，然后将边界的上述速度固定为零，完成边界位移加载，将实测结果与图 4-1 中六种加载方式求得的相同位置的地应力计算结果进行回归分析，可以求得式(4-1)中的系数，将实测值表示为几种简单加载方式计算值的组合。为提高复杂条件下的拟合精度，可以对 σ_{ij}^{xx}、σ_{ij}^{yy}、σ_{ij}^{zz}、σ_{ij}^{yz}、σ_{ij}^{xz}、σ_{ij}^{xy} 分别进行偏最小二乘回归，选择偏最小二乘回归方法主要是因为此方法能够在自变量存在严重多重相关性的条件下进行回归建模，回归方程如下：

$$\sigma_{ij}^{geo} = a_k + b_k\sigma_{ij}^{xx} + b_k\sigma_{ij}^{yy} + b_k\sigma_{ij}^{zz} + b_k\sigma_{ij}^{yz} + b_k\sigma_{ij}^{xz} + b_k\sigma_{ij}^{xy} \tag{4-1}$$

式中，$i,j=1,2,3$；$k=1,2,3,4,5,6$。

4.1.1.2 地应力场加载至模型的方法

地应力的加载是指地应力回归后，地应力场数据需载入模型单元及求解边界节点力实现模型力平衡，用于下一步计算的过程。已有文献中关于地应力回归的报道较多，而如何将地应力加载至计算模型的报道则相对较少。早期研究采用反演侧压力系数的方法，按侧压力系数加载边界应力；文献[116,117]采用直接反演边界位移或边界应力来同时完成地应力场拟合与边界条件的求解；徐磊提出一种在有限元中对单元应力通过积分求解节点荷载来实现地应力场与外荷载平衡的方法完成地应力场的加载。这里基于 $Flac^{3d}$ 根据节点不平衡力直接施加节点荷载，强制满足节点力平衡来完成地应力拟合及边界条件的加载。

$Flac^{3d}$ 中任一节点应力平衡需满足如下条件：

$$F_i^{\langle l\rangle} = \left[\left(\frac{T_i^n}{3} + \frac{\rho b_i V}{4}\right)\right]^{\langle l\rangle} + P_i^{\langle l\rangle} \tag{4-2}$$

式中，$F_i^{\langle l\rangle}$ 表示节点 l 的不平衡力；$[()]^{\langle l\rangle}$ 表示所有共节点 l 的单元在节点 l 上分配的力之和；$T_i^n/3$ 表示单元内力；$\rho b_i V/4$ 为体积力；$P_i^{\langle l\rangle}$ 为与节点 l 关联的其他节点对节点 l 作用的力之和。当达到平衡时 $F_i^{\langle l\rangle}$ 接近于零。依据叠加原理，由式(4-2)求出各单元的应力分量及各节点不平衡力 $F_i^{\langle l\rangle}$。为使系统平衡，在每个节点上加上与 $F_i^{\langle l\rangle}$ 相等且反向外力，抵消不平衡力，则系统必然自动满足平衡。

在 $Flac^{3d}$ 中的具体操作方法如下：

(1)固定模型 x 方向左边界，在 x 右边界施加一定的垂直模型边界的速度，使模型受压，按指定的步骤计算，并记录监测点的各应力分量。

(2)取消步骤(1)的操作,固定模型 y 方向左边界,在 y 右边界施加一定的垂直模型边界的速度,同步骤(1)计算、记录监测点应力分量;类似地完成切向速度加载、计算。

(3)将以上每种加载条件下获得的测点位置的 x 向正应力分量计算值 σ_{ij}^{x} 作为回归方程的一个自变量,实测的 x 方向正应力分量 σ_{x}^{geo} 作为因变量进行偏最小二乘回归,获得回归系数,并假定模型中任意单元的 x 方向正应力分量均满足该回归方程确定的组合关系。同理,获得其他各应力分量的回归系数。

(4)将各种分解的加载方式获得的单元应力分量按回归方程计算各单元地应力分量,并赋值为模型单元应力变量,通过计算,获得单元节点上的不平衡力,记录节点荷载,与不平衡力大小相等,方向相反。

(5)固定模型边界速度为零,对模型赋参数,并将求得的节点荷载及单元应力加载至模型中,获得精确满足实测地应力分布的地应力场及边界应力。整个过程通过接口文件读写操作完成。

以上操作满足了模型的边界应力条件,所获得的应力场精确满足实测地应力回归估计值。

4.1.1.3 应力场的修正

上述方法获得的地应力能够满足平衡条件,但由于采用弹性假设,弹塑性条件下可能会出现不能满足强度条件的情况,需要进行应力修正,将超出单元强度条件的应力修改为满足其强度条件,其实质是将应力状态拉回到屈服面上。杨强、刘福深、任继承依据相关流动法则,将回归应力减去转移应力作为单元真实应力,由于需要计算转移应力,需要跟周边单元应力状态产生联系,计算过程稍显复杂。这里假定应力迁移过程中平均应力不变,修改偏应力大小,将图 4-2 中虚线表示的单元回归应力莫尔圆,修改为实线所示的极限应力状态。这样处理的目的,是为了降低计算复杂程度。

单元强度准则采用摩尔-库伦准则,则单元实际应力判断准则如下:

$$\left.\begin{aligned} f^{s} &= \sigma_1 - \sigma_3 \frac{1+\sin\varphi}{1-\sin\varphi} + 2c\sqrt{\frac{1+\sin\varphi}{1-\sin\varphi}} \\ f^{t} &= \sigma_3 - \sigma^{t} \end{aligned}\right\} \tag{4-3}$$

式中 σ^{t}——抗拉强度;

φ——内摩擦角;

c——内聚力;

σ_1,σ_3——主应力。

当单元回归应力满足 $f^s<0$ 时,表示单元满足剪切破坏条件;当 $f^t<0$ 时,表示单元受拉破坏。

如图 4-2 所示,有:

$$\left.\begin{aligned}\sigma_1 &= \sigma_1' + \Delta\sigma \\ \sigma_3 &= \sigma_3' + \Delta\sigma\end{aligned}\right\} \tag{4-4}$$

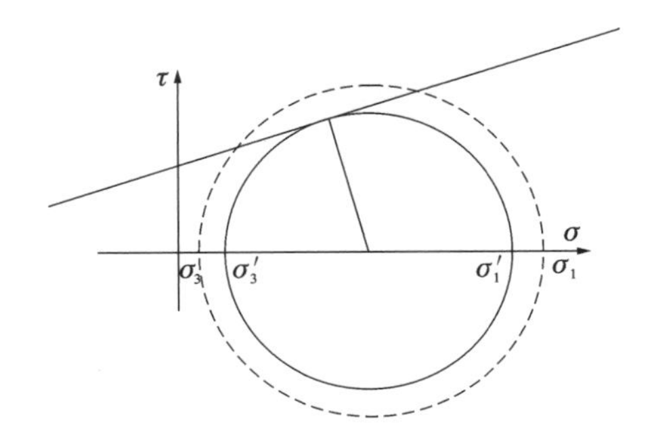

图 4-2 单元应力修改示意图

σ_1'、σ_3'满足岩体屈服条件,将式(4-3)代入式(4-4),并令 $f^s=0$,有:

$$\sigma_1 - \Delta\sigma - (\sigma_3 - \Delta\sigma)\frac{1+\sin\varphi}{1-\sin\varphi} + 2c\sqrt{\frac{1+\sin\varphi}{1-\sin\varphi}} = 0 \tag{4-5}$$

求解 $\Delta\sigma$ 即为回归应力的修正应力。由修正过的 σ_1'、σ_3'计算单元六个应力分量,直接回写入单元应力变量可以获得经过修正的地应力场。

4.1.2 地应力反演的粒子群-差分进化方法

上节的回归分析方法,虽然在原理上十分简单,但是对于复杂的地质体,往往无法满足苛刻的弹性叠加条件。因此,对复杂地质条件下,采用边界应力(位移)逼近的方法是另一条可行的途径。

寻求能较快收敛的边界条件调整寻优方法的目的是在确保物理意义明确的条件下,尽量降低机时,同时不受模型复杂程度的影响。罗润林、阮怀宁最早将粒子群优化算法引入锦屏二级水电站的地应力反分析,并取得了成功。相比其他优化算法,粒子群算法前期搜索速度快,但易陷入局部最优解,即早熟收敛,因此学者们又开始寻求既能充分利用粒子群算法的优点,又能避免其缺陷的方法,各种基于粒子群算法的改进算法及与其他优化算法结合的耦合算法陆续被提出来。

4.1.2.1　基本原理

用 u、v、w 分别表示一个边界面相对于对面的另一个边界面的相对位移，模型两个边界上的相对位移组合($u_{i1}, v_{i1}, w_{i1}, u_{i2}, v_{i2}, w_{i2}$)可以表示为：

$$\boldsymbol{X}_i = \{x_{i1}, x_{i2}, \cdots, x_{i6}\} \quad (i = 1, 2, \cdots, N) \tag{4-6}$$

$\boldsymbol{X}_i$ 称为一个粒子，为一个 6 维向量，为每一次计算时加载的边界位移的组合，N 个粒子构成一个群落，构成目标搜索空间。第 i 个粒子的“飞行”速度(也就是下一次试算时位移分量的增加值)也是一个 6 维向量，记为：

$$\boldsymbol{V}_i = \{v_{i1}, v_{i2}, \cdots, v_{i6}\} \quad (i = 1, 2, \cdots, N) \tag{4-7}$$

第 i 个粒子迄今为止搜索到的个体最优位置，即某位移分量对应的 N 个计算应力分量与相应实测应力分量(例如由水平位移分量 u_{i1} 引起的对应的计算应力 σ_{xx}^{i} 及实测应力分量 σ_{xx})方差和(称为个体适应度)的最小值对应的(x_{ij})，$j=1,2,\cdots,6$ 称为个体极值，记为：

$$\boldsymbol{p}_{\text{best}} = \{p_{i1}, p_{i2}, \cdots, p_{i6}\} \quad (i = 1, 2, \cdots, N) \tag{4-8}$$

整个粒子群迄今为止搜索到的最优位置为全局极值(称为全局适应度)，即当前所有计算应力分量与实测应力分量方差和为最小时对应的 $\boldsymbol{V}_i$，记为：

$$\boldsymbol{g}_{\text{best}} = \{p_{g1}, p_{g2}, \cdots, p_{g6}\} \tag{4-9}$$

在找到这两个最优值时，粒子根据式(4-10)、式(4-11)来更新自己的速度和位置：

$$v_{id} \rightarrow wv_{id} + c_1 r_1 (p_{id} - x_{id}) + c_2 r_2 (p_{gd} - x_{id}) \tag{4-10}$$

$$x_{id} \rightarrow x_{id} + v_{id} \tag{4-11}$$

其中，c_1 和 c_2 为学习因子，通常 $c_1 = c_2 = 2$；$i = 1, 2, \cdots, 6$；v_{id} 是粒子的速度，$v_{id} \in [-v_{\max}, v_{\max}]$，$v_{\max}$ 是常数，由用户设定用来限制粒子的速度；r_1 和 r_2 是介于[0,1]之间的随机数；x_{id} 则为新的边界位移加载值。

以上为粒子群(PSO)寻优的实现过程。容易看出当当前的 p_{id}、p_{gd} 接近时，v_{id} 容易形成局部振荡，从而导致粒子群的早熟收敛，因此引入差分进化方法与粒子群耦合。

已有文献表明差分进化(DE)算法的性能优于粒子群和其他进化算法，已成为一种求解非线性、不可微、多极值和高维的复杂函数的一种有效和鲁棒的方法，但目前在国内的研究和应用较少。

当粒子群出现早熟迹象时，将当前最优粒子 $\boldsymbol{g}_{\text{best}} = \{p_{g1}, p_{g2}, \cdots, p_{g6}\}$ 进行变异操作，产生 k 个随机种群。

$$\boldsymbol{X}_g^i = \{x_{g1}^i, x_{g2}^i, \cdots, x_{g6}^i\} \quad (i = 1,2,\cdots,k) \tag{4-12}$$

其中，$X_{gi}^i \in (0.5p_{gi}, 1.5p_{gi}), i = 1,2,\cdots,6$，生成新的粒子 $\boldsymbol{V}_i^g = \{v_{i1}^g, v_{i2}^g, \cdots, v_{i6}^g\}$，有：

$$v_{ij}^g = \begin{cases} p_{gj} + F[(v_{aj}^g - v_{bj}^g) + (v_{cj}^g - v_{dj}^g)] & (j = 1,2,\cdots,6), rand() \leqslant CR \\ p_{gj}, \quad rand() > CR \end{cases} \tag{4-13}$$

CR 为指定的交叉概率因子；$v_{aj}^g, v_{bj}^g, v_{cj}^g, v_{dj}^g$ 为与 p_{gj} 互不相同的四个个体；F 为缩放因子，取值范围(0,1.2]；$rand()$ 表示介于 0 ～ 1 之间的随机数。

4.1.2.2 程序实现及效果

粒子群-差分进化耦合算法流程图如图 4-3 所示。

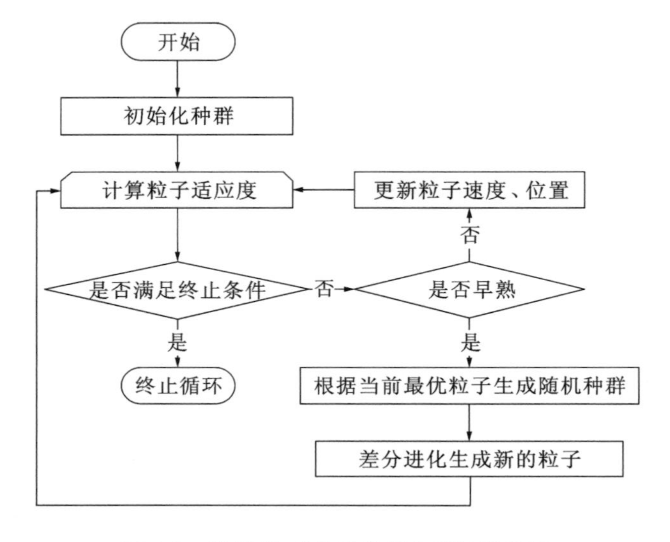

图 4-3 粒子群-差分进化耦合算法流程图

Flac[3d]中的 fish 源代码实例如下：

```
def pso
loop while  loop_flag<1          ;结束循环标签
command
ini state 0
ini xdis 0.0 ydis 0.0 zdis 0.0
ini sxx 0 syy 0 szz 0 syz 0 szx 0 sxy 0
ini xv 0 yv 0 zv 0 xs 0 ys 0 zs 0
end_command
```

```
pbest11=pbest(1,1)      ;为定义的初始边界位移速率
pbest12=pbest(1,2)
pbest13=pbest(1,3)
pbest14=pbest(1,4)
pbest15=pbest(1,5)
pbest16=pbest(1,6)
command
fix x range x xmax1 xmax2
fix x range x xmin1 xmin2
fix y range y ymin1 ymin2
fix y range y ymax1 ymax2
fix z range z zmin1 zmin2
fix  xvel  pbest11  range x xmax1 xmax2
fix  yvel  pbest12  range y ymax1 ymax2
fix  xvel  pbest13  range y ymax1 ymax2
fix  zvel  pbest14  range x xmax1 xmax2
fix  zvel  pbest15  range y ymax1 ymax2
fix  yvel  pbest16  range x xmax1 xmax2
step 400
free x y z
fix x range x xmax1 xmax2
fix x range x xmin1 xmin2
fix y range y ymin1 ymin2
fix y range y ymax1 ymax2
fix z range z zmin1 zmin2
solve  ratio 1 e-5
get_date
end_command
;pbest:(1,*)记录个体位置;(2,*)记录个体位置离目标的距离;(3,*)记录至目前个体离目标最近距离;(4,*)记录目前搜寻的个体最优位置;(5,*)记录飞行速率
```

;gbest:(1,*)空;(2,*)记录群体位置离目标的距离;(3,*)记录至目前群体离目标最近距离;(4,*)记录目前搜寻的群体最优位置;(5,*)空

```
pbest(2,1)=0
pbest(2,2)=0
pbest(2,3)=0
pbest(2,4)=0
pbest(2,5)=0
pbest(2,6)=0
gbest(2,1)=0
loop iii(1,3) ;@测点个数
pbest(2,1)=pbest(2,1)+geopoint(iii,20)^2          ;单个边界加载项产生的离差平方和
pbest(2,2)=pbest(2,2)+geopoint(iii,21)^2
pbest(2,3)=pbest(2,3)+geopoint(iii,22)^2
pbest(2,4)=pbest(2,4)+geopoint(iii,23)^2
pbest(2,5)=pbest(2,5)+geopoint(iii,24)^2
pbest(2,6)=pbest(2,6)+geopoint(iii,25)^2
gbest(2,1)=gbest(2,1)+geopoint(iii,19)          ;总体加载产生的离差平方和
end_loop
loop _n(1,6)
if pbest(2,_n)<pbest(3,_n)          ;寻找适应度,对六个边界加载项分别计算适应度,并将最小误差及对应的加载项进行记录
then
pbest(3,_n)=pbest(2,_n)          ;记录单个加载项最小误差
pbest(4,_n)=pbest(1,_n)          ;记录单个最优加载项
else
end_if
end_loop
if gbest(2,1)<gbest(3,1)
then
```

```
gbest(3,1)=gbest(2,1)                ;记录全局最小误差
goal=gbest(3,1)
gbest(4,1)=pbest(1,1)                ;记录全局最优加载项
gbest(4,2)=pbest(1,2)
gbest(4,3)=pbest(1,3)
gbest(4,4)=pbest(1,4)
gbest(4,5)=pbest(1,5)
gbest(4,6)=pbest(1,6)
output
de_num=1
else
_goal=gbest(3,1)
if _goal=goal
de_num=de_num+1
else
de_num=0
end_if
end_if
if flag_num=0        ;第一次预加的速度
then
gbest(4,1)=3*pbest(1,1)
gbest(4,2)=3*pbest(1,2)
gbest(4,3)=3*pbest(1,3)
gbest(4,4)=3*pbest(1,4)
gbest(4,5)=3*pbest(1,5)
gbest(4,6)=3*pbest(1,6)
pbest(4,1)=3*pbest(1,1)
pbest(4,2)=3*pbest(1,2)
pbest(4,3)=3*pbest(1,3)
pbest(4,4)=3*pbest(1,4)
pbest(4,5)=3*pbest(1,5)
```

```
pbest(4,6)=3*pbest(1,6)
flag_num=1
else
end_if
if  de_num>3
command
psode
end_command
de_num=0
else
loop nn(1,6)  ;计算飞行速率
pbest(5,nn)=1*pbest(5,nn)+2*urand*(pbest(4,nn)-pbest(1,
nn))+2*urand*(gbest(4,nn)-pbest(1,nn))
pbest(1,nn)=pbest(1,nn)+pbest(5,nn)
pbest(5,nn)=0
end_loop
end_if
if gbest(3,1)<2e6
loop_flag=1000
else
end_if
end_loop
end
pso
```

Flac^{3d}中边界位移通过加载边界速度，计算一定的时步来实现，施加不同的速度计算相同的时步可以获得不同的边界位移。每个计算循环都通过调整边界加载速度来控制边界位移组合，然后加上模型自重，通过固定模型底部及四周边界计算平衡来求解监测点的地应力分量。

由图4-4可知，粒子群-差分进化算法比粒子群算法收敛速度更快，最终结果更优，寻优效率有明显改善。

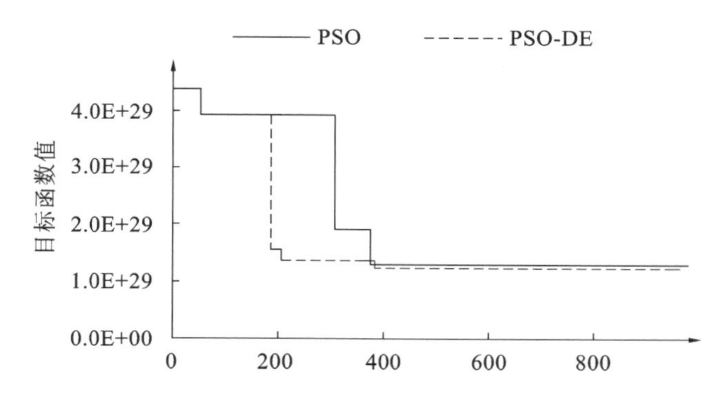

图 4-4 粒子群-差分进化(PSO-DE)算法与粒子群(PSO)算法寻优效果对比

注:图中 4.0E+29 表示 4.0×10^{29},以下类似。

4.1.3 大岗山水电站枢纽区地应力反演实例

4.1.3.1 地应力反演过程及结果

图 4-5 所示为断层、岩脉切割后的边坡块体组合。

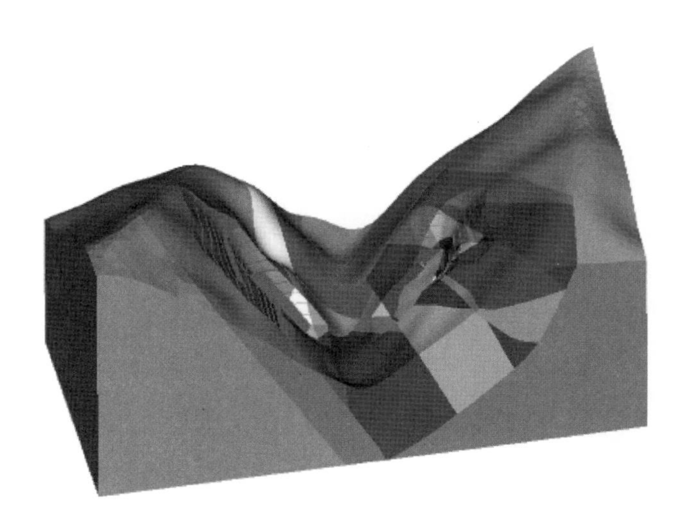

图 4-5 断层、岩脉切割后的边坡块体组合

边坡数值模型范围选取:左右岸延伸至山脊外侧,上下游垂直大坝轴线延伸至上游 250m,下游 500m,左右岸各 800m。坐标原点取在大坝轴线河谷中间点上,x 正向指向左岸,y 正向指向上游,z 正向垂直向上。成都勘察设计研究院做了大量前期实测工作,大岗山水电站枢纽区地应力实测值统计表和计算参数表分别如表 4-1、表 4-2 所示。

表 4-1　地应力实测值统计表

测点位置坐标(m)			应力分量(MPa)					
x	y	z	σ_{xx}	σ_{yy}	σ_{zz}	τ_{yz}	τ_{zx}	τ_{xy}
−7.8	−50.7	881.6	13.96	7.72	1.57			−0.44
		804.5	13.14	7.94	3.57			1.05
20.3	100.4	826.9	15.27	9.27	3.07			−0.10
		811.7	18.76	10.58	3.47			−1.17
−19.6	−8.2	797.2	8.60	5.64	3.89			−0.10
		774.8	9.11	6.33	4.47			−0.51
7.1	−4.6	845.3	8.95	6.43	2.63			−0.56
		822.4	9.69	7.08	3.22			−0.69
75	−0.4	891.7	6.69	4.87	2.08			−0.41
		824.9	9.84	7.02	3.81			−0.51
−53.7	−12.2	888.1	7.17	5.09	2.18			−0.22
		850.6	6.51	4.39	3.16			−0.47
332.8	−110.1	972.5	10.08	22.32	15.03	0.04	−1.37	0.36
437.3	−246.3	972.5	7.24	21.10	12.63	1.36	−1.01	−2.17
472.8	−306.6	972.5	7.56	15.70	10.01	−0.05	−0.25	5.53
398.5	−138.1	972.5	5.17	9.17	11.20	−0.72	−1.53	4.26
458.6	−28.5	972.5	5.32	9.62	9.29	−1.61	1.90	2.94
504.3	54.8	972.5	7.93	15.99	10.64	0.25	−0.52	6.11

表 4-2　计算参数表

岩土体类别	岩土体参数		结构面类别	弹性模量(GPa)	
	重度(kN/m^3)	弹性模量(GPa)		切向	法向
Ⅱ类	26.5	26	A3 结构面	3	7
Ⅲ1 类	26.2	16	B1 结构面	1.3	5
Ⅲ2 类	26.2	18	B2 结构面	1	4
Ⅳ类	25.8	6	B3 结构面	0.3	2
Ⅴ1 类	24.5	1.3			
Ⅴ2 类	22.1	1			
块碎石夹土	20	0.03			

计算模型地质分区分为：覆盖层，全、强风化及强卸荷区（Ⅴ），弱风化上段强、弱卸荷区及弱风化下段强卸荷区（Ⅳ），弱风化下段弱卸荷区（Ⅲ）及微新岩体（Ⅱ）四类。由于地质条件复杂，常规回归方法及优化边界应力调整逼近方法均不能获得满意的结果，按本文中的方法处理。地应力回归采用弹性模型，得到地应力场拟合公式为：

$$
\left.
\begin{aligned}
\sigma_{xx}^{geo} &= -4.4 + 0.61\sigma_{xx}^{xx} - 5.14\sigma_{xx}^{yy} + 2.31\sigma_{xx}^{g} - 3.65\sigma_{xx}^{yz} + 9.26\sigma_{xx}^{xz} - 0.26\sigma_{xx}^{xy} \\
\sigma_{yy}^{geo} &= -18.9 - 40.6\sigma_{xx}^{xx} - 4.8\sigma_{xx}^{yy} + 13.1\sigma_{xx}^{g} + 4.76\sigma_{xx}^{yz} + 48.5\sigma_{xx}^{xz} - 3.53\sigma_{xx}^{xy} \\
\sigma_{zz}^{geo} &= -6.9 - 7.10\sigma_{xx}^{xx} - 11.7\sigma_{xx}^{yy} + 0.89\sigma_{xx}^{g} + 1.45\sigma_{xx}^{yz} - 8.73\sigma_{xx}^{xz} + 9.26\sigma_{xx}^{xy} \\
\sigma_{yz}^{geo} &= 0.07 - 0.39\sigma_{xx}^{xx} - 0.62\sigma_{xx}^{yy} + 0.72\sigma_{xx}^{g} - 0.39\sigma_{xx}^{yz} + 1.03\sigma_{xx}^{xz} + 0.16\sigma_{xx}^{xy} \\
\sigma_{xz}^{geo} &= -0.35 - 1.96\sigma_{xx}^{xx} + 0.77\sigma_{xx}^{yy} - 0.32\sigma_{xx}^{g} - 0.94\sigma_{xx}^{yz} + 0.86\sigma_{xx}^{xz} + 2.89\sigma_{xx}^{xy} \\
\sigma_{xy}^{geo} &= 0.46 - 8.31\sigma_{xx}^{xx} + 0.57\sigma_{xx}^{yy} + 2.84\sigma_{xx}^{g} + 2.42\sigma_{xx}^{yz} - 7.55\sigma_{xx}^{xz} + 0.75\sigma_{xx}^{xy}
\end{aligned}
\right\}
\tag{4-14}
$$

至此，每个单元的地应力分量均已求出。

4.1.3.2　奇异边界节点力的修正

将根据式(4-14)求得的单元应力变量赋至计算模型中，采用摩尔-库伦强度条件，在天然状态下，模型边界部位出现较大面积的塑性区。提取边界面上应力分量空间分布规律分析如下(图 4-6，以 y 坐标最大的边界面为例)。

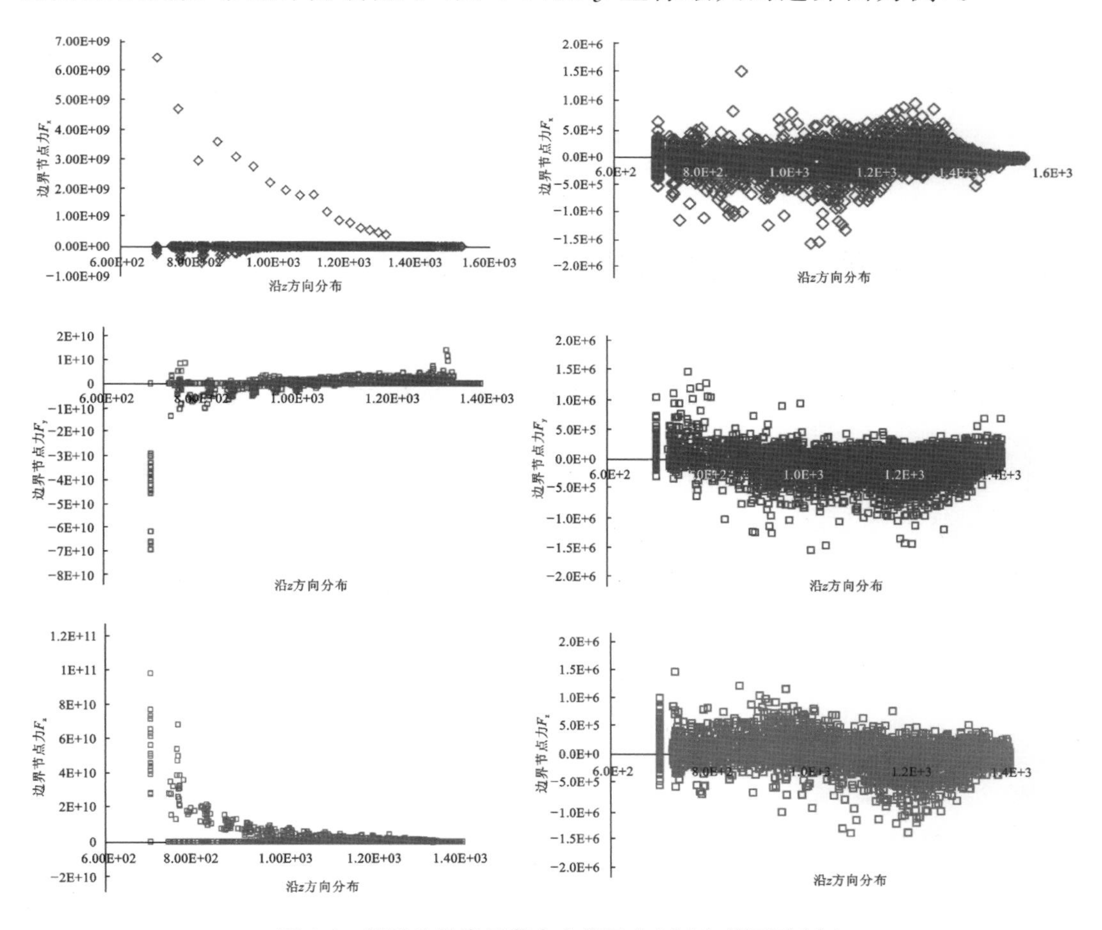

图 4-6　模型边界奇异节点力修正前(左)与修正后(右)

边界节点力分布显示，在两位移边界的交界线上，出现节点应力奇异，产生的原因为同一单元上不同节点施加不同的速率。这种边界力的奇异性会使边界单元产生大量塑性区，要排除这种奇异性，需要对部分节点力及单元应力进行改写。在 $Flac^{3d}$ 中，按照 4.1.1 节所述方法进行修正。

修正后，边界节点力的奇异性消失。原模型中的大量虚假塑性区消失。

多元回归方法与粒子群-差分进化方法的结果对比如图 4-7 所示，在复杂地质条件下，本文结果更加接近实测值，表现在局部应力异常增高地区的吻合程度相对其他方法有明显改善。

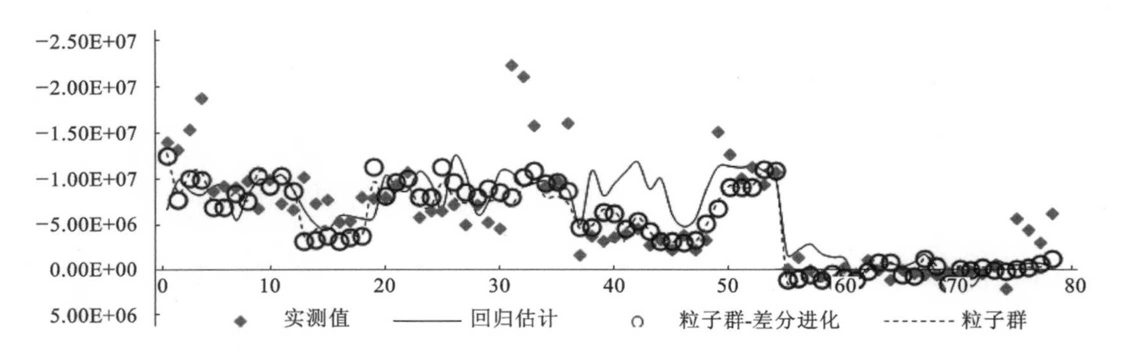

图 4-7　多元回归方法与粒子群-差分进化方法的结果对比

4.2　裂隙岩体力学特性数值研究方法

4.2.1　裂隙岩体渐进破坏的数值模拟方法

4.2.1.1　*岩石的弹-塑-脆性损伤本构模型*

(1)微损伤演化试验现象及数学描述

赵永红对房山大理岩平板状试件的单轴压缩试验进行了扫描电镜实时观测，研究结果表明：大理岩中萌生的微裂纹先是零星、随机分布，然后连接贯通形成宏观断裂带。如图 4-8 所示，其中 1 为 0.59 倍峰值应力，2 为 0.73 倍峰值应力，3 为 0.88 倍峰值应力，4 为 0.96 倍峰值应力，5 为峰值应力，6 为卸载时微裂纹分布图像。

试验过程中，有以下观察结论：①当载荷为峰值载荷的 59%和 73%时，有少量尺度较小、方向随机分布的裂纹萌生；②载荷增加到峰值的 88%和 96%时，除了小尺度的裂纹外，尺度较大的裂纹明显增多，且沿外载方向出现优势生

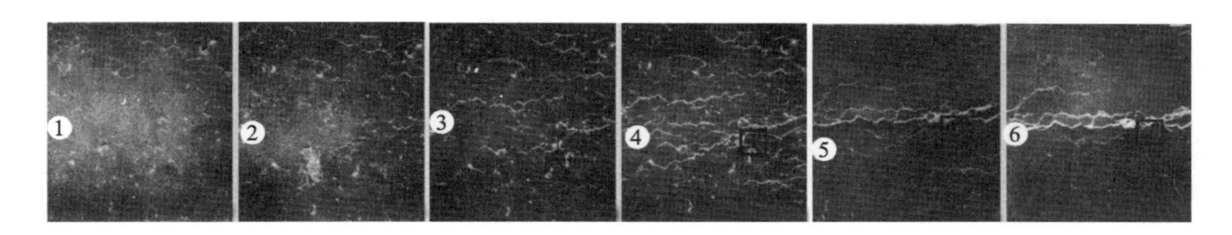

图 4-8　大理岩单轴压缩过程微裂纹演化扫描电镜图片

长;③荷载达到峰值时,试件中出现宏观断裂带,离开断裂带一定距离的裂纹则多已闭合;④从总体上看,宏观断裂带沿压缩外荷载方向贯通。

程立朝通过剪切试验,研究砂岩在剪切条件下的裂纹演化特征,当剪应力达到峰值时,观测面表面尚未出现裂纹,持续位移加载至峰后阶段,裂纹演化观测结果如图 4-9 所示。

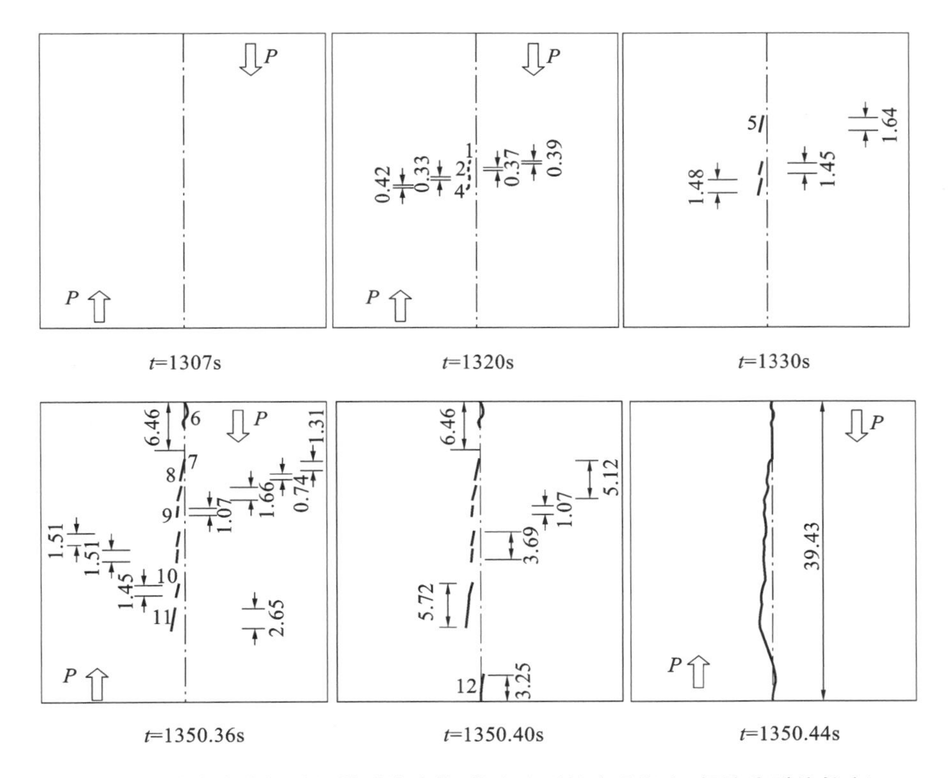

图 4-9　砂岩在剪切过程微裂纹演化(数字为裂纹出现顺序,标注为裂纹长度)

试验现象表明:无论是单轴压缩条件下的劈裂破坏还是剪切破坏,都是伴随分布式微损伤(裂纹)逐步演化贯通的过程,其中包含了微裂纹的萌生,多个单裂纹的扩展、合并两个主要过程,最终形成宏观裂缝。

①单裂纹在剪切条件下的等效张拉机制

Horii、Nemat Nasser 提出了剪切条件下的滑移裂纹模型，如图 4-10 所示，图 4-10(a)为翼裂纹扩展模型，将翼裂纹扩展路径简化为直线形式，同时将滑动驱动力等效为一对反向集中力作用在裂纹表面，最终简化为图 4-10(c)所示。有关文献推导了滑动裂纹模型翼裂纹的应力强度因子，并定义应力以拉为正，其近似公式见式(4-15)。

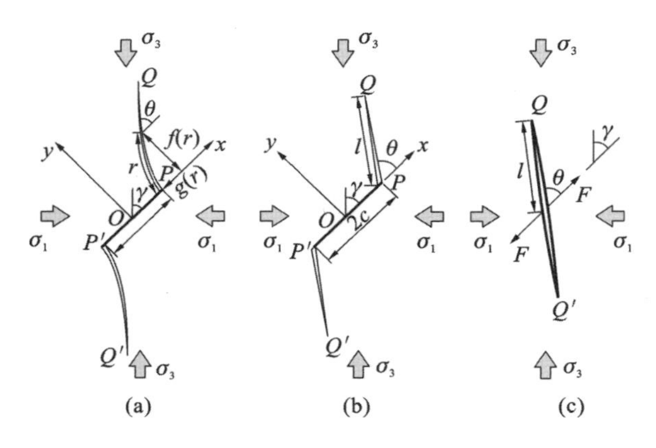

图 4-10　剪切条件下的滑移裂纹模型

$$K_{\mathrm{I}} = \frac{2c\tau_{\mathrm{eff}}\sin\theta}{\sqrt{\pi(l+l^{*})}} + \sigma_n' \sqrt{\pi l} \tag{4-15}$$

式中：

$$\begin{cases} \tau_{\mathrm{eff}} = -\tau - \tau_c + f\sigma_n \\ \tau = -\dfrac{\sigma_1 - \sigma_3}{2}\sin 2\gamma \\ \sigma_n = \dfrac{\sigma_1 + \sigma_3}{2} - \dfrac{\sigma_1 - \sigma_3}{2}\cos 2\gamma \\ \sigma_n' = \dfrac{\sigma_1 + \sigma_3}{2} - \dfrac{\sigma_1 - \sigma_3}{2}\cos 2(\theta+\gamma) \end{cases}$$

l^{*} 为引入的当量裂纹长度，$l^{*} = 0.27c$；l 为翼裂纹长度；τ_{eff} 和 σ_n' 分别为主裂纹面上的剪应力和翼裂纹面上的法向应力；f 为主裂纹面上的摩擦系数；τ_c 为主裂纹面上的内聚力；σ_1 为远场最大主应力(注意这里以拉为正)；σ_3 为远场最小主应力；θ 为简化的翼裂纹扩展方向与主裂纹的夹角；γ 为主裂纹面与 σ_3 的夹角。当翼裂纹持续扩展(超过主裂纹半长时)时，γ 达到最大值 $\gamma_{\max} = \dfrac{\pi}{2} - \dfrac{1}{2}\arctan\left(\dfrac{1}{f}\right)$，且 $\theta + \gamma = \dfrac{\pi}{2}$。依据三角函数关系，有 $\sin 2\gamma = \dfrac{1}{\sqrt{1+f^2}}$；$\cos 2\gamma = -\dfrac{f}{\sqrt{1+f^2}}$；$\cos 2(\theta+\gamma) = -1$。

当满足主裂纹滑移条件：

$$\tau_{\mathrm{eff}}=\frac{\sigma_1}{2}(\sqrt{1+f^2}+f)-\frac{\sigma_3}{2}(\sqrt{1+f^2}-f)-\tau_c>0$$

剪切条件下主裂纹面上的滑移[图 4-10(a)]等效为翼裂纹尖端的张拉力[图 4-10(c)]，由于一类裂纹应力强度因子与远场应力关系的一般表达式为 $K_{\mathrm{I}}=\sigma\sqrt{\pi c}$，其中 σ 为远场应力，c 为裂纹半长，与图 4-10(c)中的等效裂纹半长 l 等同，将式(4-15) 改写为同样的形式：$K_{\mathrm{I}}=\left[\dfrac{2c\tau_{\mathrm{eff}}\sin\theta}{\pi\sqrt{l(l+l^*)}}+\sigma'_n\right]\sqrt{\pi l}$，则等效远场拉应力可表示为：

$$\hat{\sigma}_{yy}^{\infty}=\frac{2c\tau_{\mathrm{eff}}\sin\theta}{\pi\sqrt{l(l+l^*)}}+\sigma'_n=\frac{2\tau_{\mathrm{eff}}\sin\theta}{\pi\dfrac{l}{c_0}\sqrt{1+0.27\dfrac{c_0}{l}}}+\sigma_l \tag{4-16}$$

由于裂纹面扩展方向最终必与图 4-10 中 σ_1 垂直，因此翼裂纹面上的法向应力 σ'_n 将无限趋近于 σ_l。此时剪切条件下的裂纹滑移扩展问题已经等效为远场应力为 $\hat{\sigma}_{yy}^{\infty}$ 的Ⅰ型裂纹扩展问题。

②微损伤演化的非平衡统计力学描述

单个裂纹的扩展演化问题可以采用断裂力学来描述，但是对于与岩石破坏过程相关的裂纹群的演化问题，则无法直接采用断裂力学解决。如果将裂纹看作材料内部损伤，那么裂纹群的演化可以看作由裂纹个数从萌生阶段的 1 个发展到 n 个，并逐渐合并、贯通并减少到宏观 1 条裂缝的过程，裂纹个数的分布类似于断裂概率分布函数。在此启示下，我们引入非平衡统计力学的方法来描述这一过程。非平衡统计力学是研究大量粒子或抽象为粒子的事物在空间或某种介质中运动时，由于各粒子位置、动量和其他特征量的变化而引起的各种物理量随时空变化的过程，是微观结构动力演化与宏观量的联系桥梁。邢修三、白以龙和夏蒙棼在非平衡统计力学的理论基础上建立了微损伤演化方程：

$$\frac{\partial N(c,t)}{\partial t}=q(c,t)\delta(c-c_0)-\frac{\partial}{\partial c}[\dot{c}(c,t)N(c,t)] \tag{4-17}$$

$N(c,t)$ 表示广义时间 t 时单位体积在长度 c 与 $c+\mathrm{d}c$ 间形成的微裂纹平均数目；$q(c,t)$ 为微裂纹密度的增长函数；c_0 为微裂纹的当前长度；$\delta(c-c_0)$ 为 Dirac 函数；$\dot{c}(c,t)$ 为单位时间内裂纹的平均扩展速率。式(4-17)右边第一项表示微裂纹成核导致的微裂纹数增加，第二项表示裂纹的扩展合并导致的微裂纹数量减少。初始条件和边界条件为：

$$\left.\begin{aligned}N(c,t=0)=0\\N(c\rightarrow\infty,t)=0\end{aligned}\right\}\tag{4-18}$$

显然，只需求出微裂纹成核函数 $q(c,t)$、裂纹长大速率方程 $\dot{c}(c,t)$ 就可以解出微损伤密度 $N(c,t)$ 。

③单裂纹的扩展速率方程

假设应力加载过程为准静态，即不考虑裂纹扩展的惯性，那么裂纹尖端内外应力满足平衡条件。如图 4-11 所示，类似于 Irwin 根据应力平衡估算断裂过程区(FPZ)长度的方法，基于弹性断裂力学假设，Ⅰ型裂纹尖端场的名义应力分布(nominal stress)理论曲线为 ecj，由于裂纹尖端存在断裂过程区的材料软化特性，其实际应力分布曲线为 $abgh$，r_0 为根据名义应力估算的应力峰值距裂纹尖端距离，r_p 为根据实际应力估算的应力峰值距裂纹尖端的距离，即 FPZ 长度；r 为半长为 c 的裂纹前端某点距裂纹尖端的距离。实际裂纹尖端(h 点)拉应力为零，虚拟裂纹尖端(f 点)应力等于材料强度。那么根据力平衡原理，$ecjdh$ 所围面积与 $abgh$ 所围面积相等，并假定应力转换前后的弹性部分面积不变，即 abf 与 ecg 所围面积相等。为简化问题，bgh 软化段形式采用 Peterson 的建议。

Peterson 建议虚拟裂缝段的软化曲线 bgh 可简化为图 4-12 形式，图中 f_t 为材料抗拉强度，w/w_f 为虚拟裂缝当前缝宽与最大缝宽的比值，这里 w_f 即对应于宏观裂纹的尖端位置，f_t 对应于软化曲线的峰值位置。

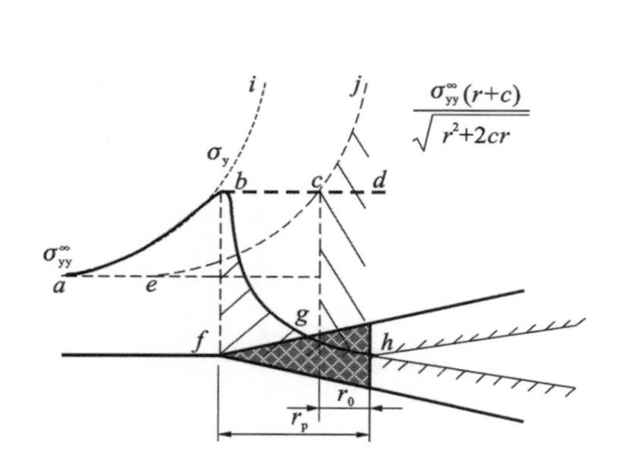

图 4-11　裂纹扩展的非线性断裂模型

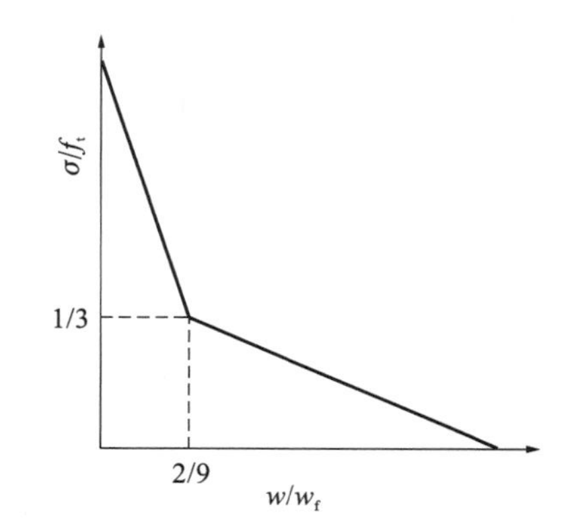

图 4-12　Peterson 建议的分段式软化模型

由于 $w=w_f$ 时，$r=0$；$w=0$ 时，$r=r_p$。根据力平衡原理及几何关系，裂纹前端 $abgh$ 段的近场应力分布由两段表示：ab 段，由远场应力 σ_{yy}^{∞} 增长至材料细观抗拉强度 σ_y，bgh 段由 σ_y 逐渐降为零。其中，根据 Irwin 的假定，材料细观抗拉

强度 $\sigma_y = \dfrac{\sigma_{yy}^{\infty}(r_0 + c)}{\sqrt{r_0^2 + 2cr_0}}$。根据软化曲线所围几何面积(能量)相等的关系,有:

$$\frac{5}{18} r_p \sigma_y = \int_0^{r_0} \frac{\sigma_{yy}^{\infty}(r + c)}{\sqrt{r^2 + 2cr}} \mathrm{d}r \tag{4-19}$$

其中,c 为初始裂纹半长;σ_{yy}^{∞} 为远场应力。求解式(4-19),可得等效裂纹长度与远场张拉应力的关系:

$$r_p = \frac{18}{5} \times \frac{c(\sigma_{yy}^{\infty})^2}{\sigma_y \sqrt{\sigma_y^2 - (\sigma_{yy}^{\infty})^2}} \tag{4-20}$$

令细观应力强度比 $k = \dfrac{\sigma_{yy}^{\infty}}{\sigma_y}$,式(4-20)可改写为:

$$r_p = \frac{18}{5} \times \frac{ck^2}{\sqrt{1 - k^2}} \quad (0 \leqslant k \leqslant 1) \tag{4-21}$$

那么,当前等效裂纹长与 k 的关系为:

$$c(c,k) = c + r_p = c\left[1 + \frac{18}{5} \times \frac{k^2}{\sqrt{1 - k^2}}\right] \tag{4-22}$$

则当细观应力强度比为 k 时的裂纹增长速率:$\dot{c}(c,k) = \dfrac{\partial c(c,k)}{\partial \bar{\sigma}} = \dfrac{18c}{5\sigma_y} \dfrac{2k - k^3}{(1 - k^2)^{\frac{3}{2}}}$,$c(c,k)$ 为当前步扩展后的裂纹长,此即为单裂纹扩展速率方程,每扩展步裂纹扩展增量与 k 值关系图如图 4-13 所示。

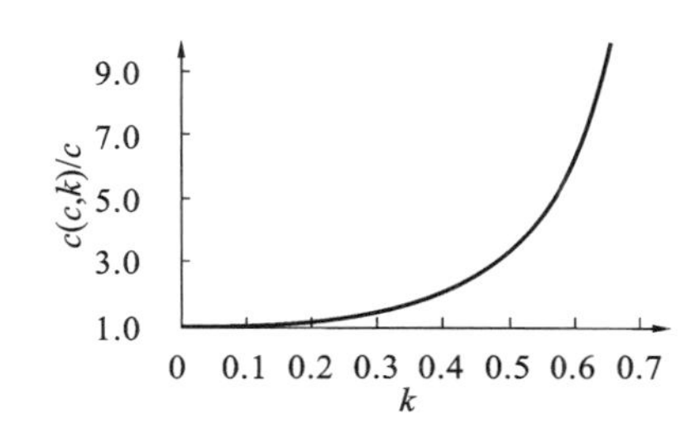

图 4-13　每扩展步裂纹扩展增量与 k 值关系图

④微损伤密度演化方程

式(4-17)中,广义时间 t 为裂纹扩展的相关变量,当取广义时间 t 为细观应力强度比 k 时,裂纹增长速率方程描述的就是微裂纹密度与 k 的函数关系。可以根据单个裂纹的断裂力学解获得。$q(c,t)$ 为微裂纹增长函数,Curran 等人根据显微观察结果提出微裂纹萌生成核与扩展(NAG)模型,微裂纹的增长率 $\dot{q}$ 可表示为:

$$\dot{q} = \dot{q}_0 \mathrm{e}^{(\sigma - \sigma_{n0})/\sigma_t} \tag{4-23}$$

式中,$\dot{q}_0$ 为阈值;σ_{n0} 为微裂纹成核应力阈值;σ_t 为成核的应力敏感性参数,这里指对时间的变化。考虑初始及边界条件,式(4-23)积分后改写为:

$$q(k) = H_0(\mathrm{e}^k - 1) \tag{4-24}$$

H_0 为材料常数代表单位体积可能出现微损伤极限数目,则可以推导并简化得：

$$N(c,k)=Hk^2(\mathrm{e}^{1-k^3}-1) \tag{4-25}$$

此即为微损伤密度随应力增长的演化关系。

(2)宏观弹-塑-脆性状态演化函数

①基于脆断概率的应变局部化演化函数

材料加载过程中，只要有一个裂纹形成主裂纹并快速扩展，材料即可能发生断裂。设 $P(c,k)$ 为微裂纹长度在 c 至 $c+\mathrm{d}c$ 之间的裂纹的概率，那么相对应的，材料受力在 k 至 $k+\mathrm{d}k$ 间发生断裂的概率也为 $P(c,k)\mathrm{d}k$，则基于裂纹分布密度的材料断裂概率分布函数(图 4-14)：

$$P(c,k)=\frac{N(c,k)}{\int_0^1 N(c,k)\mathrm{d}k}=\frac{3k^2(\mathrm{e}^{1-k^3}-1)}{\mathrm{e}-2} \tag{4-26}$$

断裂的概率为：

$$P(k)=\int_0^{\sigma} P(c,k)\mathrm{d}\bar{\sigma}=\frac{k^3-\mathrm{e}+\mathrm{e}^{1-k^3}}{2-\mathrm{e}} \tag{4-27}$$

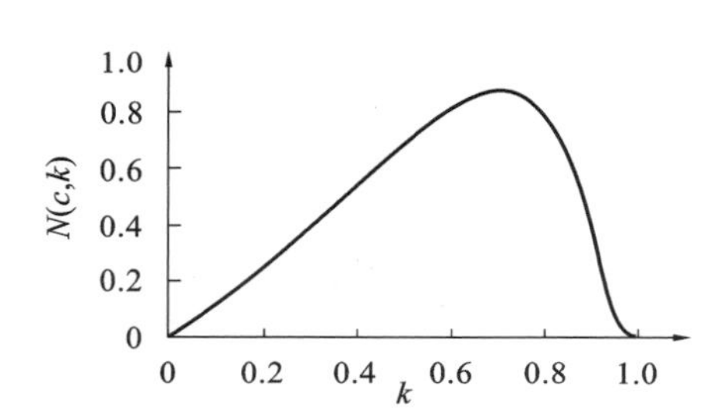

图 4-14　材料断裂概率分布函数图

式(4-27)代表单个断裂带的断裂概率，由于主裂纹两边一定范围内会出现卸载区，根据圣维南原理，如果尺度足够大，卸载影响区范围外，在垂直虚拟裂纹方向上有形成多个其他的断裂带的可能，断裂带的个数必与材料尺度及断裂带影响范围有关，假定材料中存在 N 个微裂纹带，根据材料破坏的链式模型，则材料断裂的概率为：

$$P_N(k)=1-\left[1-\int_0^{\sigma} P(c,k)\mathrm{d}k\right]^N \tag{4-28}$$

由于材料脆断过程与其宏观应变局部化相联系，定义应变局部化演化函数为其断裂概率，则有：

$$D(k)=1-\exp\left[\frac{N}{\mathrm{e}-2}(-\mathrm{e}+\mathrm{e}^{1-k^3}+k^3)\right] \tag{4-29}$$

可见，此损伤函数为 Gumbel 分布形态，N 为裂纹面垂直方向的尺度参数，代表可能的断裂带个数。若不考虑断裂带个数的影响，如式(4-30)所示，则蜕化成 Weibull 概型。

$$D(k)=\frac{1}{2-\mathrm{e}}(-\mathrm{e}+\mathrm{e}^{1-k^3}+k^3) \tag{4-30}$$

由于部分应变转化为局部化应变，与应力对应的为总应变减去已转化为局部化应变后的有效弹性应变，则可得基于应变演化函数的准脆性材料的脆断本构模型：

$$\sigma=E\varepsilon\exp\left[\frac{N}{\mathrm{e}-2}(-\mathrm{e}+\mathrm{e}^{1-k^3}+k^3)\right] \tag{4-31}$$

式中，σ 为名义应力。以上过程是将剪切滑移裂纹的翼裂纹扩展等效为张拉裂纹后推导得出的，因此适用于一般的剪切破坏模式，当为张拉裂纹扩展时，则远场应力直接等于边界应力，也适用于本文损伤演化规律。根据 k 值的定义，有 $E\varepsilon=\sigma_y k$，则 $k=\varepsilon/\varepsilon_p$，$\varepsilon_p$ 为与强度峰值对应的应变。

②损伤演化的等效函数

由于式(4-31)中 k 的取值范围局限在(0,1)之间，当超出此取值范围后，函数出现不稳定，出于数值计算的稳定性考虑，因此我们引入另外一个与 $D(k)$ 图像一致的等效演化函数 $S(\varepsilon)$ 来替代，函数表达式如下：

$$S(\varepsilon)=\frac{1}{1+\mathrm{e}^{a(1-\varepsilon/\varepsilon_e)}} \tag{4-32}$$

其中，a、ε_e 为参数，分别控制函数下降段的斜率和函数峰值大小。与参数 N 控制 $D(k)$ 尺度效应类似，$S(\varepsilon)$ 的尺度效应由 ε_e 控制，图像对比如图 4-15、图 4-16 所示。

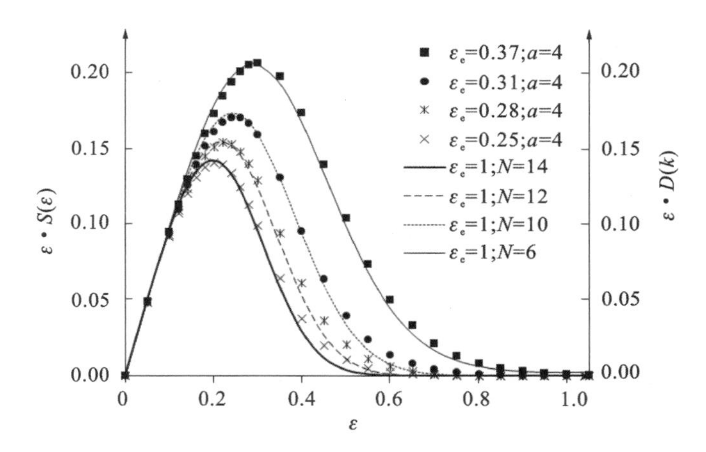

图 4-15　等效演化函数 $S(\varepsilon)$ 与原函数 $D(k)$ 的强度尺度效应

等效演化函数 $S(\varepsilon)$ 与原函数 $D(k)$ 在初始阶段存在偏差，但由于此时应变趋近于零，对应力值的计算影响较小，而在残余阶段前期的偏差，可以通过 $S(\varepsilon)$

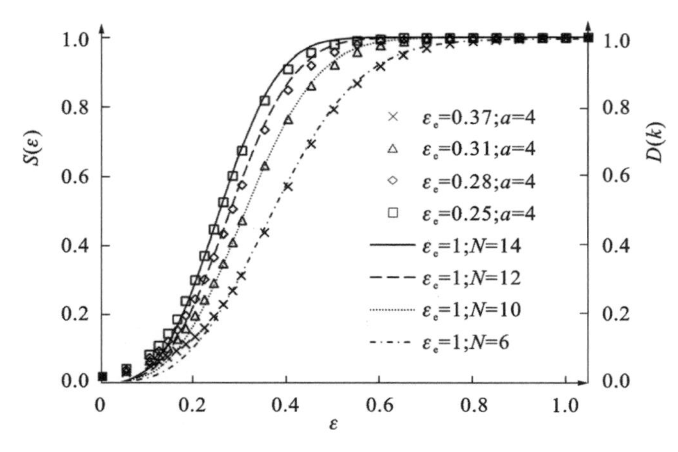

图 4-16　等效演化函数 $S(\varepsilon)$ 与原函数 $D(k)$ 图像

的参数 a 修正。

演化函数体现了材料内部分布式损伤逐渐演化为局部化应变的过程，与此过程相对应，宏观表现为应力跌落的过程，体现了总应变中有效弹性应变的比例关系。

如图 4-17 所示，函数中参数 a 控制了演化的效率，对应于应力跌落的快慢，ε_e 控制峰值大小，且峰值随 ε_e 线性增加；随 a 值增加，函数峰值增大，下降段更陡。

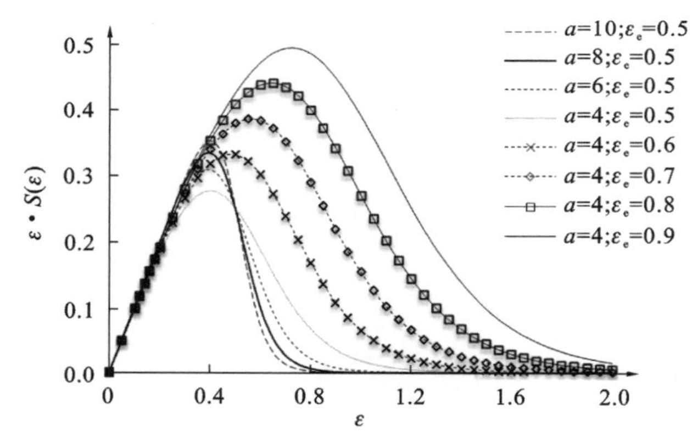

图 4-17　演化函数 $S(\varepsilon)$ 参数对函数图像的影响

③理想的弹-塑-脆性模型应变分解

考查一个理想的弹-塑-脆性模型中应变的演化规律。

根据应变分解原理，如图 4-18 所示，将典型的弹-塑-脆性材料应变分为弹性应变、塑性应变、局部化应变三部分，并假定在弹性阶段无塑性变形，非弹性阶段的卸载路径始终与弹性加载段平行。那么在加载过程中，存在两个应变演化过程：一是峰值后至应力跌落前，应变增量为塑性应变 ε^p，有效弹性应变不变，等于极限弹性应变 ε_e；二是应力跌落阶段，塑性应变继续增长外，极限弹性应变中部分演化为局部化应变 ε^d，有效弹性应变为 ε^e，直至残余阶段。其中极限弹性应变为有效弹性与局部化应变之和。那么总应变可表示为：

$$\varepsilon = \varepsilon^e + \varepsilon^p + \varepsilon^d \tag{4-33}$$

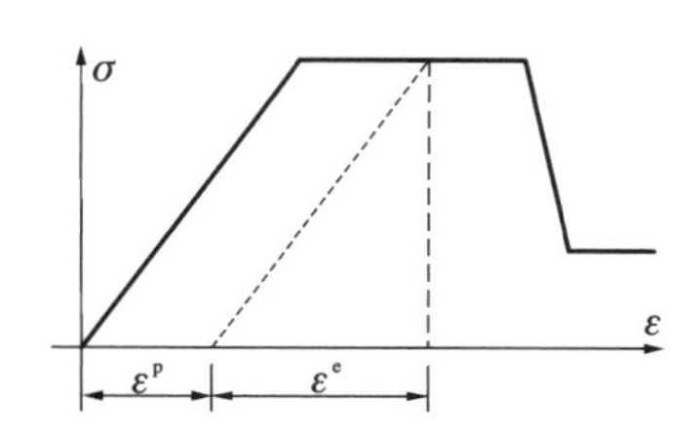

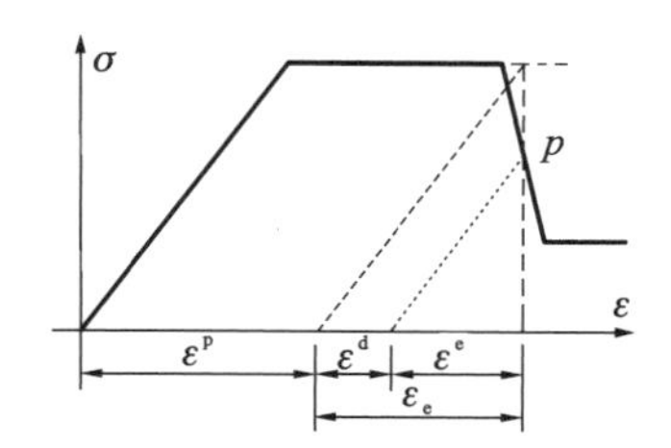

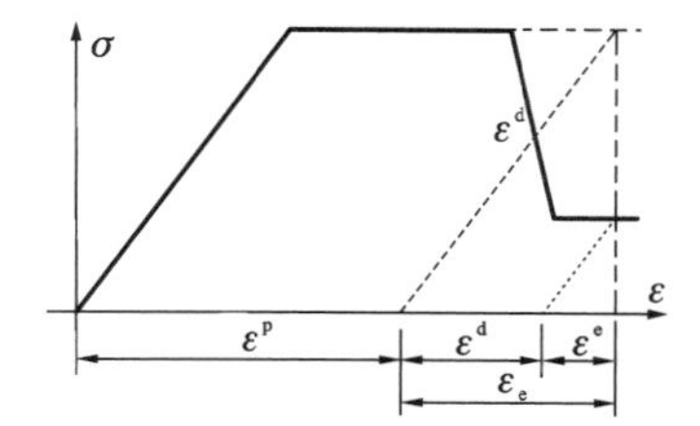

图 4-18　弹-塑-脆性材料应变状态转化原理

应力跌落阶段，部分弹性应变演化成局部化应变，代表宏观裂缝对弹性应变的部分解除效果。该演化过程通过演化函数表示为：

$$\varepsilon^d = (\varepsilon_e - \varepsilon_r) \cdot S(\varepsilon, \varepsilon_d) \tag{4-34}$$

极限弹性应变 ε_e、残余弹性应变 ε_r 为围压的函数。类似地，塑性应变演化也可采用演化函数表示如下：

$$\varepsilon^p = (\varepsilon - \varepsilon_e) \cdot S(\varepsilon, \varepsilon_e) \tag{4-35}$$

(3) 理想弹-塑-脆性岩石本构关系

①理想弹-塑-脆性本构关系的损伤表达形式

根据以上分析，我们可以得到理想弹-塑-脆性岩石的应力-应变关系：

$$\left.\begin{aligned} &\sigma = E\varepsilon^e \\ &\varepsilon = \varepsilon^e + \varepsilon^p + \varepsilon^d \\ &\varepsilon^p = (\varepsilon - \varepsilon_p) \cdot S(\varepsilon, \varepsilon_e) \\ &\varepsilon^d = (\varepsilon_e - \varepsilon_r) \cdot S(\varepsilon, \varepsilon_d) \end{aligned}\right\} \tag{4-36}$$

其中，E 为弹性模量；ε 为总应变；ε^e 为弹性应变；ε^p 为塑性应变；ε^d 为局部化应变；ε_e 为峰值时对应的最大弹性应变；ε_d 为应力跌落前后总应变的平均值；ε_r 为等效残余弹性应变，对应于残余强度与弹性模量的比值，为围压的函数。将 $S(\varepsilon, \varepsilon_e)$、$S(\varepsilon, \varepsilon_d)$ 的表达式代入式(4-36)，则有：

$$\sigma = E\varepsilon\left[1 - \frac{\varepsilon_e/\varepsilon - \varepsilon_r/\varepsilon}{1 + e^{a(1-\varepsilon/\varepsilon_d)}} - \frac{1 - \varepsilon_e/\varepsilon}{1 + e^{a(1-\varepsilon/\varepsilon_e)}}\right] \tag{4-37}$$

根据 Lemaitre 损伤定义：

$$\sigma = E\varepsilon(1 - D) \tag{4-38}$$

则损伤函数表达式为：

$$D(\varepsilon) = \frac{\varepsilon_e/\varepsilon - \varepsilon_r/\varepsilon}{1 + e^{a(1-\varepsilon/\varepsilon_d)}} + \frac{1 - \varepsilon_e/\varepsilon}{1 + e^{a(1-\varepsilon/\varepsilon_e)}} \tag{4-39}$$

弹性应变、塑性应变、局部化应变、损伤变量随总应变的演化关系如图 4-19 所示。

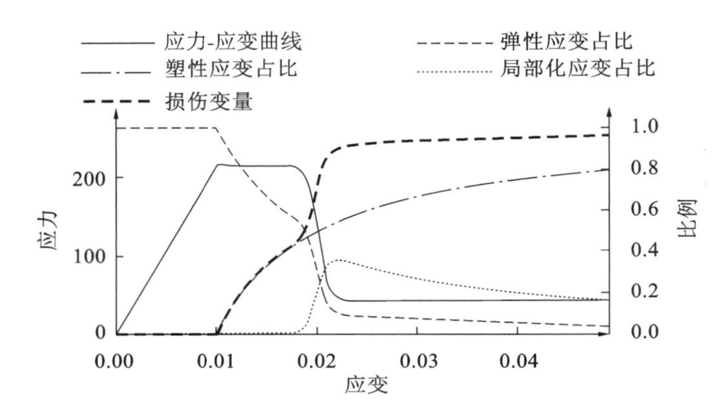

图 4-19　弹性应变、塑性应变、局部化应变、损伤变量随总应变的演化关系

图中显示，除线弹性加载阶段外，弹性应变在总应变中的比重始终是下降的；塑性阶段起，塑性应变在总应变中的比重总是增加的；局部化应变在应力跌落完成时达到最大比重，残余阶段，局部化应变占比逐步降低。而整个过程中，弹性应变占比与损伤变量成互补关系。

②参数确定方法

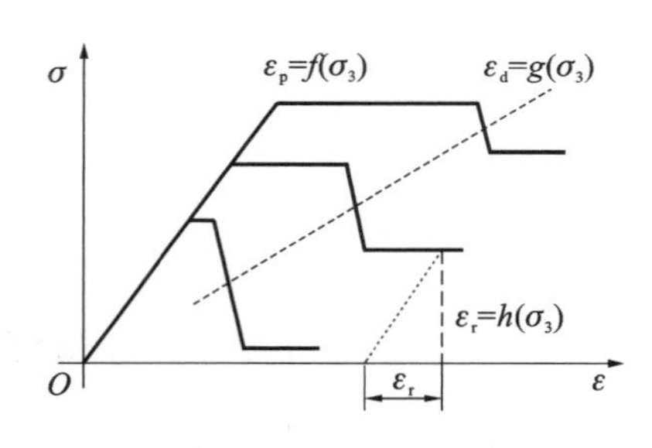

图 4-20　不同围压下的理想三轴压缩应力-应变曲线

在通过细观机制推导出损伤演化函数后，我们可以通过力学试验对宏观参数进行标定，以确定满足特定类型岩石的损伤本构方程。

图 4-20 为不同围压下的理想三轴压缩应力-应变曲线，ε_p 为达到峰值强度时对应的应变，类似于弹塑性理论的强度准则，ε_p 为横向约束应力 σ_3 的函数，通过回归分析获得 ε_p 与 σ_3 的函数关系。ε_d 由通过不同围压三轴试验曲线应力下降段中间点对应的总应变与 σ_3 关系回归获得。ε_r 由曲线峰值应力与残余应力差值除以弹性模量，并与 σ_3 回归获得。

4.2.1.2 岩石破裂的裂纹扩展模型

(1)弥散裂缝模型

弥散裂缝模型广泛应用于岩石、混凝土非线性断裂力学中，该模型最早由 T. R. Rashid 提出，并应用于有限单元法中。该模型假设裂纹前端的过程区单元一旦开裂，就认为裂缝均匀地弥散于该单元中，并引入弹性模量折减系数和剪切保留系数对法向刚度和剪切模量进行折减，而在垂直拉应力方向上，仍保持原有 E 值，用于模拟岩体开裂后的各向异性。Z. P. Bazant 提出了解决有限元计算网格敏感性问题的断裂能守恒准则。对于开裂单元，以应变软化段代替脆性断裂假定，则裂缝本构模型可表示为：

$$\begin{Bmatrix} \sigma_n \\ \sigma_s \\ \sigma_{ns} \end{Bmatrix} = \begin{bmatrix} \mu E & 0 & 0 \\ 0 & E & 0 \\ 0 & 0 & \beta G \end{bmatrix} = \begin{Bmatrix} \varepsilon_n \\ \varepsilon_s \\ \varepsilon_{ns} \end{Bmatrix} \tag{4-40}$$

式中，μ 为弹性模量折减系数，一般为裂缝法向应变的函数，$\mu=\mu(\varepsilon_n)$；β 为剪切保留系数，一般 $0\leqslant\beta\leqslant 1$。de Borst 认为：弥散裂缝模型准确预测裂纹扩展路径在很大程度上依赖于本构关系中的切向剪切刚度，即 β 的取值。这也导致了对裂缝模型的进一步探索并提出了旋转裂缝模型。

如果在计算过程中应力主轴不发生改变，则固定裂缝模型(FCM)与旋转裂缝模型(RCM)将不会存在区别，否则两者将存在较大差异。从物理角度看，旋转裂缝模型更具合理性。首先，固定裂缝模型中的剪切保留系数的选择将决定剪切刚度，很多情况下，剪切刚度非常小。其次，裂缝表面的剪切应变的增加将导致沿缝面的剪应力分布，从而导致与缝面相交的某一平面上的法向应力超出其抗拉强度。这两个问题在旋转裂缝模型中则可以避免。弥散裂缝模型先后发展了基于弹性的固定裂缝模型、旋转裂缝模型，塑性变形理论的 Rankine 屈服轨迹线理论，弹性各向同性、各向异性损伤模型。另外，还有正交多裂纹模型及 Rankine 塑性流动模型等。

引入 4.2.1.1 节中损伤的概念，我们将传统裂缝本构关系改进成如下形式：

$$\begin{Bmatrix} \sigma_n \\ \sigma_s \\ \sigma_{ns} \end{Bmatrix} = \begin{bmatrix} (1-D_1)E & 0 & 0 \\ 0 & E & 0 \\ 0 & 0 & (1-D_2)\mu \end{bmatrix} \begin{Bmatrix} \varepsilon_n \\ \varepsilon_s \\ \varepsilon_{ns} \end{Bmatrix} \tag{4-41}$$

记 $\boldsymbol{D}_{\mathrm{ns}} = \begin{bmatrix} (1-D_1)E & 0 & 0 \\ 0 & E & 0 \\ 0 & 0 & (1-D_2)\mu \end{bmatrix}$，则式(4-41) 记为 $\boldsymbol{\sigma}_{\mathrm{ns}} = \boldsymbol{D}_{\mathrm{ns}}\boldsymbol{\varepsilon}_{\mathrm{ns}}$，令 $\boldsymbol{\varepsilon}_{\mathrm{ns}} = \boldsymbol{T}(\varphi)\boldsymbol{\varepsilon}_{\mathrm{xy}}$；$D_1$ 为张拉损伤变量，D_2 为剪切损伤变量，后面我们将证明两者几乎是等效的；$\boldsymbol{T}(\varphi)$ 为坐标转换矩阵，有全量关系：

$$\boldsymbol{\sigma}_{\mathrm{xy}} = \boldsymbol{T}^{\mathrm{T}}(\varphi)\boldsymbol{D}_{\mathrm{ns}}\boldsymbol{T}(\varphi)\boldsymbol{\varepsilon}_{\mathrm{xy}} \tag{4-42}$$

则固定裂缝模型与旋转裂缝模型具有了统一的形式，只是固定裂缝模型中最大拉应力超出抗拉强度后，φ 保持不变，而在旋转裂缝模型中，φ 不断调整保持裂缝法向始终与最大拉应力方向一致，那么此模型可以模拟单元张拉、剪切导致的软化关系。

作为比较，下面我们简单介绍一下塑性模型，在塑性模型中，基于应变分解原理，将总应变分解为弹性应变与塑性应变：

$$\varepsilon = \varepsilon^{\mathrm{e}} + \varepsilon^{\mathrm{p}} \tag{4-43}$$

对于弹性应变部分，根据弹性柔度矩阵求解：

$$\varepsilon^{\mathrm{e}} = C^{\mathrm{e}}\sigma \tag{4-44}$$

塑性应变由塑性势函数求解：

$$\varepsilon^{\mathrm{p}} = \lambda \frac{\partial f}{\partial \sigma} \tag{4-45}$$

塑性乘子 λ 及塑性势函数 $f = f(\sigma, \eta, k)$ 必须满足离散 Kuhn-Tucker 条件，$\lambda \geqslant 0$，$f \leqslant 0$ 或者是 $f\lambda = 0$，f 也叫加载函数。那么有以下式子：

$$\varepsilon = C^{\mathrm{e}}\sigma + \lambda \frac{\partial f}{\partial \sigma} \tag{4-46}$$

若选择最大主应力(Rankine 准则)作为加载函数及塑性势函数，并引入应力折减张量 $\xi = \sigma - \eta$，η 称为反力张量，决定随动硬化的过程。平面应力条件下最大主应力可表示成以下形式：

$$f = \sqrt{\frac{1}{2}\boldsymbol{\xi}^{\mathrm{T}}\boldsymbol{P}\boldsymbol{\xi}} + \frac{1}{2}\boldsymbol{\pi}^{\mathrm{T}}\boldsymbol{\xi} - \bar{\sigma}(\gamma k) \tag{4-47}$$

$\bar{\sigma}$ 为等效应力，为内变量 γ、k 的函数；γ 为随动硬化/软化与等向硬化/软化的比例系数，纯随动硬化/软化时取零，纯等向硬化/软化时取 1。其中：

$$\boldsymbol{P} = \begin{bmatrix} 1/2 & -1/2 & 0 \\ -1/2 & 1/2 & 0 \\ 0 & 0 & 2 \end{bmatrix} \tag{4-48}$$

$$\boldsymbol{\pi} = [1 \quad 1 \quad 0]^{\mathrm{T}} \tag{4-49}$$

$\bar{\sigma}(\gamma k)$ 根据张拉软化规律由单轴抗拉强度开始逐步降低。根据硬化功假设,可以假定内变量 k 为损伤的度量。

$$k\bar{\sigma} = \xi^{\mathrm{T}} \varepsilon^{p} \tag{4-50}$$

反力 η 由下式确定:

$$\eta = \lambda(1-\gamma) E_{\mathrm{ks}} \Lambda \frac{\partial f}{\partial \sigma} \tag{4-51}$$

E_{ks} 为切线弹性模量,$\Lambda = \mathrm{diag}[1 \quad 1 \quad 1/2]$。

以上塑性理论由 Feenstra 及 de Borst 给出。显然,损伤模型比塑性模型在形式上要简单得多。

de Borst 比较了几种模型的剪切软化关系对比,如图 4-21 所示。

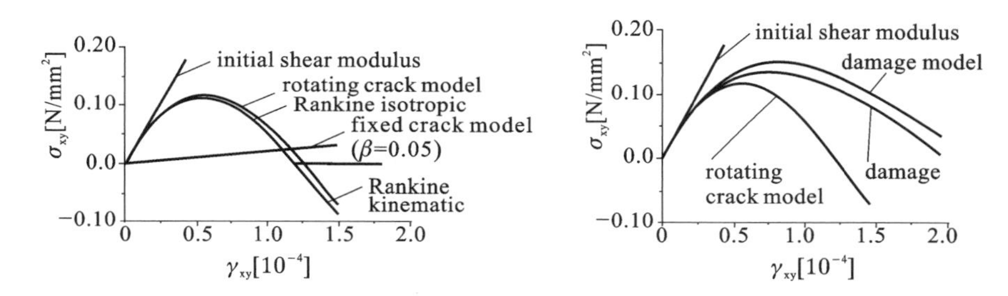

图 4-21 几种模型的剪切软化关系对比(来自 de Borst 原文)

在几种模型中,旋转裂缝模型与 Rankine 塑性理论在趋势上一样,固定裂缝模型显然不能表达剪切软化特征。在某种程度上,损伤模型表现得比旋转裂缝模型刚度更高。

以上模型均是为了解决裂纹抗拉软化与剪切软化的问题,在 4.2.1.1 节的损伤模型中,抗拉软化已经有解决方案,下面基于各向同性损伤本构方程的一般形式,寻求裂缝剪切软化关系的形式。

(2)基于双标量损伤模型的裂缝剪切软化关系

由于拉伸损伤变量可以根据上一节方法求解,显然只需要求解剪切保留系数与损伤变量之间的关系,也就是抗拉损伤变量与剪切损伤变量之间的关系,下面我们通过双标量的损伤本构关系来寻求解答。

①各向同性损伤本构方程的一般形式

根据不可逆热力学基本方程,对于无穷小应变和等温热力学过程,Clausius-Duhem 不等式为:

$$\sigma_{ij}\dot{\varepsilon}_{ij}-\psi\geqslant 0 \tag{4-52}$$

ψ 为 Helmholtz 自由能，假定裂缝区域或断裂带为弹性各向同性，且发生各向同性损伤，则有：

$$\psi=\psi(\varepsilon_{ij},D) \tag{4-53}$$

$$\dot{\psi}=\frac{\partial\psi}{\partial\varepsilon_{ij}}\dot{\varepsilon}_{ij}+\frac{\partial\psi}{\partial D}\dot{D} \tag{4-54}$$

式(4-54)代入式(4-52)，有：

$$\left(\sigma_{ij}-\frac{\partial\psi}{\partial\varepsilon_{ij}}\right)\dot{\varepsilon}_{ij}-\frac{\partial\psi}{\partial D}\dot{D}\geqslant 0 \tag{4-55}$$

对任意值成立，则必有：

$$\sigma_{ij}=\frac{\partial\psi}{\partial\varepsilon_{ij}} \tag{4-56}$$

定义 $Y=-\frac{\partial\psi}{\partial D}$，则有：

$$Y\cdot\dot{D}\geqslant 0 \tag{4-57}$$

唐雪松、蒋持平等将 $\psi=\psi(\varepsilon_{ij},D)$ 在初始状态附近按泰勒级数展开，并根据 σ_{ij} 的对称性要求，化简得应力-应变本构方程与损伤对偶力本构方程如下：

$$\sigma_{ij}=2\mu\varepsilon_{ij}\left[1-\sum_{n=1}^{N}\beta^{(n)}D^{n}\right]+\lambda\varepsilon_{kk}\delta_{ij}\left[1-\sum_{n=1}^{N}\alpha^{(n)}D^{n}\right] \tag{4-58}$$

$$Y=\frac{1}{2}\lambda\sum_{n=1}^{N}\alpha^{(n)}nD^{n-1}(\varepsilon_{kk})^{2}+\mu\sum_{n=1}^{N}\beta^{(n)}nD^{n-1}(\varepsilon_{ij})^{\alpha} \tag{4-59}$$

令

$$\left.\begin{aligned}M_{\lambda}(D)&=1-\sum_{n=1}^{N}\alpha^{(n)}D^{n}\\M_{\mu}(D)&=1-\sum_{n=1}^{N}\beta^{(n)}D^{n}\end{aligned}\right\} \tag{4-60}$$

并定义：

$$\left.\begin{aligned}\hat{\lambda}(D)&=\lambda M_{\lambda}(D)\\\hat{\mu}(D)&=\mu M_{\mu}(D)\end{aligned}\right\} \tag{4-61}$$

则有：

$$\sigma_{ij}=2\mu\varepsilon_{ij}M_{\mu}(D)+\lambda\varepsilon_{kk}\delta_{ij}M_{\lambda}(D)=2\hat{\mu}(D)\varepsilon_{ij}+\hat{\lambda}(D)\varepsilon_{kk}\delta_{ij} \tag{4-62}$$

$\hat{\lambda}(D)$ 和 $\hat{\mu}(D)$ 分别为受损后的有效 Lame 常数。上式表明，损伤对 λ、μ 有着不同的影响，因此采用双标量损伤模型来研究损伤对剪切变形的影响。

Benveniste 利用 Mori-Tanaka 方法考虑二维随机分布微裂纹相互作用影响的研究结果，有：

$$\mu' = \frac{1+\nu}{1+\nu+\pi\omega}\mu \tag{4-63}$$

$$E' = \frac{1}{1+\pi\omega}E \tag{4-64}$$

μ'、E' 表示等效剪切模量和等效拉伸模量；ω 为材料微裂纹密度参数，也是定义的损伤变量，为单位面积上微裂纹数目与平均半长平方的乘积。代入式(4-62)有：

$$M_{\lambda}(D) = \frac{(1+\nu)(1-2\nu)}{(1+\nu+\pi\omega)(1-2\nu+\pi\omega)} \tag{4-65}$$

$$M_{\mu}(D) = \frac{1+\nu}{1+\nu+\pi\omega} \tag{4-66}$$

μ、E 分别为初始无损条件下的剪切模量和拉伸模量。这里可以看出，所谓双标量损伤模型，归根到底是损伤变量 D 对不同的弹性参数产生的不同影响效果，不能简单地用同一个系数进行折减。

②双标量损伤模型参数之间的相关关系

前一节中，我们推导了单标量的损伤函数 $D = 1 - \exp\left[\frac{N}{e-2}(-e+e^{1-k^3}+k^3)\right]$，此单标量损伤变量 D 与双标量损伤参数通过式(4-64)产生联系，有：

$$E' = (1-D)E \tag{4-67}$$

$$\mu' = \frac{1+\nu}{1+\nu+\dfrac{D}{1-D}}\mu = \frac{E(1-D)}{1+2\nu+1-2\nu D} \tag{4-68}$$

E'、μ' 分别表示等效弹性模量与等效剪切模量。显然，当拉压损伤演化时，剪切损伤的演化还与泊松比的演化有关。Budiansky、Bernard 根据自洽理论导出圆形裂纹损伤的材料等效模量与等效泊松比之间存在以下关系：

$$\frac{E'}{E} = 1 - \frac{(\nu-\nu')(10-3\nu')}{10\nu-\nu'(1+3\nu)} \tag{4-69}$$

把上式写成本文损伤变量的形式，显然有：

$$D = \frac{(\nu-\nu')(10-3\nu')}{10\nu-\nu'(1+3\nu)} \tag{4-70}$$

可得隐式关系：

$$\nu = \frac{(10-3\nu')\nu' - D\nu'}{(1-D)(10-3\nu')} \tag{4-71}$$

为求解显示表达式，上式改写为：

$$(1-D)\nu = \nu' - \frac{D\nu'}{10-3\nu'} \tag{4-72}$$

又因为 $\frac{D\nu'}{10-3\nu'} \approx D(0.1174\nu' - 0.0015)$，则近似解为：

$$\nu' = \frac{(1-D)\nu - 0.0015D}{1-0.1174D} \tag{4-73}$$

上述近似解拟合示意见图 4-22。

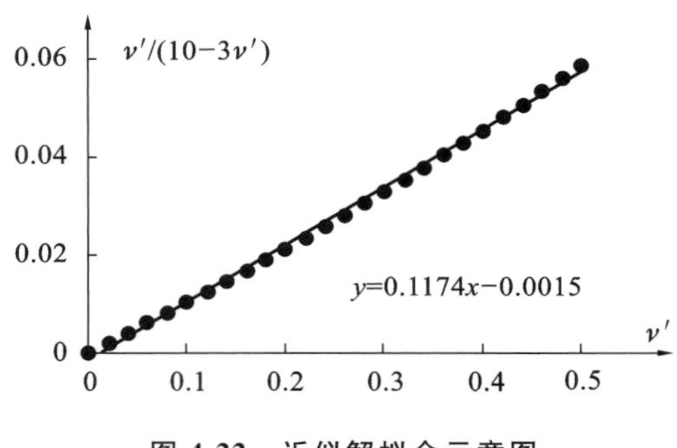

图 4-22　近似解拟合示意图

根据 Yu 的试验结果(图 4-23)，岩石泊松比常随拉伸应力的增加而降低，但在压缩条件下则相反，泊松比随压应力的增加而增加，甚至超过 0.5。显然式(4-73)规律与现有试验结果是基本吻合的。那么当考虑损伤过程的泊松比演化时，剪切模量 μ、弹性模量 E 随损伤变量的关系如图 4-24、图 4-25 所示。

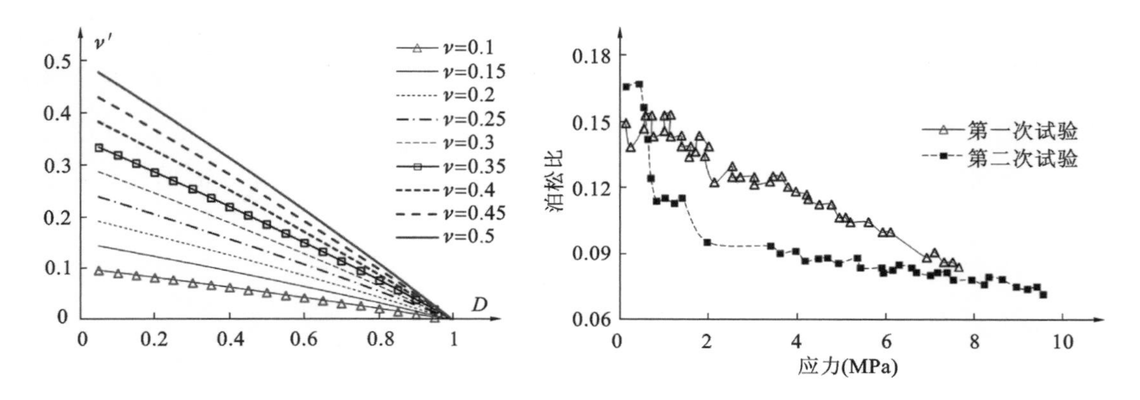

图 4-23　不同损伤程度下泊松比演化理论解与松树脚大理岩试验结果对比

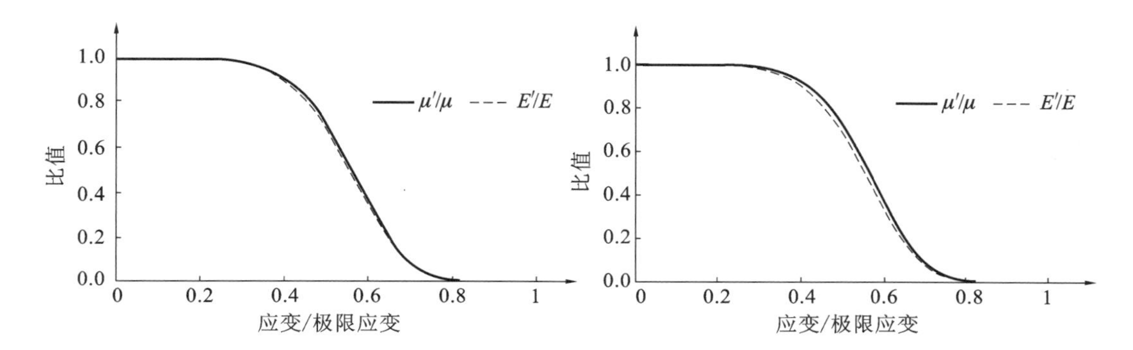

图 4-24 μ、E 与应变关系曲线(初始泊松比分别为左 0.2、右 0.4)

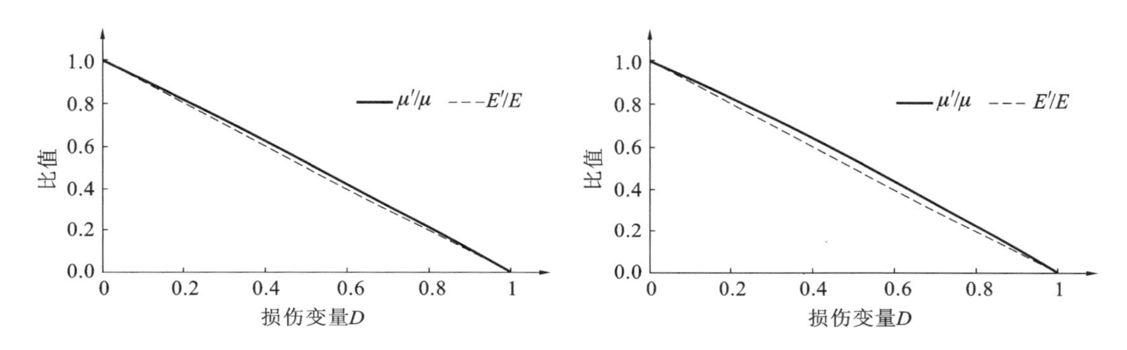

图 4-25 μ、E 与损伤变量关系曲线(初始泊松比分别为左 0.2、右 0.4)

Lekhnitskii 根据对 47 种横观各向同性岩石材料的试验结果,总体上讲,可以认为与各向同性平面垂直方向的剪切模量和其他弹性常数相独立,但其中 45 种岩石的该剪切模量与弹性模量之间大致存在如下关系:

$$\mu' = \frac{EE'}{E(1+2\nu)+E'} \tag{4-74}$$

同样,根据应变等效假设,将损伤弹模 $E' = E(1-D)$ 代入上式可化为:

$$\mu' = \frac{E(1-D)}{2+2\nu-D} \tag{4-75}$$

可见,Lekhnitskii 试验结果(图 4-26)与本文基于双标量的损伤模型推导结果在形式上极为接近,当泊松比越小,则差别越小。

如图 4-27 所示,由于 E' 由初始 E 随损伤累计变化而来,两者之间由损伤变量产生联系,并非完全独立,同时 μ' 也由损伤变量与 E 相联系。因此,基于统计损伤的弥散裂缝模型,并非完全意义上的横观各向同性模型,而是随着损伤累计由各向同性逐渐演化为横观各向同性,这一过程中,张拉损伤与剪切损伤各自发挥作用,又相互影响。

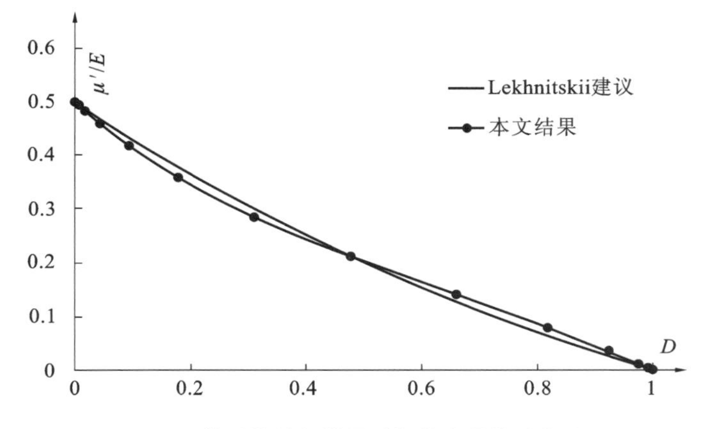

图 4-26　模型的剪切模量随损伤变量的演化关系

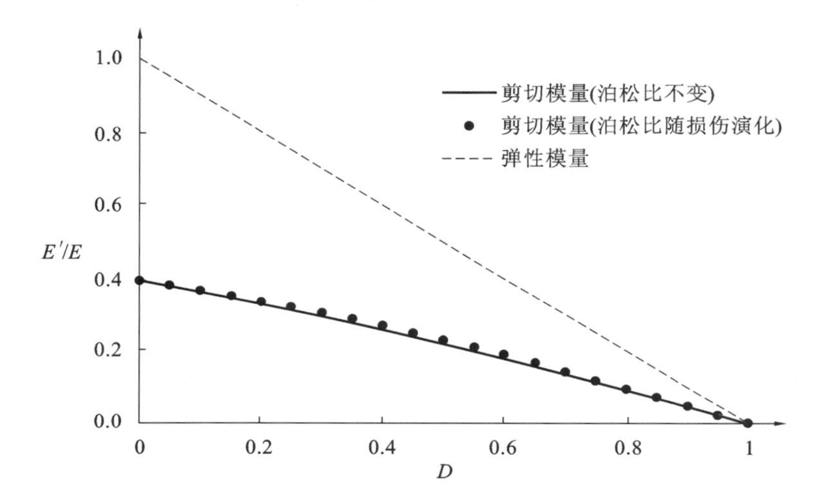

图 4-27　不同损伤程度下弹性模量与剪切模量的对应关系

同时根据 E'、μ'、ν' 的相互关系，可以得到：

$$\mu' = \frac{E'}{2(1+\nu') - 2D\nu'} \tag{4-76}$$

与初始无损阶段的 $\mu = \dfrac{E}{2(1+\nu)}$ 相比，多出了损伤影响项。

由于在不同损伤程度条件下，泊松比的演化对剪切模型的演化影响非常小，因此在考虑弹性模量与剪切模量随损伤演化的过程中，可以不考虑泊松比的演化影响。

前面考虑的是张拉损伤导致的弹性模量及剪切模量的演化，两者之间基本随应变增长同比例降低。实际上对于Ⅱ型裂纹的扩展，虽然宏观上由剪切起主导作用，但裂纹扩展仍遵循最大周向拉应力准则，细观机制上裂纹张开仍由张应力决定。因此，基于裂纹演化的损伤变量，对两种张拉和剪切破坏从本质上是一致的，两者的差别体现在泊松比的影响上。在材料完全断裂分离前，基于连续介质的理论分析时，由于泊松比的影响有限，可以认为损伤弹性模量与损伤剪切模量按同比例演化。据此，可以从前述由张拉主导的损伤演化推广到由剪切主导的损伤演化过程。

由于横观各向同性弹性模量与剪切模量的相关性，以及泊松比随损伤演化的不敏感性，可以推导剪切应变主导损伤演化时对拉伸模量的影响。

图 4-28 显示的是剪切损伤与张拉损伤对应关系。根据式(4-75)，定义剪切损伤变量为 D_u，则有：

$$\left.\begin{aligned} D_u &= \frac{D}{(1-D)(1+\nu)+D} \\ \mu &= (1-D_u)\mu \end{aligned}\right\} \tag{4-77}$$

由于张拉损伤与剪切损伤同随损伤系数变化，两者之间存在如下对应关系：

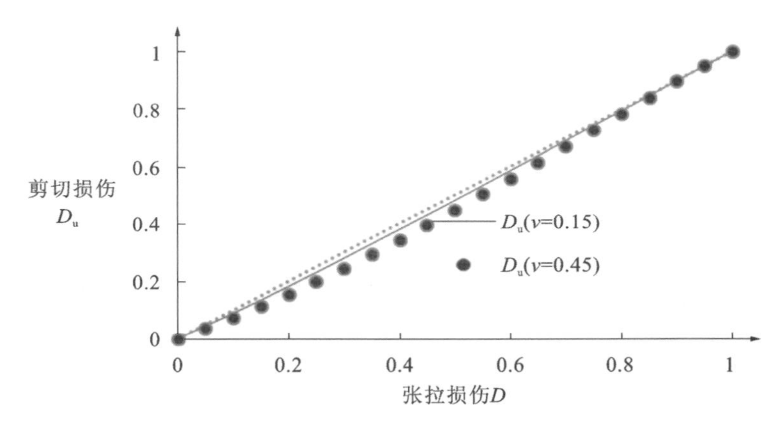

图 4-28　剪切损伤与张拉损伤对应关系

显然，D_u 与 D 接近相等。由于以上损伤变量均基于应变等效推导而来，那么显然张拉损伤方程同样适用于由剪切主导的损伤演化。也就是在张剪状态下，两者的演化是等效的。那么当裂纹尖端单元达到其抗拉强度时，其剪切强度必然同时达到剪切残余。

③一点应变状态及裂缝要素的应变描述

确定裂缝的方位、倾角、开度这几个要素，需要根据单元应变状态求解。根据前面的假设，裂缝张开方向为裂纹尖端张拉主应变方向，裂缝开度由最大张拉应变方向的损伤变量确定。下面我们给出这几个要素的求解公式，供编程时采用。

约定应变以拉为正，为与岩石力学最大压应力为 σ_1 的约定一致，约定 $\varepsilon_1 < \varepsilon_2 < \varepsilon_3$，已知应变张量为不变量：

$$\left.\begin{aligned}
I'_1 &= \varepsilon_{11} + \varepsilon_{22} + \varepsilon_{33} = \varepsilon_1 + \varepsilon_2 + \varepsilon_3 \\
I'_2 &= -\varepsilon_{22}\varepsilon_{33} - \varepsilon_{11}\varepsilon_{33} - \varepsilon_{11}\varepsilon_{22} + \varepsilon_{23}^2 + \varepsilon_{13}^2 + \varepsilon_{12}^2 = -\varepsilon_1\varepsilon_2 - \varepsilon_2\varepsilon_3 - \varepsilon_3\varepsilon_1 \\
I'_3 &= \varepsilon_{11}\varepsilon_{22}\varepsilon_{33} + 2\varepsilon_{12}\varepsilon_{23}\varepsilon_{13} - \varepsilon_{11}\varepsilon_{23}^2 - \varepsilon_{22}\varepsilon_{13}^2 - \varepsilon_{33}\varepsilon_{12}^2 = \varepsilon_1\varepsilon_2\varepsilon_3
\end{aligned}\right\} \tag{4-78}$$

这里双下标 11、22、33 分别代表 x、y、z，单下标 1、2、3 则代表三个主应变。平均正应变表示为：

$$\varepsilon_m = \frac{1}{3}(\varepsilon_{11} + \varepsilon_{22} + \varepsilon_{33}) = \frac{1}{3}I'_1 \tag{4-79}$$

应变偏量定义为：

$$e_{ij} = \varepsilon_{ij} - \varepsilon_m \delta_{ij} \tag{4-80}$$

则应变偏量不变量为：

$$\left.\begin{aligned}
J'_1 &= e_{11} + e_{22} + e_{33} = 0 \\
J'_2 &= -e_{22}e_{33} - e_{11}e_{33} - e_{11}e_{22} + e_{23}^2 + e_{13}^2 + e_{12}^2 = -e_1e_2 - e_2e_3 - e_1e_3 \\
J'_3 &= e_{11}e_{22}e_{33} + e_{12}e_{23}e_{13} - e_{11}e_{23}^2 - e_{22}e_{13}^2 - \varepsilon_{33}e_{12}^2 = e_1e_2e_3
\end{aligned}\right\} \tag{4-81}$$

则任一应变偏张量特征方程：

$$e^3 - J'_1e^2 - J'_2e - J'_3 = 0 \tag{4-82}$$

有三个实根，假设：

$$e = -m\cos\omega \tag{4-83}$$

m、ω 为待定常数。代入式(4-82)，并根据应变偏量第一不变量性质，有：

$$\frac{m^3}{4}\left(4\cos^3\omega - \frac{4J'_2}{m^2}\cos\omega\right) = -J'_3 \tag{4-84}$$

令 $\dfrac{4\mid J'_2\mid}{m^2} = 3$，取 $m = \dfrac{2}{\sqrt{3}}\sqrt{\mid J'_2\mid}$，即：

$$\cos^3\omega = -\frac{3\sqrt{3}}{2}\frac{J'_3}{\mid J'_2\mid\sqrt{\mid J'_2\mid}} \tag{4-85}$$

由于 $\cos^3\omega = \cos\left[3\left(\omega + \dfrac{2k\pi}{3}\right)\right]$，当 $k = 0$、1、2 时，取得三个主值，按 $e_1 \leqslant e_2 \leqslant e_3$ 排列，有：

$$\left.\begin{aligned} e_1 &= -\frac{2}{\sqrt{3}}\sqrt{|J'_2|}\cos\omega \\ e_2 &= \frac{2}{\sqrt{3}}\sqrt{|J'_2|}\cos\left(\omega+\frac{\pi}{3}\right) \\ e_3 &= \frac{2}{\sqrt{3}}\sqrt{|J'_2|}\cos\left(\omega-\frac{\pi}{3}\right) \end{aligned}\right\} \tag{4-86}$$

其中，$\omega = \frac{1}{3}\arccos\left(-\frac{3\sqrt{3}}{2}\frac{J'_3}{|J'_2|\sqrt{|J'_2|}}\right)$。

那么,最大拉应变的值为：

$$\varepsilon_3 = e_3 + \frac{I'_1}{3} \tag{4-87}$$

根据式(4-87)即可求解张拉损伤变量。

下面推导主拉应变方向矢量。由式(4-79)、式(4-80)、式(4-86)可得：

$$\left.\begin{aligned} \varepsilon_1 &= -\frac{2}{\sqrt{3}}\sqrt{|J'_2|}\cos\omega + \frac{I'_1}{3} \\ \varepsilon_2 &= \frac{2}{\sqrt{3}}\sqrt{|J'_2|}\cos\left(\omega+\frac{\pi}{3}\right) + \frac{I'_1}{3} \\ \varepsilon_3 &= \frac{2}{\sqrt{3}}\sqrt{|J'_2|}\cos\left(\omega-\frac{\pi}{3}\right) + \frac{I'_1}{3} \end{aligned}\right\} \tag{4-88}$$

假设主应变的方向余弦分别为 l_i、m_i、n_i($i=1,2,3$)，则有：

$$\left.\begin{aligned} (\varepsilon_{11}-\varepsilon_i)l_i + \varepsilon_{12}m_i + \varepsilon_{13}n_i &= 0 \\ \varepsilon_{21}l_i + (\varepsilon_{22}-\varepsilon_i)m_i + \varepsilon_{23}n_i &= 0 \\ \varepsilon_{31}l_i + \varepsilon_{32}m_i + (\varepsilon_{33}-\varepsilon_i)n_i &= 0 \end{aligned}\right\} \tag{4-89}$$

上式中只有两个方程相互独立,联立：

$$l^2 + m^2 + n^2 = 1 \tag{4-90}$$

可以解得：

$$\left.\begin{aligned} l_i &= \frac{1}{\sqrt{1+\left[\frac{\varepsilon_{13}\varepsilon_{23}-\varepsilon_{12}(\varepsilon_{33}-\varepsilon_i)}{(\varepsilon_{22}-\varepsilon_i)(\varepsilon_{33}-\varepsilon_i)-\varepsilon_{23}^2}\right]^2+\left[\frac{\varepsilon_{12}^2-(\varepsilon_{11}-\varepsilon_i)(\varepsilon_{22}-\varepsilon_i)}{\varepsilon_{13}(\varepsilon_{22}-\varepsilon_i)-\varepsilon_{12}\varepsilon_{23}}\right]^2}} \\ m_i &= \frac{\varepsilon_{13}\varepsilon_{23}-\varepsilon_{12}(\varepsilon_{33}-\varepsilon_i)}{(\varepsilon_{22}-\varepsilon_i)(\varepsilon_{33}-\varepsilon_i)-\varepsilon_{23}^2}l_i \\ n_i &= \frac{\varepsilon_{12}^2-(\varepsilon_{11}-\varepsilon_i)(\varepsilon_{22}-\varepsilon_i)}{\varepsilon_{13}(\varepsilon_{22}-\varepsilon_i)-\varepsilon_{12}\varepsilon_{23}}l_i \end{aligned}\right\} \tag{4-91}$$

最大拉应变矢量的法平面倾向、倾角通过下式求解：

$$\text{倾向} = \begin{cases} \arctan(l_3/m_3), m_3 > 0 \\ \pi + \arctan(l_3/m_3), m_3 < 0 \\ \pi/2, m_3 = 0 \end{cases} \tag{4-92}$$

$$\text{倾角} = \begin{cases} \dfrac{\pi}{2} - \arcsin(n_3), n_3 > 0 \\ \dfrac{\pi}{2} + \arcsin(n_3), n_3 < 0 \\ \dfrac{\pi}{2}, n_3 = 0 \end{cases} \tag{4-93}$$

方位角以 y 轴为零度方向。至此，旋转裂缝模型的基本要素全部解出。

④旋转裂缝模型本构关系

考察材料拉伸破坏的断裂面一般呈平面形状，破坏后的材料带有明显的横观各向同性特征。因此，这里用横观各向同性损伤模型来研究岩石拉伸断裂。图 4-29 所示为弥散裂缝模型的三维受力示意图。假定单元所受最大拉力为 σ_{11}，根据应变等效假设，则 σ_{11} 方向弹性模量 E 及 σ_{11} 作用面上的剪切模量随着损伤累计而逐渐降低。

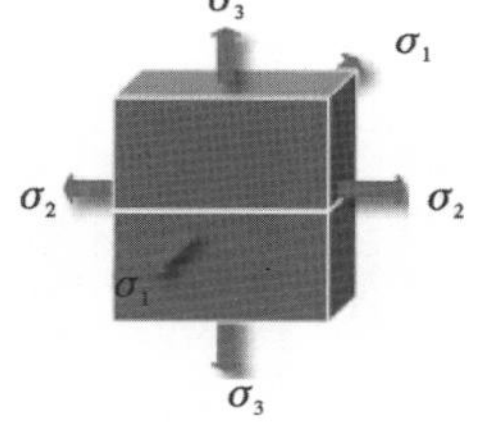

图 4-29　弥散裂缝模型的三维受力示意图

根据广义胡克定律[148]：

$$\sigma_{ij} = 2\mu\varepsilon_{ij} + \lambda\varepsilon_{kk}\delta_{ij} \tag{4-94}$$

μ、λ 为拉梅常数，在开裂方向上引入损伤变量来模拟开裂引起的软化，则可以得出基于横观各向同性弥散裂缝模型的本构关系：

$$\begin{Bmatrix} \varepsilon_{11} \\ \varepsilon_{22} \\ \varepsilon_{33} \\ 2\varepsilon_{12} \\ 2\varepsilon_{13} \\ 2\varepsilon_{23} \end{Bmatrix} = \begin{bmatrix} \dfrac{1}{E} & -\dfrac{\nu}{E} & -\dfrac{\nu'}{E'} & & & \\ -\dfrac{\nu}{E} & \dfrac{1}{E} & -\dfrac{\nu'}{E'} & & & \\ -\dfrac{\nu'}{E'} & -\dfrac{\nu'}{E'} & \dfrac{1}{E} & & & \\ & & & \dfrac{1}{\mu} & & \\ & & & & \dfrac{1}{\mu'} & \\ & & & & & \dfrac{1}{\mu'} \end{bmatrix} \begin{Bmatrix} \sigma_{11} \\ \sigma_{22} \\ \sigma_{33} \\ \sigma_{12} \\ \sigma_{13} \\ \sigma_{23} \end{Bmatrix} \tag{4-95}$$

其中，E 为各向同性平面上的弹性模量；E' 为与各向同性平面垂直方向的弹性模量；μ 为各向同性平面上的剪切模量，且有 $\mu = \dfrac{E}{2(1+\nu)}$；$\mu'$ 为与各向同性平面垂直方向的剪切模量，根据上节各弹性参数与损伤变量之间的演化关系，式(4-95)可以完整写成：

$$\begin{Bmatrix} \varepsilon_{11} \\ \varepsilon_{22} \\ \varepsilon_{33} \\ 2\varepsilon_{12} \\ 2\varepsilon_{13} \\ 2\varepsilon_{23} \end{Bmatrix} = \begin{bmatrix} \dfrac{1}{E} & -\dfrac{\nu}{E} & -A & & & \\ -\dfrac{\nu}{E} & \dfrac{1}{E} & -A & & & \\ -A & -A & \dfrac{1}{E} & & & \\ & & & \dfrac{1}{\mu} & & \\ & & & & B & \\ & & & & & B \end{bmatrix} \begin{Bmatrix} \sigma_{11} \\ \sigma_{22} \\ \sigma_{33} \\ \sigma_{12} \\ \sigma_{13} \\ \sigma_{23} \end{Bmatrix} \tag{4-96}$$

其中，$A = \dfrac{(1-D)\nu - 0.0015D}{(1-0.1174D)(1-D)E}$；$B = \dfrac{1}{2(1-D)E} + 2(1-D)A$。

根据上节论述，固定裂缝模型在单元开裂后，开裂方向即不再改变，由于考虑沿裂缝面剪切剩余刚度的影响，进入应变软化阶段后一点的材料主轴往往发生偏转，因此固定裂缝模型的假设与实际情况不尽相符。旋转裂缝模型假设一点发生裂缝的方向始终与当前应力(或应变)方向一致，该模型最早由 Cope 等提出。周元德将钝断裂带模型扩展为三维旋转裂缝模型，并推导了相应的三维软化本构关系。Li、Y-J 研究了旋转裂缝模型在典型断裂力学问题中的表现，认为在混凝土结构非线性分析方面具有广阔的应用前景，对Ⅰ型裂纹的线弹性断裂力学极限分析是合适的，但在斜向网格情况下，开裂方向出现偏离，模型可以准确预测小尺度的混凝土结构的峰值荷载，对大尺度的混凝土结构的线弹性断裂力学解答也能较好吻合。

本文模型实现旋转裂缝模型只需对横观各向同性模型的各向同性面的方向进行调整即可实现，具体算法流程框图见图 4-30。

(3)算例验证

这里采用 Nooru-Mohamed 的测试结果验证本文模型的计算结果。图 4-31 为试件的几何尺寸，试件尺寸 200mm×200mm，厚 50mm，双凹口试件放在特制的试验台架上通过位移控制剪切和张拉混合加载方式。试件沿缺口边沿底部

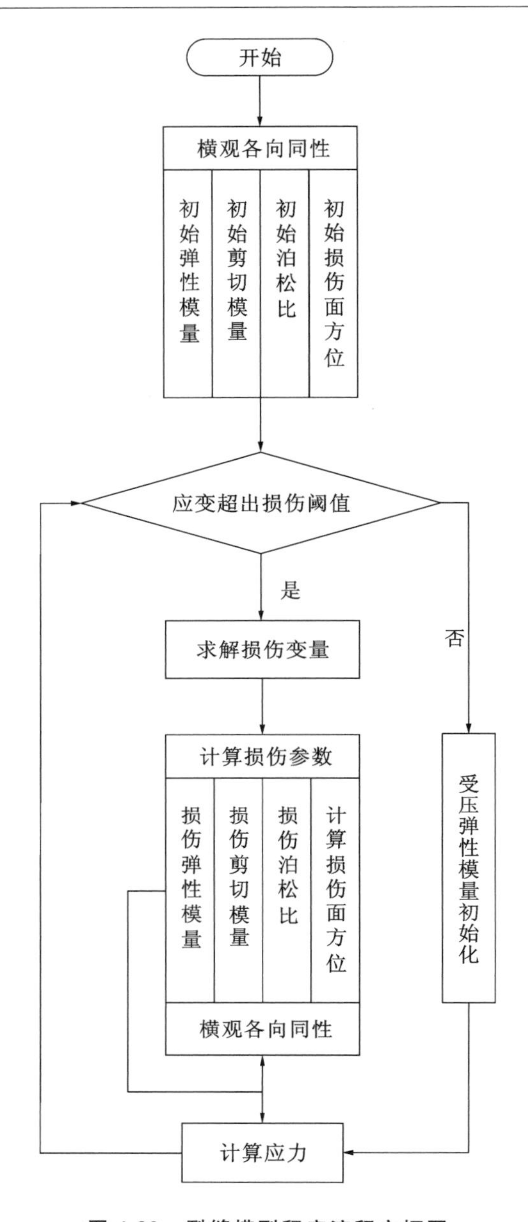

图 4-30　裂缝模型程序流程方框图

和右边及上部和左边采用支撑保护，剪力 P_s 沿左边框架加载，张拉力 U 加载在顶部。框架黏结在试件上，点 M-M'、N-N'用来监测垂直位移。水平位移由试件上半部分右边沿与下半部分左边沿的记录点监测。试验最受关注的加载方案(图 4-32)有三种，分别为方案 3b、4a 和 4b。加载方案分别是：3b 试件先垂直压缩加载直至位移达到 0.2mm，卸载至零然后重新加载至 1kN 压力，然后施加剪力 P_s；4a 保持顶部压力为零，试件先加载剪力 P_s 至 5kN，然后顶部向上张拉；4b 保持顶部压力为零，试件先加载剪力 P_s 至 10kN，然后顶部向上张拉。

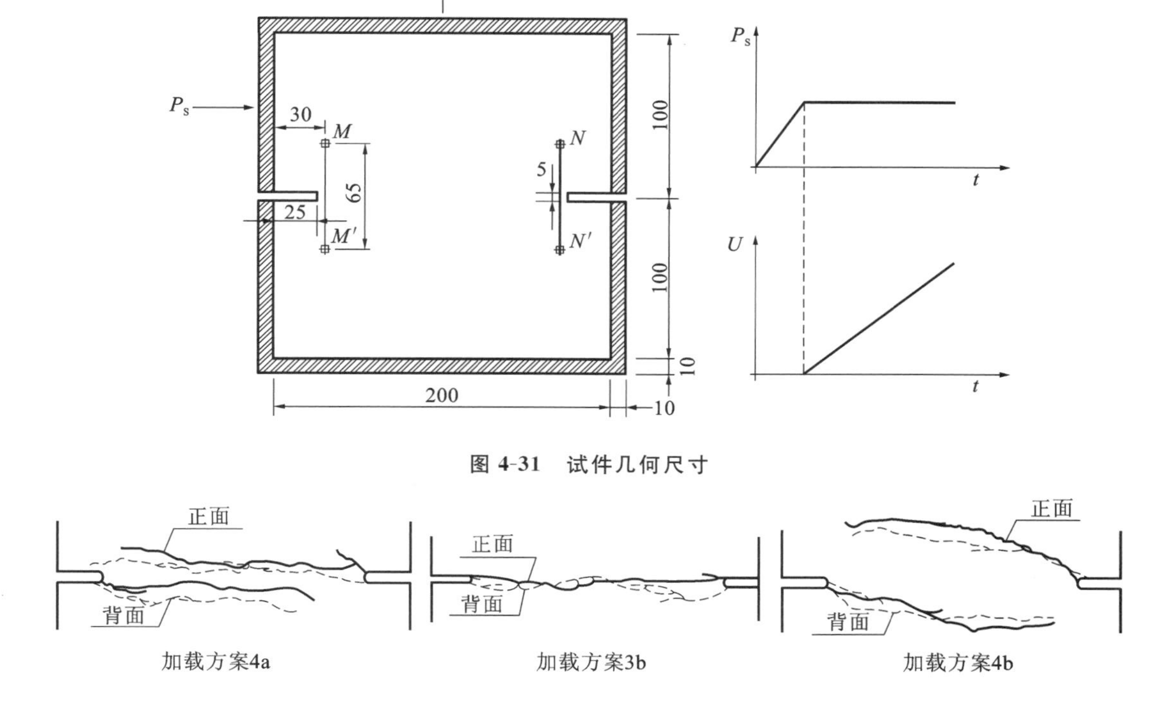

图 4-31 试件几何尺寸

图 4-32 加载方案 3b、4a 和 4b 裂纹扩展路径试验结果

其中，4a 和 4b 方案被多篇文献引用作为经典例题，本文也引用 3b、4a 和 4b 方案进行验证对比。

①3b 方案模拟结果(图 4-33)

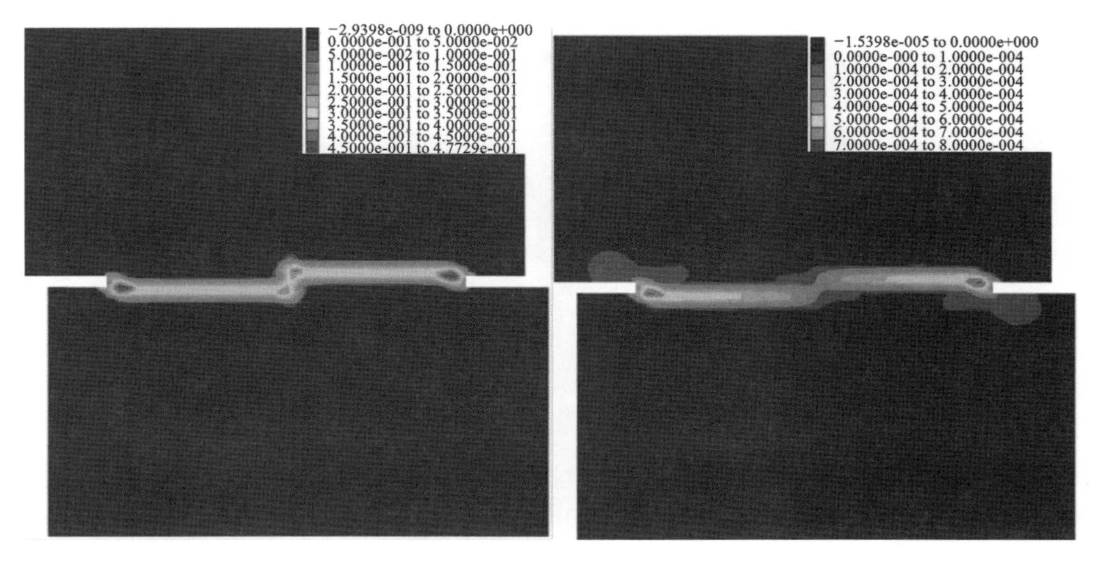

图 4-33 加载方案 3b 裂纹扩展路径模拟结果(左为损伤变量，右为剪切应变)

②4a 方案模拟结果(图 4-34)

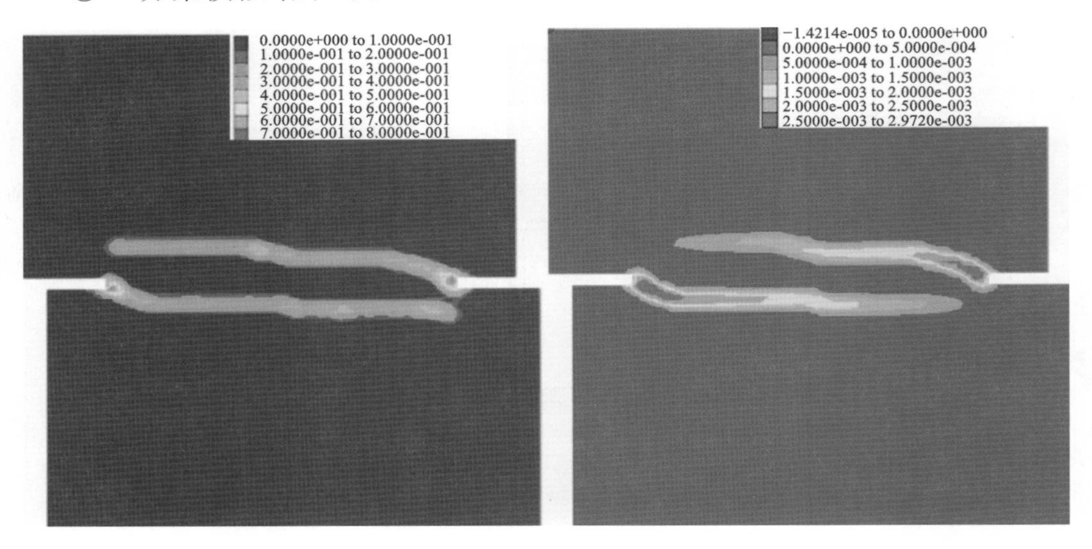

图 4-34　加载方案 4a 裂纹扩展路径模拟结果(左为损伤变量,右为剪切应变)

③4b 方案模拟结果(图 4-35)

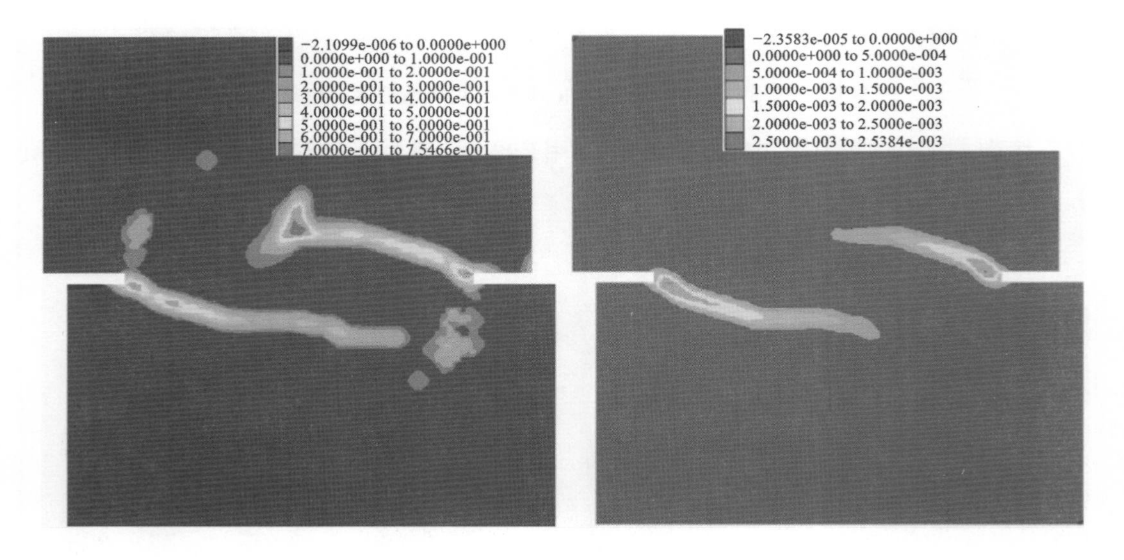

图 4-35　加载方案 4b 裂纹扩展路径模拟结果(左为损伤变量,右为剪切应变)

三种方案对比见图 4-36。

模拟结果显示,计算裂纹扩展路径与试验结果基本吻合。同时,由于张拉损伤与剪切损伤的相关性,张拉软化带同时也是剪切应变集中的区域。本例中在张-剪应力复合作用下,裂纹尖端在扩展过程中只有扩展路径上的单个单元发生软化变形,代表裂纹扩展路径,断裂带以外单元基本保持原来形状,意味着

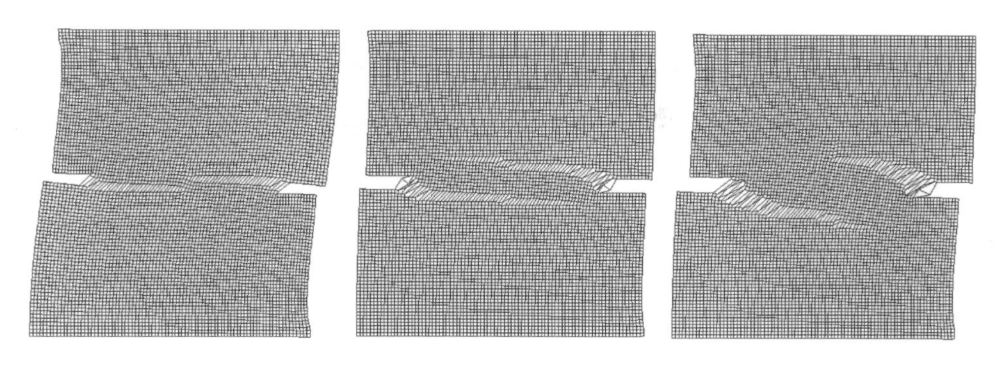

图 4-36 三种加载方案下网格变形示意图(变形放大 500 倍)

在裂纹上、下面均完成了应力解除,不会在裂纹扩展路径上出现大片塑性区。

④裂纹局部化扩展条件

付金伟、朱维申发展了一种将破损单元的刚度和强度特性退化来模拟裂纹扩展的方法,并取得了成功。实现方法非常简单,即引入理想弹脆性模型(图 4-37),在单元达到其强度的同时,使其强度参数及弹性参数退化为残余状态。但是,对于裂纹扩展来说,并不是理想弹脆性材料特有的现象,此模型无法解释准脆性材料,甚至无法解释一些具有软化特性的材料中出现的裂纹扩展现象。这里利用本文理论论述裂纹局部化扩展条件。

前面推导了材料在受拉条件下,弹性模量 E、泊松比 ν、剪切模量 μ 随损伤变量的演化关系,说明张拉损伤导致其剪切同步损伤,当张拉破裂时,其剪切强度必然同步降低为残余强度。那么显然,在裂纹尖端单元受拉破坏时,其剪切强度也必然同时进入残余阶段,即张拉破裂-剪切残余这一过程,刚好与理想弹脆性材料的力学模型受拉破坏导致的剪切强度残余过程相一致,此条件下就将出现上述裂纹扩展条件。

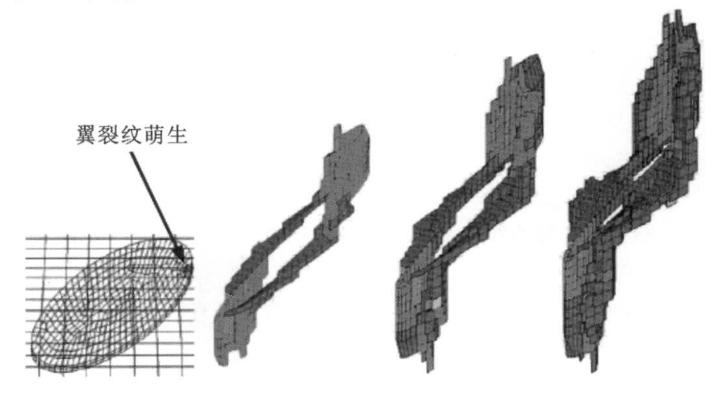

图 4-37 理想弹脆性模型模拟的裂纹扩展效果

4.2.2 裂隙岩体加/卸载的数值模拟方法

4.2.2.1 裂隙岩体加/卸载的数值模拟方法概述

(1)随机裂隙岩体数值试件生成

根据结构面分布的统计结果,用 Monte-Carlo 方法产生一系列满足结构面统计分布规律的随机数,用这些随机数等效替代结构面的几何参数(如倾角、倾向、间距、迹长、隙宽等),生成与原岩体等效的结构面网络图。对岩体节理的描述,主要是由中心点坐标(x_0,y_0)、迹线长度 l、倾角 θ 三个参数确定的,节理迹线端点坐标为:

$$\left.\begin{aligned} x &= x_0 \pm (l/2) \times \cos\theta \\ y &= y_0 \pm (l/2) \times \sin\theta \end{aligned}\right\} \tag{4-97}$$

在选定的模拟区域内,岩体结构面迹线中心点坐标(x_0,y_0)的空间分布服从泊松分布。

节理单元采用等效实体单元模拟,参数由单个节理的现场剪切试验确定。在二维条件下,其产状由方位角 α 唯一确定。α 定义为自 x 轴逆时针旋转至迹线的角度,其大小为结构面倾角在模拟剖面方向的视倾角。假定岩体结构面迹线的长度服从正态分布,在选定的模拟区域内,岩体结构面节理条数由模拟区域面积及单位面积条数确定。结构面采用实体单元,生成的准三维网格如图 4-38所示。

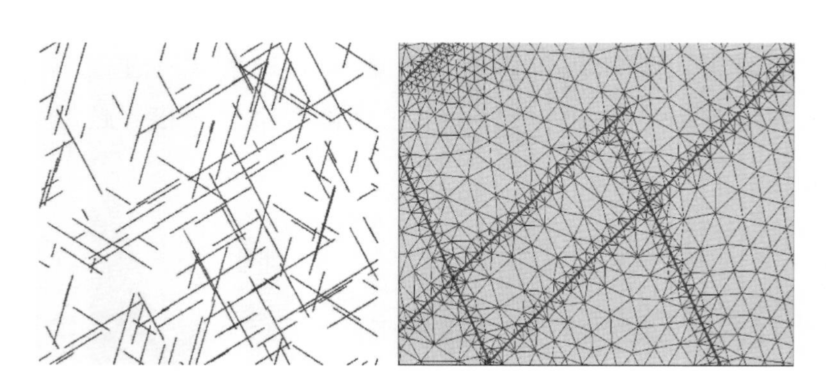

图 4-38 随机裂隙网络及局部网格剖分(10m×10m,共 3 组裂隙)

岩石单元力学参数均采用实验室力学参数,裂隙单元参数采用现场节理面的剪切强度参数。

对生成的试件分别进行单轴压缩、单轴循环加载、有围压条件下的压缩、卸围压试验，对比分析在各种应力路径下的破坏模式及变形特征，试验均采用同一数值试件，材料参数均相同，仅加/卸载路径不同。

(2)裂隙岩体特征单元尺度

Bear在对土体中的渗流进行分析时，首先提出了*REV*的概念。*REV*是土体相关特性趋于基本稳定时的土体最小体积，而当土体的体积小于*REV*时，其力学性质随体积的变化而不同，表现出随机波动特性。可见，*REV*反映了介质力学行为的尺寸效应。在实际工程中，由于土体的*REV*一般很小，一般将土体视为等效连续介质处理，采用经典的连续介质力学分析方法就可以较好地解决土体力学问题。而且，由于试验中土体试样尺寸一般大于土体的*REV*，因而可以直接由试验确定土体的力学参数。对于裂隙岩体而言，由于裂隙规模与分布规律的多样性，其*REV*的研究要复杂得多。裂隙岩体*REV*的尺寸一般较大，岩体力学性质随岩体体积变化的波动非常明显，尺寸效应显著，通过随机裂隙岩体数值试验的方法确定裂隙岩体的*REV*特性是一个可行的方法。根据这一原理，对大岗山水电站右岸裂隙岩体建立数值模型计算，获得边坡岩体强度极限与试件尺寸的关系，可参见4-39。

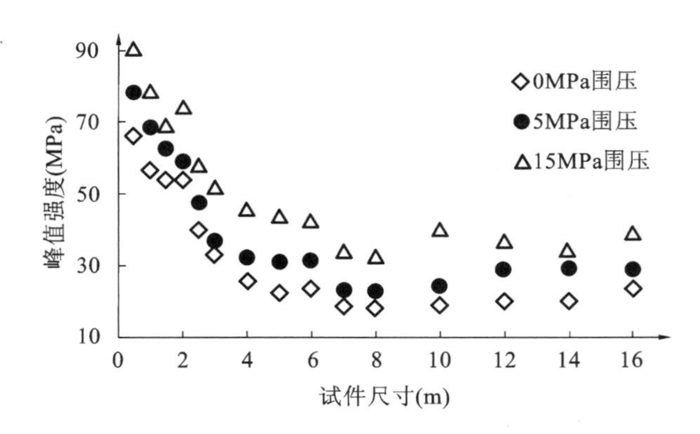

图4-39　试件尺寸增加与峰值强度降低关系曲线

计算成果表明边坡裂隙岩体特征的最小尺度为7m，因此对边坡岩体数值加/卸载试验的模型尺寸必须大于7m。

(3)数值加载试验结果分析

加载试验方案：方案1单轴压缩；方案2定围压0.5MPa轴向压缩。

典型裂隙岩体数值加载宏观应力-应变曲线如图4-40所示，具有明显的应变软化特性。加载曲线分为裂隙压密阶段、弹性阶段、强化阶段、软化阶段及残余阶段。方案1和方案2破坏模式分别如图4-41、图4-42所示。岩体破坏过程均以节理面滑移开始，随后从裂纹尖端出现张拉翼裂纹，裂纹面转为剪切滑移，裂纹扩展方向以主应力方向为主导，后期受相互作用影响。单轴压缩与有围压的压缩试验，裂纹的扩展模式存在较大差别，表现在单轴压缩时，两边无约束区域裂纹以张拉扩展为主，而中间裂纹以剪切扩展为主，呈 X 形分布。有围压的加载过程仅在局部存在张拉扩展区域。

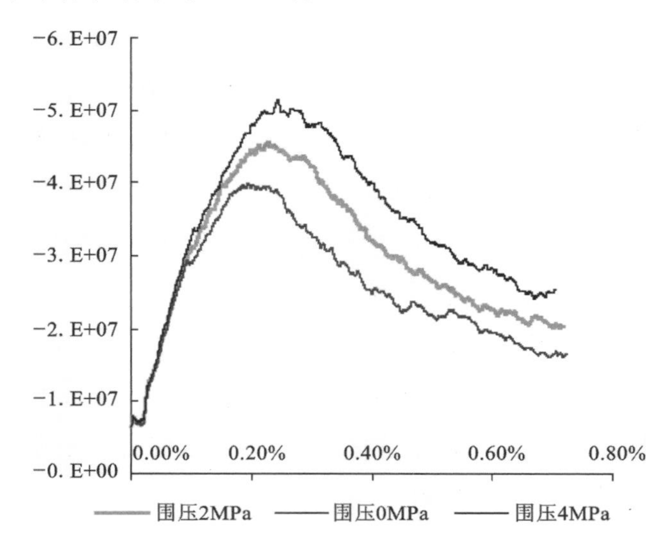

图 4-40 典型裂隙岩体数值加载宏观应力-应变曲线

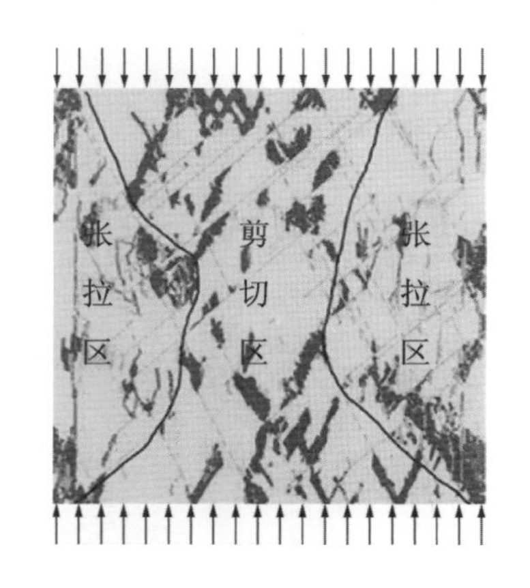

图 4-41 方案 1 张拉-剪切破坏模式

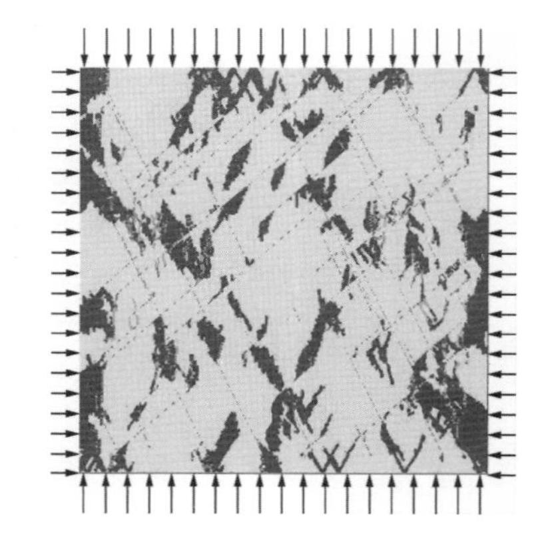

图 4-42 方案 2 剪切-局部张拉破坏模式

注：为彩色图片时，绿色表示张拉破坏，红色表示剪切破坏。

(4)数值卸载试验结果分析

卸载试验方案：方案 3 以轴向位移控制单轴循环加/卸载，每增加 200 微应变进行一次卸载、加载循环；方案 4 先加载围压至 0.5MPa，然后加载轴压至轴向应变，每增加 500 微应变，保持轴压不变，卸围压至零。

单轴循环加/卸载模型中裂纹尖端几乎全为张拉扩展。而卸围压试验中，岩体内出现大量张拉、剪切扩展模式，且相互伴生，无明显主导方式。裂纹既可能沿节理尖端发育，也可能在节理中间发育，岩体内部产生大量与最大主应力方向平行的张拉裂纹，如图 4-43、图 4-44 所示。

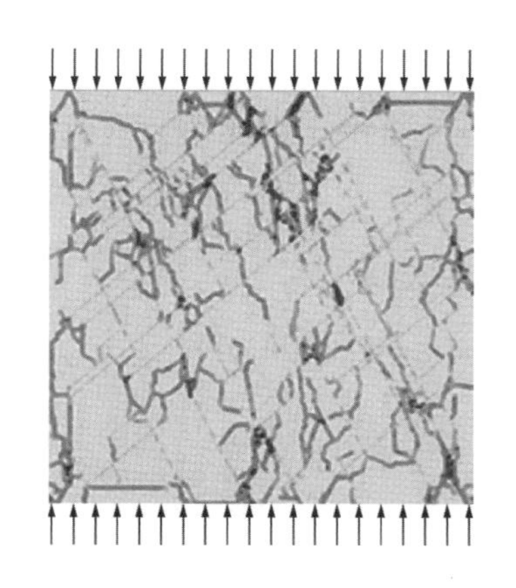

图 4-43 单轴循环加/卸载张拉破坏模式

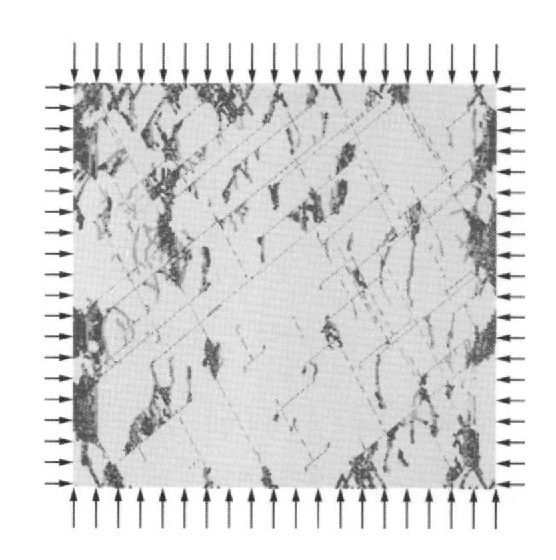

图 4-44 定轴压卸围压张-剪复合破坏模式

卸围压横向变形包括裂隙张开变形，工程变形监测中的位移值包括岩石的应变与裂隙张开变形两部分，在计算岩体变形参数时应考虑与工程实际的一致性，因此变形模量采用卸载方向的应力增量与等效应变增量来计算，同时考虑轴向应力的影响。假设 $\sigma_1 \geqslant \sigma_2 = \sigma_3$，根据胡克定律有：

$$\varepsilon_3 = \frac{1}{E}[\sigma_3 - \mu(\sigma_1 + \sigma_3)] \tag{4-98a}$$

$$\varepsilon_1 = \frac{1}{E}(\sigma_1 - 2\mu\sigma_3) \tag{4-98b}$$

将式(4-98b)中的 E 求出代入式(4-98a)中可得：

$$\mu = \frac{\sigma_3 - \sigma_1 \dfrac{\varepsilon_3}{\varepsilon_1}}{\sigma_1 + \sigma_3 - 2\sigma_3 \dfrac{\varepsilon_3}{\varepsilon_1}} \tag{4-99}$$

上式代入式(4-98a)或式(4-98b)可求得卸载方向的弹性模量。

岩体轴压不变，卸围压时弹性模量、泊松系数演化如图 4-45 所示。

卸载过程中，变形模量随围压的卸载非线性逐渐降低，规律与试验结果一致。

据李宏哲、夏才初、闫子舰等对锦屏大理岩进行常规加载和卸载破坏试验所得的结论，加/卸载两种破坏方式的主要区别在于：卸载条件下的 c 值比加载条件下的 c 值低 14%，卸载条件下的 φ 值比加载条件下的 φ 值高 23%。黄润秋通过模型试验获得裂隙岩体卸荷破坏过程的几个基本规律：①单裂隙岩体峰

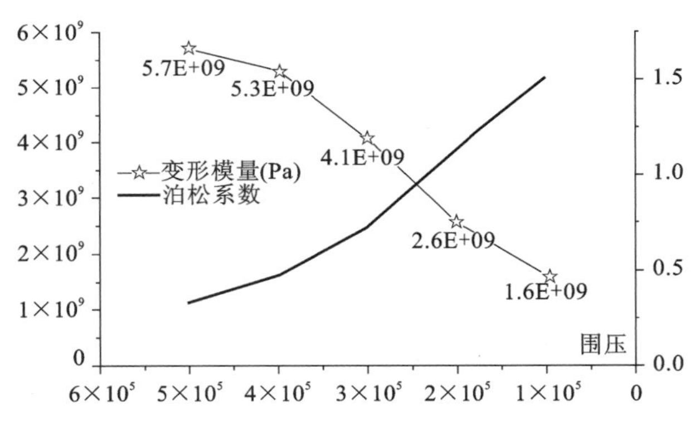

图 4-45 岩体轴压不变，卸围压时弹性模量、泊松系数演化

值破坏强度随裂隙与卸荷方向夹角的增大而减小；②裂隙扩展具有阶段性和突发性；③陡倾角裂隙为张拉扩展，中倾角裂隙为剪切或拉剪复合扩展，缓倾角裂隙一般为拉剪复合扩展；④地应力越高的环境中的卸荷岩体破坏时裂隙扩展越剧烈，岩体破坏程度越高。

图 4-46 中卸载过程对应的应力状态显示，显然此时岩体并未达到加载过程的强度条件，但由于裂隙扩展，最小主应力方向变形强烈增长。

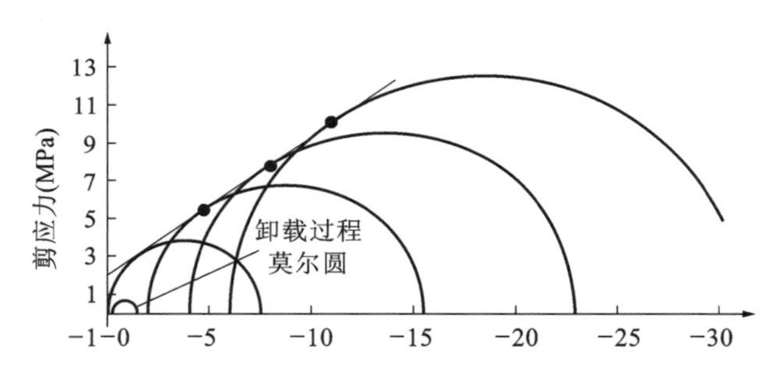

图 4-46 卸载过程的应力莫尔圆

模拟结果表明：卸荷过程中，岩体变形模量随围压卸荷而逐渐减小，卸荷初期泊松比随围压减小而逐渐增加，当应力差达到岩石屈服强度时，泊松比增长突然加速。

4.2.2.2 获得裂隙岩体等效力学参数的工作流程

在现场地质调查、室内试验、现场试验工作的基础上，研究者们建立了含随机裂隙网络的岩体精细数值模型，采用岩石实验室参数及裂隙的现场试验参数进行计算，确定岩体特征单元尺度，同时评估岩体的各向异性的影响。在确定开挖过程地应力卸荷水平的基础上进行裂隙岩体加/卸载数值试验，获得强度条件及响应参数、卸荷变形参数，工作流程如图 4-47 所示。

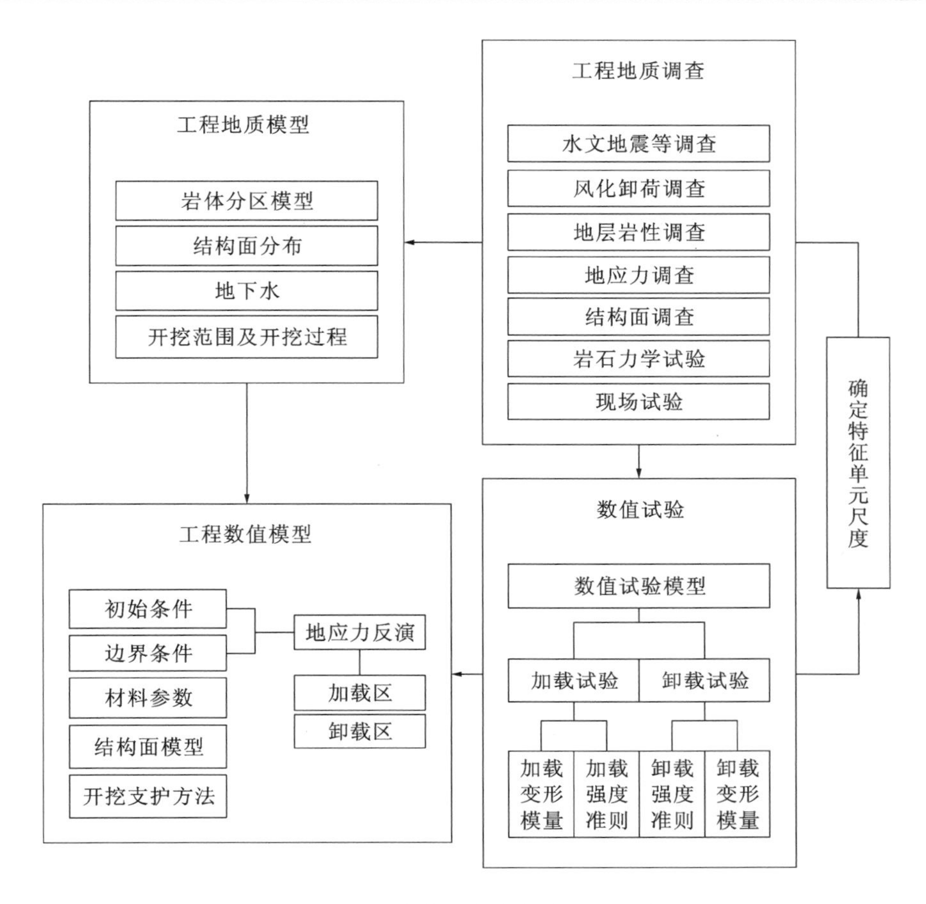

图 4-47 确定裂隙岩体力学参数的数值方法流程图

4.2.2.3 数值方法求解裂隙岩体力学参数的效果验证

根据大岗山水电站坝址区卸荷发育程度，可划分出强、弱卸荷带。左右岸边坡Ⅴ级结构面的统计规律归纳见表 4-3～表 4-5。

表 4-3 坝区节理裂隙产状特征统计表(迹长统计特征)

迹长(m)	0.4～1.0	1.0～3.0	3.0～5.0	>5.0
百分比(%)	37	58	3	2

表 4-4 坝区节理裂隙产状特征统计表(产状统计表)

组数	优势产状	密度(%)
1	194°∠3°	4～5
2	177°∠81°	3～4
3	288°∠63°	3～4
4	254°∠65°	2.5～3.5
5	77°∠35°	2～3

表 4-5　坝区节理裂隙产状特征统计表(间距统计特征)

平均间距(m)	所占比例(%)
<0.1	15.1
0.1～0.2	16.6
0.2～0.4	35.4
0.4～0.6	16.4
0.6～0.8	8.4
>0.8	8.2

(1)计算参数取值

边坡岩石块体的力学参数由室内试验获得，节理裂隙的参数由现场试验获得(据成都勘察设计研究院试验成果)。岩块参数取各风化带样品室内的试验结果，结构面参数取各卸荷带内的现场试验值。岩块、结构面参数取值如表 4-6 所示。

表 4-6　岩块、结构面参数取值

风化特征		全　强	弱风化上段		弱风化下段		微新
卸荷特征		强	强	弱	强	弱	
工程岩体分类		Ⅴ	Ⅳ	Ⅳ	Ⅳ	Ⅲ	Ⅱ
试验编号		①	②	③	④	⑤	⑥
岩块	c(MPa)	1.7	5.8		6.8		12.3
	φ(°)	55.06	55.87		55.63		56.33
	E(GPa)	5.71	21.7		23.9		38.8
结构面	c(MPa)	0	0	0.15	0	0.15	0.2

(2)数值计算方法获得的裂隙岩体的强度参数

对生成的不同尺度的数值模型进行加载试验，获得相应裂隙几何分布条件下的特征单元尺度，在此尺度下进行不同围压的数值加载试验，获得典型强度包络线如图 4-48 所示。

根据表 4-6 中岩石与裂隙参数的组合关系安排数值试验，编号分别为①～⑥，可获得边坡各风化、卸荷带内裂隙岩体的屈服函数，公式如下：

$$\tau = \tau_0 + a\mathrm{e}^{b\sigma} \tag{4-100}$$

τ 为剪切强度，τ_0 为常数项，a、b 为拟合参数，σ 为特征应力水平，对应图 4-48 中的横坐标。参数求解过程根据两相邻摩尔应力圆求解外切点坐标，依次将求得

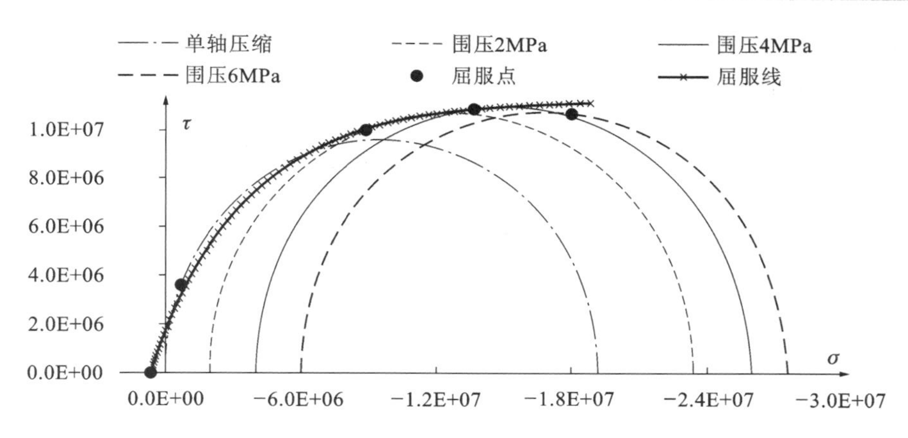

图 4-48　数值加载试验获得的典型强度包络线

的外切点坐标按式(4-100)回归,获得函数参数。

根据地应力反演结果,Ⅴ类岩体分布区域初始地应力水平为 0～2MPa,开挖后卸荷区最小主应力为 0～0.1MPa,局部受张拉,地应力水平降为 0～1MPa;Ⅳ类岩体分布区域初始地应力水平为 2～4MPa,开挖后卸荷区最小主应力为 1～0.3MPa,地应力水平降为 1～2MPa;Ⅲ类岩体分布区域初始地应力水平为 3～5MPa,开挖后 1110m 高程卸荷区最小主应力为 0.2～0.5MPa,地应力水平降为 2～3MPa;Ⅱ类岩体分布区域初始地应力水平均大于 4MPa,开挖后卸荷区最小主应力为 0.4～0.8MPa,地应力水平为 4～8MPa。根据其卸载前后应力水平,可以获得对应的强度参数,如表 4-7 所示。

表 4-7　数值加载试验获得的强度参数

分组编号	①	②	③	④	⑤	⑥
工程岩体分类	Ⅴ	Ⅳ	Ⅳ	Ⅳ	Ⅲ	Ⅱ
τ_0(MPa)	1.75	7.95	11.3	10.8	12.6	22.9
a(10MPa)	−1.38	−6.94	−9.60	−9.53	−1.07	−2.08
b($\times 10^{-7}$)	−6.66	−3.21	−2.29	−2.61	−2.27	−1.38
E(GPa)	4.2	11	15	16	16.5	27

加载数值试验采用 0MPa、2MPa、4MPa、6MPa 围压,分别加载轴压,获得峰值强度。

卸载试验根据边坡开挖地应力卸载水平确定,先按开挖前Ⅴ、Ⅳ类岩体初始地应力加载,然后保持轴向应力水平不变,卸载围压与边坡开挖卸荷方向、大小一致,获得Ⅴ、Ⅳ类岩体变形模量随卸荷过程的演化规律,由于卸载过程变形模量不断降低,表 4-9 中所列卸载模量为卸载至边坡开挖后水平向变形模量逐渐降低的演化范围，其最终取值取决于地应力卸载量的大小。

曾纪全、贺如平等通过大量现场试验，并在后期经过多次修正，获得设计推荐值。图 4-49 及表 4-8、表 4-9 为数值加载试验获得的非线性强度参数与推荐值的比较，直线型为经验强度准则，曲线为本文计算结果。

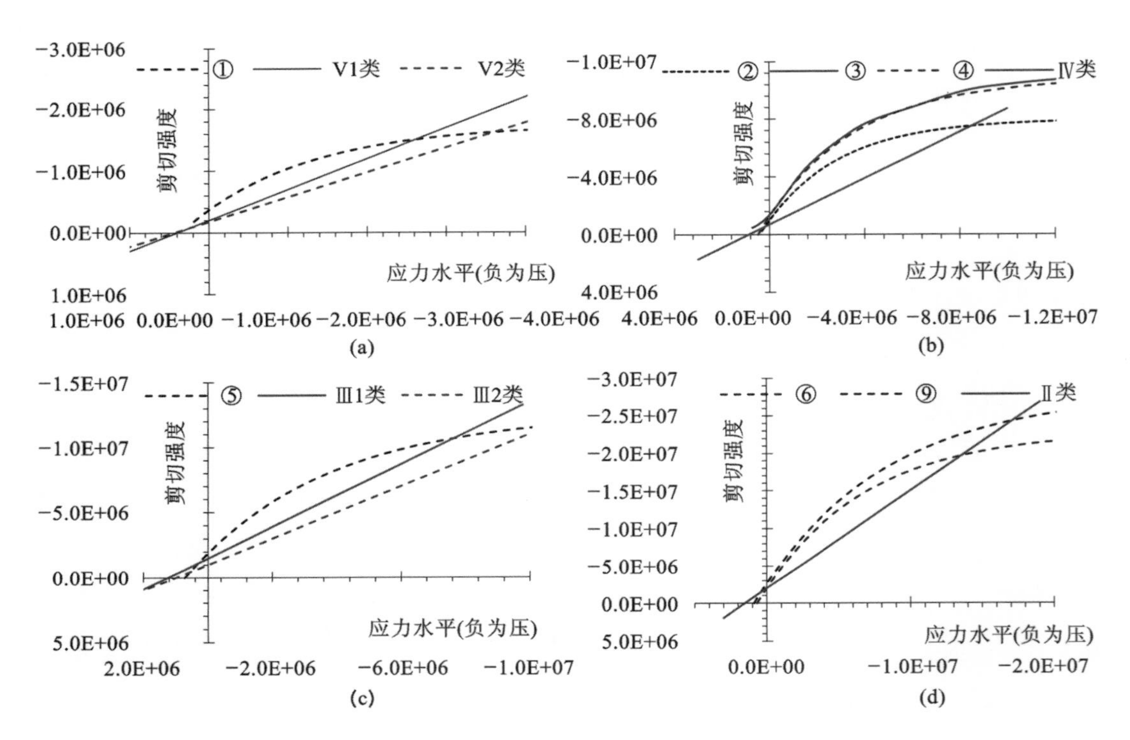

图 4-49　岩体设计推荐值与数值试验值比较

表 4-8　数值试验强度值与经验强度值比较

岩体分类	应力水平	数值试验强度比经验强度高	
		加载	卸载
Ⅴ类	0～2MPa	10%～40%	50%
Ⅳ类	1～2MPa	50%	100%
Ⅲ类	3～5MPa	10%～30%	50%
Ⅱ类	4～7MPa	30%	50%

表 4-9　数值试验岩体变形参数数值加/卸载试验结果(GPa)

岩体分类	Ⅴ	Ⅳ	Ⅲ	Ⅱ	细晶岩	辉绿岩
加载	4.21	11.2～15	16.5	26.6	3.4	24
卸载	0.085～1.61	1.97～5.81	—	—	—	—

显然，定轴压卸围压条件下的横向变形模量要比定围压加轴压时的轴向变形模量要小得多，卸载变形模量才是与边坡开挖变形机制一致的变形参数。

4.3 深部卸荷裂隙带的模型识别及参数反演

4.3.1 卸荷裂隙带力学特征

20 世纪 90 年代初期，在雅砻江锦屏一级水电站普斯罗沟坝址左岸边坡勘察过程中，首次发现河谷边坡正常卸荷带（强卸荷带、弱卸荷带）内穿过一段相对完整岩体后，又陆续出现以一系列规模不等的张开裂缝或裂隙松弛带为主要特征的变形破裂现象，即深部裂缝现象。这种现象在西南地区各大江河流域的深切河谷地区比较普遍，其中雅砻江锦屏一级、牙根、楞古、大渡河大岗山等水电站比较典型。

岸坡“深部裂缝”的基本特征：(1)深部裂缝均发育在各河流的两岸河谷相对高差 500 m 以上的深切“V”形河段；(2)深部裂缝发育左右岸不对称，一般某一岸发育，则另一岸不甚发育；(3)深部裂缝发育明显受构造控制，多沿袭早已存在的、与河流近于平行或小角度相交的、中缓或中陡倾向坡外的一组或两组优势结构面发育，并控制边坡形态和坡度；(4)深部裂缝发育水平深度均较大，一般大于 100 m，多数为 150～200 m，最大超过 300 m，一般岸坡中上部卸荷深度大、下部卸荷深度小；(5)深部裂隙（缝）张开宽度较大，单条卸荷裂隙最大张开宽度可达 20 cm 以上，延伸长度可达 150 m 以上；(6)深部裂缝在空间延伸上裂隙（缝）张开段与闭合段呈串珠状分布，卸荷裂隙面有正断位移现象；(7)裂缝展布格式主要有两种：一种是集中式分布类型，即深部裂缝在一定深度范围以带状形式集中分布，如锦屏一级左岸裂缝现象和大岗山坝区右岸深部裂缝现象（图 4-50）；另一种为分散式分布类型，岸坡由表及里岩体裂缝均匀分布，局部见有相对裂缝密集带，如牙根水电站。这些深部卸荷裂隙带往往控制着工程边坡的整体稳定性。

岸坡深部裂缝的形成机制：属于一种应力卸荷成因的破裂结构，岸坡岩体中先前存在的顺坡向的构造结构面是岸坡形成深部裂缝的物质基础；河谷快速下切，高地应力释放，导致岸坡岩体卸荷松弛是深部裂缝发育的动力条件。深部裂缝现象是河谷演化、下部斜坡表生改造作用的典型表现，深卸荷作为“一种较特殊的卸荷形式”，逐渐被工程界和学术界认可，对西南地区地质条件认识和水电工程建设具有重要意义。

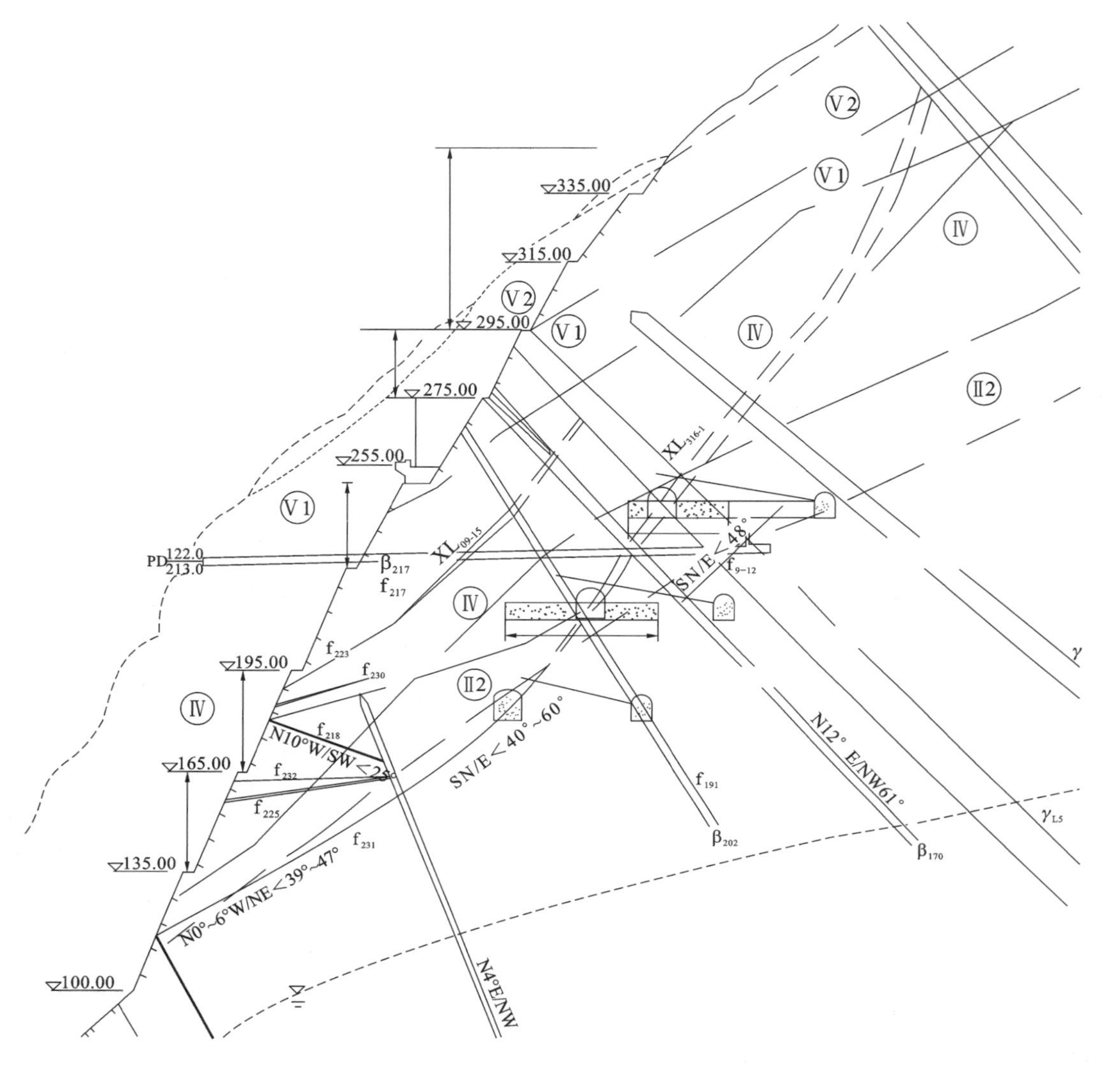

图 4-50　大岗山坝区右岸卸荷发展情况

以大岗山坝肩右岸边坡卸荷裂隙密集带为例，其发育特征主要追踪中倾坡外的裂隙，它在距坡面约 100m 范围的岩体中发育有多条张裂缝，根据其分布及发育特征，主要可归纳概化为 XL_{316-1} 和 XL_{09-15} 等两条中等倾角卸荷裂隙密集带。施工期的微震监测表明：2010 年 5 月 4 日—2011 年 6 月 1 日，右岸边坡共产生 928 个微震事件，主要聚集在 960m、1180m、1210m 抗剪洞附近及右岸拱肩槽附近。其中 1180m、1210m 抗剪洞附近区域的事件数较多，事件密度较大，有一定的聚集现象；拱肩槽 960m 附近的事件数虽有所增加，但相对较分散。

结合现场情况分析，微震事件由爆破、开挖等施工扰动所诱发，边坡开挖过程中岩体的破裂主要发生在 f_{231} 断层及卸荷裂隙带和附近范围，卸荷裂隙密集带岩体不断发生微破裂事件，处于不断演化过程中。

由于在边坡开挖过程中，卸荷裂隙密集带内岩体存在逐渐劣化的渐进破坏特征，其本构关系及强度参数的确定就成为一个难题。因此，采用反分析的方法，对卸荷裂隙密集带内岩体的强度参数进行反分析。

4.3.2　卸荷裂隙密集带本构模型识别

卸荷裂隙密集带及 f_{231} 断层在开挖过程中，伴随岩石破裂、裂隙不断扩展，其等效强度参数不断降低。因此，本构模型的选取必须反映其等效强度参数随应力场的变化不断弱化的过程，采用断裂损伤及应变软化两种模型结合反演分析过程来识别卸荷裂隙密集带的本构关系。

4.3.2.1　损伤-断裂模型

在裂隙相互平行的多裂隙岩体中，破坏模式一般如图 4-51 所示，由于裂纹的表面力 F_{n1} 的作用，使得 $F_{n1}=|(\sigma_1-\sigma_2)\sin\alpha\cos\alpha|-f_jH(\sigma_n^{CD})\sigma_n^{CD}-c_j>0$，产生翼形次生裂纹。次生裂纹发展到一定程度，岩桥会被剪切应力所贯穿，从而多裂隙岩体发生破坏。参见图 4-51。

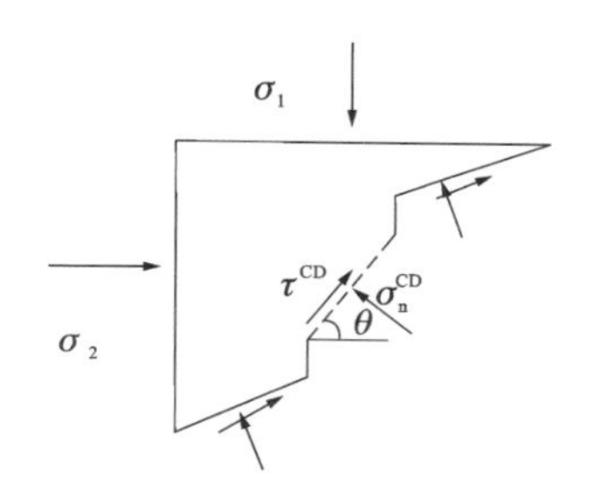

图 4-51　多裂隙岩桥剪切破坏示意图（图中虚线为岩桥）

由多裂隙岩桥剪切破坏部分受力分析可知，岩桥剪切破坏的产生主要是由于岩桥部分的剪切力 F_{n2} 的作用，由受力分析可知：

$$F_{n2}=\tau^{CD}-f_k\cdot H(\sigma_n^{CD})\cdot\sigma_n^{CD}-c_k \tag{4-101}$$

其中

$$\tau^{CD}=\frac{\sigma_1-\sigma_2}{2}\cdot\sin\theta$$

$$\sigma_n^{CD}=\sigma_1\cdot\cos^2\theta+\sigma_2\cdot\sin^2\theta$$

$$H(\sigma_n^{CD})=\begin{cases}1,\sigma_n^{CD}>0\\0,\sigma_n^{CD}\leqslant 0\end{cases}$$

f_k、c_k 分别为岩体的摩擦系数及黏结力。由于 F_{n2} 是 θ 的函数，所以 F_{n2} 对 θ 求导可以得到 F_{n2} 的最大值，且可以求出 θ 为何数值的时候，F_{n2} 取得最大值。

$$\frac{dF_{n2}}{d\theta}=\sin\left(\frac{\pi}{2}+\varphi\right)-\sin2\theta=0 \tag{4-102}$$

可得：

$$\theta = \frac{\pi}{4} + \frac{\varphi}{2}$$

其中，φ 为岩石的摩擦角。

所以

$$F_{n2} = \frac{\sigma_1 - \sigma_2}{2}\sin\left(\frac{\pi}{4} + \frac{\varphi}{2}\right) - f_k H(\sigma_n^{CD})\left[\sigma_1 \cos^2\left(\frac{\pi}{4} + \frac{\varphi}{2}\right) + \sigma_2 \sin^2\left(\frac{\pi}{4} + \frac{\varphi}{2}\right)\right] - c_k$$

据几何知识可知，θ 的取值范围应与裂隙的尺寸参数有关。参见图 4-52。

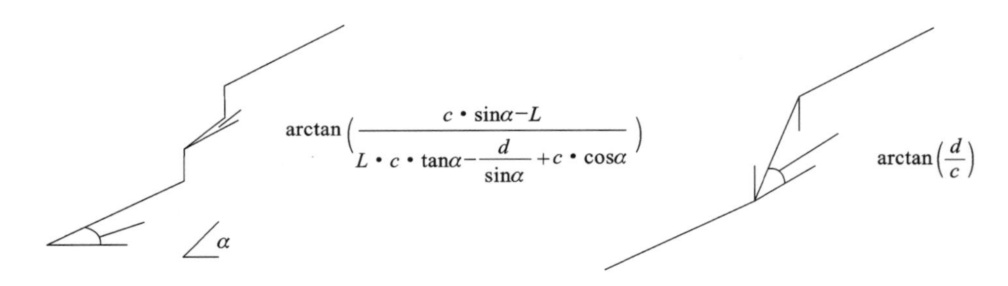

图 4-52　裂隙岩体岩桥破坏角度示意图

$$\arctan\left[\frac{c \cdot \sin\alpha - L}{L \cdot c \cdot \tan\alpha - \dfrac{d}{\sin\alpha} + c \cdot \cos\alpha}\right] + \alpha \leqslant \theta \leqslant \arctan\left(\frac{d}{c}\right) + \alpha \tag{4-103}$$

由函数的单调性可知，F_{n2} 是 θ 的单调函数，所以：

$$\theta = \begin{cases} \arctan\left(\dfrac{d}{c}\right) + \alpha & \dfrac{\pi}{4} + \dfrac{\varphi}{2} > \arctan\left(\dfrac{d}{c}\right) + \alpha \\ \dfrac{\pi}{4} + \dfrac{f}{2} + \alpha & \arctan\left(\dfrac{d}{c}\right) + \alpha \geqslant \dfrac{\pi}{4} + \dfrac{\varphi}{2} \geqslant \arctan\left[\dfrac{c \cdot \sin\alpha - L}{L \cdot c \cdot \tan\alpha - \dfrac{d}{\sin\alpha} + c \cdot \cos\alpha}\right] + \alpha \\ \arctan\left[\dfrac{c \cdot \sin\alpha - L}{L \cdot c \cdot \tan\alpha - \dfrac{d}{\sin\alpha} + c \cdot \cos\alpha}\right] + \alpha & \dfrac{\pi}{4} + \dfrac{\varphi}{2} < \arctan\left[\dfrac{c \cdot \sin\alpha - L}{L \cdot c \cdot \tan\alpha - \dfrac{d}{\sin\alpha} + c \cdot \cos\alpha}\right] + \alpha \end{cases}$$

式中，d 为两条平行裂隙之间的距离，c 为两条共线裂隙之间的距离。

如果 $\arctan\left(\dfrac{d}{c}\right) + \alpha \geqslant \dfrac{\pi}{4} + \dfrac{\varphi}{2} > \arctan\left[\dfrac{c \cdot \sin\alpha - L}{L \cdot c \cdot \tan\alpha - \dfrac{d}{\sin\alpha} + c \cdot \cos\alpha}\right] + \alpha$，

将 θ 代入式中，可得：

$$F_{n2}=\frac{\sigma_1-\sigma_2}{2}\cdot\sin\left(\frac{\pi}{4}+\frac{\varphi}{2}\right)-f_k H(\sigma_n^{CD})\left[\sigma_1\cos^2\left(\frac{\pi}{4}+\frac{f}{2}+\alpha\right)+\sigma_2\sin^2\left(\frac{\pi}{4}+\frac{f}{2}+\alpha\right)\right]-c_k$$

若 $F_{n2}=\frac{\sigma_1-\sigma_2}{2}\cdot\sin\left(\frac{\pi}{4}+\frac{\varphi}{2}\right)-f_k H(\sigma_n^{CD})\left[\sigma_1\cos^2\left(\frac{\pi}{4}+\frac{f}{2}+\alpha\right)+\sigma_2\sin^2\left(\frac{\pi}{4}+\frac{f}{2}+\alpha\right)\right]-c_k>0$，则岩桥被剪断破坏。

4.3.2.2　摩尔强度准则的应变软化模型

考虑卸荷裂隙密集带在开挖过程中不断破裂弱化，采用应变软化模型也是一个较为合适的选择，全应力-应变曲线如图 4-40 所示。前面 4.2 节已经获得了大岗山裂隙岩体的摩尔强度包络线模型，则基于摩尔-库伦强度准则的计算模型，需要根据包络线特征修正其强度参数，可以在数值分析过程中根据应力特征修改模型参数实现。

前面章节已经论述，裂隙岩体的强度准则符合 $\tau=\tau_0+ae^{b\sigma}$ 包络线规律。当已知单元受力状态，则其强度可由以下方法确定，如图 4-53 所示。

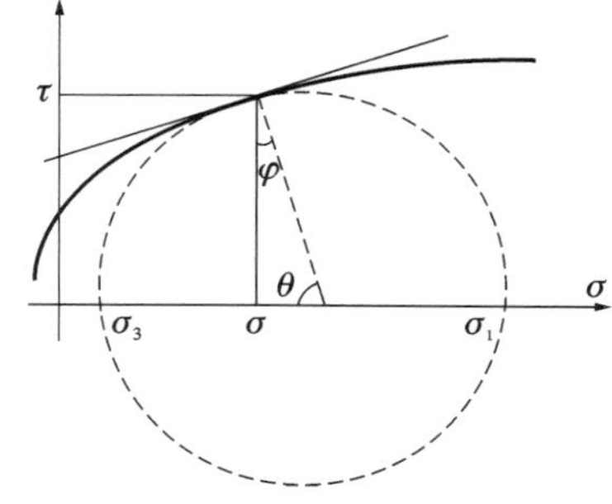

图 4-53　裂隙岩体强度包络线模型的参数确定方法

根据前述强度包络线条件，需要根据单元受力状态求解相应的 σ 及强度 τ，下面介绍其求解方法。

根据几何关系，有下式成立：

$$\frac{d\tau}{d\sigma}=abe^{b\sigma}=\cot\theta=\tan\varphi \qquad (4\text{-}104)$$

有

$$\frac{\sigma_1+\sigma_3}{2}=\sigma+\frac{\tau}{\tan\theta}=\sigma+(\tau_0+ae^{b\sigma})abe^{b\sigma} \qquad (4\text{-}105)$$

由于单元应力状态 (σ_1,σ_3) 已知，a,b,τ_0 为已知常数，则 σ 可由式(4-105)求得，实际求解可以通过拟合关系式求得。确定 σ 后，可代入包络线方程，求得当前单元强度。

根据实测岩石的软化规律，可通过数值方法求解裂隙岩体的软化曲线。

图 4-54 为新鲜花岗岩软化规律。可结合力学参数的反演过程判断模型的适用性。

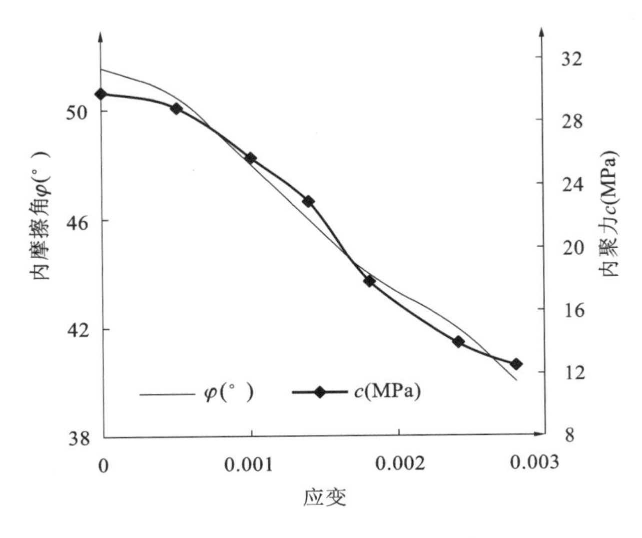

图 4-54　新鲜花岗岩软化规律

4.3.3　控制性结构面力学参数反演

4.3.3.1　岩土工程反演分析的概念

所谓反演分析，即以现场测量到的、反映系统力学行为的某些物理信息量（如位移、应变、应力或荷载等）为基础，通过反演模型（系统的物理性质模型及其数学描述，如应力与应变关系式等）推算得到该系统的各项或某些初始参数（如初始应力、本构模型参数和几何参数等）的方法。其目的是建立接近现场实测结果的理论预测模型，能较正确地反映或预测岩土结构的某些力学行为。

岩土工程的反演理论属于正演理论的反问题，与正演理论的研究方法相同，建立求解这类问题的方法时也需预先确定基本未知数，然后建立求解基本未知数的方程组。不同之处是进行反演理论研究时一般都有先验信息，并有预期要求确定的主要参数。这里将其称为目标未知数。因此反演分析的目标理论上可以是任何已知或未知的参数。从工程角度出发，反演理论研究的主要目的是为工程建设提供可靠的可供设计和施工的岩体力学参数和区域力学场信息，因此在工程上完全没有必要追求理论上的完备，将所有的参数拿来做反演分析。一般来说，反演分析所要确定的研究目标应是对工程设计和施工具有重大意义而其他手段又无法确定或花费代价太大的那些参数。目标未知数可分为初始地应力、结构荷载和材料特性参数三类。

随着施工过程力学的发展，施工过程实际上是围岩体卸载的过程，“释放荷载”的分布规律及量值与初始地应力有关，使初始地应力十分自然地首先成为反演理论研究的目标未知数。

材料特性参数的种类和个数与材料在受力变形时显现的性态有关。处于弹性受力状态时，材料特性参数为弹性模量E和泊松比μ，处于弹塑性受力状态时，则需增加内聚力c和内摩擦角φ。在描述材料受力变形特性的诸多参数中，泊松比μ常随时间而变化。这类变化的规律较为复杂，目前，即使用正演分析理论对之进行研究也甚少，反演理论研究中则通常都将其视为常数。应予以指出，地层材料和结构材料的受力变形性态都可用材料特性参数描述，反演理论研究的目标未知数既可选为地层材料特性参数，也可选为结构材料特性参数。在实际研究工作中，后者并未引起重视，其原因是结构材料的特性参数一般都可通过试验予以测定，对这类参数研究建立反演分析计算价值不大。

4.3.3.2 反演目标函数建立

针对大岗山工程地质条件的特殊性，其存在的深部卸荷裂隙带有伴随开挖过程的渐进破坏特征，直接确定其强度参数存在很大的困难，因此反演分析方法就成为最合适的手段。

选取f_{231}、$XL_{316\text{-}1}$、$XL_{09\text{-}15}$的强度参数作为主要反演目标参数，同时考虑卸荷裂隙带在边坡开挖过程中等效c值的演化，采用损伤-断裂模型及包络线强度的软化模型来识别卸荷裂隙带的本构关系并反演其初始的强度参数。

反演分析未将边坡岩体参数作为反演分析对象的主要原因在于：①边坡破坏模式受以f_{231}、$XL_{316\text{-}1}$、$XL_{09\text{-}15}$为底滑面的块体变形控制，因此f_{231}、$XL_{316\text{-}1}$、$XL_{09\text{-}15}$的参数直接影响到边坡的整体稳定性。②边坡岩体参数在开挖过程中由于渐进破坏而出现强度参数演化的主要是卸荷裂隙带及f_{231}断层。③实测监测数据验证了②的判断。④上节中裂隙岩体力学参数的数值模拟方法对岩体参数已作出了较为合理的估计。

选取监测数据建立如下目标函数：

$$f(x)=\sum_{i=1}^{N}[u_i(x)-u_i'(x)]^2 \tag{4-106}$$

式中，$u_i(x)$为围岩在第i个测点测量方向上的计算相对位移值；$u_i'(x)$为该测点测量方向实测值；n为测点数。不断调整待反演参数，当目标函数值$f(x)$最小时对应的输入参数，即为合适的岩体参数。

反演对象分为两部分：一是卸荷裂隙带及f_{231}断层在开挖过程中劣化的初

始强度参数；二是各类岩体的变形模量及 f_{231} 断层的剪切变形刚度。

4.3.3.3 控制性结构面等效内聚力敏感性分析

敏感性分析为我们确定反演分析对象的优先顺序提供了一个思路，即可以通过敏感性分析来找出那些对位移影响显著的参数并将之作为反演的目标参数。

敏感性分析是系统分析中分析系统稳定性的一种方法。设有一系统，其系统特性 P 主要由几个因素 $\alpha=\{\alpha_1,\alpha_2,\cdots,\alpha_n\}$ 所决定，$P=f(\alpha_1,\alpha_2,\cdots,\alpha_n)$，在一基准状态 $\alpha^*=\{\alpha_1^*,\alpha_2^*,\cdots,\alpha_n^*\}$ 下，系统特性为 P^*。分别令各因素在其各自可能范围内变动，分析由于这些因素的变动，系统特性 P 偏离基准状态 P^* 的趋势和程度，这种方法称为敏感性分析。敏感性分析的第一步是建立系统模型，即系统特性与因素之间的函数关系 $P=f(\alpha_1,\alpha_2,\cdots,\alpha_n)$。这种函数关系如果可能的话尽量用解析式表示。对于较复杂的系统，也可用数值方法或用图表表示。建立与实际系统尽量相符的系统模型是有效地进行参数敏感性分析的一项至关重要的工作。建立系统模型后，需给出基准参数集。基准参数集是根据所要讨论的具体问题给出的。基准参数集确定后，应可对各参数进行敏感性分析。分析参数 α_k 对特性 P 的影响时，可令其余各参数基准值固定不变，而令 α_k 在其可能的范围内变动，这时系统特性 P 表现为 $P=f(\alpha_1^*,\cdots,\alpha_{k-1}^*,\alpha_k,\alpha_{k+1}^*,\cdots,\alpha_n^*)=\varphi_k(\alpha_k)$，若 α_k 的微小变化，将引起 P 的较大变化，说明 P 对 α_k 很敏感，此时 α_k 是高敏感参数；若 α_k 在较大范围内变化，而 P 变化甚微，说明 P 对 α_k 不敏感，α_k 则是低敏感参数。

分别采用基于岩体分类体系的设计推荐参数值（方案 1）及基于裂隙岩体数值模拟方法的研究结果（方案 2），对控制性结构面的强度参数进行敏感性分析，获得的结果如图 4-55、图 4-56 所示。

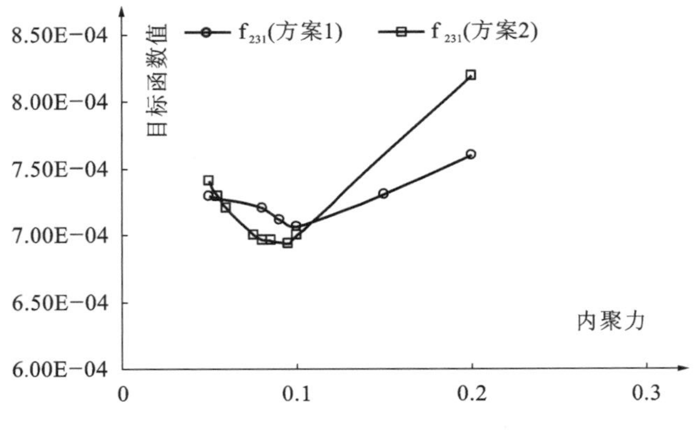

图 4-55 f_{231} 断层等效初始内聚力敏感性参数分析

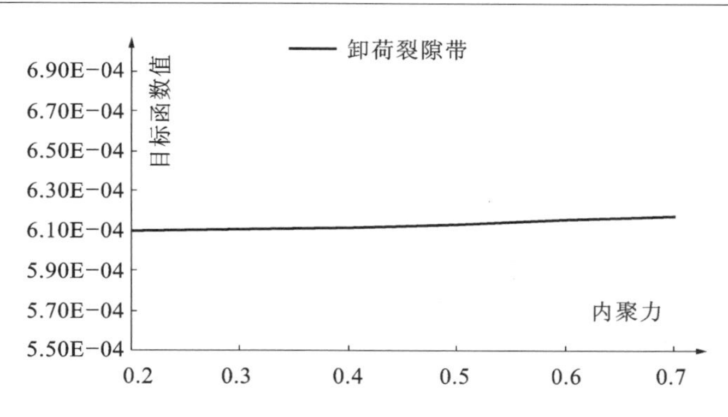

图 4-56　卸荷裂隙带等效初始内聚力敏感性参数分析

敏感性分析结果显示：大岗山右岸边坡卸荷裂隙带等效初始内聚力对边坡位移不敏感，可以采用设计推荐参数值，f_{231}断层的等效初始内聚力对边坡位移较为敏感。因此，选取 f_{231}断层的等效初始内聚力为重点反演对象。

4.3.3.4　结构面初始强度参数反演

经过敏感性分析，由于卸荷裂隙带等效初始内聚力对位移不敏感，因此可以将该参数排除在反演对象之外，减少了反演未知量。在此基础上，利用穿过卸荷裂隙带的多点位移计实测位移作为变形参考值，采用粒子群-差分进化寻优方法逐步逼近，对边坡各断面分别进行二维反演分析，结果列于表 4-10 中。在此基础上，对整个边坡建立三维模型，进行三维条件下的反演分析，以达到减少三维条件下反演分析计算工作量的目的。最终获得的三维条件下的反演分析结果为：方案 1 卸荷裂隙带 c＝0.8MPa，φ＝45°；f_{231} c＝0.1MPa。方案 2 卸荷裂隙带 c＝0.8MPa，φ＝45°；f_{231} c＝0.095MPa。

表 4-10　基于反演方法的模型及参数辨识结果

反演对象	断面	包络线强度-软化模型		断裂损伤模型		摩尔-库伦模型	
		初始摩擦角(°)	初始内聚力 c(MPa)	初始摩擦角(°)	初始内聚力 c(MPa)	摩擦角(°)	内聚力 c(MPa)
f_{231}	Ⅳ	25.2	0.8	25.2	0.8	—	—
	Ⅴ	25.2	0.47	25.2	0.47	25.2	0.2
	Ⅵ	25.2	0.73	25.2	0.7	25.2	0.2
	Ⅶ	25.2	0.3	—	—	—	—
	Ⅷ	25.2	0.66	25.2	0.7	25.2	0.6
XL_{316-1} XL_{09-15}	Ⅳ	45	0.8	45	0.8	—	—
	Ⅴ	45	0.45	45	0.45	45	0.4
	Ⅵ	45	0.8	45	0.8	45	0.6
	Ⅶ	45	0.8	—	—	—	—
	Ⅷ	45	0.8	45	0.8	40	0.6

结合模型识别与强度参数反演，包络线强度-应变软化模型、断裂损伤模型的初始摩擦角及初始内聚力较为一致。这两种模型较好地描述了深部卸荷裂隙带随开挖过程不断破裂演化的过程。反演分析获得的强度参数均为初始强度参数，开挖过程中的等效强度参数将随着破裂过程不断降低。

4.3.3.5　变形参数反演分析

对于具有渐进破坏特征控制性结构面的边坡，边坡变形的发展既与控制性结构面渐进破坏过程有关，也与岩体变形模量相关，在反演分析时需要对位移增长的来源进行区分。例如上节对控制性结构面强度参数反演时，必须选取那些穿过了控制性结构面的多点位移计的监测数据；而对于边坡变形参数反演时，需要选择那些位于不同风化带内的监测设备的实测位移来反演，同时结合 4.2.2 节数值模拟方法获取的边坡岩体变形参数的结果，进行综合分析取值。

对边坡各类岩体的变形参数进行反演分析，变形模量反演结果如表 4-11 所示。

表 4-11　变形模量反演结果（单位：GPa）

岩体分类		Ⅴ	Ⅳ	Ⅲ	f_{231} 法向	f_{231} 切向	辉绿岩脉
反演分析		0.0973	5.84	15.5	1.10	2.22	21
数值试验	加载	4.21	11.2～16	16.5	—	—	24
	卸载	0.085～1.61	1.97～5.81	—	—	—	—

计算结果表明，Ⅴ类岩体变形卸载变形模量与反演值一致，Ⅳ类岩体卸载变形模量较反演值低 39%，Ⅲ类岩体卸载变形模量较反演值高 3%，辉绿岩脉卸载变形模量较反演值高 13%。显然，对于受开挖卸荷影响显著的第Ⅴ、Ⅳ类岩体，反演获得的变形模量更加接近数值卸载试验获得的变形参数，也说明通过数值模型试验的方法是可以获得较为准确的变形参数的。

本 章 小 结

通过数值计算手段进行岩土工程反馈分析是常用的手段之一，本章从地应力反演、裂隙岩体力学参数求解方法、控制性结构面的模型识别及强度参数反演三个方面进行了介绍。

就大岗山岩质边坡研究工作实践来看，地应力条件较复杂的高山峡谷地区的边坡变形计算，考虑其构造应力的影响是必要的，有利于提高定量分析的准确性。裂隙岩体渐进破坏的数值模拟方法是一种确定卸载条件下裂隙岩体等效力学参数的有效方法，比较传统的经验取值方法可操作性更好，具有非常好的发展前景。在此基础上，对控制性结构面的力学参数通过反演方法确定。将上述研究方法相结合，就形成了较为系统的基于数值计算的反馈分析方法。

5 边坡稳定性分析及加固效果评价

5.1 边坡三维块体稳定分析方法

块体失稳是岩质边坡开挖工程发生失稳破坏的主要形式。块体破坏作为岩石工程中的一种重要破坏方式，一直受到学术界和工程界的普遍关注。20世纪60年代，几起轰动世界的灾难性边坡失稳事件相继发生，促进了国际岩石力学在边坡分析方法方面的探索和发展，为岩体结构控制论以及块体理论的形成创造了条件。同期，我国学者谷德振、孙玉科等应用实体比例投影法研究边坡稳定问题。Burman、王思敬、王建宇等人的研究工作也属于块体法的理论范畴。美籍华人石根华先生在《中国科学》杂志上发表的两篇文章《岩体稳定分析的赤平投影法》《岩体稳定分析的几何方法》，为块体理论的产生奠定了基础，并同 R. E. Goodman 合作出版了《块体理论及其在岩体工程中的应用》一书，标志着块体理论基本成熟。块体理论从此作为一种有效手段在岩体工程相关分析中开始逐步得到应用和推广。

随着国内外学者研究的不断深入，块体理论已被广泛接受，并得到了长足的发展和完善。S. D. Priest 和 J. A. Hudson 在地质统计方法的研究中，经过对地质结构面原始资料进行调查与分析，提出了测线法，并根据结构面的间距等分析不连续体的面积、体积；H. H. Einstein 深入研究了结构面迹长、间距、产状等随机分布特征；Kulatilake 提出了统计窗法，并在假定结构面为圆盘形条件下建立了迹线长度与圆盘直径之间的关系；Chan L-Y 实现了块体理论在优化岩石工程设计、场地选择等方面的实际应用；D. Lin 和 C. Fairhurst 基于组合拓扑学及单纯同调理论，讨论了几何形体的构造方法；D. Heliot 通过结构面的分布，生成了岩体结构模型；Dae S. Young、M. Mauldon、S. Kuszmaul 等根据结构面的间距、长度等分布特征，对关键块体的尺度、空间分布规模等进行了有效的研究；Mito 等提出随机块体理论，在揭露不连续面之前，预测形成可动块体的可能性；A. R. Yarahmadi 提出“关键块体群方法”，将相邻的块体组合在一起，判断组合后的块体稳定性；为了判别岩体中非锥形体的关键块体，C. Gonzalez-Palacio 提出了块体的几何分析法。

根据 3.3.1 节交叉分析研究结果，大岗山右岸边坡存在较为明显的块体变形特征，应用三维离散元-关键块体理论相结合对其加固效果进行分析在力学机制上具有一定的合理性。

5.1.1　不稳定块体的判别依据

块体是同时由结构面和开挖面分割成的，此为边界条件；块体在滑动时，仅沿滑动方向做平动，而不得侵入其他块体或受临近块体阻挡，不考虑块体的旋转，此为相容条件；块体处于极限平衡状态，这是它的平衡条件。

不稳定块体采用以下步骤判别：①从几何学角度，根据有限性定理判定全部无限块体，根据可动性定理搜寻可动块体；②从运动学角度，对块体在荷载作用下的运动形式进行判断，剔除稳定块体并从中寻找出不稳定的块体。③从静力学角度，根据可能失稳滑面的力学特性，在重力、工程力作用下，计算出块体的净滑动力值，如果求得的净滑动力值为负数，则表示块体稳定。

为评价岩质边坡的块体稳定性，在离散单元法的基础上，通过对滑面强度进行折减，模拟在滑面强度降低条件下，块体的形成及运动规律，通过对产生的滑动块体按先后顺序依次加固，直到边坡达到整体稳定条件，以此确定最优加固方法。具体实现办法如下：在勘察资料剖面图的基础上，还原各结构面、地表面、开挖面在三维空间中的点云数据，建立各分界面的三维曲面和空间平面，并通过块体切割重建三维模型，采用刚体计算模式，将关键块体计算判据通过 fish 编程，形成基于 3DEC 的块体加固决策方法。

5.1.2　边坡块体稳定性分析的离散元法

离散单元理论的基本原理可叙述为：假设结构岩体本身及相关结构面的力学属性满足上述“基本假定”。当边界条件改变时，原本处于平衡状态的组合块体系统在各自重力或其他外载荷作用下，将产生加速度和位移，促使块体之间发生位置变化的同时产生空间上的位置重叠，进而导致运动、位移和力的相互作用效应，并使这种力学效应在块体之间相互传递。由此，根据力和位移之间的关系式，通过迭代即可实现对块体整个运动破坏过程的模拟和计算。在求解过程中，本方法空间块体离散成单元阵，根据研究问题的实际情况选择适用的连接元件来连接相邻单元；将各个单元之间的相对位移作为基本变量，并根据力-相对位移之间的关系计算单元间的切向、法向力；求出单元不同方向上所受其他单元、物理场等引起的外力的合力与合力矩，进而根据牛顿第二定律计算单元加速度；将求得的加速度进行相对于时间的积分计算，求得单元速度、位移。依据此方法能够求得所有单元在任何时刻的加速度、速度、角速度及位移等物理量。通过特定的破坏判据定义岩体破坏限值，经过循环迭代运算实现岩体从变形到破坏整个过程的全程分析。参见图 5-1。

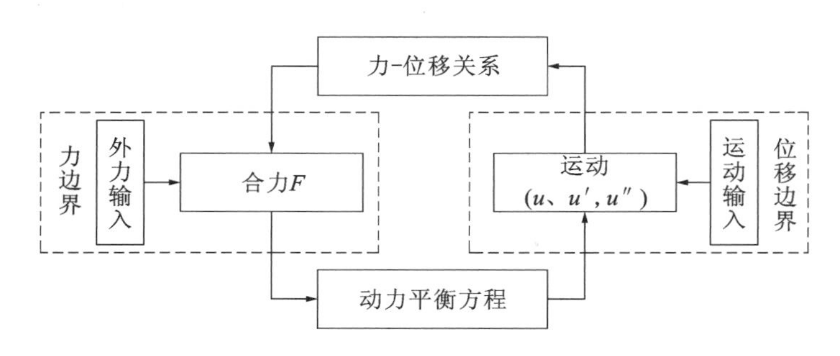

图 5-1　三维离散单元法求解过程示意图

5.1.2.1　离散单元法的特点

该方法既适用于硬岩的分析计算，也适用于软岩的分析计算，能够模拟块体分离或滑移，甚至脱离母岩，对于解决含有众多软弱面的岩体的变形和应力分布等问题较其他方法有很大优越性；可计算块体的非线性本构模型，包括块体和节理间的剪胀或非剪胀状态，可对某个块体或某组块体单独加载。

离散单元法一般常用来研究大变形问题，同时，在动力学相关问题的分析方面也能发挥较好的效果，但用该方法进行有关问题的分析时，要预先掌握工程区域节理面的详细信息，因为在建模时要了解节理面的位置并划分网格。计算结果的准确性很大程度上依赖于勘察资料的完备程度。

5.1.2.2　块体接触

块体与块体之间存在点/点、点/边、点/面、边/边、边/面、面/面相互接触联系，由于三维离散元法与二维离散元法基本相同，三维块体间的各种接触方式见图 5-2，从而实现力的传递和平衡，在计算块体的应力和变形方面，主要采用接触面间的相互作用构建的平衡方程加以实现。块体间的相互接触力学模型如图 5-3 所示。

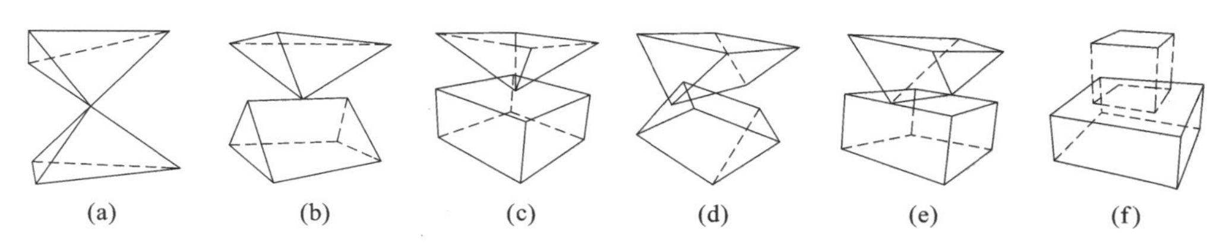

图 5-2 三维块体间的各种接触方式

(a)点/点;(b)点/边;(c)点/面;(d)边/边;(e)边/面;(f)面/面

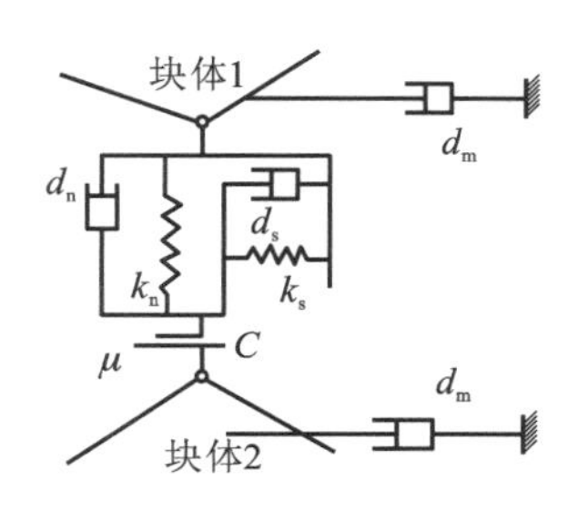

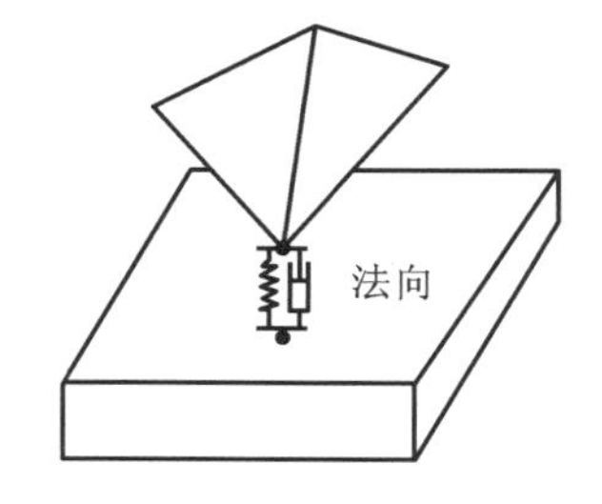

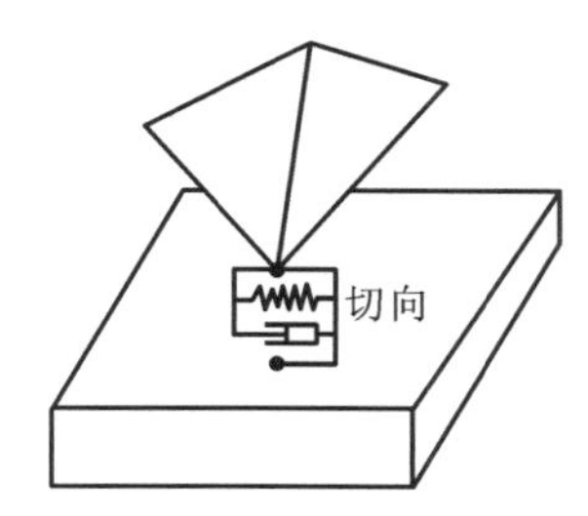

图 5-3 块体间的相互接触力学模型

5.1.2.3 力-位移方程

如果两相互接触块体为块体 A 和块体 B,C 为两块体接触面上的参考点,两块体在 Δt 时步内以 C 为参考点的相对位移 Δu 可表示为:

$$\Delta u = \Delta v^{C} \cdot \Delta t \tag{5-1}$$

其中,Δv^{C} 表示两块体以 C 为参考点的相对速度;$\boldsymbol{OA}$、$\boldsymbol{OB}$、$\boldsymbol{OC}$ 分别是块体 A、B 和参考点 C 的位置矢量;v_{a}、v_{b} 为平动速度;ω_{a}、ω_{b} 为转动速度;$\boldsymbol{E}_{ijk}$ 为三阶张量,则有:

$$\Delta v^{C} = v_{b} + \boldsymbol{E}_{ijk}\omega_{b}(\boldsymbol{OC} - \boldsymbol{OB}) - v_{a} - \boldsymbol{E}_{ijk}\omega_{a}(\boldsymbol{OC} - \boldsymbol{OA}) \tag{5-2}$$

将沿 Δu 公共面的法向和切向分解,可得法向和切向位移增量 Δu_{i}、Δu_{j},进一步根据力-位移关系,可得力的法向、切向力矢量增量(取压力为正):

$$\left.\begin{aligned} \Delta F^{i} &= -k_{i}\Delta u_{i}A_{o} \\ \Delta F^{j} &= -k_{j}\Delta u_{j}A_{o} \end{aligned}\right\} \tag{5-3}$$

式中,k_{i} 表示接触法向刚度;k_{j} 表示接触切向刚度;A_{o} 表示接触面积。

则在 t 时刻,法向力矢 $F^{i}(t)$、切向力矢 $F^{j}(t)$ 可表示如下:

$$\left.\begin{aligned} F^{i}(t) &= F^{i}(t-\Delta t) + \Delta F^{i} \\ F^{j}(t) &= F^{j}(t-\Delta t) + \Delta F^{j} \end{aligned}\right\} \tag{5-4}$$

根据库伦摩擦定律本构模型调节法向力矢和切向力矢。考虑到块体之间在接触碰撞过程中的能量耗散,引入法向和切向阻尼。假设阻尼构件产生的法向、切向阻尼力分别为 ε^{i}、ε^{j},则在 t 时刻,块体 A、B 上的总接触力为:

$$\left.\begin{aligned} F_A(t) &= F^i(t) + F^j(t) + \varepsilon^i(t) + \varepsilon^j(t) \\ F_B(t) &= -F_A(t) \end{aligned}\right\} \tag{5-5}$$

式中,阻尼力 ε^i、ε^j 的大小由阻尼构件类型的选取而定。

5.1.2.4 运动方程

离散单元法运动方程的一般形式表示为:

$$mu''(t) + cu'(t) + ku(t) = f(t) \tag{5-6}$$

式中,m 是单元的质量;u 是位移;t 是时间;c 是黏性阻尼系数;k 是刚度系数;f 是单元所受的外载荷。

根据基本假设,块体可看作刚体,其运动由平动和转动两部分组成:

$$u''(t) + \alpha u'(t) = F(t)/m + g \tag{5-7}$$

$$\omega' + \alpha\omega = M/I \tag{5-8}$$

式中,α 是阻尼系数;$F(t)$是合力;m 是块体的质量;g 是重力加速度;ω 是相对主轴的角速度;M 是转矩;I 是惯性矩。

运动方程可按中心差分法进行迭代求解,最终得到块体形心在 $t+\Delta t$ 时刻的总平动位移和角位移量分别为:

$$u(t+\Delta t) = u(t) + u'(t+\Delta t/2)\Delta t \tag{5-9}$$

$$\theta(t+\Delta t) = \theta(t) + \Delta\theta \tag{5-10}$$

5.1.2.5 块体体积估算

我们知道,任何一个形状复杂的块体都可分解为一定数量的四面体。也就是说,计算形状复杂的块体体积可以通过计算由其分解的所有四面体体积之和的方式加以解决。

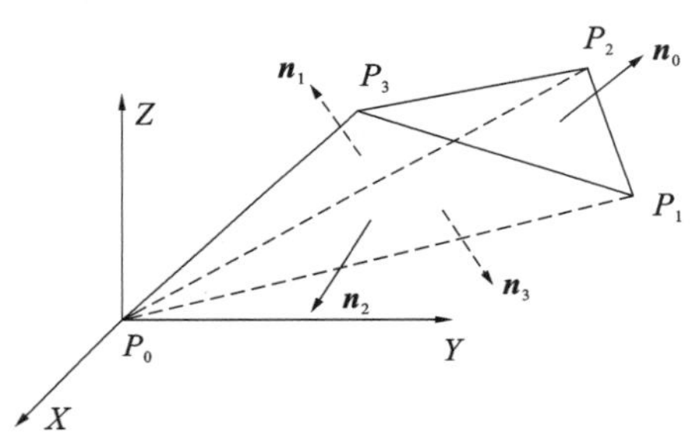

图 5-4 直角坐标系下任意四面体空间表示方法

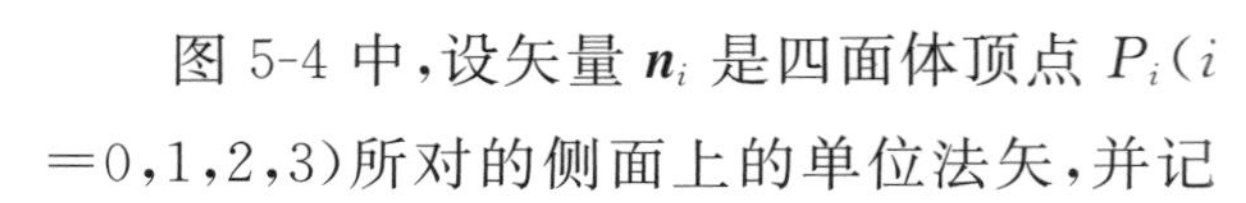

图 5-4 中,设矢量 $\boldsymbol{n}_i$ 是四面体顶点 $P_i(i=0,1,2,3)$所对的侧面上的单位法矢,并记 $D_0=det(\boldsymbol{n}_1,\boldsymbol{n}_2,\boldsymbol{n}_3)$,$D_1=det(\boldsymbol{n}_0,\boldsymbol{n}_2,\boldsymbol{n}_3)$,$D_2=det(\boldsymbol{n}_0,\boldsymbol{n}_1,\boldsymbol{n}_3)$,$D_3=det(\boldsymbol{n}_0,\boldsymbol{n}_1,\boldsymbol{n}_2)$,则 P_i 的三面角值 $\alpha_i=\arcsin|D_i|$,据此,四面体的体积可以表示为:

$$V_i = \frac{1}{3}(2S_{i1}S_{i2}S_{i3}\sin\alpha_i)^{\frac{1}{2}} \tag{5-11}$$

其中,S_{i1}、S_{i2}、S_{i3} 分别为以 P_i 为顶点的三个侧面的面积。

由上所述,复杂块体的体积 V 可以表示为其划分成的全部四面体体积之和，即：

$$V=\sum_{i=1}^{n}V_i=\frac{1}{3}\sum_{i=1}^{n}(2S_{i1}S_{i2}S_{i3}\sin\alpha_i)^{\frac{1}{2}} \tag{5-12}$$

根据式(5-12)便可求得边坡上被结构面切割形成的各类块体的体积大小。

5.2　边坡加固方案的决策方法

5.2.1　最小加固力确定流程

在边坡稳定性分析及加固措施的研究中，有关边坡加固力要求的探讨一直受到普遍关注。在3.3.1节，已回答了如何确定欠加固区域的问题，本节着重探讨如何确定需要提供的最小加固力问题。岩质块体边坡加固力下限值确定流程见图5-5。

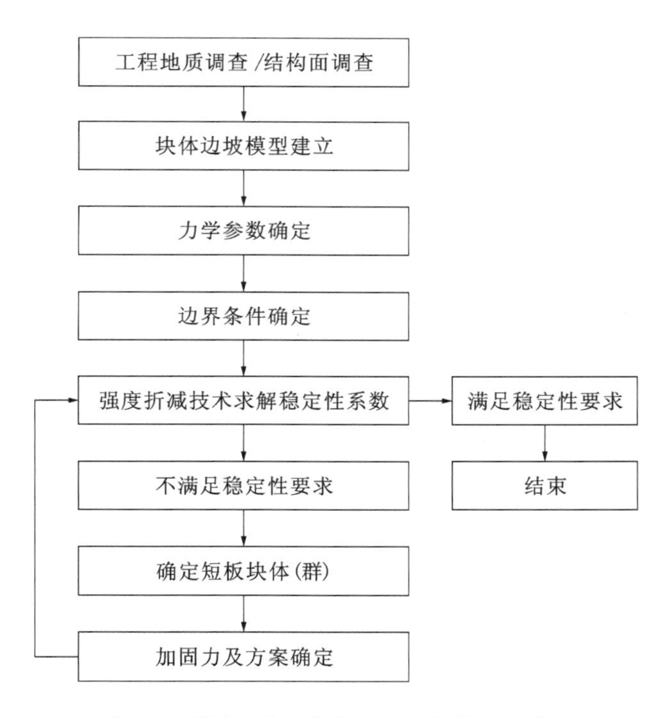

图5-5　岩质块体边坡加固力下限值确定流程

块体边坡的稳定性往往取决于最危险块体状态，即所谓的关键块体。当关键块体发生失稳，可能导致其邻近块体产生连锁反应从而导致所有可能产生活动的块体集体失稳，因此关键块体就形成了整个系统的短板。要确定块体边坡加固力的下限，可以对构成短板的块体首先加固，然后再评估系统新的短板，依次设计加固力，直到整个系统满足稳定性要求。由于加固总是从短板块体开始，系统抗滑力总发挥到最大，因此所得到的最终加固力必为加固力的下限。在对实际工程进行设计时，还要同时考虑岩土工程本身的复杂性、所采用的力学计算模型及物理力学参数的准确性等因素的影响。求得边坡加固力下限值后，需在此基础上增加一定的安全值，从而确保边坡加固设计满足安全、经济的要求。

5.2.2 稳定性系数的确定方法

采用稳定性系数法分析块体稳定性时，常采用极限平衡法、强度折减法、重力比例自动加载法等。这里结合离散元软件的优势，对结构面采用强度折减的方法求解稳定性系数。基本原理叙述如下：

根据 Mohr-Coulomb 本构模型，材料屈服破坏时满足：

$$\tau = c + \sigma_n \tan\varphi \tag{5-13}$$

式中 τ——抗剪强度；

σ_n——法向刚度；

c——内聚力；

φ——内摩擦角。

构造边坡安全系数 F 的表达式为：

$$F = \frac{\int_0^s (c + \sigma_n \tan\varphi)\mathrm{d}s}{\int_0^s \tau \mathrm{d}s} \tag{5-14}$$

将上式两边同时除以 F 得：

$$1 = \frac{\int_0^s \left(\frac{c}{F} + \sigma_n \frac{\tan\varphi}{F}\right)\mathrm{d}s}{\int_0^s \tau \mathrm{d}s} \tag{5-15}$$

设当边坡安全系数 F 取 1 时的内聚力和内摩擦角分别为 c'、φ'，代入式(5-15)得：

$$1 = \frac{\int_0^s (c' + \sigma_n \tan\varphi')\mathrm{d}s}{\int_0^s \tau \mathrm{d}s} \tag{5-16}$$

联立式(5-15)、式(5-16)得：

$$\left.\begin{aligned} c' &= \frac{c}{F} \\ \varphi' &= \arctan\left(\frac{\tan\varphi}{F}\right) \end{aligned}\right\} \tag{5-17}$$

式中 c',φ'——折减后的内聚力和内摩擦角。

不断加大折减系数 F 值，将折减后的内聚力和内摩擦角代入模型计算，当模型关键点位移出现突然增大的拐点或无法收敛时对应的 F 值，即为稳定性安全系数。

实际计算过程，采用 3DEC 软件，通过对结构面参数进行强度折减，搜寻最先产生滑移的块体，该块体即为短板块体（与关键块体的概念不同的是，短板块体是当前稳定性最差的块体，其失稳不一定会带来块体群的连锁反应，短板块体可能仅是孤立的不稳定块体）。对短板块体进行加固后，重新进行强度折减计算直到出现新的短板块体或块体群，依次对新的短板块体（群）进行加固，若折减系数已满足稳定性要求，则停止计算，已提供的加固力即为加固力下限值，根据该加固方案对边坡进行加固设计。

5.2.3 块体边坡加固决策方法（以大岗山右岸边坡块体为例）

5.2.3.1 大岗山右岸边坡块体空间形态

大岗山右岸边坡稳定性主要受控于中倾坡外的 f_{208}、f_{231} 等软弱结构面，XL_{09-15}、XL_{316-1} 等卸荷裂隙密集带，以及岩脉破碎带如：β_5（F_1）、γ_{L5}、γ_{L6}、β_{202}（f_{191}）、β_4（f_5）、β_{85}、β_{62}（f_{19}）、β_{68}（f_{47}）、β_{209}、β_{219}、β_{223}、β_{97}、β_{222} 等。将对边坡稳定性起控制作用的各主要结构面的分布及相互切割关系展示如图 5-6 所示。

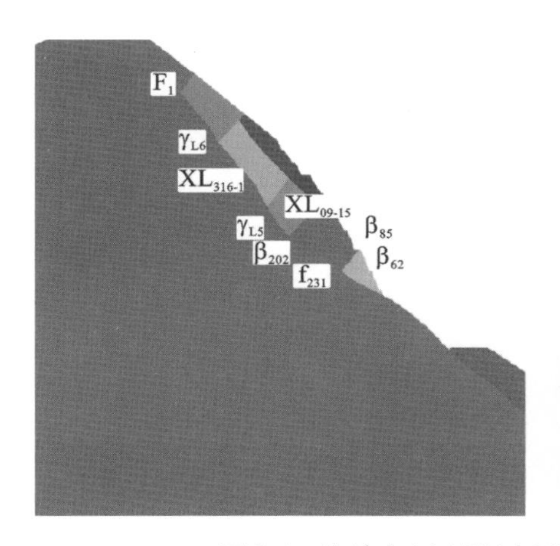

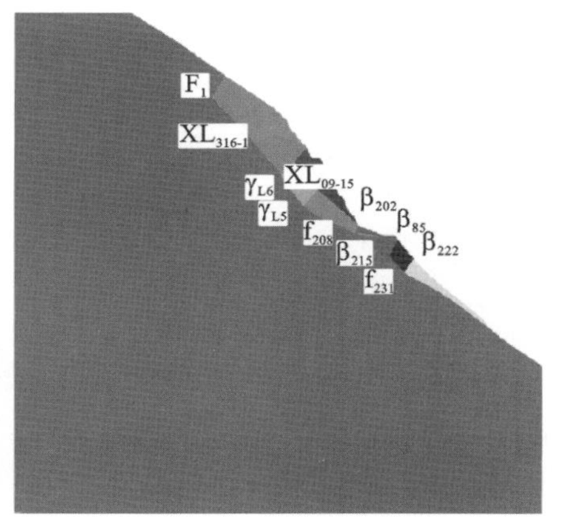

图 5-6 边坡上（左）下（右）游剖面揭示的块体切割关系

断层 f_{208} 主要分布区域为 LP-Ⅰ～LP-Ⅳ之间，揭露高程在 1180～1225m 之间，并且在 1220m 高程附近的总长度达到 100m 之多，总体产状为 N15°～30°E/SE∠25°～35°，破碎带宽度在 0.1～0.5m 之间，属于岩屑夹泥型 B2 类结构面；断层 f_{231} 主要出露于右岸坝基和拱肩槽的上下游边坡外沿，延伸长度大于 300m，总体产状 SN/E∠40°～50°，结构面起伏且在与岩脉 β_{62} 交汇区段有一陡坎，高 2～5m，局部倾角最大为 70°，断层由碎裂岩、碎粉岩、角砾岩和片状岩组成，属于岩屑夹泥型 B2 类结构面；卸荷裂隙密集带 $XL_{09\text{-}15}$ 位于 $XL_{316\text{-}1}$ 上盘约 25m，总体产状 N10°W/NE∠47°～52°，出露于边坡开挖面 1160m 高程附近，该裂隙带卸荷松弛较强烈，贯通性较好；卸荷裂隙密集带 $XL_{316\text{-}1}$ 位于 LP-Ⅰ～LP-Ⅸ之间的坝顶以上边坡，距边坡开挖面 60～80m 之间，总体产状 SN/E∠40°～50°，走向与边坡近平行，中倾坡外，延伸长度大于 350m，卸荷松弛强烈。此外，右岸边坡发育 SN—NNW 向岩脉破碎带 33 条，其中规模较大的断层破碎带 β_5 (F_1)、β_{202} (f_{191})、β_{85}、β_{62} (f_{19})、β_{209} (f_{205})、β_{219}、β_{223}、β_{97}、β_{222} 等辉绿岩脉及 γ_{L5}、γ_{L6} 等花岗岩细晶岩脉，岩脉及断层破碎带多为陡倾、中倾发育。

根据块体理论知识和复杂块体的体积计算方法，不规则块体离散成多个四面体再求和，大岗山右岸边坡块体形态特征统计如表 5-1 所示，图 5-7 为边坡潜在不稳定块体的空间形态。

表 5-1　大岗山右岸边坡块体形态特征统计

编号	块体近似形状	划分四面体个数	块体体积（$\times 10^4 m^3$）	块体揭露部位高程（m）
2	六面体	246	287.41	1145～1460（表层）
3	四面体	218	45.40	1220～1365（表层）
4	多面体	305	36.21	1155～1280（表层）
5	五面体	38	3.13	1260～1305（表层）
6	五面体	51	5.19	1175～1260（表层）
7	四面体	32	0.89	1175～1225（表层）
8	七面体	167	31.26	1115～1210（表层）
9	四面体	72	12.55	1085～1160（表层）
10	五面体	75	2.82	1090～1130（表层）
11	六面体	122	6.70	1060～1130（表层）
12	四面体	361	21.05	1005～1100（表层）
14	五面体	208	63.88	1175～1360（内部）
15	五面体	447	57.78	1135～1255（内部）
16	多面体	143	22.86	1120～1270（内部）

续表 5-1

编号	块体近似形状	划分四面体个数	块体体积（$\times 10^4 m^3$）	块体揭露部位高程（m）
17	五面体	248	23.73	1105～1210（表层）
18	四面体	36	0.75	1115～1150（表层）
19	五面体	18	0.54	1080～1105（表层）
20	五面体	72	4.17	1085～1140（表层）
21	四面体	52	2.85	1050～1120（表层）

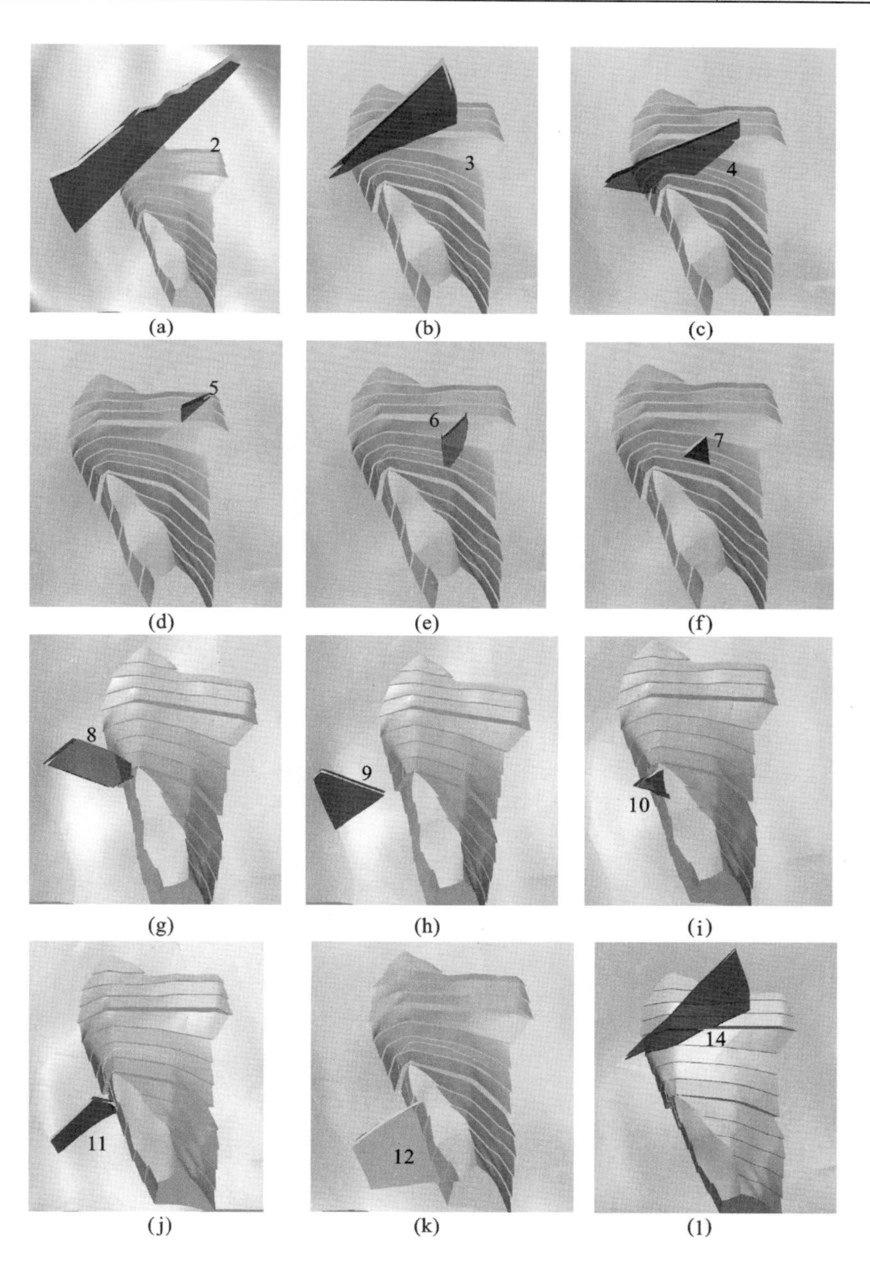

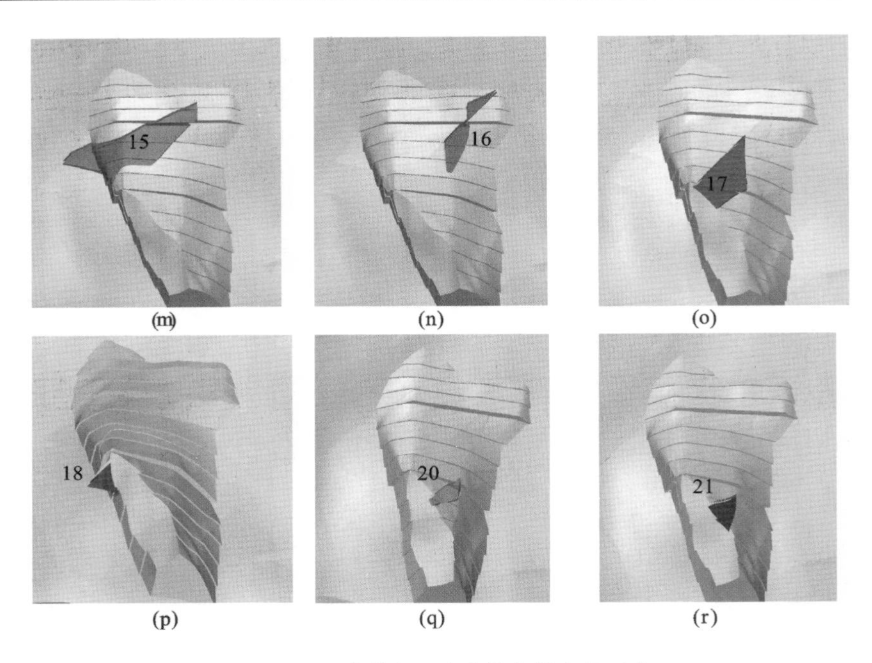

(m) (n) (o)

(p) (q) (r)

图 5-7 边坡潜在不稳定块体的空间形态

5.2.3.2 加固力的确定

根据勘察资料对边坡块体进行三维重构建模，选取模型范围为坝区轴线上、下游各 375m。加固设计不考虑开挖过程中控制性结构面的渐进破坏过程，但需适当加大安全储备，因此岩体及结构面的相关参数直接采用前期勘察结论。参见表 5-2、表 5-3。

表 5-2 坝区岩体及结构面相关参数建议取值表（一）

岩土体类别	岩土体参数（天然）			岩土体参数（饱水）		
	重度 (kN/m³)	摩擦角 (°)	内聚力 c (MPa)	重度 (kN/m³)	摩擦角 (°)	内聚力 c' (MPa)
Ⅱ类	26.5	52.5	2	27.5	50.5	1.8
Ⅲ1 类	26.2	50.2	1.5	27.2	48.2	1.35
Ⅲ2 类	26.2	45	1	27.2	43	0.9
Ⅳ类	25.8	38.6	0.7	26.8	36.6	0.63
Ⅴ1 类	24.5	26.5	0.2	25.5	24.5	0.18
Ⅴ2 类	22.1	21.8	0.175	23.1	19.8	0.16
块碎石夹土	20	30	0.025	21	28	0.023
A3 结构面	—	26.5	0	—	26.5	0
B1 结构面	—	26.6	0.1	—	22.6	0.85
B2 结构面	—	19.3	0.05	—	17.3	0.04
B3 结构面	—	16.7	0.02	—	14.7	0.015

表 5-3　坝区岩体及结构面相关参数建议取值表(二)

岩土体类别	岩土体参数(天然)				
	变形模量 E_0(GPa)		泊松比	体积模量	切变模量
	水平	铅直	μ(MPa)	K(GPa)	G(GPa)
Ⅱ类	18～25	15～22	0.25	11.3	6.8
Ⅲ1类	9～11	6～8	0.27	2.8	3.15
Ⅲ2类	6～9	4～6	0.30	4.17	1.92
Ⅳ类	2.5～3.5	1.0～1.5	0.35	1.34	0.45
Ⅴ1类	0.25～0.5	0.2～0.3	>0.35	0.38	0.08
Ⅴ2类	0.2	0.2	>0.35	0.67	0.07

选取典型断面按高程布置位移跟踪点,监测关键块体在不同折减系数条件下的位移变化,注意测点布置需覆盖主要块体,避免测点遗漏。参见表 5-4、图5-8。

表 5-4　跟踪点位置坐标

测点编号	空间坐标			测点编号	空间坐标		
	X	Y	Z		X	Y	Z
1	−235	1070	−65	4	−308	1195	−65
2	−265	1135	−65	5	−326	1225	−65
3	−290	1165	−65	6	−372	1275	−65

模拟直接开挖无支护条件下的边坡稳定状态,位移变形较大区域主要分布在边坡上的块体 7、17、21、22、3、4、9 周围,位移值大部分集中在 30～82.4mm之间。块体 21、20、17、4、3 的位移曲线收敛到一个稳定值,块体 7 的位移曲线不收敛,而是沿结构面发生滑移,形成短板块体(图 5-9)。

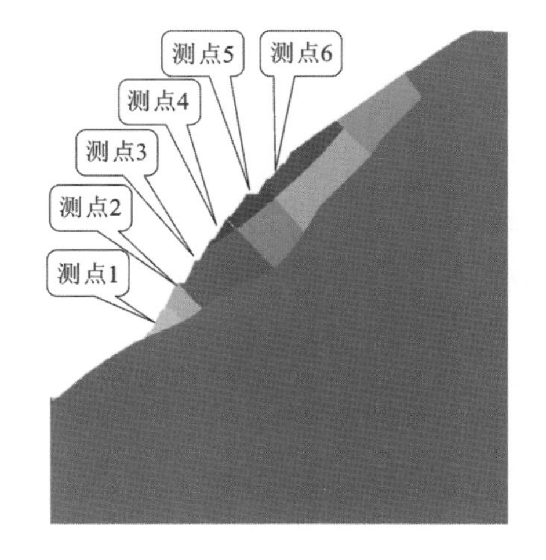

图 5-8　测点布置位置示意图

首先分别求解单个潜在不稳定块体的稳定性及所需加固力,不考虑块体之间的相互联系,计算的结果作为初始优化的参考值,以减少后续试算工作量。初步计算的结果如表 5-5 所示。

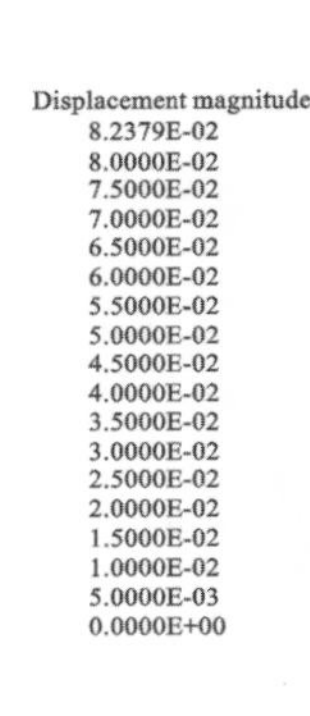

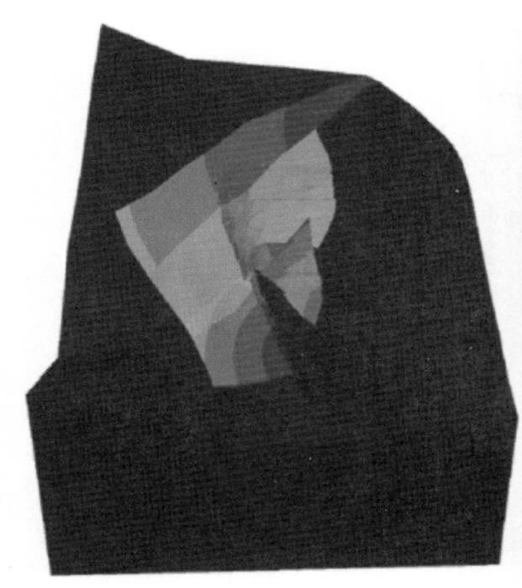

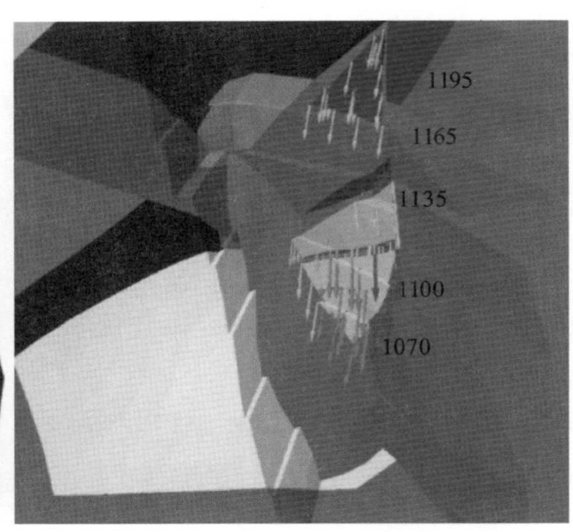

图 5-9 短板块体空间分布剖面图

表 5-5 初步计算的结果

块体编号	21	20	7	17	4	3
加固前安全系数	0.87	0.93	0.82	1.03	1.37	1.40
所需加固力（$\times 10^4$ t）	4.375	2.5	3.125	5.2	4	1

正式计算加固力时，先对块体 7 部位进行锚固，对锚固后的块体 7 模型进行强度折减计算，搜寻新的短板块体或块体群并加固，直到达到要求的稳定性安全系数。

本例中，通过试算分析我们发现，块体间的稳定性存在相互依赖的关系。存在以下几种情况：①搜寻的短板块体并不是一个孤立的个体，而是具有关联性的不稳定块体系统，即仅对单个短板块体锚固并不能改善边坡整体稳定性。例如本文中的关键块体 7，块体 7 的稳定性很大程度上依附于底滑面块体 17，单纯锚固块体 7 并不能阻止其与块体 17 一起产生滑移-拉裂破坏，需同时对块体 7、17 锚固才能够确保块体 7 不发生滑脱破坏，因此锚固深度需要考虑穿过块体 17 的底滑面。②对下部块体的锚固可以显著提高上部块体的稳定性。如块体 20、21 是受断层 f_{231} 控制的不稳定块体，对块体 20 的支护在一定程度上能够减小上部边坡块体及下部块体 21 的位移，这表明块体 20 在边坡上受上部岩体的推力作用并将这种推力传递至块体 21。③对块体加固措施并不能约束其变形。如受浅层卸荷密集带 $XL_{09\text{-}15}$ 的影响，当对块体 4、3 采取支护措施之后，相对于其他块体，该密集带影响范围内的边坡位移变形较大，并且进一步增强锚固措施并不能显著减小该区域的位移变形，说明该区域的边坡位移主要是以块体本身的变形为主。从不同支护方案所产生的支护效果上看，仅对块体 4 支护所达到的锚固效果和同时支护块体 4、3 达到的效果从位移变形角度考虑是基本相同的，因此在实际工程中，保证对块体 4 锚固的情况下，可适当减小对块体 3 的锚固要求。

进一步分析发现，在对右岸边坡进行支护设计时，要重点考虑对 1105～1210m 高程区域块体 17 的加固，该区域块体是否稳定主要受控于卸荷密集带 XL_{316-1} 和断层 f_{231}，考虑到块体 21(1050～1120m)受其他块体强烈的推力作用，在支护设计中也要重点加固。综上所述，在制定支护方案时，首先要着重加强对块体 17、21、7 的锚固；其次考虑对块体 20、4 的锚固；对块体 3 可适当降低锚固要求。参见图 5-10。

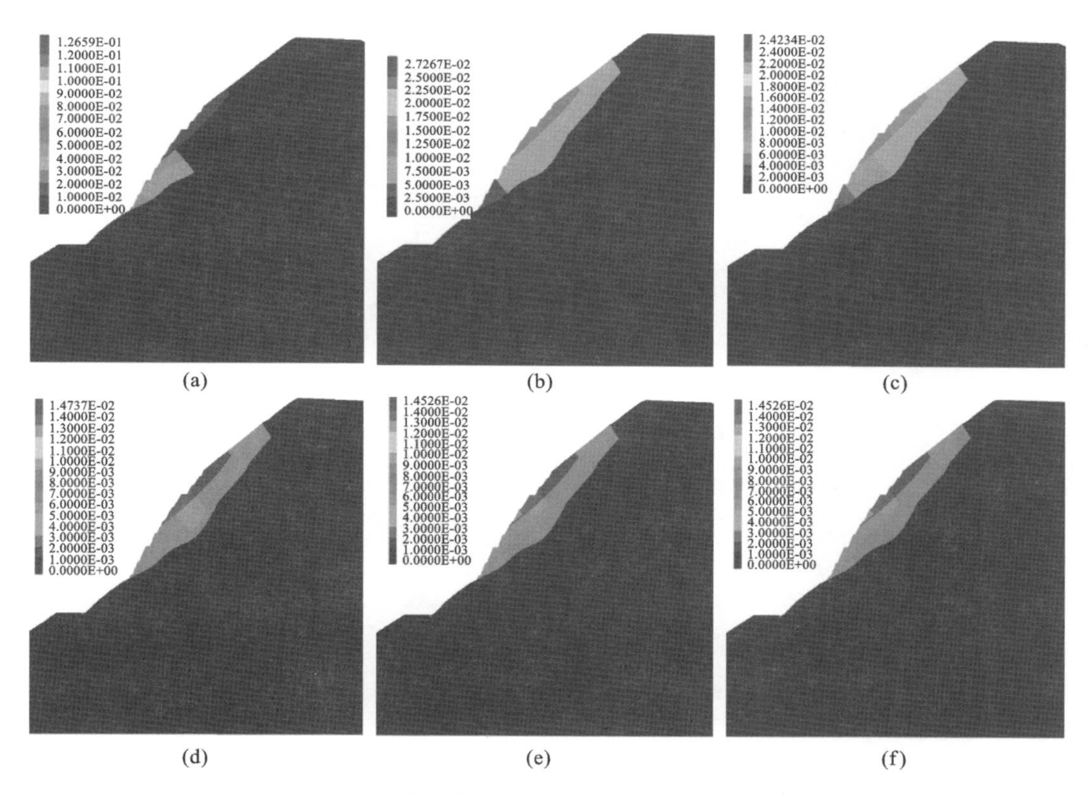

图 5-10　短板块体加固步骤及计算位移演化过程图

(a)锚固 7；(b)锚固 7、17；(c)锚固 7、17、20

(d)锚固 7、17、20、21；(e)锚固 7、17、20、21、4；(f)锚固 7、17、20、21、4、3

对短板块体采用如上所述的搜寻次序依次计算加固力，并根据块体空间关系优化，计算加固后的边坡整体安全系数如表 5-6 所示。

表 5-6　边坡整体安全系数

加固块体组合编号	7	7、17	7、17、20	7、17、20、21	7、17、20、21、4	7、17、20、21、4、3
安全系数	0.85	0.92	0.96	1.14	1.15	1.15

另外在计算中我们还发现，在支护方案中，当只采用锚索加固边坡时，边坡的整体稳定性系数在一定范围内会随着锚固力的增加而增大，但超过这一范围，锚固力的增加将对边坡稳定性的改善不大，因此需要采取增大滑面抗剪强度的措施才能进一步提高其稳定性，大岗山边坡因此额外采用了抗剪洞的加固措施。

最终形成的主要加固方案如下：

在右岸 1135.00～1225.00m 高程之间边坡，根据边坡开挖揭示的实际地质条件，结合卸荷裂隙带 XL_{316-1}、XL_{09-15} 及断层 f_{231}、f_{208} 的产状，分别布置了 1000kN、2000kN、2500kN 锚索。1000kN 锚索间排距 6.00m×5.00m，长度 30～40m；2000kN 锚索间排距 6.00m×5.00m，长度 30～60m；2500kN 锚索间排距 6.00m×5.00m，长度 40～80m；锚索之间用混凝土框格梁连接，梁断面尺寸 0.50m×0.50m。

右岸拱肩槽上游边坡 1070.00～1135.00m 高程、建基面至桩号坝纵 0+023.21m段边坡采用预应力锚索 2500kN，间排距 5.00m×5.00m、5.00m×10.00m，长 60～70m；1070.00～1040.00m 高程、建基面至桩号坝纵 0+028.00m 段边坡采用预应力锚索 2500kN，间排距 5.00m×5.00m，长 70～80m；1040.00～1010.00m 高程、建基面至桩号坝纵 0+016.00m 段边坡采用预应力锚索 2500kN，间排距 5.00m×5.00m，长 70～80m。

在约(缆机)0+043.00m～约(缆机)0+224.50m 之间，1240.00m 高程设置一层抗剪洞和锚固洞，抗剪洞尺寸为 8.00m(宽)×9.00m(高)，锚固洞尺寸为 6.00m(宽)×7.50m(高)，间距约 32.00m。

在约(缆机)0+071.00m～约(缆机)0+224.50m 之间，1210.00m 高程设置一层抗剪洞和锚固洞，抗剪洞尺寸为 8.00m(宽)×9.00m(高)，锚固洞尺寸为 6.00m(宽)×7.50m(高)，间距约 32.00m。

在约(缆机)0+071.00m～约(缆机)0+172.70m 之间，1180.00m、1150.00m高程设置两层抗剪洞，抗剪洞尺寸为 8.00m(宽)×9.00m(高)，在抗剪洞两侧设置键槽，断面尺寸为 6.00m(宽)×7.50m(高)，单侧长度为 3.00m，结合施工支洞布置。

在约(缆机)0＋071.00m～约(缆机)0＋146.50m之间，1120.00m高程设置一层抗剪洞，抗剪洞尺寸为8.00m(宽)×9.00m(高)，在抗剪洞两侧设置键槽，断面尺寸为6.00m(宽)×7.50m(高)，单侧长度为3.00m，结合施工支洞布置。

5.3　加固效果评价方法

边坡加固效果评价一般采用两种方法：一种是基于实测位移数据是否已经达到收敛；另外一种是建立模型进行力学分析复核计算，来判断是否已满足设计要求。前一种方法已经在3.3.1节做了介绍，本节介绍数值模拟计算的评价方法。

目前的主要锚固方式有锚杆、预应力锚索及抗剪锚固洞(阻滑键)等，在数值计算中，需要对其工作机制进行模拟分析，以准确评估加固效果。

5.3.1　常见锚固方式的数值模拟方法

5.3.1.1　系统锚杆的等效模拟方法

目前，对锚杆加固岩体等效研究方面主要通过两种方法实现：一是模型试验，二是数值试验。2001年，朱维申、任伟中在《船闸边坡节理岩体锚固效应的模型试验研究》一文中研究了不同锚固密度条件下，节理倾角为70°及84°的岩体的锚杆加固效果，并指出：节理岩体的抗压强度、弹性模量、扩容起始应力和残余强度等力学参数，随着锚固密度的增大而增加，而泊松比则减小，两者近似呈线性关系；锚固岩体的抗压强度和弹性模量比无锚时分别提高了6.5%～30.6%和6.8%～74.8%，泊松比比无锚时减少了6.8%～32.9%，扩容起始应力和残余强度比无锚时分别提高了2.8%～60.5%和7.2%～36.9%。2010年，黄耀英、郑宏在《系统锚杆对节理岩体等效凝聚力影响数值试验初探》一文中，采用数值试验方法研究了系统锚索，对比分析了系统锚杆对不同硬软完整岩块、岩体的凝聚力的影响，并认为岩体越软，系统锚杆对岩体等效凝聚力影响越大。当锚杆体积占有率为2.50×10^{-4}时，硬质岩体的等效凝聚力提高比例为1.20，中硬岩体的等效凝聚力提高比例为1.22，而软岩体的等效凝聚力提高比例达到1.78。

锚杆的加固作用可分为两个方面：①杆体受拉产生的轴向荷载；②常被称为“销钉效应”的剪切抗力，因此对于受结构面控制的裂隙岩体其锚杆支护效果必须考虑这两种因素的共同作用效果。全长黏结锚杆模型中，由于锚杆为刚性螺纹钢材料，需要考虑锚杆的抗拉拔效应，同时还应考虑锚杆的抗弯抗剪效应，这在模拟锚杆对块体沿滑动面滑动的约束作用时非常有效，因此采用桩单元比较适合这种机制。考虑到边坡系统锚杆数量庞大，将每根锚杆作为锚杆单元来模拟非常耗时，故考虑对系统锚杆采用等效方法模拟。

为获得边坡系统锚杆的等效加固效果，在前述 4.2 节裂隙加/卸载数值试验的基础上，增加锚杆单元模拟加固后的岩体力学参数。参见图 5-11。

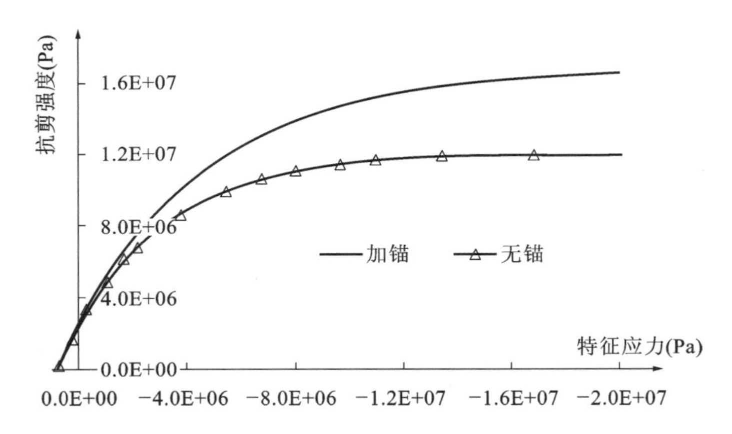

图 5-11　加锚前后裂隙岩体的强度包络曲线(Ⅲ类岩体)

根据式(4-100)的强度条件，包络线上对应于某一特征应力时的强度指标可以由下列式子求出：

$$\left.\begin{aligned} \tan\varphi &= \frac{\mathrm{d}\tau}{\mathrm{d}\sigma} = a \times b\mathrm{e}^{b\sigma} \\ c &= \tau_0 + a\mathrm{e}^{b\sigma} - \sigma\tan\varphi \end{aligned}\right\} \tag{5-18}$$

根据上式及加锚前后裂隙岩体的强度包络线曲线图，可以将加锚前后岩体 c、φ 值变化关系求出。参见图 5-12。

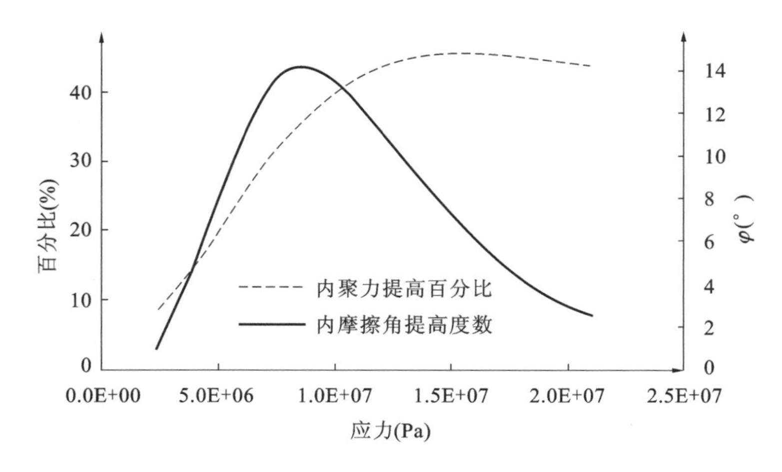

图 5-12　不同应力状态下锚杆加固对裂隙岩体 c、φ 值的改善效果

在特征应力为0.5～5MPa之间时，内聚力提高8%～27%，内摩擦角提高1°～8°。根据加载试验拉压比条件，也可以近似求得锚固前后的c、φ值的变化。

$$R_c = \frac{2c(1+\sin\varphi)}{\cos\varphi} \tag{5-19}$$

$$\frac{R_c}{R_t} = \frac{1+\sin\varphi}{1-\sin\varphi} \tag{5-20}$$

式中　R_c——岩石单轴抗压强度；

R_t——岩石单轴抗拉强度。

根据拉压比计算结果，锚固后Ⅲ类岩体内聚力增加了25%，内摩擦角增加了2°。

5.3.1.2　预应力锚索加固模拟方法

锚索加固的模拟方法归纳起来大致分为两种思路：①两点集中力方法。顾名思义，采用一对反方向集中力模拟锚索作用，更为精细一些，可将内锚固段采用杆单元模拟，自由段采用两点反向集中力或锚头局部采用反压均布力，但总体思路可以归为一类。②只承拉不承压的杆单元模拟整体锚索，预应力施加采用等效应变、等效降温方法。第二类研究思路由于明确地模拟出了预应力锚索的加固机制，相关参数直接取自锚固参数，为广大研究者与工程技术人员所采用。然而，目前该类方法虽在单锚加固机制和效果研究方面与模型试验成果取得了较好的一致性，但在边坡稳定性分析的群锚加固效果评价方面并不理想，往往锚索加固后对边坡局部应力进行了调整，但对边坡的下一步开挖引起的松动变形的限制作用无法模拟。特别是对于大型边坡，往往无法真实反映预应力锚索的加固效果。究其原因，预应力锚索单元实际上为杆单元，仅能提供抗拉压能力，当锚索单元的两单元不共线时，张拉力沿两单元夹角平分线方向提供有限的恢复抗力。因此，我们认为预应力锚索与锚固体整体具备一定的抗剪能力，此能力对边坡滑动面的形成或沿既有滑动面滑动的约束贡献不能忽略。也就是说，预应力锚索的作用除了主动改善边坡应力状态外，同时也提供了边坡的刚度贡献，抑制了滑动面的形成。

为了较为全面地反映预应力锚索的工作机制，人们采用两步法改进锚索加固的模拟方法。在边坡开挖后，对开挖面上的加固锚索采用两点集中力的方法施加预应力，在下一步开挖时，通过桩单元来激活锚索(实为锚固体)的抗剪刚度，此刚度贡献可根据钢绞线及水泥浆体的尺寸及模量求出。

以下通过数值试验来说明：以穿过平面型软弱结构面(黑线标出部分)的两

种锚索模拟结果对比来说明两种方法的优劣，数值试验模型示意图给出了计算模型，示意图只画出了左半部分，右半部分为对称布置。左边 2 根锚索为无改进的普通锚索单元，无抗剪能力，仅能提供预应力；右边 2 根为改进的锚索单元，提供一定的抗剪能力。参见表 5-7、图 5-13。

表 5-7 数值试验计算参数

类型＼参数	密度(kg/m³)	内聚力(MPa)	内摩擦角(°)
岩体	2600	0.5	45
结构面	—	0.1	36

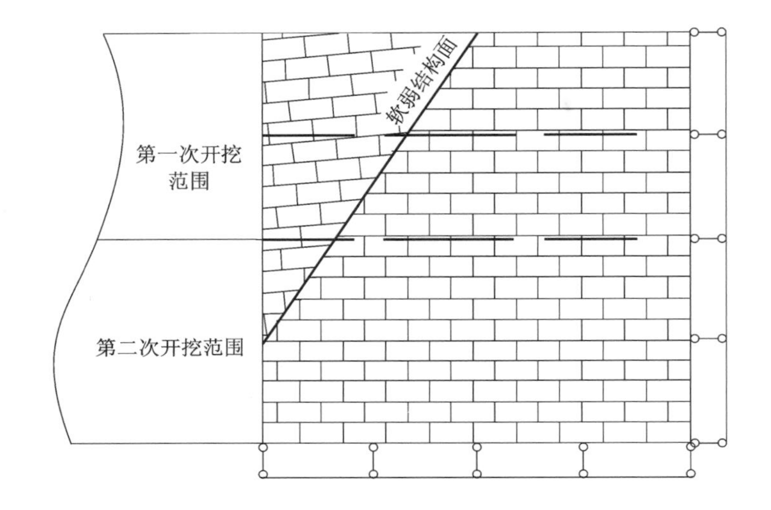

图 5-13 数值试验模型示意图

岩体采用 4.3 节获得的力学参数，结构面采用 M-C 模型。

通过下一台阶开挖前后，两种锚索单元从边坡的塑性区扩展约束作用、边坡最小主应力的改善效果、水平位移的约束作用三方面来说明改进的锚索单元的合理性。参见图 5-14～图 5-16。

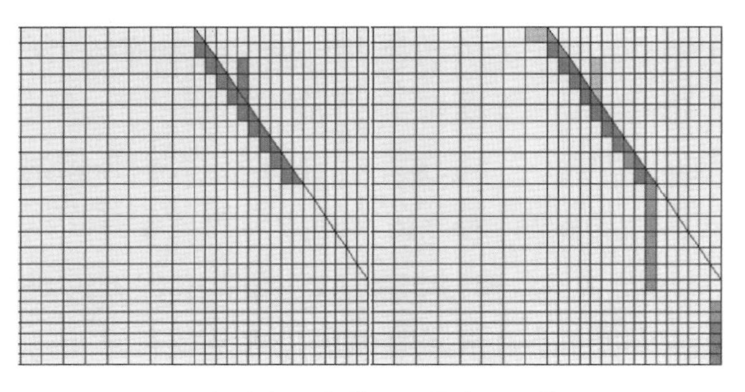

图 5-14 无锚索加固条件下开挖前后塑性区扩展图

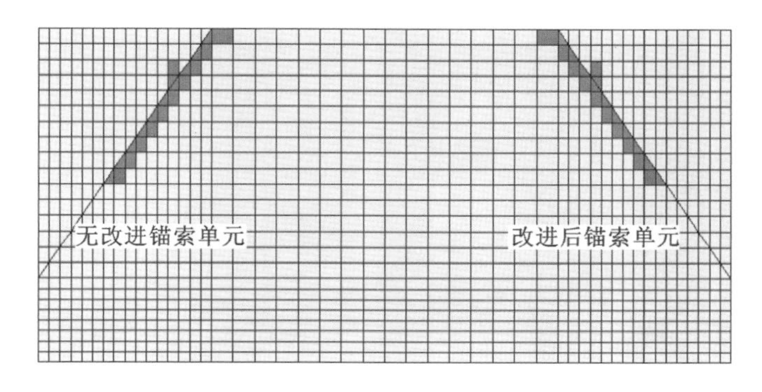

图 5-15 下一台阶开挖前两种锚索对塑性区扩展的约束效果对比

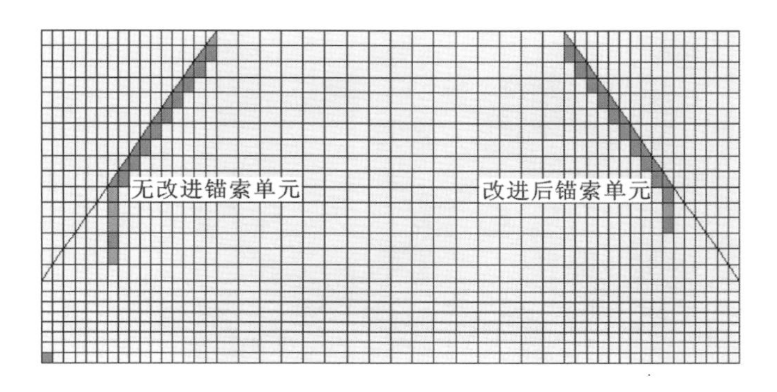

图 5-16 下一台阶开挖后两种锚索对塑性区扩展的约束效果对比

下一台阶开挖前，两种锚索对边坡塑性区的扩展约束效果相同，下一台阶开挖后，两种锚索单元均改善了边坡的塑性区扩展，但改进后的锚索单元对塑性区扩展的约束效果更明显。参见图 5-17～图 5-19。

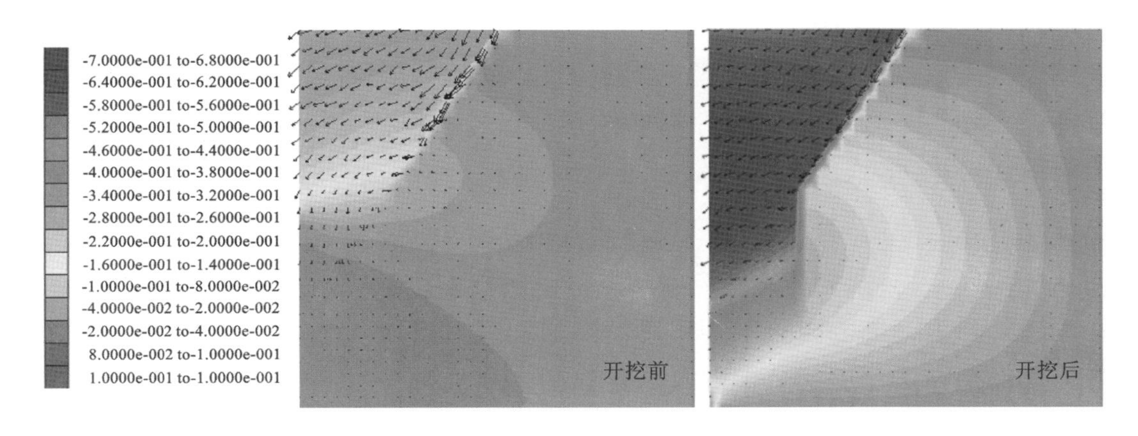

图 5-17 下一台阶开挖前后无锚索支护时边坡水平位移分布对比

图 5-18　下一台阶开挖前两种预应力锚索对边坡水平位移的改善效果对比

图 5-19　下一台阶开挖后两种预应力锚索对边坡水平位移的改善效果对比

无锚索加固时，下一台阶开挖前边坡最大水平位移为 30cm，下一台阶开挖后最大水平位移为 70cm；加固后，下一台阶开挖前两种锚索预应力作用下，边坡最大水平位移均为 24cm，下一台阶开挖后两种锚索单元加固区的水平位移分别为 46cm 及 37cm，可见改进后的锚索单元加固效果更加明显。

由此可见，考虑了预应力锚索-锚固体的抗剪能力后，对边坡加固作用明显改善。对大型边坡，特别是存在断层滑动面的条件下，此抗剪作用不能忽略。

5.3.1.3　抗剪洞模拟方法

抗剪洞为钢筋混凝土结构的跨滑动面的阻滑设施，依靠自身刚度抵抗滑动面的变形来完成加固。抗剪洞具有足够的体积，因此采用实体单元来模拟其加固效果。

5.3.2 边坡加固效果三维数值模拟

5.3.2.1 基于三维重构的模型建立方法

原始剖面资料(图 5-20)来源于右岸边坡平切面图及地形图,地质结构分界面根据平切面上的分界线插值获得,地形坐标根据地形图转化获得。开挖面严格按照开挖设计图生成。

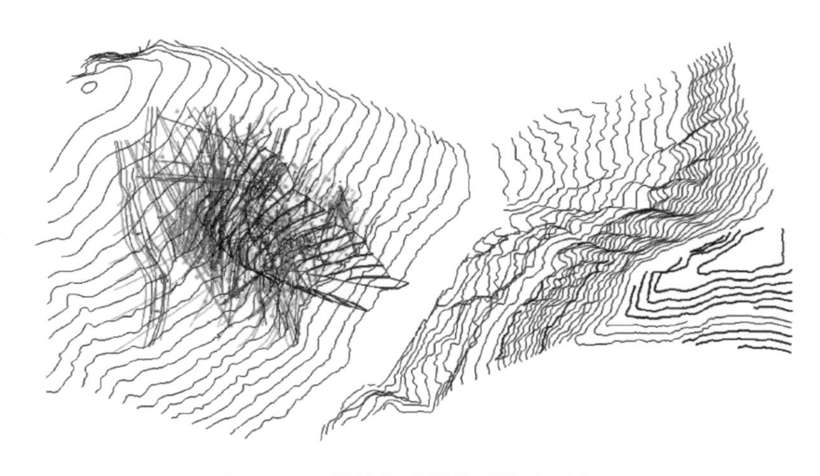

图 5-20 三维地质建模的原始地质资料

(1)地形面及地质结构面的生成

由于需要进行体元剖分及数值模拟,建模必须采用拓扑一致的几何模型,同时必须完整表达各断层、岩脉、开挖面、硐室等的空间关系。由于剖面资料尚不能涵盖边坡关键块体轮廓范围,同时,整个项目内需建构的界面复杂多样,而基于平行剖面建模的方法在剖面之间轮廓线的对应可能会出现困难,同时可能遗漏剖面间的部分信息,因此放弃采用基于平行剖面的建模方法,利用贝塞尔曲面和 NURBS 曲面展现地质构造界面,基于多源数据整合各种数据建立各个地质界面,构造出完整三维模型。见图 5-21。

(2)网格划分及断层处理

①网格划分及质量检查

网格单元质量控制直接影响到计算结果的可靠程度,较差的质量单元计算结果可能严重偏离真实值甚至会得出错误的结果,单元网格划分结合专业软件 Hypermesh 来完成。右岸边坡三维模型网格划分如图 5-22 所示。

通过单元质量检查,共检查 847722 单元 150149 节点,均满足质量控制标准。

②断层处理

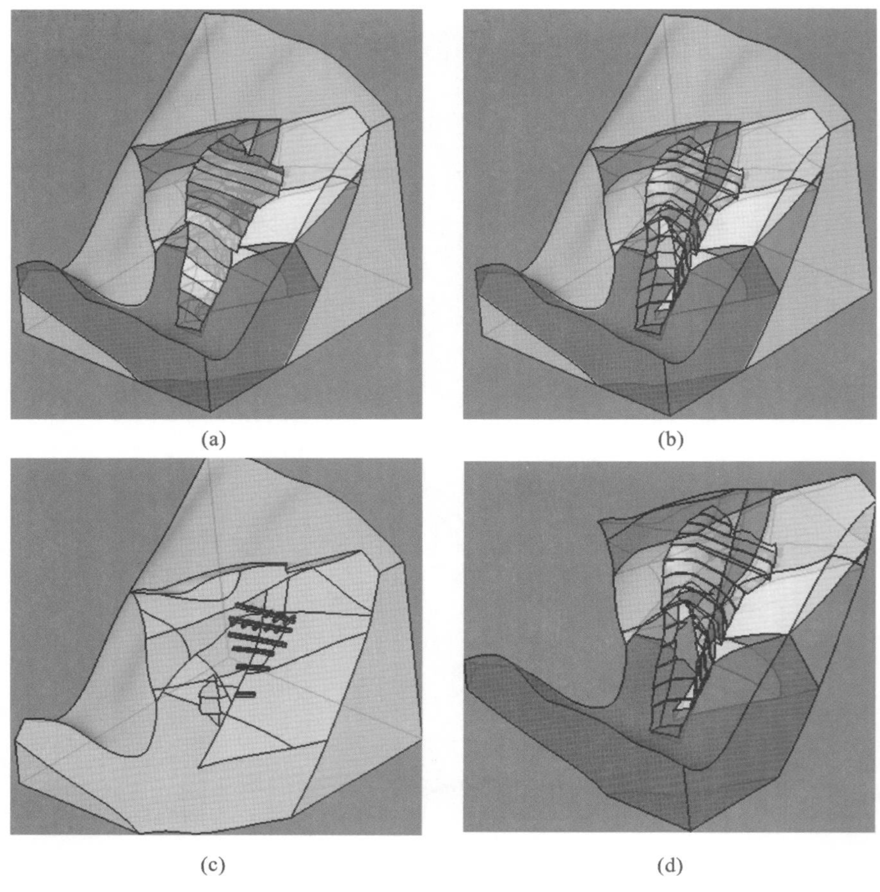

图 5-21　右岸边坡三维地质模型最终效果图

(a)开挖前模型图；(b)开挖后模型图

(c)f_{231}及抗剪洞模型图；(d)断层、深部卸荷带切割体组合图

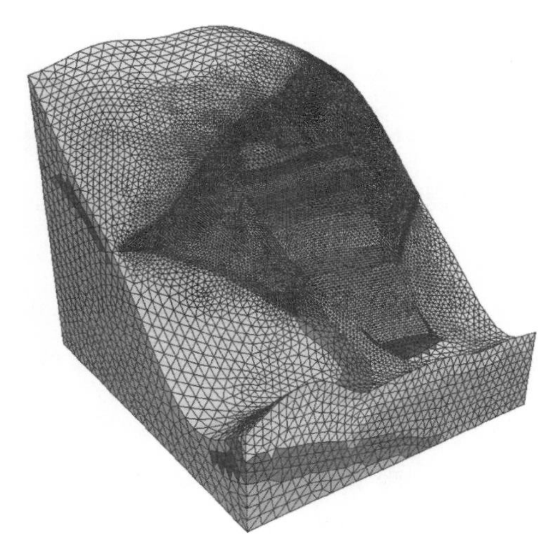

图 5-22　右岸边坡三维模型网格划分

边坡中发育的断层主要为Ⅱ、Ⅲ级结构面，研究区辉绿岩脉中往往发育有断层，综合考虑岩脉及断层作用，不另外考虑断层影响带，将辉绿岩脉作为单独的实体单元来考虑，断层作为 Goodman 接触单元来模拟断层的滑移及张开特性。

③卸荷裂隙密集带

右岸边坡卸荷裂隙密集带主要追踪第五组中倾坡外的裂隙，它在距坡面约100m 范围的岩体中发育有多条张裂缝，在边坡开挖过程中，裂隙密集带内裂隙端部张拉应力集中而导致裂隙扩展、贯通而逐渐降低裂隙岩体等效强度。因此，把多裂隙岩体看作损伤岩体，通过裂纹断裂损伤演化方程来模拟裂隙密集带的破裂、力学性能降低过程。

5.3.2.2　*右岸边坡支护效果模拟及分析*

(1)天然应力状态特征

根据 4.1 节方法，对边坡区域地应力进行反演分析，获得边坡区域地应力场。边坡天然应力场受 f_{231} 断层影响明显，高程 1200m 以上断层影响区域，存在明显应力降低区，且沿 f_{231} 向河谷方向延伸形成分界面，沿高程向下，影响逐渐减弱。最大主应力由坡面向坡内深部逐渐增高。受地形影响，1200m 高程与最大主应力梯度方向近水平，以下则逐渐演化为与边坡表面近平行方向，符合一般规律。最小主应力在边坡近河谷坡脚以下深部位置较大，显示此部位为应力集中部位，同部位最大主应力未见明显增高现象，表现出球应力增加、偏应力降低的现象。沿高程方向，最大主应力的变化幅度要明显大于最小主应力。参见图 5-23、图 5-24。

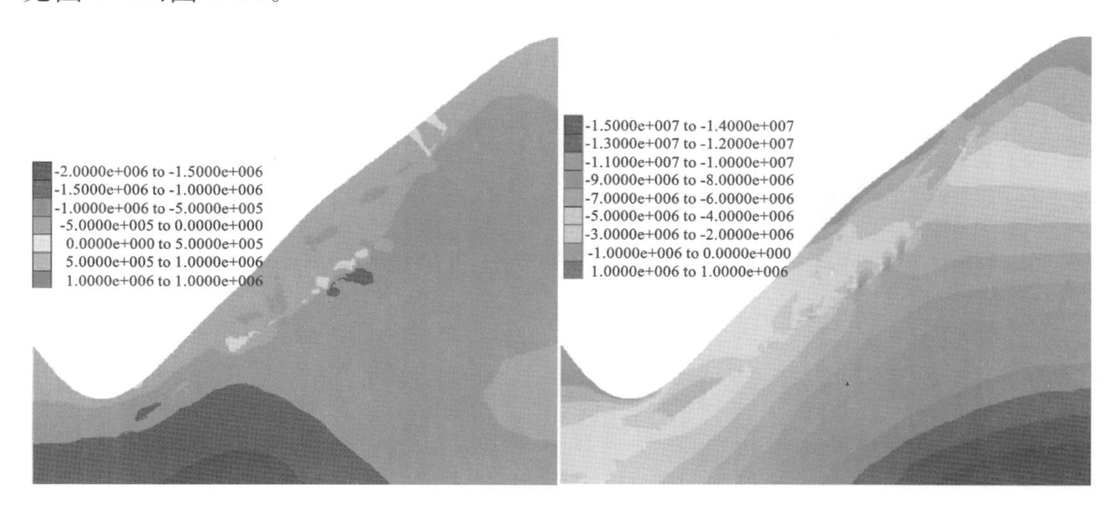

图 5-23　天然状态下Ⅴ剖面最小(左)、最大(右)主应力分布特征

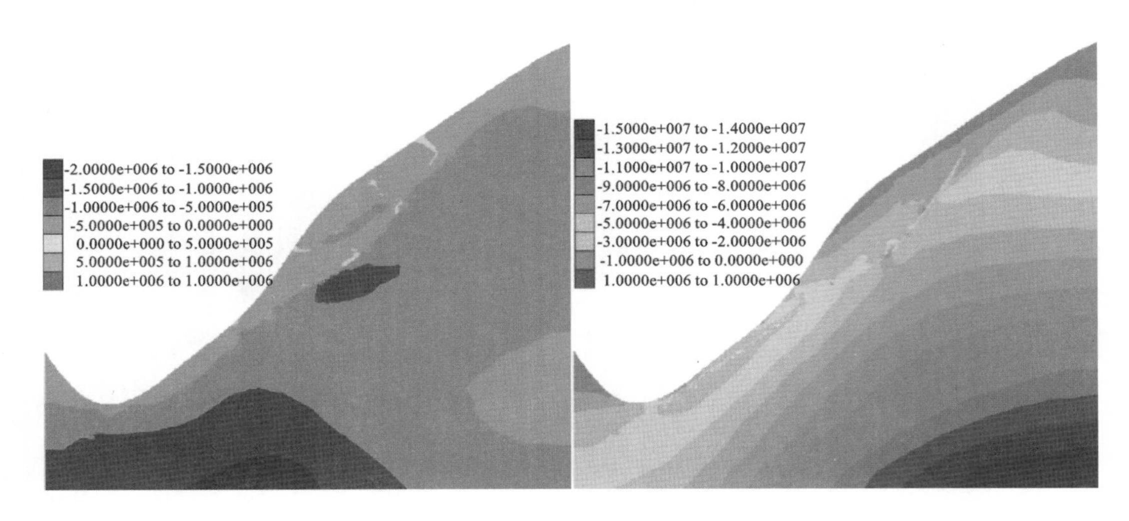

图 5-24　天然状态下Ⅸ剖面最小(左)、最大(右)主应力分布特征

应力分布的另一个影响因素为卸荷因素,从平切面的应力分布规律可见,高海拔部位卸荷深度相对较深,而低海拔部位则卸荷深度相对较浅,卸荷等值线基本与边坡表面平行,同时也受断层的影响,理论分析与现场勘查结果一致。分别选取 1010m 高程与 1195m 高程平切面最大、最小主应力等色图进行示意对比,如图 5-25、图 5-26 所示。

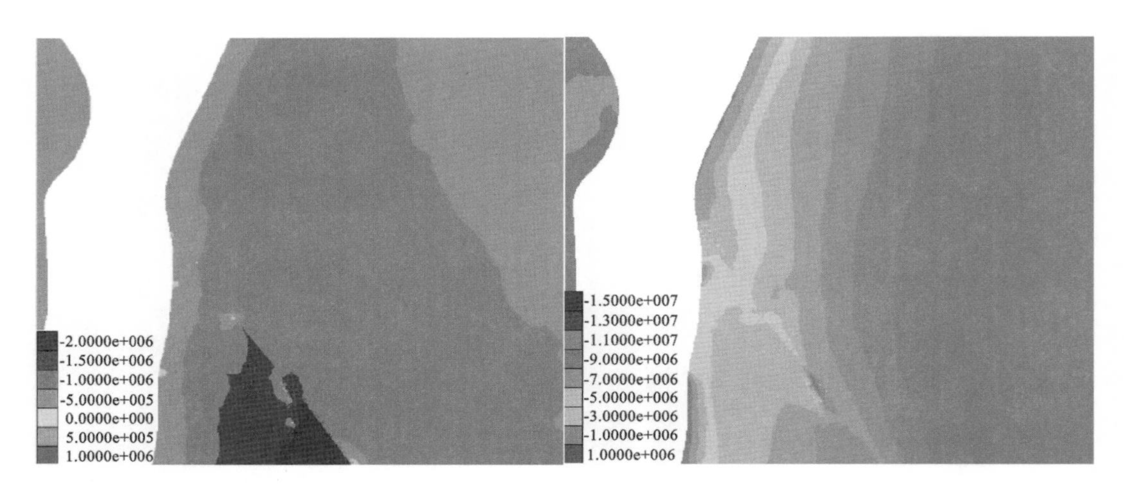

图 5-25　天然状态下 1010m 高程最小(左)、最大(右)主应力分布特征

剪切应变率体现了岩体剪切带出现的可能性,剪切带位置总会伴随剪切应变率梯度的急剧增大,因此考察剪切应变率分布,可以得出边坡剪切变形局部化发生的可能位置,也就是剪切滑动面的位置。天然状态下潜在滑动面最可能位于 f_{231},其次位于 XL_{316-1}、XL_{09-15}。参见图 5-27。

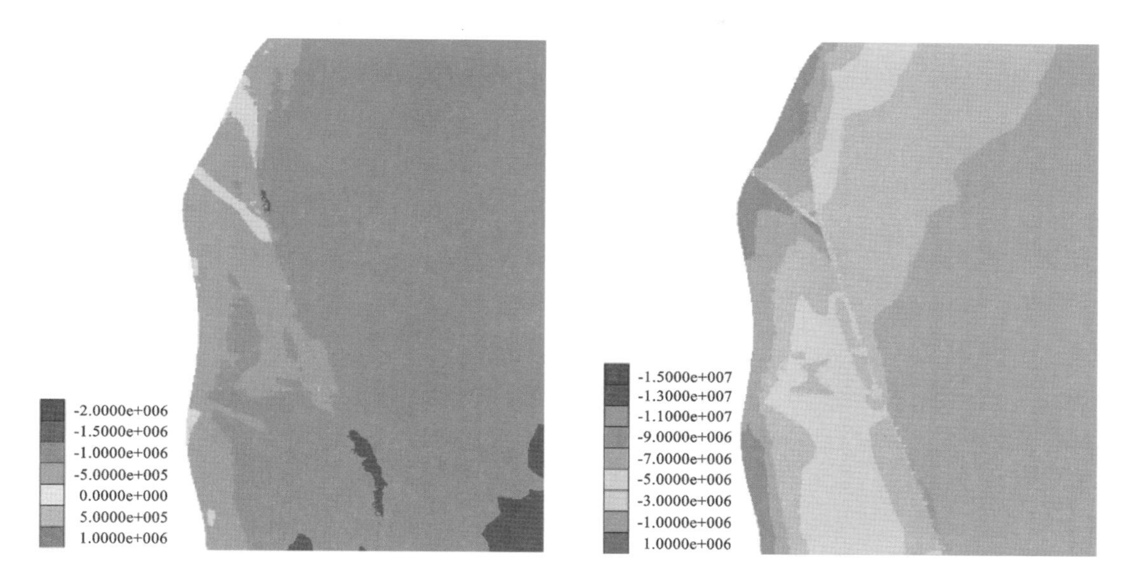

图 5-26　天然状态下 1195m 高程最小（左）、最大（右）主应力分布特征

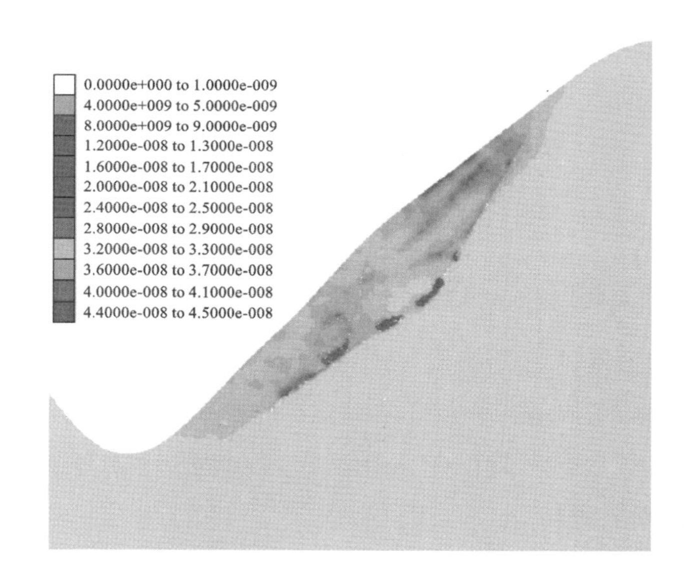

图 5-27　天然状态下剪切应变率特征典型断面图

在天然状态下，边坡表面及内部均存在局部塑性区：在Ⅰ～Ⅲ剖面，仅边坡表面及 f_{231} 断层部位的个别单元出现塑性区，Ⅳ剖面下游，出现沿断层带断续扩展的张剪塑性区。塑性区发育较明显范围在 1063～1276m 高程 f_{231} 断层影响区域，而下游明显比上游塑性区范围要大，特别是 1100m 高程Ⅶ、Ⅷ、Ⅸ剖面，由于 f_{231} 断层离表面距离较近，塑性区呈条带-片状分布，工程边坡开挖后，此部位 f_{231} 将被揭露，也是变形最为显著区域。参见图 5-28、图 5-29。

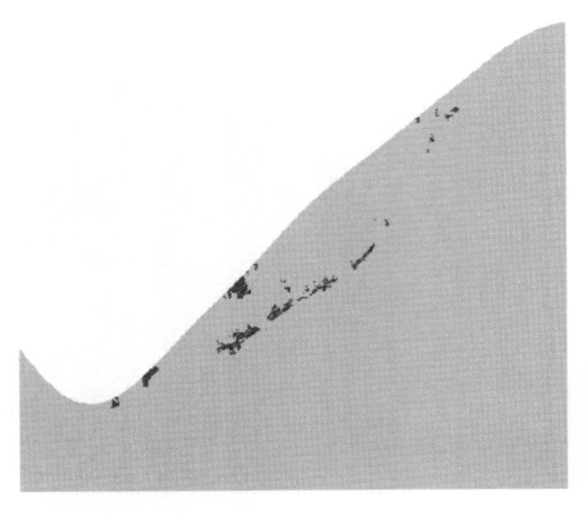
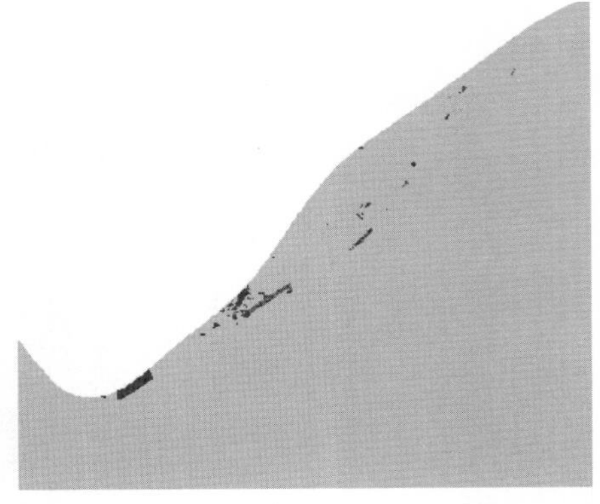

图 5-28 天然状态下Ⅴ(左)、Ⅷ(右)剖面塑性区分布典型断面图

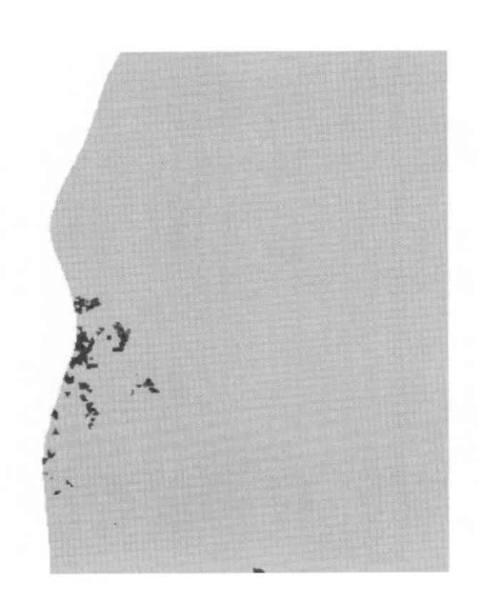
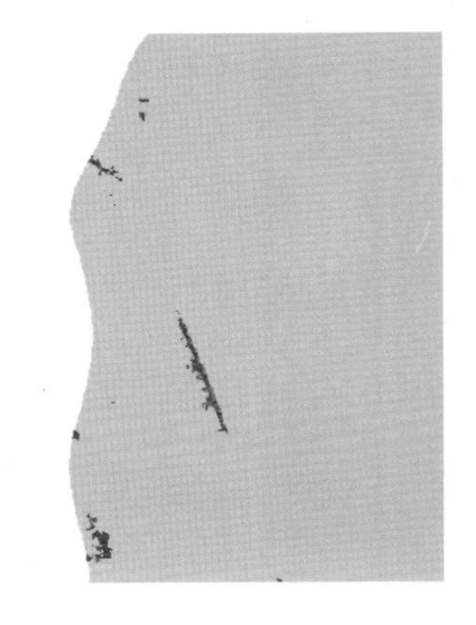

图 5-29 天然状态下 1100m 高程(左)、1165m 高程(右)剖面塑性区分布典型断面图

(2)无支护开挖条件下开挖模拟结果

无支护指仅考虑开挖面系统锚杆的支护作用,不考虑预应力锚索及抗剪洞的加固作用,此计算工况为假设的工作状况,以评估预应力锚索及抗剪洞各自对边坡加固时的效果对比。

计算结果显示:在无支护条件下,最可能发生剪切破坏的部位为 f_{231},其次为 XL_{316-1}、XL_{09-15},最后才是边坡 f_{231} 外侧的岩体内部。与天然状态比较,无支护开挖状态下的剪切应变率等色图沿 XL_{316-1}、XL_{09-15} 有贯通趋势,说明开挖后,沿 XL_{316-1}、XL_{09-15} 产生滑动的可能性较开挖前增加。塑性区扩展分布具有以下规律:f_1 断层以上高程为剪切塑性区较为集中部位;沿 f_{231} 断层走向发育有纯剪、拉剪区,边坡浅表零星分布有纯剪、拉剪塑性区。参见图 5-30、图 5-31。

(3)各加固手段对边坡状态的影响

选取边坡Ⅴ—Ⅵ剖面之间 1055m 高程、1105m 高程、1135m 高程、1165m

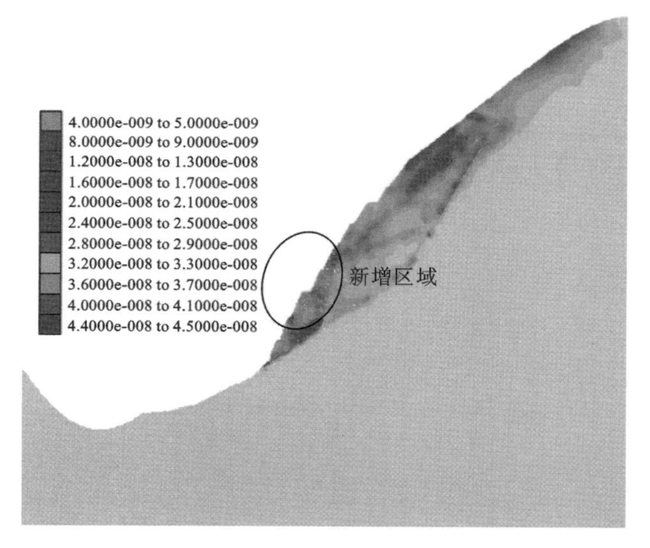

图 5-30　无支护开挖剪切应变率分布

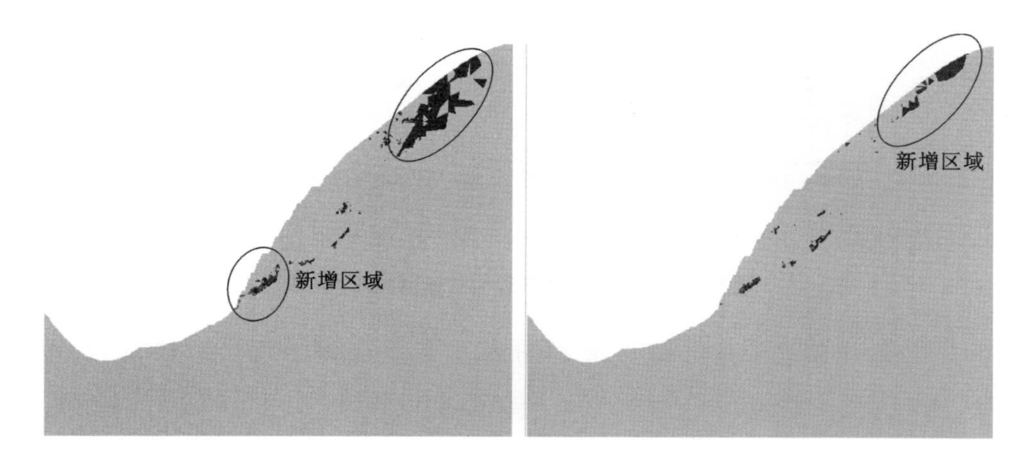

图 5-31　无支护条件下开挖Ⅴ(左)、Ⅷ(右)剖面塑性区分布典型断面图

高程、1225m 高程、1295m 高程开挖面表面向坡内水平深度 10m、30m 的两个点作为边坡关键特征点，分别研究其主应力、强度参数、特征位移、边坡塑性区体积、点安全系数等的演化关系。其中点 1 表示位于 10m 深部位，点 2 表示位于 30m 深部位。参见图 5-32、图 5-33。

①边坡主应力

加固条件下，边坡应力状态变化具有以下规律：

a. 天然状态下，边坡岩体平均应力及偏应力随高程增加而降低。

b. 边坡开挖后，边坡 1055m 高程(边坡坡脚低高程部位)岩体平均应力增高，偏应力则略有降低，显示边坡低高程存在应力集中现象，其他部位平均应

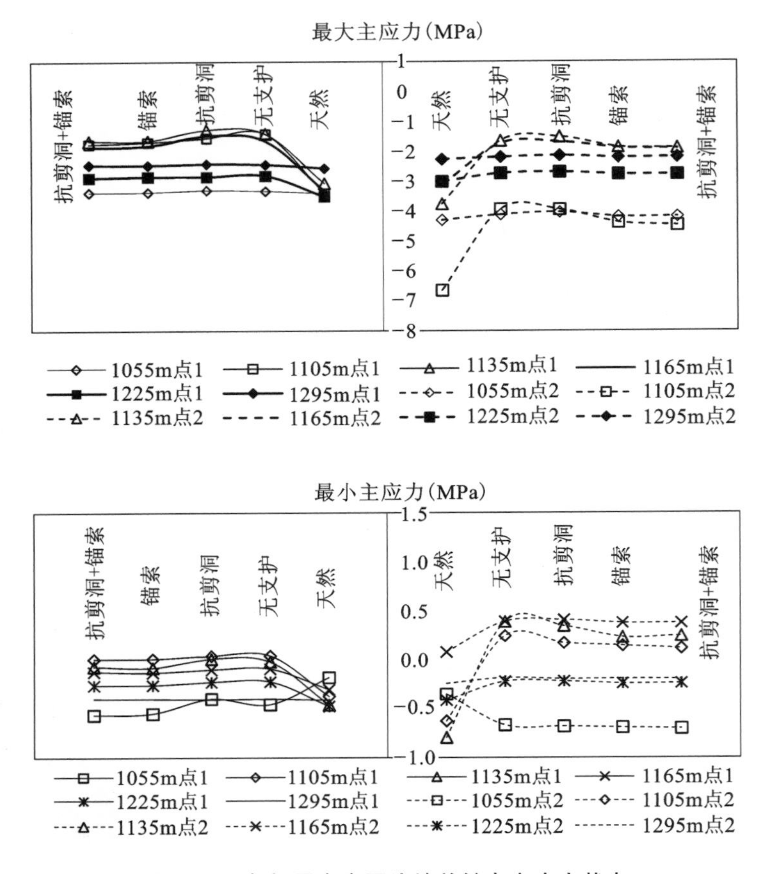

图 5-32　各加固方案下边坡关键点主应力状态

力及偏应力均有降低，显示边坡大部分部位均为卸载过程，但局部存在加载过程。

c. 开挖过程中，边坡应力调整最为显著部位为边坡中部，主要表现为体积应力和偏应力均降低。

d. 预应力锚索增加了边坡浅层岩体的平均应力及偏应力，锚固洞则对边坡浅层岩体的应力状态基本无影响。

e. 开挖过程中，最小主应力(水平)调整的幅度要大于最大主应力(垂直)，其中坡脚部位最小主应力出现压应力增大现象，关键点设置在开挖面 10m、30m 深处，说明坡脚部位水平方向应力梯度增大。

f. 最大主应力在 10m、30m 深部位的调整幅度基本一致，但最小主应力 30m 深处的应力调整幅度明显大于 10m 深部位。

g. 预应力锚索增加了边坡平均应力及偏应力。

②边坡位移绝对值(图 5-34)

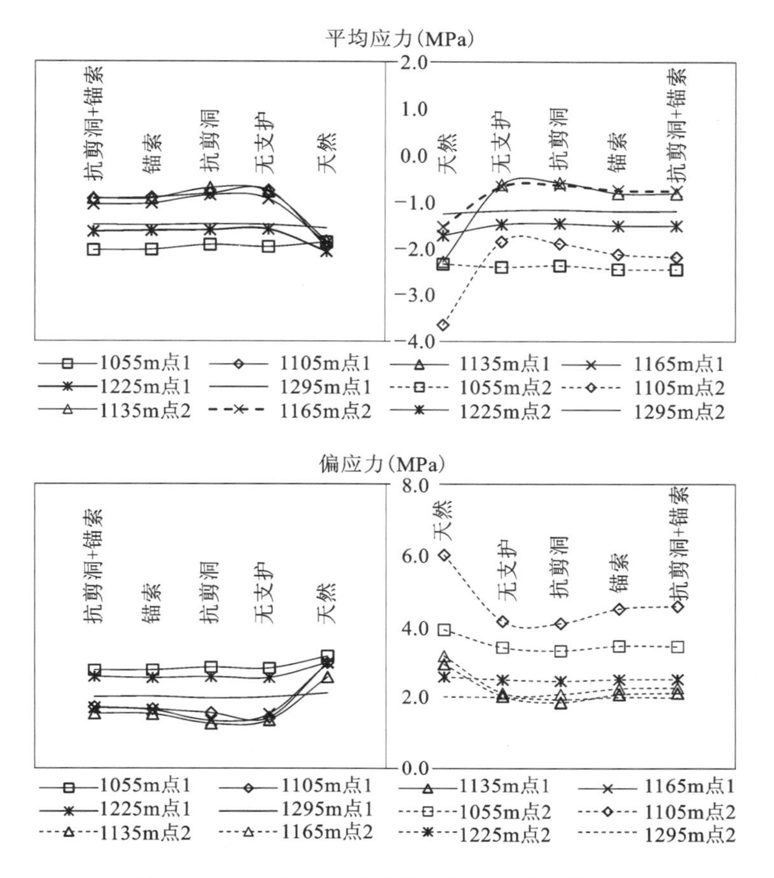

图 5-33　各加固方案下边坡关键点平均应力及偏应力状态

边坡在开挖加固过程中位移变化具有如下规律：预应力锚索显著降低边坡位移的增长，单独锚固洞的作用则不显著。但预应力锚索与锚固洞共同作用下的位移抑制水平则超过锚索与锚固洞的单独作用效果。

③边坡岩体点安全系数

点安全系数是衡量边坡局部应力状态导致破坏可能程度的指标之一，采用单元应力状态在应力空间的位置距离屈服面的位置比来说明边坡的局部安全程度。

在平面模型中，定义单元体点安全系数 $k=\dfrac{|AB|}{|AC|}=\dfrac{\sigma_1-\sigma_3}{[2c+(\sigma_1-\sigma_3)\tan\varphi]\cos\varphi}$（图 5-35），在受拉区，$k=\dfrac{\sigma_3}{\sigma_T}$，$\sigma_T$ 为岩体抗拉强度。在三维空间中此比值可表述如下式所示：

$$k=\frac{|PA'|}{|A_0A_0'|}=\frac{(I_1\sin\varphi)/3+(\cos\theta_\sigma-\sin\theta_\sigma\sin\varphi/\sqrt{3})\sqrt{J_2}-c\cos\varphi}{I_1\sin\varphi/3-c\cos\varphi}$$

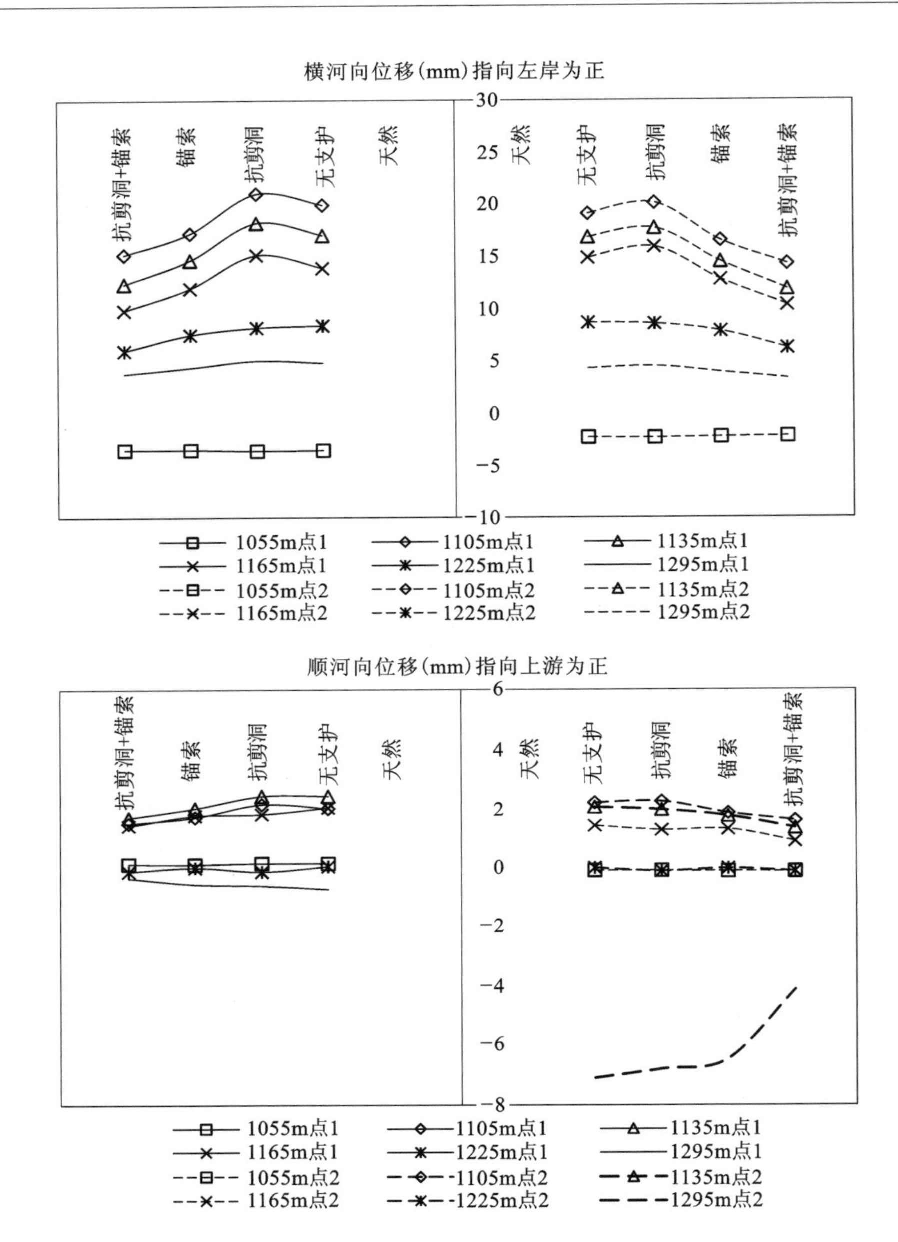

图 5-34　各加固方案下位移变化

φ 为岩体内摩擦角，θ_σ 为洛德角，I_1 为应力张量第一不变量，J_2 为偏应力张量第二不变量。其中，当 k 大于 1 时，表示单元体受剪屈服；当 k 值小于 -1 时，表示单元体受拉屈服；正号表示单元体应力状态为受剪，负号表示单元体应力状态为受拉。单元点安全系数越接近 0 表示越安全。参见图 5-36。

坡顶部位处于拉应力状态，且接近抗拉强度。1225m 高程则存在剪切屈服。边坡在加固过程中，坡顶部位局部岩体安全性无明显变化。而 1135～

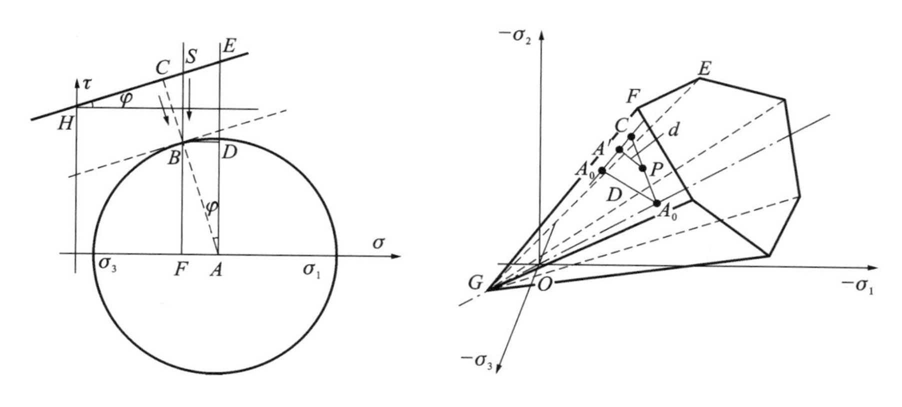

图 5-35　点安全系数求解示意图

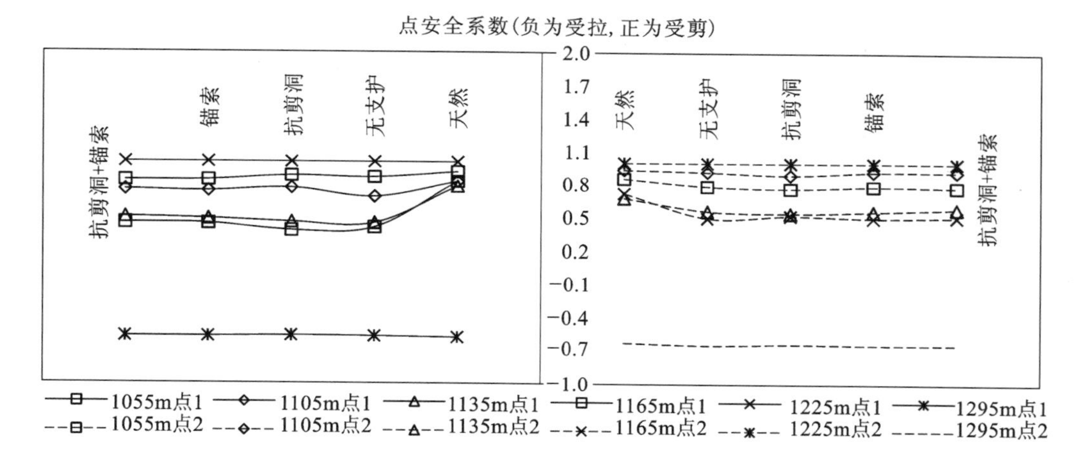

图 5-36　各加固方案下关键点点安全系数

1165m 高程的屈服接近程度则相对较低,坡脚部位岩体受剪屈服的可能性相对较高。边坡开挖过程降低了 1135～1165m 高程岩体的屈服接近程度。

点安全系数只是反映了岩体材料破坏的指标,边坡破坏主要取决于结构破坏,此指标及下节的塑性区体积指标仅作为分析时参考。

④塑性区体积

各种加固方法的塑性区体积分析如图 5-37 所示。

总体上看,单独的预应力锚索加固减少剪切塑性区体积约 3%;单独抗剪洞加固作用下减少剪切塑性区体积约 26%;而抗剪洞与预应力锚索联合加固的效果对减少塑性区体积贡献非常大,约降低了 50%。采用预应力锚索加固情况下,张拉塑性区体积增加了约 30%,说明在无支护状态开挖完成后,边坡内应力几乎处于极限状态,预应力锚索的内锚固段的拉应力扰动加大了受拉屈服范围。

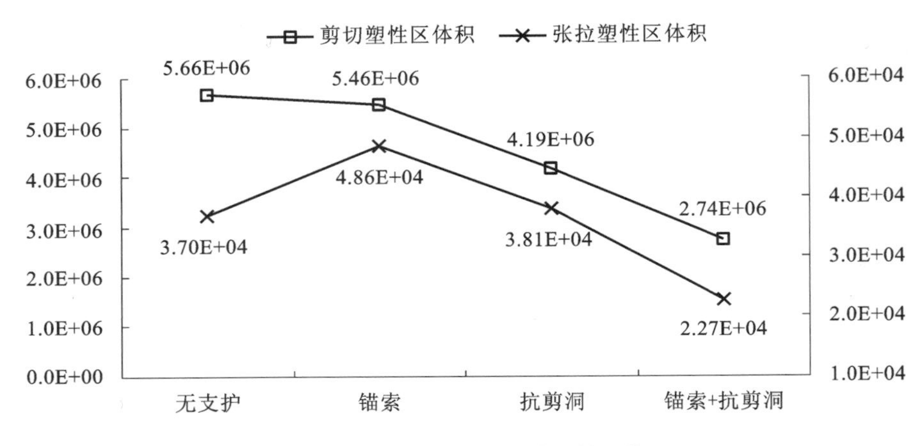

图 5-37　各加固方案下边坡塑性区体积

5.3.3　基于强度折减技术的加固边坡稳定性分析

稳定性安全系数是边坡稳定性评价最直观和应用最方便的指标之一，在数值分析中，确定边坡稳定性安全系数最常用的方法是强度折减技术，在 5.2.2 节已作了详细介绍，这里不再赘述，应用强度折减技术时，极限状态的判定直接关系到稳定性安全系数求解的效率和准确性，这里对极限状态的确定方法作介绍。

5.3.3.1　极限状态的确定方法

目前可采用以下几种方法判定极限状态：

(1)限定求解迭代次数，当超过某限值仍未收敛时则认为破坏发生；

(2)限定节点不平衡力与外荷载的比值大小；

(3)利用可视化技术，当剪切塑性区自坡脚到坡顶贯通则定义为坡体破坏。

以上方法(1)、(2)在计算过程中要人为指定一个迭代次数或比值大小，依赖于研究者的经验；方法(3)虽然直观，力学意义明了，但塑性区域贯通时，如果最大节点速度值已经趋于零，则边坡并不一定破坏，因此有研究者指出同时考察速度矢量图来确定边坡状态。文献[156]提出采用坡顶位移增量与折减系数增量之比大于系数 S_c 作为土坡破坏判定的标准，该方法仍需指定系数 S_c。这几种方法虽然克服了传统极限平衡法指定滑动面形式的缺陷，但仍未摆脱人为地指定某一误差限或人为判读的缺陷。

极限状态的求解过程也是一个模拟边坡破坏的过程，以下通过一个典型计算迭代过程曲线的实例(图 5-38)来说明，实线为节点最大位移，虚线为坡顶平面与斜坡面交线上节点的位移曲线，可以看出节点最大位移值与坡顶最大位移值基本重合，误差不超过 1%。文献[157]建议的采用坡顶最大位移值与采用最大节点位移值并无明显区别。这里采用最大节点位移值作为研究对象。

采用循环迭代可以得到折减系数 *FOS*＝1.00～1.11 时全过程的 *FOS*-节点最大位移关系曲线。结合图 5-38、图 5-39 可以看出，当折减系数达到 1.08 以后节点最大位移开始突变。可以认为从 1.08 到 1.11 边坡进入极限状态，表现为节点最大位移显著增长。当 *FOS* 从 1.11 增加到 1.12，边坡已经破坏，表现为节点最大位移随时步不断增长，时步-节点最大位移曲线已经不能收敛。如果将系数折减过程理解为潜在滑动面的抗剪强度降低的过程，则此方法近似模拟了边坡失稳的整个变化过程。从图 5-38 可以判断，极限状态应当位于 *FOS*＝1.08～1.11 区间，因此确定一个唯一的安全系数需要指定某个能普遍接受的计算规则。

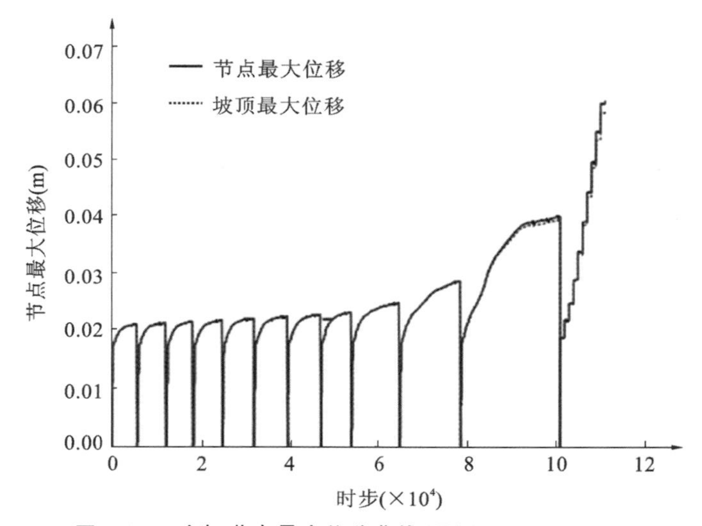

图 5-38 时步-节点最大位移曲线（*FOS*＝1.00～1.11）

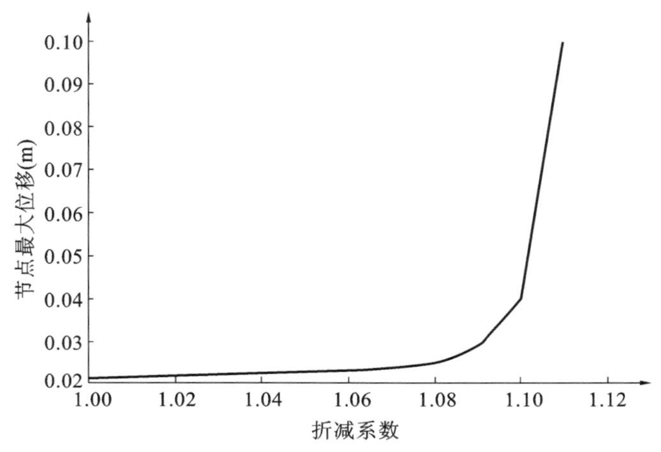

图 5-39 折减系数-节点最大位移关系曲线

目前常用以下几种计算收敛判据，并将依此判据确定的极限状态时的折减系数 FOS 作为边坡的安全系数。

若指定滑动面位置，则有：

$$\frac{|K^{*}-K|}{K^{*}}\leqslant\varepsilon \tag{5-21}$$

其中，$K^{*}=K\sum_{e=1}^{N}F_{r}/\sum_{e=1}^{N}F_{e}$，$K$ 为试算指定的 FOS，N 为滑块数，F_{r}、F_{e} 为折减后单位滑动面上的阻滑力和滑动力，ε 为容许误差。此方法仍然要先指定滑动面位置，再求解判断系数折减值是否合理，实际上与传统极限平衡法无本质的区别。

若指定节点最大速度的可接受值，则有：

$$|v_{t+n}-v_{t}|/v_{t}\leqslant\varepsilon \tag{5-22}$$

v_{t}、v_{t+n}分别为第 t 时步和第 $t+n$ 时步的速度值，ε 为容许误差。其依据是在计算过程中如果折减系数过大，节点速度计算过程中有一个明显的速度增加过程，意味着边坡已经发生了较大规模的滑动，边坡已经失稳。参见图 5-40。此方法需指定节点最大速度的可接受值，不同的研究者对此可能有不同的理解。

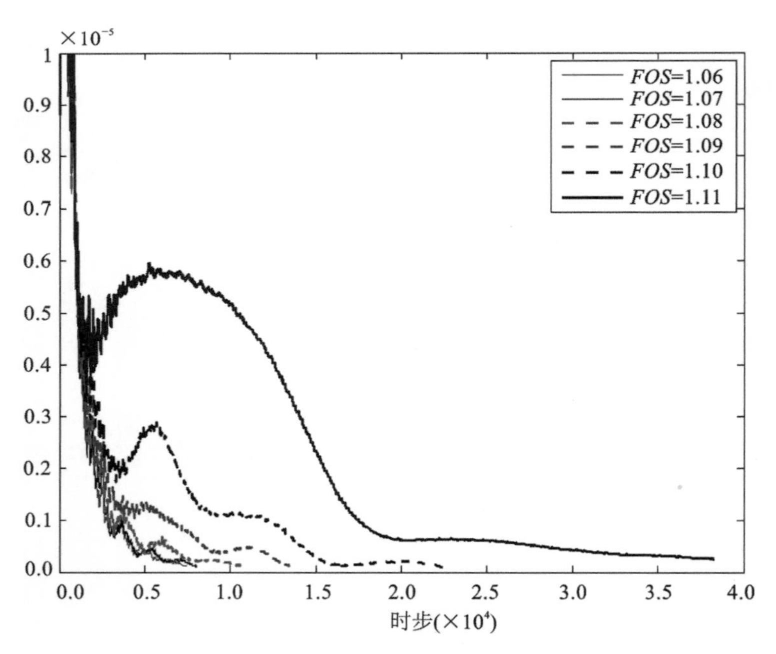

图 5-40　折减系数-节点最大速度关系图

文献[155]基于图 5-38 所示的原理推荐采用坡顶位移增量与折减系数增量之比大于系数 S_c 作为土坡破坏判定的标准。实际上,无论采用以上哪种方法,都存在人为指定依赖于经验的给定容许误差的问题。

图 5-41 为 *FOS* 从 1.06 增加到 1.10 时的时步-节点最大位移曲线,当边坡处于安全状态时,位移曲线始终收敛,一旦超出安全范围,位移值将不断增加,直至边坡完全破坏。这一过程类似于位移实测曲线的增长过程,实际原型监测过程中,判断边坡稳定性的一个直观标准,就是位移监测曲线是否收敛,具体做法就是通过考察边坡位移速率是否逐步趋近于零,由于快速拉格朗日分析方法采用的是运动学原理,可以直接借鉴这一原理来计算边坡安全系数。在逐步加大折减系数的过程中,边坡某特征点的位移会出现不收敛。编程实现采用指定某时步后时步-位移曲线的二阶导数及一阶导数的正负号来判断,原理如图5-42及表 5-8 所示。

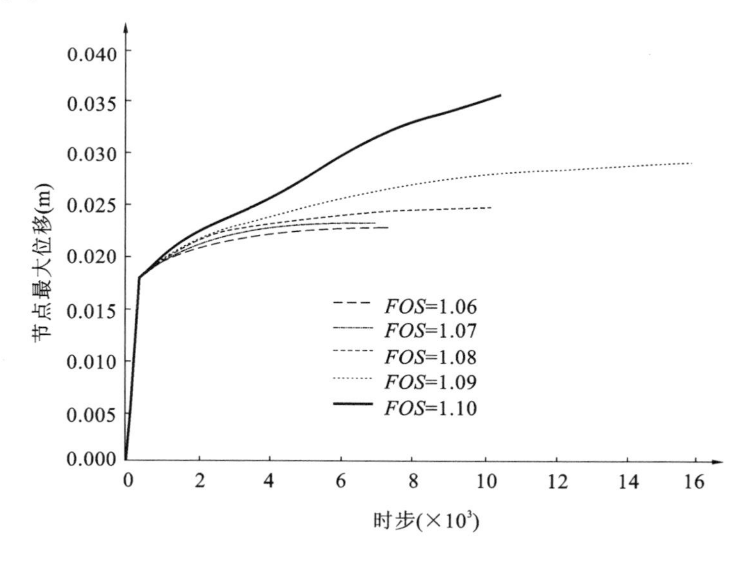

图 5-41 时步-节点最大位移曲线

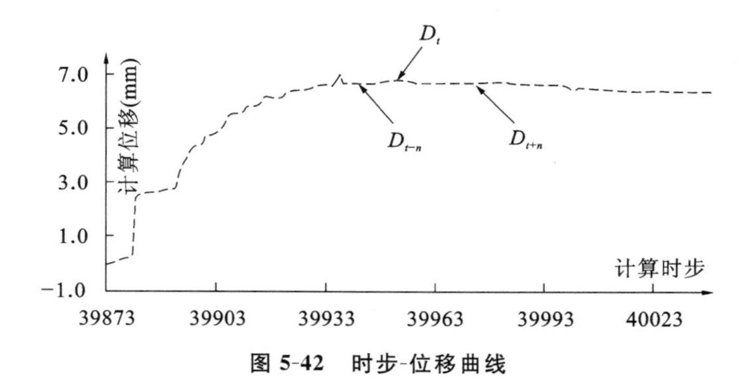

图 5-42 时步-位移曲线

对于不考虑时变效应的数值计算，借鉴图 5-42 的思路，在 Flac^{3D}中，差分过程中位移随计算时步不断逼近最终值，若边坡不能稳定，则时步-位移曲线将出现类似于图 5-42 所示的不收敛情形，因此可以采用时步-位移曲线的收敛性来判断边坡是否达到极限状态，仅需指定迭代时折减系数的增量大小，也就是折减系数的精确度要求。

表 5-8　强度折减技术求解安全系数的收敛性判断

判　　据		结论
$D_{t+n}-2D_t+D_{t-n}>0$		不收敛
$D_{t+n}-2D_t+D_{t-n}<0$		收敛
$D_{t+n}-2D_t+D_{t-n}=0$	$D_{t+n}-D_{t-n}=0$	收敛
	$D_{t+n}-D_{t-n}<0$	不收敛

D_{t+n}、D_t、D_{t-n}分别为第 $t+n$、第 t 和第 $t-n$ 时步节点最大位移值。此判据物理意义明确，易于编程实现。

5.3.3.2　基于强度折减法的边坡整体稳定性评价

根据以上方法，对边坡进行强度折减分析其稳定性安全系数。首先在边坡开挖面表面布置位移监测点，为了避免单个测点位置的特殊性导致结果的不确定性，采用分布式测点寻找位移增长最快的点作为判断依据。位移监测点布置在边坡开挖面表面，上、下游方向间距 25m，高程方向间距 10m，共布置 307 个监测点。见图 5-43。

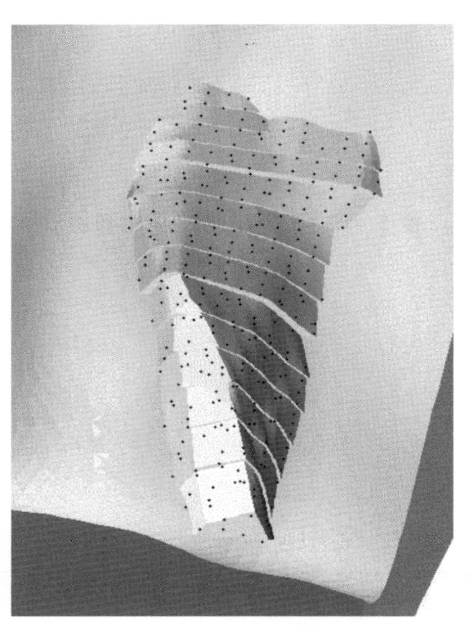

图 5-43　位移收敛监测点布置图

强度折减分析过程中，程序自动给定一个初始折减系数后开始计算，并对监测点的位移进行判断，记录最大位移值，计算指定时步后，即对位移增长的收敛性进行判断，根据判据确定增加或减少强度折减系数。图 5-44 为典型的强度折减迭代过程。

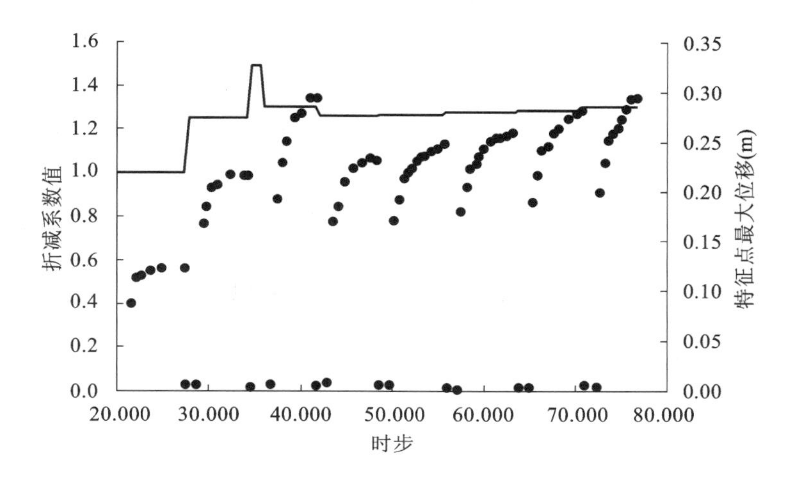

图 5-44　典型强度折减系数迭代过程

经过上述方法，计算分析大岗山右岸边坡在各加固条件下的安全系数，列表如表 5-9 所示。

表 5-9　各加固方法对边坡稳定性的贡献

无支护	仅锚索支护	仅抗剪洞支护	锚索＋抗剪洞
1.09	1.19	1.29	1.31

与 3.3.1 节交叉影响分析结论类似，计算结果显示仅锚索加固支护情况下，边坡的稳定性虽然得到了提高，但储备裕度尚有不足，在增加抗剪洞加固措施后，边坡加固效果得到了明显改善。说明锚索加抗剪洞的加固设计是合理的，满足了工程边坡的稳定性要求。

加固边坡在极限条件下的破坏模式可由图 5-45、图 5-46 分析判断。

边坡剪切应变率图显示了边坡破坏时的滑面位置，塑性区分布显示破坏首先发生在Ⅶ剖面下游，沿 f_{231}、XL_{316-1} 为底滑面，以 F_1 断层为后缘，β_{209} 为上游边界，下游边界为 f_{231} 在边坡表面出露带，从 1100m 高程剪出。破坏时，后缘、滑动面出现大面积张拉区域。潜在滑动面为沿 XL_{316-1} 及 f_{231} 复合的滑动模式，原因为抗剪洞的设置及在 1100～1135m 高程锚索直接约束了破坏面沿 f_{231} 的扩展，潜在滑动面在上部沿 f_{231} 及 XL_{09-15}，中部穿过 f_{231} 外侧部分岩体。抗剪锚固

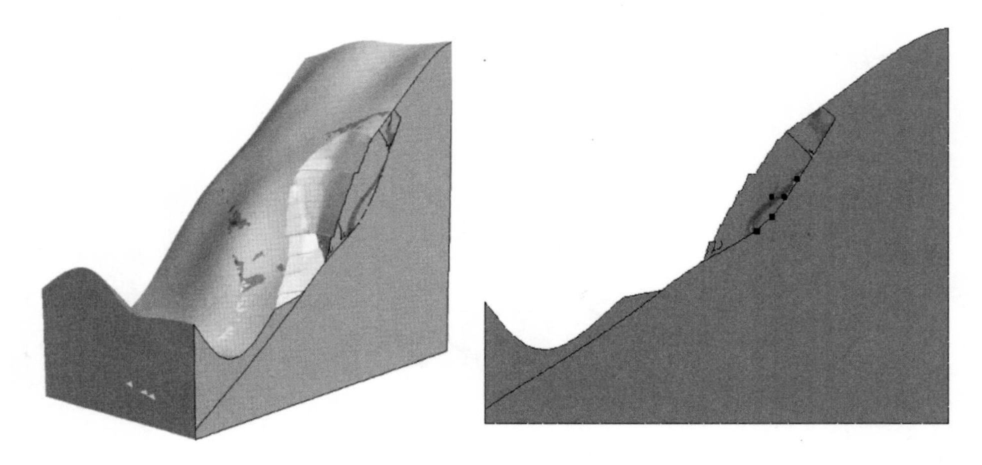

图 5-45　边坡破坏时的剪切应变率分布(右图黑色块体为抗剪锚固洞)

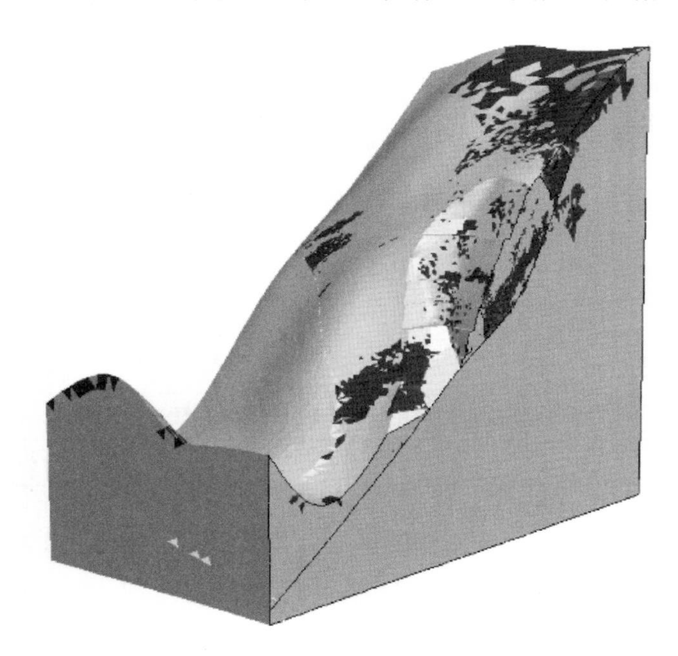

图 5-46　边坡破坏时的剪切应变率及塑性区分布

洞设置后,潜在底滑面由原 f_{231} 转移到外侧岩体中,也说明抗剪锚固洞提供了良好的阻滑效果。

本章小结

本章介绍了利用数值分析方法确定岩质边坡块体加固方案及进行加固效果评价的方法。由于岩质边坡块体的特殊性,采用离散元 3DEC 软件搜寻边坡短板块体，根据短板块体的加固需求设计加固力，继续搜寻新的短板块体并设计加固力，直到边坡整体满足稳定性要求。然后对已设计的加固力进行综合优化，形成最终的加固决策依据。

加固效果评价建立在强度折减技术上，用于评估加固作用及加固后边坡极限状态时的潜在破坏模式。由于强度折减方法获得的边坡安全系数可以与现有设计规范接轨，因此具有较高的参考价值，是当前技术水平下一种较为可靠的评价方法。

6 边坡稳定性模糊综合评价

在长期经典理论观点占主导地位的情况下，人们对问题预测抱有良好的向往，即在给定初始值的情况下，似乎可以确定地给出下一时刻的预测值。这种观点是牛顿时代的思维模式，或者称为正向思维或确定性思维，即从事物的必然性出发，根据试验建立模型和本构关系，在特定的有限的条件下求解，反映在参数的研究上为取样、设计试验、测试、结果分析；反映在模型上就是根据已有的公理、定理或理论，再加上假定和简化，通过推演得到结果。然而，对于岩土体这样的地质体，是长期地质历史的产物，受其矿物组成、构造历史以及其他各种内外应力作用，性质复杂多变，传统方法在解决力学参数和模型上遇到很多困难，往往难以找到与此相匹配的模型和参数，只能作些简化或人为的假设，但是简化或假设后的结果到底与实际情况有多大的差别，无法或很难判断。在初值不确定的条件下，按照一种精确的计算方法得到结果，其可靠性并不高。

在实际工程中，人们愈来愈认识到岩土工程系统是多因子、多层次作用的“复杂系统”，其复杂性在于具有很强的不确定性、模糊性和随机性。模糊数学理论是研究“模糊性”问题的数学理论，其发展历史不到四十年，但在很多领域得到了很快的发展。

边坡岩土体特性的复杂性决定了人们对其认识的模糊性，而传统的分析方法由于没有考虑模糊性，降低了分析结果的可靠性，且容易造成不同的人得到不同的结果而无法分辨。人们在实践中得到了很多经验，这种经验很大程度上“存储”在人的大脑中，“只能意会不能言传”，因此找到一种数学工具表达这种经验的东西非常有意义。

“对岩石力学的必要数学研究方法是确定论-模糊系统-概率论三种数学方法从对立走向统一的研究方法”（于学馥）。模糊数学通过隶属函数考虑各因素的模糊性，而隶属函数的确定在某种程度上又是建立在经验之上的，它所表达的语言的特征是经典数学理论所缺乏的，这对于岩土工程中存在的定性、半定量的描述非常有用。这种理论一个重要的特点就是不追求问题的“精确解”，只要能够找到与实际问题相应的“满意解”，避开问题中的一些细节的复杂性，考虑主要因素的作用，使细节问题在主要因素的“模糊化”过程中体现，使得问题的解决变得简单且与实际相符合。

模糊综合评判法是目前使用最多的模糊数学应用方法之一。它广泛应用于多个工程领域，受到工程界青睐。所谓综合评判，就是全面考虑各种相关影响因素的情况下，对评价对象进行全面的评价。其优点是：数学模型简单，容易掌握，对多因素、多层次的复杂问题评判效果比较好。在实际工程中，由于风险因素大多具有模糊性，为了能够得到较为合理的评判结果，应采用模糊综合评判法。

6.1　模糊数学基本理论

6.1.1　模糊集合

1965 年，L. A. Zadeh 首先引入模糊集合的概念，它把普通集合中的绝对隶属关系加以扩充，元素对“集合”的隶属度由只能取 0 和 1 这两个值，推广到可以取区间[0,1]中的任意数值，从而定量地刻画模糊性的事物。

如果论域 U 中的任意元素 u 对集合 $\widetilde{A}$ 的隶属度 $\mu_{\widetilde{A}}(u)$ 满足：

$$0 < \mu_{\widetilde{A}}(u) \leqslant 1 \tag{6-1}$$

则隶属函数 $\mu_{\widetilde{A}}(u)$ 确定了论域 U 上的一个模糊子集 $\widetilde{A}$，简称模糊集 $\widetilde{A}$。普通集合看作模糊集合的特例，其隶属函数或特征函数为：

$$c(x) = \begin{cases} 1, x = c \\ 0, x \neq c \end{cases} \tag{6-2}$$

若 $\widetilde{A}$ 为 R 上的模糊集合，且满足：

(1)对于任意 $x,y,z \in R$，且 $x \leqslant y \leqslant z$ 都有 $\min\{\mu_{\widetilde{A}}(x), \mu_{\widetilde{A}}(y)\} \leqslant \mu_{\widetilde{A}}(z)$，则称 $\widetilde{A}$ 为凸模糊集。

(2)对于任意 $\alpha \in [0,1]$，$\widetilde{A}$ 的 α 截集 $A_{\alpha} = \{x \mid \mu_{\widetilde{A}}(x) \geqslant \alpha, x \in U\}$ 是有界闭区间。

(3) $\widetilde{A}$ 是正规模糊集，且只有唯一的 $\alpha \in R$，使得 $\mu_{\lambda}(\alpha) = 1$，则 $\widetilde{A}$ 称为模糊数。本文所采用的模糊集都是凸模糊集。

在逻辑学上，一个概念所反映的事物的本质属性的总和称为该概念的内涵，而符合该概念的全体对象所构成的集合称为该概念的外延，确定的数学概念具有确定的内涵与外延。而模糊集就是在论域上反映一个模糊概念，它的外延具有模糊性，而隶属函数或隶属向量正是对其外延的数学表达。

6.1.2 隶属函数

隶属函数是模糊数学的本质，是恰如其分定量地刻画模糊性事物的基础。在确定隶属函数时总带有一定的主观性，同时又具有一定的客观性，心理物理学的大量实验表明，人的各种感觉所反映出来的心理量与外界刺激的物理量之间保持着相当严格的关系，并证明隶属函数的客观性。

确定隶属函数的方法主要有模糊集值统计方法和隶属度的试验统计方法等。在实际应用中，常采用如下一些基本隶属函数形式（图 6-1）：

(1)戒上型

$$\mu(x)=\begin{cases}1 & ,x\leqslant c\\ \dfrac{1}{2}-\dfrac{1}{2}\sin\dfrac{\pi}{d-c}\left(x-\dfrac{c+d}{2}\right) & ,c<x<d \text{ 且 } d>c\geqslant 0\\ 0 & ,x\geqslant d\end{cases} \tag{6-3}$$

(2)戒下型

$$\mu(x)=\begin{cases}0 & ,x\leqslant c\\ 1-\mathrm{e}^{-k(x-c)^2} & ,x>c \text{ 且 } c\geqslant 0,k>0\end{cases} \tag{6-4}$$

(3)中心型

正态型：

$$\mu(x)=\mathrm{e}^{-\left(\frac{x-a}{b}\right)^2}\quad [a>0,b>0,\text{简称 } N(a,b)] \tag{6-5}$$

矩型：

$$\mu(x)=\begin{cases}1 & ,b\leqslant x\leqslant c\\ \dfrac{x-a}{b-a} & ,a<x<b\\ \dfrac{d-x}{d-c} & ,c<x<d\\ 0 & ,\text{其他}\end{cases} \tag{6-6}$$

当 $b=c$ 时，为三参数的三角形隶属函数；若 $c-a=d-c$ 时，最简单的两参数的三角形隶属函数：

$$\mu(x)=\begin{cases}\dfrac{|x-c|}{\sigma} & ,c-\sigma<c+\sigma \text{ 且 } \sigma>0\\ 0 & ,\text{其他}\end{cases} \tag{6-7}$$

简称 $T(c,\sigma)$，c 称为中心点，σ 称为支撑宽度或模糊度。

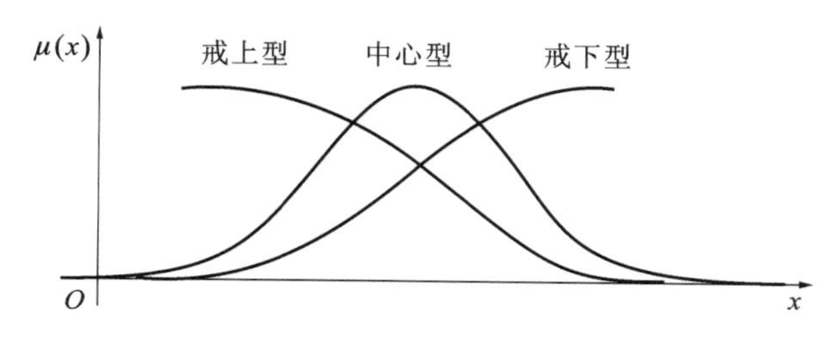

图 6-1　隶属函数形式

确定隶属函数可以先根据研究问题的特征或实际工作中的经验大致确定隶属函数分布类型，然后根据其某些特征确定函数中的待定参数。

6.1.3　模糊集合运算规则

分解定理和扩展原理是模糊集合论中的两个基本定理。分解定理是普通集和模糊集的桥梁，它是把模糊集合论中的问题转化为普通集合论中的问题的重要工具。扩展原理是在模糊集中对普通集运算的一种扩展，是模糊运算的基础。

分解定理：

$$\widetilde{A} = U_{\alpha\in[0,1]}A_{\alpha} = \vee_{\alpha\in[0,1]} \quad [\alpha \wedge \mu_{\widetilde{A}}(x)] \tag{6-8}$$

其中，∧、∨分别为取大、取小运算符。

扩展原理：

设 $f:U\rightarrow V$ 是论域 U 到论域 V 上的普通映射关系，扩展到模糊集合，有：

$$\mu_{f(\widetilde{A})}(y) = \begin{cases} \vee_{x=f^{-1}(y)}\mu_A(x) & ,f^{-1}(y) \neq \phi \\ 0 & ,f^{-1}(y) = \phi \end{cases} \tag{6-9}$$

6.1.4　多级综合评价模型

该模型是先对基层因素进行评价，然后对这些评价结果再次作高层次的模糊综合评价。其具体步骤为：

(1)将因素集 U 分为若干个子集，记为 $U = \{u_1,u_{2,}\cdots,u_p\}$，令第 i 个子集为 $U_i = \{u_{i1},u_{i2},\cdots,u_{ik}\}$，其中 $i = 1,2,\cdots,p$，则 $\sum_{i=1}^{p} k = n$。

(2) 分别对每个 U_i 进行综合评价。设模糊子集 U_i 的模糊评价矩阵为 $\boldsymbol{R}_i$，其因素的权向量为 $\boldsymbol{A}_i$，则有：

$$\boldsymbol{B}_i = \boldsymbol{A}_i \cdot \boldsymbol{R}_i = [b_{i1} \quad b_{i2} \quad \cdots \quad b_{im}] \quad (i = 1,2,\cdots,p) \tag{6-10}$$

(3)将$U=\{u_1,u_2,\cdots,u_p\}$当中U_i的综合评价结果$\boldsymbol{B}_i$看成是对因素集U当中P个单因素进行的评价，若设总权向量为$\boldsymbol{A}$，则整个论域的模糊评价矩阵表达式应为：

$$\boldsymbol{R} = \begin{bmatrix} B_1 \\ B_2 \\ \vdots \\ B_p \end{bmatrix} = (b_{ij})_{p\times m} \tag{6-11}$$

最终，经模糊合成运算所得的二级综合评价结果为：

$$\boldsymbol{B} = \boldsymbol{A} \cdot \boldsymbol{R} \tag{6-12}$$

如果对评价结果不满意，可以多次循环进行上述三个步骤，直到达到要求为止。在进行实际评价的过程中，需要考虑的因素往往比较多，因素之间的逻辑关系可能是多层次的，即有些因素是由较低层次的因素决定的。在这种情况下，多级模糊综合评价法就显现了其优势，可以由低到高逐层向上进行评价，直到获得较为满意的评价结果。

多层次模糊综合评价模型能够直观地反映各因素的层次与逻辑关系，避免因素过杂、过多所带来的棘手的权重分配难的问题，其优越性是不言而喻的。

6.2 边坡稳定性分析的模糊性

边坡的地质体由于形成条件、改造作用强度差异，致使其物理力学性质复杂，就是在同一地区、同一岩体或岩组内，也会出现物理力学特性强烈的空间和时间变化性。边坡岩土体是客观存在的，本身并不具备不确定性，所谓的模糊性是由于人们对其认识能力或认识方法的主观原因造成的，因此，模糊性是对认识而言的，常常是因为一定程度上掌握但又没有完全掌握的一些规律和性质，无法把它们完全区分清楚，或者按照一些标准，它可以属于这个标准，又可以属于另一个标准，例如常用的大、小，强、弱等定性描述的概念。由于边坡工程地质环境和力学性质的复杂性，其描述有很多是定性或者半定量的，正是一些“定性”描述造成了对边坡的认识具有模糊性。

边坡稳定状态受到许多因素或变量的控制，这些因素包括边坡的岩性、岩体结构、破坏机理、强度与变形特征、潜在破坏面的几何形态、地下水压力、初始应力场、地震与爆破震动的动力效应等。边坡的稳定本质上是一个力学行为，只要搞清楚其初始状态和力学性能是能够清晰地判断边坡的稳定状态的，然而研究边坡以及岩土工程的其他问题，其难点在于难以精确地确定这些量的大小和规律，常采取的出发点就是简化。但是，一方面无法估计简化后的结果到底与实际情况有多大的偏离，另一方面简化过程通常是一种“拍脑袋”的行为，常常是“仁者见仁，智者见智”，具有较强的随意性。这与边坡岩土体的复杂特性所造成的模糊不确定性分不开。总的来说，边坡稳定的模糊性来源于各个影响因素的模糊性，本节主要从边坡工程地质模型建立、力学参数取值及稳定评判几个方面讨论所存在的模糊性。

6.2.1 边坡地质模型的模糊性

建立边坡地质模型是分析边坡稳定性的首要工作。地质模型的建立需要在工程地质勘察的基础上进行工程地质分类，划分不同的岩组或土类和岩体类型，其模糊性主要表现为两个方面：

(1)工程地质勘察的模糊性。除露头外，边坡岩土体是隐蔽不可观察的，目前的勘探手段只能了解点(勘探孔)、面(露头)等局部信息。从岩土体内部不可直接观察这个角度讲，任何地质体都是一个“黑箱”，也正是这个“黑箱”特征限制了人们对地质体的正确认识，特别是定量化描述。因此，地质工程师凭借经验和工程地质类比推测深部岩体的地质情况则带有比较强烈的主观性和模糊性。

(2)工程地质岩组和岩体结构的模糊性。岩组划分具有相对性，确定工程地质岩组的数目需要视工程项目的不同和研究区域范围的大小而有所不同；其次，岩组归类以定性描述为标准，造成不同的工程师对同一区域可能划分为不同的岩组，例如风化程度的判断，强风化与弱风化之间，弱风化与微风化之间很难有确定的界限。因此，被归为某一类的工程地质岩组虽然在宏观上具有相似的工程地质性质和力学性质，但这些性质指标并不是一个确定的值，表现出一定的模糊性，岩组包括的范围越广，模糊特征越明显。岩体结构类型通常划分为整体结构、块状结构、层状结构、破碎结构和散体结构等几大类，而实际的岩体往往处于这几种类别的过渡区域，同时在一定程度上表现出两种或几种类别的性质，无法一刀切。

6.2.2 力学参数的不确定性

合理地取得边坡岩土体的力学参数指标是边坡稳定性分析关键性的基础工作。常用的方法包括室内外试验和工程地质类比等。力学参数指标反映某类工程地质岩组或岩体的力学性能，工程地质岩组划分的相对性首先就决定了力学参数的模糊性，其模糊性还表现在以下几个方面：

(1)岩石材料的非均质性。岩石由于其形成的过程及其后期所受到的变形的差异性，就完整岩石来说，非均质性也很明显。图 6-2 是日本稻田花岗岩试样的单轴抗压强度试验的直方图，共 161 个试样，具有同样的大小，均取自同一岩块，没有肉眼可观察到的缺陷。岩样的平均强度为 166.2MPa，标准方差为 31.1MPa。当试样数大于 20 时，平均强度为 166.2×(1+15%)的置信度为 95%，但是试样数小于 5 时，与真实平均强度差别就可能更大了，反映了统计数值与岩石强度真实数值之间随统计数据量大小相对变化的规律。

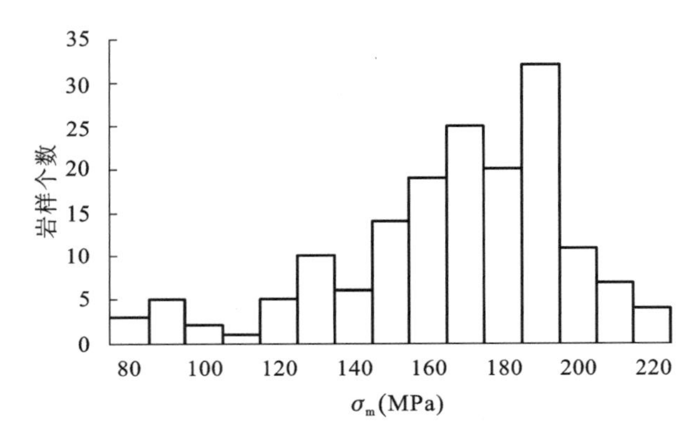

图 6-2 花岗岩单轴抗压强度试验直方图

(2)岩体结构的相对性和尺寸效应。与岩石相比较，岩体最大特点是多裂隙性。这一特点决定了在特征上岩体与岩石比较是有极大区别的。因此，研究岩体必须研究岩体内的结构面和结构面的组合特征。但是，岩体的结构特征具有很强的相对性(图 6-3)，随着研究范围变化，岩体变形结构特征是不同的，这种相对性无疑具有较强模糊性。

岩石的尺寸效应指大量形状相同和大小相同的岩样，其平均强度随试样的直径或边长相应降低的规律。从试验数据统计出如下的公式：

$$\sigma_m = \gamma + \alpha \exp(-\beta D) \tag{6-13}$$

当 $D=0$ 时，$\sigma_m=\gamma+\alpha$ 相当于微元体的强度平均值；D 趋近无穷时，$\sigma_m=\gamma$

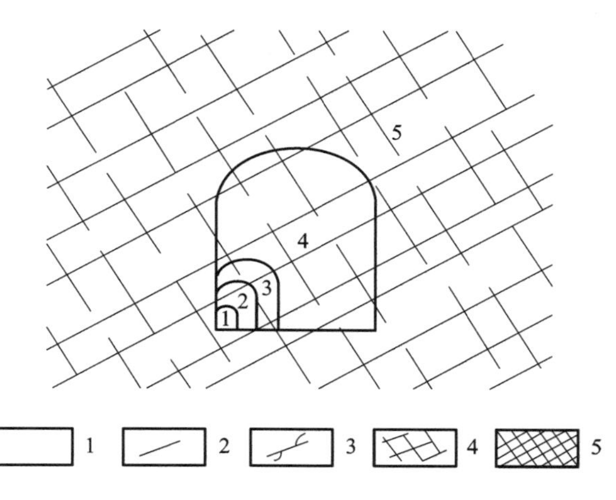

图 6-3　岩体结构的相对性

注：不同的工程规模对应于不同的岩体结构。

相当于整个岩体的强度平均值。但在实际运用中，有两个问题：

①系数 α、β、γ 需要足够的试样才能得出比较可信的值，特别需要足够多的大试样样本数据，这在实际中，对于中小型工程来说难以做到；

②如何将尺寸效应关系运用到计算模型中，还没有定论。

对于结构面的强度的尺寸效应也有同样的问题。在具体的工程应用中，根据岩体的结构特征，将岩块的强度乘以一定的折算系数来代表岩体的强度。很多学者探讨了岩石内聚力 c_r 与岩体内聚力 c_R 之间的关系，提出一些经验公式，例如 M. Ceorgi 推荐的公式为：

$$c_R = c_r[0.114e^{-0.48(i-2)} + 0.02] \tag{6-14}$$

其中，i 为岩体的裂隙密度。

费森科方法：

$$c_R = \frac{c_r}{1 + \alpha \cdot \ln \dfrac{I}{H}} \tag{6-15}$$

其中，α 为岩块强度与结构面分布特征系数，H 为岩体破坏高度，I 为破坏岩体被切割的原始岩块尺寸。

还有南非 Z. T. Bieniaswki 提出用岩块计分的方法（CSIR 法）。这些公式经验性很强，具有适用范围，同一岩体采用三种公式所得的结果有很大的差别。文献[158]中将上述公式应用到某矿山岩体内聚力，结果表明三种公式之间相差较大，使得其运用很牵强，实用性不大。岩体材料非均质性、非连续性及尺寸效应,造成岩体力学参数的不确定性——模糊性。岩体力学参数事实上没有客观存在的唯一真值,是在一定的范围内变化的,岩体力学参数的模糊性同时融进了人的主观判断的模糊性和岩体客观性态模糊性这两种因素,因此,工程师在设计边坡防治方案时总是面对着描述岩(土)体性质参数的不完整的、不充分的和不确定的数据。

6.2.3　岩体的变形和破坏特征及边坡稳定的模糊性

岩石试验曲线表明岩体的弹、塑性变形是耦联发生的,岩石受力破坏的过程是内部微裂隙不断扩展直到形成宏观破裂的过程,当应力达到峰值时,岩石并未完全失去承载力,还有一定的残余强度。与此相应,边坡的破坏过程也是渐进性的过程。很多学者研究了边坡的渐近性破坏过程,王庚荪采用接触单元模型模拟滑面上的接触摩擦状态,模拟边坡的累进性破坏过程,表明边坡的破坏是由局部破坏逐渐扩展贯通的渐进性过程,当局部应力超过岩石的强度而造成边坡的破坏,应力-应变将重新调整,边坡的稳定系数随之发生变化。另外,岩体具有流变特征,边坡形成后,受到风化、地下水的侵蚀等作用,岩体强度不断弱化,降低边坡的稳定性,边坡的稳定性具有明显的时间效应。

边坡的渐进性破坏过程说明边坡的稳定状态和失稳状态是相互耦合的,从稳定状态到不稳定状态是一个逐渐过渡的过程,整体稳定中可能存在局部失稳,同样,失稳边坡在局部可能是稳定的。边坡其实还具有一定的自稳能力。目前,对于"破坏"还没有统一的定义,按照极限平衡法的观点,边坡的滑动面刚刚全面进入塑性状态即稳定系数等于 1 时边坡为极限平衡状态,大于 1 稳定,小于 1 不稳定,实际这只是一种理想状态,稳定系数 0.99 与 1.01 并无本质区别,而划分为不同的稳定状态显然不合适。图 6-4 区分边坡的稳态更为合理,而所谓的极限平衡状态就是稳定和失稳同处于 50%可能性(隶属度)的情况。

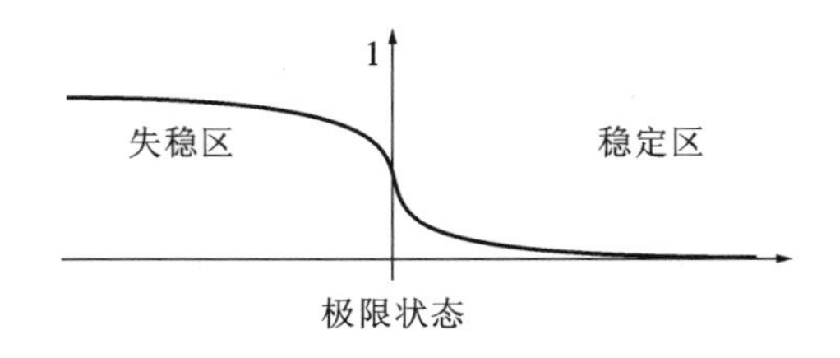

图 6-4　边坡稳定状态模糊划分

6.3　边坡稳定性模糊评价模型

6.3.1　模糊评判基本步骤

按照模糊决策理论，综合评判法大致按以下几个步骤进行：

(1)建立影响因素集合为 $U=\{u_1,u_2,\cdots,u_m\}$，抉择评语集合 $V=\{V_1,V_2,\cdots,V_m\}$。原则是既要全面又要抓主要矛盾。这样既可以更好地模拟人们的思维，又可以避免一些不必要的麻烦。首先，对影响因素集 U 中的单因素 $u_i(i=1,2,\cdots,m)$ 做单因素评判，从因素 u_i 确定该事物对抉择等级 $v_j(j=1,2,\cdots,n)$ 的隶属度 r_{ij}，这样就得出第 i 个因素 u_i 的单因素评判集 $r_i=(r_{i1},r_{i2},\cdots,r_{im})$，它是抉择评语集 V 上的模糊子集。

(2)确定影响因素的权重向量 $\boldsymbol{A}$。按影响因素的相对重要性，依次确定影响因素的权重。一种方法是由具有权威性的专家及具有代表性的人按因素的重要程度商定；另一种方法是通过统计方法确定。记为 $\boldsymbol{A}=[a_1\quad a_2\quad\cdots\quad a_n]$，$\sum_{i=1}^{n}a_i=1$，$a_i\geqslant 0$。

(3)建立隶属函数。根据实际情况，确定相应的隶属度公式。

(4)根据隶属函数对各个方案的各目标影响因素建立模糊评判矩阵 $\boldsymbol{R}$。

$$\boldsymbol{R}=\begin{bmatrix} r_{11} & r_{12} & \cdots & r_{1n} \\ r_{21} & r_{22} & \cdots & r_{2n} \\ \vdots & \vdots & & \vdots \\ r_{m1} & r_{m2} & \cdots & r_{mn} \end{bmatrix} \tag{6-16}$$

$\boldsymbol{R}$ 即是影响因素论域 U 到抉择评语论域 V 的一个模糊关系，r_{ij} 表示因素对抉择等级 v_j 的隶属度。

(5)选择适当的算法，进行模糊综合评判。考虑多因素下的权值分配，则模糊综合评判模型为：

$$\boldsymbol{B}=\boldsymbol{A}\cdot\boldsymbol{R}=[b_1\quad b_2\quad\cdots\quad b_n] \tag{6-17}$$

其中，$b_j=(a_1\otimes r_{1j})*(a_2\otimes r_{2j})*\cdots*(a_m\otimes r_{mj})$，$j=1,2,\cdots,n$。

记为模型 $M(\otimes,*)$，其中 $\otimes$ 为广义模糊“与”运算，$*$ 为广义模糊“或”运算。B 称为抉择评语集 V 上的等级模糊子集，$b_j(j=1,2,\cdots,n)$ 为对等级 v_j 综合评判所得等级模糊子集 B 的隶属度。如果要选择一个决策，则可按照最大隶属度原则选择最大的 b_j 所对应的等级 v_j 作为综合评判的结果。

6.3.2 因子选择

大岗山边坡稳定性评价，既具有施工过程安全评价功能，同时也兼有治理效果评价的性质，因此选择评价因子时应同时考虑多方面的因素，但又不能将所有因素进行罗列，只有使用第2.4节介绍的方法进行筛选后的因子才能进入评价模型。

首先将边坡安全性评价指标分为坡体地质因素、地质环境因素、施工因素和监测指标等四个方面。地质因素为静态因素，它是指对边坡稳定性起控制作用的地质、地貌等因素，是坡体固有的因素，随时间的变化较小，短期内是基本稳定的，如地层岩性、地质构造、地形等。地质环境又称为动态因素，这些因素的作用会促使边坡失稳破坏的发生，是动态变化的，如降雨、地下水、温度和地震等。工程活动包括开挖与支护等。监测指标包括变形监测、应力监测两大类。

6.3.2.1 地形地貌特征

一定的边坡地形地貌是滑坡、崩塌等边坡失稳破坏发生的必要条件。主要是利用边坡的坡形、坡度、坡高和植被覆盖率四个指标来评价论述地形地貌特征对边坡稳定性的控制作用。下面简述前三项指标。

(1)坡形。在水电站建设中，边坡主要以开挖边坡为主，岩质边坡都是采用分级开挖，边开挖边支护的形式进行。边坡坡形基本都是开挖后形成的直线型坡形。此处边坡坡形指考察点在边坡整体形态中所处凹凸部位。

(2)坡度。坡度是影响边坡稳定性的一个重要因素，它与坡高、岩体结构特征、岩性条件以及边坡所处的环境等因素密切相关。在大多数边坡稳定性评价中，都选用坡度因素作为重要的评价指标之一。随着边坡坡度的增加，包括重力在内的剪切力增大，坡面附近应力卸荷带的范围也随之扩大，坡脚应力集中随之增高，相应地发生滑坡、崩塌等边坡失稳破坏的概率也同时增高。所以在一般情况下，当坡高、岩性等因素一定时，坡度与边坡稳定性存在一定规律，即坡度越大边坡越不稳定。因此，边坡稳定性评价指标选取中将边坡坡度作为评价指标之一。

(3)坡高。在进行边坡稳定性评价时，坡高一般是要重点考虑的，因为在其他条件都相同的情况下，坡高越大，剩余下滑力往往越大，对稳定性越不利。已有研究表明，边坡坡高与坡体、坡脚和谷底的应力状态分布与坡体变形方式存在密切联系，随着坡高的变化，坡体、坡脚和谷底的应力状态也会发生显著变化，最终导致沟谷不同部位变形破坏方式的改变。在相同坡度条件下，随着坡高的增大，坡体安全系数相应减小。因此，边坡坡高也作为边坡稳定性评价指标之一。

6.3.2.2　边坡地层岩性特征

边坡地层岩性作为影响边坡稳定性的内部因素，如边坡岩土体的物质组成、物理力学性质、坡体的结构类型及软弱地层等，是构成边坡的物质基础，岩性决定岩石的强度、抗风化能力及岩体结构所能保持的边坡坡度、坡高等，对于土质边坡，由于土层性质的差异也将直接导致边坡坡度、坡高以及滑动破坏的形式产生不同。因此，边坡地层岩性从本质上决定了边坡稳定性的发展趋势及潜在的失稳破坏模式。另外，对于岩质边坡，岩体内部发育的结构面在特定组合方式下，往往控制着整个坡体内滑动面的发展，同时，结构面的存在还加大了地下水的活动，从而间接影响边坡的稳定性。

一般针对岩质边坡选取如下指标：岩石单轴抗压强度、内聚力、内摩擦角、坡面与主要结构面的产状关系、风化程度、岩石完整性指数来表征边坡地层岩性对岩质边坡稳定性的影响。对于岩质边坡影响因素，岩石单轴抗压强度、内聚力、内摩擦角、岩体风化程度、岩石完整性指数这几个指标具有很高的相关性，相互作用、相互影响，且都是影响岩质边坡稳定性的重要因素，所以采用《岩土工程勘察规范》(GB 50021—2001)给出的岩体基本质量指标综合考虑岩石单轴抗压强度和岩石完整性指数这两个指标，将这五个因素合并为岩体基本质量、内聚力、内摩擦角、岩体风化程度四个因素进行考虑。

6.3.2.3　地质构造特征

地质构造特征，如断裂、褶皱也是影响边坡的稳定性的一个主要方面。断裂对边坡稳定性的影响主要表现在：断层带及其附近一定范围内的岩土体结构遭到破坏，降低了边坡的完整性程度，同时作为重要的地下水通道，对边坡的变形和破坏带来不利影响。褶皱除了引起大范围的岩层产状的变化，还对边坡结构类型产生重要影响，主要表现在强烈的构造挤压破坏了岩体的完整性以及为地下水提供了运营通道。因此，地质构造特征发育明显的地带往往也是发生边坡失稳等地质灾害的主要区域，在实际研究中，针对处于地质构造发育带上的高陡边坡，通常也是将其作为潜在的不稳定边坡，要进行详细的调研勘察，对其进行单独的稳定性分析评价。地质构造特征不管是区域大的构造还是小的断层都对边坡稳定性有重要影响，但都是通过对边坡地层岩性的影响间接地降低边坡安全性等级。所以，将地质构造特征与边坡地层岩性特征对边坡稳定性的影响进行综合考虑，采用统一指标因素。

6.3.2.4 气象水文条件

气象水文条件对边坡稳定性的影响主要是地下水和地表水的影响。地表水的渗入和地下水的活动往往是导致边坡失稳破坏的重要原因。调查表明，西南山区大多数边坡失稳破坏都是在降雨诱发下发生的，而且多发生在暴雨情况下。降雨对边坡稳定性的影响主要是雨水迅速渗入地下转化为地下水效应所致。

对于岩质边坡，赋存于岩体裂隙中的地下水，对裂隙两壁产生静水压力。静水压力的作用能增大滑动力和减少摩擦阻力，从而对边坡稳定不利。一般在地下水高于滑动面时，静水压力可使岩体抗剪强度降低 1/4～1/2。当地下水在破碎岩体的裂隙或断层带中流动时，产生动水压力，动水压力较大时，会产生潜蚀作用，从而破坏岩体稳定，尤其是当地下水流和结构面联系在一起时，对边坡稳定的威胁更大。

由于地表水和地下水对边坡的作用又都与降雨补给密切相关，因此选用降雨因素作为气象水文条件对边坡稳定性影响的综合指标。

6.3.2.5 人类工程活动影响

在边坡稳定性控制与影响因素中，地形地貌特征、边坡地层岩性特征、地质构造特征等内部因素条件变化缓慢，人类活动和降雨作为外部因素则是导致边坡失稳最活跃的触发因素。人类的工程活动，如削坡、加载等作用改变了边坡的原始应力状态，破坏了原有的边坡平衡，使坡体内产生卸荷、张拉和风化裂隙，在雨季极易产生滑坡和崩塌边坡失稳破坏。针对大岗山水电站边坡，选取爆破振动、超载、边坡开挖级数和边坡支护情况这四个重要因素作为人类工程活动对边坡安全性评价的影响指标。

6.3.2.6 地震

地震因素也是诱发边坡失稳的一个重要外部因素，尤其是在地震高烈度区，主要是由于地震作用产生水平地震附加力，使边坡下滑力增大；而且，在地震力的作用下，边坡岩土体的结构发生变化甚至破坏，出现新的结构面或使原有结构面张裂、松弛，地下水状态也有较大变化，孔隙水压力增大，边坡岩土体强度降低。随着地震力的反复作用,边坡发生位移变形,最终导致破坏。对于整个评价区域来说,地震烈度区划没有局部变化,则地震作为区域背景值将使得整个区域的边坡稳定性都得到一定程度的降低。如果区域内地震烈度区划有差异,则在考虑地震影响的情况下,区域边坡稳定性区划也将存在相应的变异。一般采用基本烈度作为表征地震影响的指标,但该水电站枢纽区属于同一地震烈度区划,对各考察点没有差异,因此不作为局部稳定性评价指标。

6.3.3 边坡稳定性评价指标量化

根据前面水电站边坡稳定性影响因素的分析,将主要因素分为地形地貌特征、地质条件、气象水文条件、人类工程活动四个大的方面。其中,地形地貌特征、地质条件为影响边坡安全性的静态因素即内部因素,对边坡的安全性起控制作用。气象水文条件、人类工程活动为影响边坡安全性的动态因素即外部因素,是边坡失稳破坏的重要诱发因素,依赖于边坡的内部因素来影响边坡的安全性。根据针对性、独立性、层次性、主导性原则建立水电站边坡稳定性评价的两级指标体系如表 6-1 所示。

表 6-1 水电站边坡稳定性评价的两级指标

一级指标		二级指标	
代码	名称	代码	名称
A1	地形地貌特征与气象水文条件	B1	坡形
		B2	坡角(坡率)
		B3	坡高
		B4	月累计降雨量
		B5	地下水状况
A2	地质条件	B6	岩体基本质量等级
		B7	内聚力
		B8	内摩擦角
		B9	坡面与主要结构面的产状关系
		B10	风化程度
A3	人类工程活动	B11	超载
		B12	爆破振动
		B13	边坡开挖状况
		B14	边坡支护状况

对于边坡稳定性的分类，国内外学者皆有不同的标准，考虑分析方法的需要，本文将边坡稳定等级分为五类，即稳定、基本稳定、潜在不稳定、欠稳定和不稳定，分别用符号表示为Ⅰ、Ⅱ、Ⅲ、Ⅳ和Ⅴ。根据文献资料及工程实践经验，将上述因素对边坡稳定性的影响进行量化处理，如表 6-2 所示。

表 6-2　水电站边坡稳定性的影响因子量化表

编号	因素名称	自然值(级)	量化值	决策属性
B1	坡形	很有利 有利 一般 不利 很不利	0.9 0.7 0.5 0.3 0.1	Ⅰ(稳定) Ⅱ(基本稳定) Ⅲ(潜在不稳定) Ⅳ(欠稳定) Ⅴ(不稳定)
B2	坡角 (坡率,°)	1∶1 1∶0.75 1∶0.5 1∶0.4 1∶0.3	45 53 63.4 68.2 73.3	Ⅰ(稳定) Ⅱ(基本稳定) Ⅲ(潜在不稳定) Ⅳ(欠稳定) Ⅴ(不稳定)
B3	坡高 (相对最底开挖面)	＜30 30～60 60～100 100～200 ＞200	＜30 30～60 60～100 100～200 ＞200	Ⅰ(稳定) Ⅱ(基本稳定) Ⅲ(潜在不稳定) Ⅳ(欠稳定) Ⅴ(不稳定)
B4	月累计降雨量(mm)	0～70 71～125 126～200 201～350 ＞350	0～70 71～125 126～200 201～350 ＞350	Ⅰ(稳定) Ⅱ(基本稳定) Ⅲ(潜在不稳定) Ⅳ(欠稳定) Ⅴ(不稳定)
B5	地下水状况	很有利 有利 一般 不利 很不利	0.9 0.7 0.5 0.3 0.1	Ⅰ(稳定) Ⅱ(基本稳定) Ⅲ(潜在不稳定) Ⅳ(欠稳定) Ⅴ(不稳定)
B6	岩体基本质量等级	Ⅰ Ⅱ Ⅲ Ⅳ Ⅴ	0.9 0.7 0.5 0.3 0.1	Ⅰ(稳定) Ⅱ(基本稳定) Ⅲ(潜在不稳定) Ⅳ(欠稳定) Ⅴ(不稳定)

续表 6-2

编号	因素名称	自然值(级)	量化值	决策属性
B7	内聚力(kPa)	＞500 500～300 300～150 150～60 ＜60	＞500 500～300 300～150 150～60 ＜60	Ⅰ(稳定) Ⅱ(基本稳定) Ⅲ(潜在不稳定) Ⅳ(欠稳定) Ⅴ(不稳定)
B8	内摩擦角(°)	＞60 60～45 45～30 30～20 ＜20	＞60 60～45 45～30 30～20 ＜20	Ⅰ(稳定) Ⅱ(基本稳定) Ⅲ(潜在不稳定) Ⅳ(欠稳定) Ⅴ(不稳定)
B9	坡面与主要结构面的产状关系	很有利 有利 一般 不利 很不利	0.9 0.7 0.5 0.3 0.1	Ⅰ(稳定) Ⅱ(基本稳定) Ⅲ(潜在不稳定) Ⅳ(欠稳定) Ⅴ(不稳定)
B10	风化程度	微风化 弱风化 中风化 强风化 全风化	0.9 0.7 0.5 0.3 0.1	Ⅰ(稳定) Ⅱ(基本稳定) Ⅲ(潜在不稳定) Ⅳ(欠稳定) Ⅴ(不稳定)
B11	超载	很有利 有利 一般 不利 很不利	0.9 0.7 0.5 0.3 0.1	Ⅰ(稳定) Ⅱ(基本稳定) Ⅲ(潜在不稳定) Ⅳ(欠稳定) Ⅴ(不稳定)
B12	爆破振动 (波速 cm/s)	＜2.0 2.0～5.0 5.0～10.0 10.0～15.0 ＞15.0	＜2.0 2.0～5.0 5.0～10.0 10.0～15.0 ＞15.0	Ⅰ(稳定) Ⅱ(基本稳定) Ⅲ(潜在不稳定) Ⅳ(欠稳定) Ⅴ(不稳定)
B13	边坡开挖状况 (考察点未支护边坡级数)	一级 二级 三级 四级 五级	0.9 0.7 0.5 0.3 0.1	Ⅰ(稳定) Ⅱ(基本稳定) Ⅲ(潜在不稳定) Ⅳ(欠稳定) Ⅴ(不稳定)
B14	边坡支护状况 (支护强度)	优 良 中 差 劣	0.9 0.7 0.5 0.3 0.1	Ⅰ(稳定) Ⅱ(基本稳定) Ⅲ(潜在不稳定) Ⅳ(欠稳定) Ⅴ(不稳定)

6.3.4 权重确定

确定影响因素指标权重的方法通常有以下几种：调查统计法、直接经验法、因素敏感度法、数理统计法以及层次分析法。由于工程环境的复杂性、不可逆性和模糊性，用精确的数学模型求取评价因素的权重难度很大，有时对工程地质、水文条件和边坡所处的环境条件分析不够而过分地相信数学模型，反而使权重不尽合理，而根据专家的经验判断，其结论相对较为可靠。层次分析法(AHP)采用多位专家的经验判断结合适当的数学模型，再进一步运算确定权重，是一种较为合理、可行、新颖的系统分析方法。它强调人的思维判断在科学决策中的作用，通过一定模式使决策思维过程规范化，适用于定性与定量因素相结合的决策问题，因此，本次采用 AHP 方法。

6.3.4.1　*层次分析法*

层次分析法(The Analytic Hierarchy Process，AHP)是由美国运筹学家匹兹堡大学萨迪(T. L. Saaty)等人在 20 世纪 70 年代初期提出的一种定量与定性相结合，将人的主观判断用数量形式表达和处理的方法，它将复杂问题分解成各个组成因素，又将这些因素按支配关系分组形成递阶层次结构。通过两两比较的方式确定各个因素的相对重要性，然后综合决策者的判断，确定决策方案相对重要性的总的排序。层次分析法的基本方法和步骤如下：

(1)分析系统中各因素之间的关系，建立系统的递阶层次结构；

(2)对同一层次的各元素关于上一层次中某一准则的重要性进行两两比较，构造两两比较判断矩阵；

(3)由判断矩阵计算被比较元素对于该准则的相对权重；

(4)计算各层元素对系统目标的合成权重，并进行排序。

6.3.4.2　*递阶层次结构的建立*

层次结构如图 6-5 所示，一般分为三层，最上面为目标层，最下面为方案层，中间是准则层或指标层。

(1)最高层：这一层次中只有一个元素，它是问题的预定目标或理想结果。

(2)中间层：这一层次包括为实现目标所涉及的中间环节，所需要考虑的准则。该层可由若干层次组成，因而有准则和子准则之分，这一层也称为准则层。

(3)最底层：这一层次包括为实现目标可供选择的各种措施、决策方案等，因此也称为措施层或方案层。

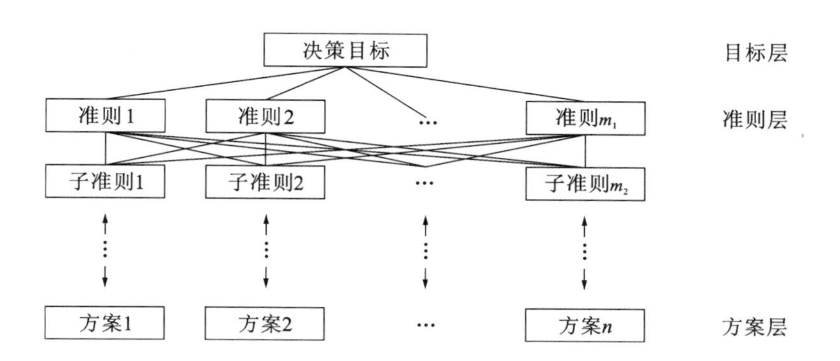

图 6-5　递阶层次结构示意图

上层元素对下层元素的支配关系所形成的层次结构称为递阶层次结构。当然上一层的元素可以支配下一层的所有元素,但也可能只支配其中部分元素。

注意:每一层次中各元素所支配的元素一般不要超过 9 个;层次结构建立得好与坏和决策者对问题的认识是否全面和深刻有很大关系。

6.3.4.3　构造成对比较判断矩阵

在递阶层次结构中,设上一层元素 C 为准则,所支配的下一层元素为 u_1,u_2,…,u_n。要确定元素 u_1,u_2,…,u_n 对于准则 C 相对的重要性即权重。其方法是,对于准则 C 元素 u_i 和 u_j 哪一个更重要,按 1～9 比例标度对重要性程度赋值。表 6-3 中列出 1～9 标度的含义。

表 6-3　标度的含义

标度	含　义
1	表示两个元素相比,具有同样重要性
3	表示两个元素相比,前者比后者稍重要
5	表示两个元素相比,前者比后者明显重要
7	表示两个元素相比,前者比后者强烈重要
9	表示两个元素相比,前者比后者极端重要
2,4,6,8	表示上述相邻判断的中间值
倒数	若元素 i 与元素 j 的重要性之比为 a_{ij},那么元素 j 与元素 i 重要性之比为 $a_{ij}=1/a_{ji}$

对于准则 C,n 个元素之间相对重要性的比较得到一个两两比较判断矩阵:$\mathbf{A}=(a_{ij})_{n\times n}$。

若判断矩阵 $\mathbf{A}$ 具有下列性质:$a_{ij}>0$,$a_{ii}=1$,$a_{ji}=1/a_{ij}$,则称判断矩阵 $\mathbf{A}$ 为正互反矩阵;若判断矩阵 $\mathbf{A}$ 的所有元素满足:$a_{ij}\cdot a_{jk}=a_{ik}$,则称 $\mathbf{A}$ 为一致性

矩阵。

6.3.4.4　层次单排序及一致性检验

层次单排序：确定下层各因素对上层某因素影响程度的过程。用权值表示影响程度，先从一个简单的例子看如何确定权值。

例如，一块石头重量记为 1，打碎分成 n 个小块，各块的重量分别记为：w_1，w_2，…，w_n，则可得成对比较矩阵：

$$\boldsymbol{A}=\begin{bmatrix} 1 & \frac{w_1}{w_2} & \cdots & \frac{w_1}{w_n} \\ \frac{w_2}{w_1} & 1 & \cdots & \frac{w_2}{w_n} \\ \vdots & \vdots & & \vdots \\ \frac{w_n}{w_1} & \frac{w_n}{w_2} & \cdots & 1 \end{bmatrix}$$

由上面矩阵可以看出：$\frac{w_i}{w_j}=\frac{w_i}{w_k}\cdot\frac{w_k}{w_j}$。

若成对比较矩阵是一致阵，则自然会取对应于最大特征根 n 的归一影响程度的权值。若成对比较矩阵不是一致阵，Saaty 等人建议用其最大特征根对应的归一化特征向量作为权向量 $\boldsymbol{W}$，则有：

$$\boldsymbol{AW}=\lambda\boldsymbol{W} \tag{6-18}$$

这样确定权向量的方法称为特征根法。

定理：n 阶互反阵 $\boldsymbol{A}$ 的最大特征根 $\lambda \geqslant n$，当且仅当 $\lambda=n$ 时，$\boldsymbol{A}$ 为一致阵。

由于 λ 连续依赖于 a_{ij}，则 λ 比 n 大得越多，$\boldsymbol{A}$ 的不一致性越严重。用最大特征根对应的特征向量作为被比较因素对上层某因素影响程度的权向量，其不一致程度越大，引起的判断误差越大。因而，可以用 $\lambda-n$ 数值的大小来衡量 $\boldsymbol{A}$ 的不一致程度。

定义一致性指标 CI(Consistency Index)：

$$CI=\frac{\lambda-n}{n-1} \tag{6-19}$$

其中，n 为 $\boldsymbol{A}$ 的对角线元素之和，也为 $\boldsymbol{A}$ 的特征根之和。

定义随机一致性指标 RI(Random Index)，随机构造 500 个成对比较矩阵 $\boldsymbol{A}_1$，$\boldsymbol{A}_2$，…，$\boldsymbol{A}_{500}$，则可得一致性指标 CI_1，CI_2，…，CI_{500}。

$$RI=\frac{CI_1+CI_2+\cdots+CI_{500}}{500}=\frac{\frac{\lambda_1+\lambda_2+\cdots+\lambda_{500}}{500}}{n-1} \tag{6-20}$$

根据上述方法计算的随机一致性指标如表 6-4 所示。

表 6-4　平均随机一致性指标 *RI*

矩阵阶数	1	2	3	4	5	6	7	8
RI	0.00	0.00	0.52	0.89	1.12	1.26	1.36	1.41
矩阵阶数	9	10	11	12	13	14	15	
RI	1.46	1.49	1.52	1.54	1.56	1.58	1.59	

一般来说，当一致性比率 $CR=\dfrac{CI}{RI}<0.1$ 时，认为 **A** 的不一致程度在容许范围之内，可用其归一化特征向量作为权向量，否则要重新构造成对比较矩阵，对 **A** 加以调整。

6.3.4.5　层次总排序及一致性检验

确定某层所有因素对于总目标相对重要性的排序权值过程，称为层次总排序，从最高层到最低层逐层进行。设 A 层 m 个因素 $A_1,A_2,\cdots,A_m$，对总目标 Z 的排序为 $a_1,a_2,\cdots,a_m$，B 层 n 个因素对上层 A 中因素为 A_j 的层次单排序为 $b_{1j},b_{2j},\cdots,b_{nj}(j=1,2,\cdots,m)$。$B$ 层的层次总排序为：

$$\begin{aligned} &B_1:a_1b_{11}+a_2b_{12}+\cdots+a_mb_{1m} \\ &B_2:a_1b_{21}+a_2b_{22}+\cdots+a_mb_{2m} \\ &\qquad\vdots \\ &B_n:a_1b_{n1}+a_2b_{n2}+\cdots+a_mb_{nm} \end{aligned} \tag{6-21}$$

即 B 层第 i 个因素对总目标的权值为：$\sum\limits_{j=1}^{m}a_jb_{ij}$。

设 B 层 $B_1,B_2,\cdots,B_n$ 对上层（A 层）中因素 $A_j(j=1,2,\cdots,m)$ 的层次单排序一致性指标为 CI_j，随机一致性指标为 RI_j，则层次总排序的一致性比率为：

$$CR=\frac{a_1CI_1+a_2CI_2+\cdots+a_nCI_n}{a_1RI_1+a_2RI_2+\cdots+a_nRI_n} \tag{6-22}$$

当 $CR<0.1$ 时，认为层次总排序通过一致性检验。到此，根据最下层（决策层）的层次总排序做出最后决策。

6.3.4.6　正互反阵最大特征值和特征向量实用算法

用定义计算矩阵的特征值和特征向量相当困难，特别是阶数较高时。成对比较矩阵是通过定性比较得到的比较粗糙的结果，对它的精确计算是没有必要的，应寻找简便的近似方法，常用的计算方法有幂法、和法与根法，因和法较为简便，在此仅介绍特征值的和法计算步骤：

(1)将 $\boldsymbol{A}$ 的每一列向量归一化得 $\widetilde{w}_{ij}=a_{ij}/\sum_{i=1}^{n}a_{ij}$；

(2) 对 $\widetilde{w}_{ij}$ 按行求和得 $\widetilde{w}_i=\sum_{i=1}^{n}\widetilde{w}_{ij}$；

(3) 归一化 $\widetilde{\boldsymbol{w}}=[\widetilde{w}_1\quad \widetilde{w}_2\quad \cdots\quad \widetilde{w}_n]^{\mathrm{T}}$ 得 $\boldsymbol{w}=[w_1\quad w_2\quad \cdots\quad w_n]^{\mathrm{T}}$，其中 $w_i=\widetilde{w}_i/\sum_{i=1}^{n}\widetilde{w}_i$；

(4) 计算 $\boldsymbol{AW}$；

(5) 计算 $\lambda=\frac{1}{n}\sum_{i=1}^{n}\frac{(AW)_i}{w_i}$，即为最大特征值的近似值，$\boldsymbol{W}$ 为对应特征值的权向量。

6.3.4.7　大岗山水电站边坡稳定性影响因子权重

根据上述步骤与方法，确定大岗山水电站枢纽区边坡测点局部稳定影响因子权重见表 6-5～表 6-6。

表 6-5　二级指标构成的判断矩阵及计算结果

指标	B1	B2	B3	B4	B5	w	一致性检验
B1	1	5/7	5/4	5/8	5/6	0.167	$\lambda_{max}=5$
B2	7/5	1	7/4	7/8	7/6	0.233	$CI=0$
B3	4/5	4/7	1	4/8	4/6	0.133	$RI=1.12$
B4	8/5	8/7	8/4	1	8/6	0.267	$CR=0$
B5	6/5	6/7	6/4	6/8	1	0.199	通过检验
指标	B6	B7	B8	B9	B10	w	一致性检验
B6	1	9/5	9/4	9/8	9/7	0.273	$\lambda_{max}=5$
B7	5/9	1	5/4	5/8	5/7	0.152	$CI=0$
B8	4/9	4/5	1	4/8	4/7	0.121	$RI=1.12$
B9	8/9	8/5	8/4	1	8/7	0.242	$CR=0$
B10	7/9	7/5	7/4	7/8	1	0.212	通过检验
指标	B11	B12	B13	B14	w	一致性检验	
B11	1	4/5	4/7	4/9	0.165	$\lambda_{max}=3.93$	
B12	5/4	1	5/7	5/9	0.206	$CI=0.0017$	
B13	7/4	7/5	1	7/9	0.288	$RI=0.89$	
B14	9/4	9/5	9/7	1	0.342	$CR=0.0019$，通过检验	

表 6-6　一级指标构成的判断矩阵及计算结果

	A1	A2	A3	w	一致性检验
A1	1	1/3	1/5	0.106	$\lambda_{max}=3.03$,$CI=0.015$,
A2	3	1	1/3	0.260	$RI=0.52$,$CR=0.029$,
A3	5	3	1	0.633	$CR<0.1$,通过检验

6.3.5　隶属度的确定

通常情况下,用隶属函数来描述模糊集,因此,首要的任务是建立与模糊集相适应的隶属函数。客观地讲,现实中可能存在契合的隶属函数,但对于同一个模糊集,不同的人由于其认识的局限性和差异性,可能建立出不同的隶属函数,也就是说,同一模糊集的隶属函数并不唯一。但是与客观情况接近应该是它们共同的特点,在实践中会被不断地修正和完善。即使是基于主观认识确定隶属函数,其结果依然不失科学性与客观规律性。通常,确定隶属函数的方法有以下 3 种:

(1)推理法

这种方法是根据模糊集的特性建立隶属函数。在论域已确定的情况下,首要的任务是规定其中隶属度为 0 或者 1 的元素,然后再充分考虑隶属函数的形状与性质,最终确定选定模糊集的隶属函数表达式。

(2)模糊统计法

这里取较为稳定的隶属频率值作为隶属度。如果做 n 次试验,那么:

$$x_0\text{ 隶属于 }A\text{ 的频率}=\frac{x_0\in A^*\text{ 的次数}}{n}$$

其中,A 表示模糊集,A^* 为 A 的经典集。隶属频率随着 n 的不断增加逐渐稳定,则可取此稳定值作为 x 对 A 的隶属度。

(3)模糊分布

模糊分布适用于模糊集论域为实数集且其中某些函数带有参数的情况,在进行参数选择时要考虑模糊集的性质、实际情况,甚至要结合试验作出假设。模糊分布比较常见的形式有:正态分布、岭形分布、梯形分布或半梯形分布、矩形分布或半矩形分布、抛物线分布、三角形分布等。本节仅介绍模糊分布法确定模糊集的隶属函数。

按指标取值性质分为:定性指标(离散型)和定量指标(连续型)。对于连续

型指标则可以根据指标特性,取下列 3 种形式之一来表示:

①经济型:

$$A(x)=\begin{cases}1 & ,x\leqslant a_1\\ \dfrac{1}{2}-\dfrac{1}{2}\sin\dfrac{\pi}{a_2-a_1}(x-\dfrac{a_1+a_2}{2}) & ,a_1<x\leqslant a_2\\ 0 & ,x>a_2\end{cases} \tag{6-23}$$

②效益型:

$$A(x)=\begin{cases}0 & ,x\leqslant a_1\\ \dfrac{1}{2}+\dfrac{1}{2}\sin\dfrac{\pi}{a_2-a_1}(x-\dfrac{a_1+a_2}{2}) & ,a_1<x\leqslant a_2\\ 1 & ,x>a_2\end{cases} \tag{6-24}$$

③中间型:

$$A(x)=\begin{cases}0 & ,x\leqslant -a_2\\ \dfrac{1}{2}+\dfrac{1}{2}\sin\dfrac{\pi}{a_2-a_1}(x-\dfrac{a_1+a_2}{2}) & ,-a_2<x\leqslant -a_1\\ 1 & ,-a_1<x\leqslant a_1\\ \dfrac{1}{2}-\dfrac{1}{2}\sin\dfrac{\pi}{a_2-a_1}(x-\dfrac{a_1+a_2}{2}) & ,a_1<x\leqslant a_2\\ 0 & ,x>a_2\end{cases} \tag{6-25}$$

对于定性指标可按一定准则作数量化处理,本节采用分级法评定模糊矩阵 $\boldsymbol{R}$。即将因素分成 5 个等级:优(0.9)、良(0.7)、中(0.5)、差(0.3)、劣(0.1),并按赋值标准给出评定值。再根据指标特性选用下列梯形隶属度函数:

经济型:

$$A(x)=\begin{cases}1 & ,x<a\\ \dfrac{b-x}{b-a} & ,a\leqslant x\leqslant b\\ 0 & ,b<x\end{cases} \tag{6-26}$$

效益型:

$$A(x)=\begin{cases}0 & ,x\leqslant a\\ \dfrac{x-a}{b-a} & ,a\leqslant x\leqslant b\\ 1 & ,b<x\end{cases} \tag{6-27}$$

中间型：

$$A(x)=\begin{cases}0 & ,x<a \\ \dfrac{x-a}{b-a} & ,a\leqslant x<b \\ 1 & ,b\leqslant x<c \\ \dfrac{d-x}{d-c} & ,c\leqslant x<d \\ 0 & ,d\leqslant x\end{cases} \tag{6-28}$$

这样，只要确定了指标的类型、隶属度函数形式及指标变化影响区域，则可根据上述方法很容易得出其隶属度的量化值。

6.3.6 模糊运算模型

模糊综合评判的关键就在于模糊变换，在模糊变换中主要用的是模糊合成运算模型 M(⊗, ∗)。理论上的广义模糊合成运算方法很多，但在实际应用中，经常采用以下五种模型。不同的数学模型具有不同的实际含义，只有掌握其实质，才不会使模型失效，从而求得合理的综合评判结果。

(1)模型Ⅰ-M(∧，∨)

它的评判结果是由数值最大的决定，其余数值在一个范围内变化不影响结果。即用取小运算∧代替⊗，用取大运算∨代替∗，则有：

$$b_j=\bigvee_{i=1}^{m}(a_i\wedge r_{ij})=\max[\min(a_1,r_{1j}),\min(a_2,r_{2j}),\cdots,\min(a_m,r_{mj})] \tag{6-29}$$

其中，$j=1,2,\cdots,n$。

这是一种"主因素决定型"的综合评判，其特点是运算简单明了，缺点是只考虑了主因素，丢掉了许多次要信息。

(2)模型Ⅱ-M(·，∨)

即用普通实数的乘法·代替⊗，用取大运算∨代替∗，则有：

$$b_j=\bigvee_{i=1}^{m}(a_ir_{ij})=\max(a_1r_{1j},a_2r_{2j},\cdots,a_mr_{mj})\quad(j=1,2,\cdots,n) \tag{6-30}$$

这是模型Ⅰ的改进型，它与 M(∧，∨)的区别是用普通实数的乘法·代替"∧"，是"主因素突出型"的综合评判，其优缺点与模型Ⅰ基本相同，但比模型Ⅰ更为精确，因为它兼顾了所有因素，不会丢失信息。

(3)模型Ⅲ-M($\wedge$,$\otimes$)

$$b_j = \otimes \sum_{j=1}^{m} (a_i \wedge r_{ij}) = \min\left[1, \sum_{i=1}^{m} \min(a_i, r_{ij})\right] \quad (j = 1,2,\cdots,n) \tag{6-31}$$

它与 M($\wedge$,$\vee$)接近,但比 M($\wedge$,$\vee$)更为精细,由此得到的评判结果在一定程度上反映了非主要指标。

(4)模型Ⅳ-M(·,$\oplus$)

该模型对所有因素以权重大小均衡兼顾,体现出整体特性。即用普通实数的乘法·代替$\otimes$,用有界算子$\oplus$代替$*$,则有:

$$b_j = \oplus \sum_{j=1}^{m} a_i r_{ij} = \min(1, \sum_{i=1}^{m} a_i r_{ij}) \quad (j = 1,2,\cdots,n) \tag{6-32}$$

(5)模型Ⅴ-M(·,+)

即用普通实数的乘法·代替$\otimes$,用有界算子+代替$*$,则有:

$$b_j = \sum_{j=1}^{m} a_i r_{ij} \quad (j = 1,2,\cdots,n) \tag{6-33}$$

该模型不仅考虑了所有因素的影响,而且保留了单因素评判的全部信息。运算时,并不对 $a_i(i=1,2,\cdots,m)$和 $r_{ij}(i=1,2,\cdots,m;j=1,2\cdots,n)$施加上限限制,只是 a_i 必须归一化。这些是该模型的显著特点,也是它的优点。

对于同一对象集,按照模型综合评判法的基本算法,采用不同的数学模型进行评判计算,排序的结果可能有差异,这是可以理解的。因为对于同一事物,如果我们从不同角度去观察分析,其结论可能不同。

6.4 模糊综合评价法的应用

6.4.1 基于二级模糊理论的边坡稳定性基础评价

边坡稳定性分析是判断边坡是否失稳,是否需要加固及采取何种防护措施的主要依据,它是边坡工程中最基本的问题,也是边坡工程设计与施工中最难和最迫切需要解决的问题之一。但是由于边坡地形地质条件复杂,岩土体力学性质不确定和周边环境模糊多变等因素影响,要想准确地判断边坡的稳定性实非易事。尤其是对于岩质边坡,由于实际岩体中含有大量不同构造、产状和特性等不连续结构面(比如层面、节理、裂隙、软弱夹层、岩脉和断层破碎带等),给岩质边坡的稳定分析带来了巨大的困难。因此,如何采用合理有效的方法进行边坡稳定分析也是非常关键的问题。

依据模糊综合评判理论，结合专家经验，得出如下评价参数与评价步骤：

(1)评语集 ={稳定，基本稳定，潜在不稳定，欠稳定，不稳定}。

(2)一级因子={地形地貌特征与气象水文条件，地质条件，人类工程活动}。

权重 W_a={0.016,0.260,0.633}

二级因子：

U_1={坡形，坡角，坡高，月累计降雨量，地下水状况}

W_1={0.167,0.233,0.133,0.267,0.199}

U_2={岩体基本质量等级，内聚力，内摩擦角，坡面与主要结构面的产状关系，风化程度}

W_2={0.273,0.152,0.121,0.242,0.212}

U_3={超载，爆破振动，边坡开挖状况，边坡支护状况}

W_3={0.165,0.206,0.288,0.342}

(3)根据各因素的隶属度函数，确定各因素的模糊隶属度，从而建立各关键点的单因素评判矩阵 $\boldsymbol{R}$。

(4)计算模糊评判集 $\boldsymbol{B}=\boldsymbol{A}\cdot\boldsymbol{R}$。

(5)根据最大隶属度准则对边坡各关键点的稳定性进行模糊综合评判。

现以大岗山水电站枢纽区边坡为例说明模糊综合评判方法在稳定性评价方面的应用。选择 2014 年 9 月左右岸及进水口边坡典型测点的基础数据及评价结果，见表 6-7。

6.4.2 基于多判据的边坡稳定性最终评价

相对于大岗山这类规模大、地质条件复杂，各种影响因素交织，且机理随时间演变的高陡边坡而言，前述边坡稳定性模糊综合评价结论也只能是考虑多种因素采用单一理论模型的计算结果，尽管建模过程以及各种参数的确定过程中，比如权重的确定、隶属函数的选择等，也考虑专家的经验，但这种结论仍然是基于半经验半理论的分析结果，暂称之为稳定性基础评价。

由于地质体的复杂性，边坡工程问题是信息不全、信息模糊问题。这类复杂问题采用单一理论方法解决已越来越显得不足。随着对大岗山水电站边坡稳定性研究的不断深入，应用多技术、多方法、多手段综合集成研究是本项目研究的特点。自立项以来先后多次用到变形-时程分析法、回归分析法、数值分析

表 6-7 典型测点稳定性评价基础数据及评价结果

序号	测点编号	B1	B2	B3	B4	B5	B6	B7	B8	B9	B10	B11	B12	B13	B14	评价结果
1	M^4_{1LX}	0.5	1∶0.4	1136	115	0.7	Ⅱ	1.65	1.25	0.7	0.7	0.9	2.5	0.5	0.7	基本稳定
2	M^4_{3LX}	0.7	1∶0.4	1136	115	0.7	Ⅳ	0.7	0.825	0.5	0.5	0.9	2.4	0.7	0.7	基本稳定
3	M^4_{5LX}	0.9	1∶0.4	1136	115	0.7	Ⅴ	0.2	0.5	0.5	0.3	0.9	2.2	0.7	0.7	基本稳定
4	M^4_{1JSK}	0.7	1∶0.5	1136	115	0.7	Ⅲ	1.25	1.1	0.5	0.6	0.9	3.0	0.5	0.7	基本稳定
5	M^4_{3JSK}	0.7	1∶0.5	1196	115	0.7	Ⅱ	1.65	1.25	0.7	0.7	0.9	2.8	0.5	0.7	基本稳定
6	M^4_{5JSK}	0.7	1∶0.5	1141	115	0.7	Ⅱ	1.65	1.25	0.9	0.7	0.9	2.1	0.5	0.7	稳定
7	M^4_{1RJC}	0.7	1∶0.5	1247	115	0.7	Ⅰ	2.0	1.5	0.9	0.9	0.7	2.8	0.9	0.9	稳定
8	M^4_{2RJC}	0.7	1∶0.5	1247	115	0.7	Ⅰ	2.0	1.5	0.9	0.9	0.7	2.8	0.9	0.9	稳定
9	M^4_{1RBP}	0.9	1∶0.4	1336	115	0.9	Ⅲ	1.25	1.1	0.9	0.6	0.7	2.5	0.5	0.7	基本稳定
10	M^4_{3RBP}	0.9	1∶0.4	1136	115	0.9	Ⅱ	1.65	1.25	0.5	0.7	0.7	2.6	0.5	0.7	基本稳定
11	M^4_{5RBP}	0.7	1∶0.4	1136	115	0.9	Ⅲ	1.25	1.1	0.5	0.6	0.7	2.3	0.5	0.7	基本稳定
12	M^4_{7RBP}	0.7	1∶0.4	1136	115	0.9	Ⅴ	0.2	0.5	0.7	0.3	0.7	2.4	0.5	0.7	基本稳定

注：① B2 数据为坡率，应换算成坡角代入计算模型；

② B3 数据为测点标高，应以坝基开挖最低点 940m 为基准换算为相对高度；

③ B12 是根据同类围岩条件及爆破方式类比得出，并非实测数据。

法、灰色预测理论、模糊神经网络理论，以及双参数组合预测模型，从各个方面对大岗山边坡监测数据进行分析及预测，得出多方面研究结论。如何充分考虑前述各种方法的研究成果，给出大岗山边坡稳定性的最终评价，这也是模糊综合评价模型更高层次的应用。因条件所限，本节尝试考虑监测位移与锚索拉力数据，结合前节基础评价结论，利用多级模糊综合评价模型对大岗山水电站枢纽区典型测点稳定性进行进一步的综合评定。

仍取上述典型测点进行分析评价，2014 年 9 月的基础数据及基础评价结果见表 6-8。

表 6-8 典型测点边坡稳定性评价结果对照

序号	多点位移计编号	最大位移(mm)	位移速率(mm/d)	锚索测力计编号	锚索拉力(kN)	拉力变化率(kN/d)
1	$M^4{}_{1LX}$	6.22	0.013	$PR_{8LJPTLBP}$	1485.32	0.014
2	$M^4{}_{3LX}$	19.2	0.008	$PR_{12LJPTLBP}$	1419.15	0.008
3	$M^4{}_{5LX}$	33.5	0.003	$PR_{15LJPTLBP}$	1401.84	0.005
4	$M^4{}_{1JSK}$	12.54	0.013	PR_{1JSK}	1808.92	0.012
5	$M^4{}_{3JSK}$	5.68	0.015	PR_{3JSK}	1942.04	0.035
6	$M^4{}_{5JSK}$	11.86	0.023	PR_{8JSK}	1844.19	0.001
7	$M^4{}_{1RJC}$	1.15	0.026	PR_{3RJC}	1532.87	0.013
8	$M^4{}_{2RJC}$	−0.76	0.001	PR_{5RJC}	1684.70	0.044
9	$M^4{}_{1RBP}$	11.5	0.014	PR_{1RBP}	1506.68	0.072
10	$M^4{}_{3RBP}$	7.82	0.003	PR_{2RBP}	1488.41	0.049
11	$M^4{}_{5RBP}$	23.50	0.012	PR_{3RBP}	1459.47	0.041
12	$M^4{}_{7RBP}$	33.82	0.016	PR_{4RBP}	1644.02	0.024

注：表中锚索测点为多点位移计周边同一评价单元最近测点数据，测点位置并非严格的一一对应关系。

依据模糊综合评判理论，结合专家经验，评价步骤如下：

(1)评语集 ={稳定Ⅰ，基本稳定Ⅱ，潜在不稳定Ⅲ，欠稳定Ⅳ，不稳定Ⅴ}；

(2)因子集 = {基础评价等级，位移值，位移速率，锚索拉力，拉力变化率}；

(3)权重确定，采用 AHP 方法，结果见表 6-9。

表 6-9 评价因子矩阵打分表

评价因子	基础评价等级	位移值	位移速率	锚索拉力	拉力变化率	权值	一致性检验
基础评价等级	1	1/3	1/5	1/2	1/3	0.071	$\lambda_{max}=5$
位移值	3	1	3/5	3/2	1	0.214	$CI=0$
位移速率	5	5/3	1	5/2	5/3	0.357	$RI=1.12$
锚索拉力	2	2/3	2/5	1	2/3	0.142	$CR=0$
拉力变化率	3	1	3/5	3/2	1	0.214	通过检验

(4)根据各因素的隶属度函数,确定各因素的模糊隶属度,从而建立各关键点的单因素评判矩阵 $\boldsymbol{R}_i$,如$M^4{}_{1LX}$测点的评判矩阵 $\boldsymbol{R}_1$:

$$\boldsymbol{R}_1 = \begin{bmatrix} 0.92 & 0.08 & 0 & 0 & 0 \\ 0.75 & 0.25 & 0 & 0 & 0 \\ 0.92 & 0.08 & 0 & 0 & 0 \\ 0.25 & 0.75 & 0 & 0 & 0 \\ 0.95 & 0.05 & 0 & 0 & 0 \end{bmatrix}$$

(5)计算模糊评判集:

$$\boldsymbol{B} = \boldsymbol{A} \cdot \boldsymbol{R} = [0.071 \quad 0.214 \quad 0.357 \quad 0.142 \quad 0.214] \times \begin{bmatrix} 0.92 & 0.08 & 0 & 0 & 0 \\ 0.75 & 0.25 & 0 & 0 & 0 \\ 0.92 & 0.08 & 0 & 0 & 0 \\ 0.25 & 0.75 & 0 & 0 & 0 \\ 0.95 & 0.05 & 0 & 0 & 0 \end{bmatrix}$$

$$= [0.79 \quad 0.21 \quad 0 \quad 0 \quad 0]$$

(6)根据最大隶属度准则对边坡各关键点的稳定性进行模糊综合评判。比如上述$M^4{}_{1LX}$测点稳定性状态为稳定。

利用上述方法,将研究区边坡典型测点的稳定性进行模糊综合评判,其结果与前述基础评判的结果对照,详见表 6-10。

表 6-10　典型测点边坡稳定性评价结果对照

序号	测点编号	基础判断	最终评判
1	$M^4{}_{1LX}$	基本稳定	稳定
2	$M^4{}_{3LX}$	基本稳定	稳定
3	$M^4{}_{5LX}$	基本稳定	基本稳定
4	$M^4{}_{1JSK}$	基本稳定	基本稳定
5	$M^4{}_{3JSK}$	基本稳定	基本稳定
6	$M^4{}_{5JSK}$	稳定	基本稳定
7	$M^4{}_{1RJC}$	稳定	稳定
8	$M^4{}_{2RJC}$	稳定	稳定
9	$M^4{}_{1RBP}$	基本稳定	基本稳定
10	$M^4{}_{3RBP}$	基本稳定	基本稳定
11	$M^4{}_{5RBP}$	基本稳定	基本稳定
12	$M^4{}_{7RBP}$	基本稳定	基本稳定

由表6-10可以看出，两种评价结果基本一致。上述各关键点具有一定的代表性，其稳定性状态直接决定研究区边坡整体的稳定性，据此可以进一步推定研究区边坡处于稳定状态。

6.4.3　边坡安全模糊综合预警

宜巴高速公路地质环境条件复杂，沿线高陡路堑边坡众多，其施工过程安全管理除对边坡稳定性做出及时评价之外，还需预测各种环境条件发展变化后边坡稳定性状态的发展趋势，以便及时采取应对措施，这就涉及安全预警预报问题。安全预警涉及多个方面，本项目主要研究边坡围岩的稳定状态，因此边坡安全综合预警与前节边坡围岩稳定性综合评价基本相同，所不同的是稳定性综合评价所用参数是实测值，而边坡安全综合预警所用参数是预测值，稳定性状态改为预警等级。边坡安全模糊综合预警流程见图6-6。

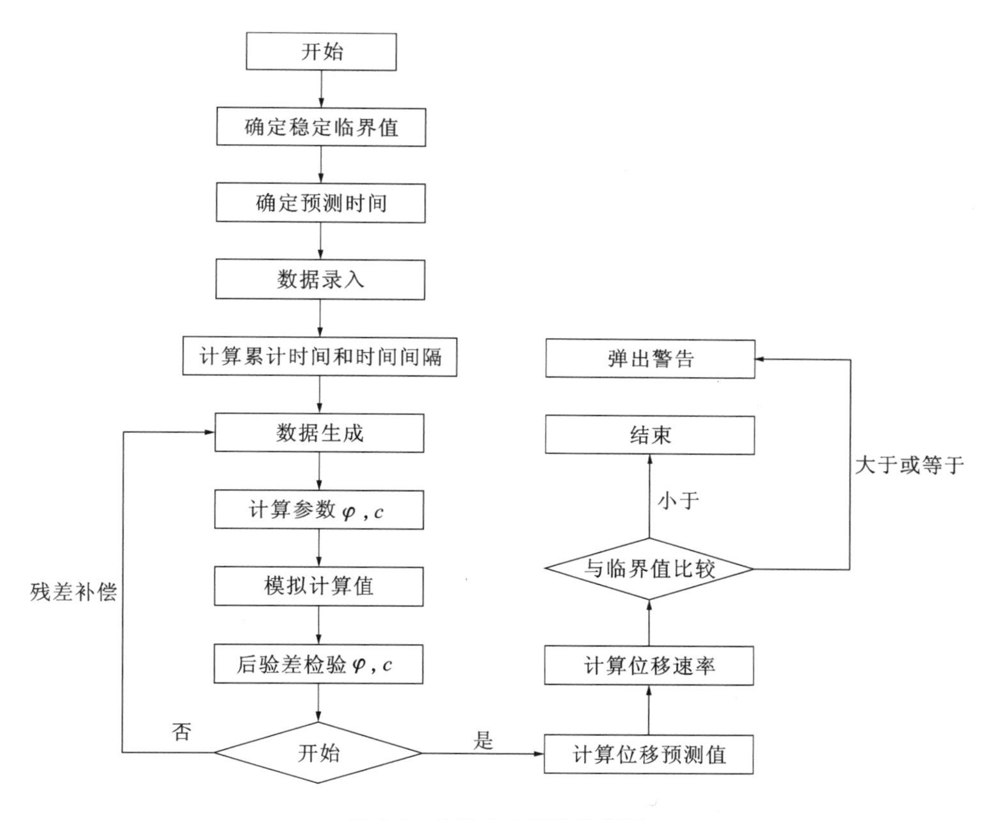

图6-6　边坡安全预警流程图

6.4.3.1　预警判据

边坡安全预警判据与边坡围岩稳定性判据相同，即监控点水平位移、监控点水平位移速率、变形加速度、降雨量和降雨强度等五个参数。

（1）根据累计水平位移进行预警。水平位移量也包括累计位移量和本次位移量。根据位移量进行预警其实质就是根据位移速率预警，但需要注意的是，当累计位移量过大或超过一定警戒值（比如规定的累计位移量警戒值为30mm，当超过这个限值时也应该预警），通过分析变形体没有稳定的趋势或有变形加剧的趋势时必须报警。

（2）根据位移速率进行预警。位移速率又包括总位移速率和本次位移速率，总位移速率表示自监测开始到目前为止监测点的平均位移速率；本次位移速率表示的是最近两期监测点的位移速率。就变形体的位移状态而言，本次位移速率更加准确地体现了监测点的变化状况，它比总位移速率对监测点的变化反应更加灵敏。比如本次位移速率较前几期变化较大，而由于监测时间很长的缘故，总位移速率有可能变化极小。因此，本系统主要采用本次位移速率作为预警参考值。

（3）根据突变进行预警。在项目监测过程中，当有突变情况发生时，必须报警。一般在监测项目中，突变现象经常意味着灾难和危险的发生，因此，在这种情况下，无论监测点的累计变形是多少，都应该首先报警，然后根据相应措施对突发情况进行控制、处理。

（4）根据一次有效降雨量预警。一次有效降雨量：$R_0/3$，$2R_0/3$，$3R_0/4$，R_0四级。R_0取表6-11与表6-12中的值。

表6-11　宜巴高速公路边坡加固前降雨量阈值表

项目	三级边坡		四级边坡		五级边坡	
	岩质	土质	岩质	土质	岩质	土质
一次累计降雨量 R_0（mm）	210	180	200	180	200	180
降雨强度 I_0（mm/h）	80	60	70	50	60	50

表6-12　宜巴高速公路边坡加固后降雨量阈值表

项目	三级边坡		四级边坡		五级边坡	
	岩质	土质	岩质	土质	岩质	土质
一次累计降雨量 R_0（mm）	250	210	240	200	240	180
降雨强度 I_0（mm/h）	120	100	110	100	110	90

（5）根据一次降雨强度进行预警。降雨强度：$I_0/3$，$2I_0/3$，$3I_0/4$，I_0四级，I_0

取表 6-11 与表 6-12 中的值。

6.4.3.2 隶属度与权重确定

边坡安全预警各变量的隶属度与权值和边坡围岩稳定性评价完全相同，隶属度按离散型变量取值，见表 6-13。因子权向量 **A**＝[0.17 0.15 0.29 0.23 0.17]。

表 6-13 边坡围岩稳定性判据隶属度取值

评价因子	状态类别	隶属度 μ				
		稳定	基本稳定	潜在不稳定	欠稳定	不稳定
水平位移（mm）	$<U_0/3$	0.8	0.3	0.15	0.0	0.0
	$U_0/3\sim 2U_0/3$	0.3	0.6	0.5	0.15	0.0
	$2U_0/3\sim 3U_0/4$	0.0	0.3	0.5	0.15	0.0
	$3U_0/4\sim U_0$	0.0	0.0	0.3	0.6	0.3
	$>U_0$	0.0	0.0	0.0	0.5	0.8
位移速率（mm/d）	$<v_0/3$	0.8	0.7	0.3	0.0	0.0
	$v_0/3\sim 2v_0/3$	0.5	0.6	0.5	0.2	0.0
	$2v_0/3\sim 3v_0/4$	0.3	0.5	0.5	0.5	0.5
	$3v_0/4\sim v_0$	0.0	0.0	0.5	0.6	0.6
	$>v_0$	0.0	0.0	0.0	0.7	0.8
变形加速度 a（mm/d^2）	<-0.10	0.8	0.6	0.6	0.5	0.0
	$-0.01\sim -0.05$	0.6	0.7	0.5	0.4	0.4
	$-0.06\sim 0.05$	0.5	0.8	0.8	0.5	0.5
	$0.05\sim 0.1$	0.2	0.3	0.5	0.6	0.7
	>0.10	0.0	0.2	0.4	0.7	0.8
有效降雨量（mm）	$<R_0/3$	0.8	0.7	0.3	0.0	0.0
	$R_0/3\sim 2R_0/3$	0.5	0.6	0.5	0.2	0.0
	$2R_0/3\sim 3R_0/4$	0.3	0.5	0.5	0.5	0.5
	$3R_0/4\sim R_0$	0.0	0.0	0.5	0.6	0.6
	$>R_0$	0.0	0.0	0.0	0.7	0.8
降雨强度（mm/h）	$<I_0/3$	0.8	0.7	0.3	0.0	0.0
	$I_0/3\sim 2I_0/3$	0.5	0.6	0.5	0.2	0.0
	$2I_0/3\sim 3I_0/4$	0.3	0.5	0.5	0.5	0.5
	$3I_0/4\sim I_0$	0.0	0.0	0.5	0.6	0.6
	$>I_0$	0.0	0.0	0.0	0.7	0.8

6.4.3.3 模糊综合预警

与边坡围岩稳定性的五个等级对应，预警等级也可分为五个等级，第一级为稳定状态，不需预警，因此实际预警分为四个等级。分别对应围岩稳定性等级的后四级。

假设边坡监控点水平位移阈值为 U_0，u 为预测水平位移，预警等级则为：

一级：$U=U_0/3$

二级：$U=2U_0/3$

三级：$U=3U_0/4$

四级：$U=U_0$

参考前节模糊综合评判理论，结合专家经验，综合预警步骤归纳为：

(1)评语集＝{一级预警，二级预警，三级预警，四级预警}；

(2)因子集＝{监控点水平位移，水平位移速率，变形加速度，降雨量，降雨强度}；

(3)权重集合＝{0.17，0.15，0.29，0.23，0.17}；

(4)根据各因素的隶属度函数，确定各因素的模糊隶属度，从而建立各关键点的单因素评判矩阵 $\boldsymbol{R}$；

(5)计算模糊评判集 $\boldsymbol{B}=\boldsymbol{A}\cdot\boldsymbol{R}$；

(6)根据最大隶属度准则对边坡安全进行模糊综合预警。

按上述方法对研究区边坡监控点以 2012 年 5、6、7 月的实测数据，预测 2012 年 8 月 28 日的数据，并进行模糊综合预警，其结果见表 6-14。

表 6-14 研究区边坡典型监控点 2012 年 8 月 28 日围岩稳定性预警结果

边坡监控点	预测水平位移(mm)	计算水平位移速率(mm/d)	计算水平位移加速度(mm/d^2)	预测降雨量(mm)	预测降雨强度(mm/h)	预警等级	实际状态
1	23.0	0.08	0.05	160	85	二级(蓝色)	基本稳定
2	22.5	0.07	0.02	150	76	二级(黄色)	基本稳定
3	20.8	0.07	0.01	140	70	三级(紫色)	潜在不稳定
4	15.6	0.06	0.0	175	88	二级(黄色)	基本稳定
5	14.5	0.06	−0.02	168	86	二级(蓝色)	基本稳定

从表 6-14 可以看出，综合预警的结果与实际发生的状态基本一致。由于研究区边坡均经过治理，处于稳定状态，预测预警效果的最终体现，仍需反例验证。尽管如此，这种集多种判据于一体，综合考虑几种影响边坡稳定的主要因

素的思想，无疑更全面、更为科学合理。

本章小结

边坡稳定性的模糊评价方法是借助于专家意见的经验性综合评判手段，本章介绍了基于模糊数学理论的边坡稳定性综合评价分析的步骤及边坡稳定性指标量化评价模型，并以大岗山右岸边坡及宜巴高速公路边坡为例介绍了基于二级模糊理论评价方法。

参考文献

[1] 吕建红,袁宝远,杨志法,等. 边坡监测与快速反馈分析[J]. 河海大学学报:自然科学版,1999,27(6):98-102.

[2] 吴中如,陈继禹. 大坝原型观测资料分析方法和模型[J]. 河海大学科技情报. 1989,9(2):48-52.

[3] 黄润秋. 论滑坡预报[J]. 国土资源科技管理,2004,21(6):15-20.

[4] 张奇华,丁秀丽,邬爱清. 滑坡变形预测与失稳预报问题的几点讨论[J]. 中国地质灾害与防治学报,2005,16(2):116-120.

[5] 陈高峰,卢应发,陈龙,等. 基于均匀设计的边坡敏感性灰色关联分析[J]. 水力发电,2010,36(4):1-6.

[6] 杨志法,陈剑. 关于滑坡预测预报方法的思考[J]. 工程地质学报,2004,12(2):118-123.

[7] 林卫烈,杨舜成. 滑坡与降雨量相关性研究[J]. 亚热带水土保持,2003,15(1):28-32.

[8] 丁继新,尚彦军,杨志法,等. 降雨型滑坡预报新方法[J]. 岩石力学与工程学报,2004,23(21):3738-3743.

[9] 王仁乔,周月华,王丽,等. 大降雨型滑坡临界雨量及潜势预报模型研究[J]. 气象科技,2005,33(4):311-313.

[10] 陈剑,杨志法,刘衡秋. 滑坡的易滑度分区及其概率预报模式[J]. 岩石力学与工程学报,2005,24(13):2392-2396.

[11] 李秀珍,许强. 滑坡预报模型和预报判据[J]. 灾害学,2003,18(4):71-78.

[12] 许强,黄润秋,李秀珍. 滑坡时间预测预报研究进展[J]. 地球科学进展,2004,19(3):478-483.

[13] 王在泉,陆文兴. 危险边坡变形时空传递规律及失稳预测[C]// 全国岩石边坡、地下工程、地基基础监测及处理技术学术会议论文选集. 1993.

[14] 王在泉. 隔河岩电站厂房高边坡开挖变形规律与位移传递函数应用研究[J]. 武汉理工大学学报,1997,19(1):94-97.

[15] 朱继良. 大型岩石高边坡开挖的地质-力学响应及其评价预测——以小湾水电站工程高边坡为例[D]. 成都理工大学,2006.

[16] W. C. 戈德伯格,李建平. 伯克利露天矿的边坡监测与反分析[J]. 国外金属矿山,1990,16(7):17-23.

[17] 王建锋. 滑坡发生时间预报分析[J]. 中国地质灾害与防治学报,2003,14(2):1-8.

[18] 邓跃进,王葆元,张正禄. 边坡变形分析与预报的模糊人工神经网络方法[J]. 武汉测绘科技大学学报,1998,23(1):26-31.

[19] 刘汉东. 边坡位移矢量场与失稳定时预报试验研究[J]. 岩石力学与工程学报,1998,17(2):111-116.

[20] 尚岳全,孙红月,赵福生. 滑坡变形动态的自回归模型分析[J]. 岩土工程学报,2000,22(5):628-629.

[21] 陆峰. 边坡监测的模式识别和极限分析研究[D]. 中国水利水电科学研究院,2001.

[22] 李天斌. 滑坡实时跟踪预报概论[J]. 中国地质灾害与防治学报,2002,13(4):17-22.

[23] 马为民,田卫宾. 单元聚类分析法在滑坡分析中的应用[J]. 中国水土保持,2003,18(5):15-16.

[24] 徐梁,陈有亮,张福波. 岩体边坡滑移的系统学预报研究[J]. 上海大学学报:自然科学版,2004,10(3):259-263.

[25] 李克钢. 岩质边坡稳定性分析及变形预测研究[D]. 重庆大学,2006.

[26] 刘志平,何秀凤. 稳健时序分析方法及其在边坡监测中的应用[J]. 测绘科学,2007,32(2):73-74.

[27] 刘志平,何秀凤. 扩展 GM(1,M)模型混沌优化及其在边坡监测中的应用[C]// 2007 重大水利水电科技前沿院士论坛暨首届中国水利博士论坛. 2007.

[28] 陈晓雪,罗旭,尚文凯,等. 边坡位移监测研究现状述评[J]. 地质与勘探,2008,44(2):110-114.

[29] 薄志毅,张瑞新,郇捷. 边坡监测线整体变形预测研究与应用[J]. 煤炭工程,2009,40(9):108-110.

[30] 秦鹏. 基于非线性理论的高边坡监测数据分析与预测[D]. 合肥工业大学,2009.

[31] 尹祥础,尹灿. 非线性系统失稳的前兆与地震预报——响应比理论及其应用[J]. 中国科学 化学,1991,21(5):512-518.

[32] 许强,黄润秋. 用加卸载响应比理论探讨斜坡失稳前兆[J]. 中国地质灾害与防治学报,1995,6(2):25-30.

[33] 吴树仁,金逸民,石菊松,等. 滑坡预警判据初步研究——以三峡库区为例[J]. 吉林大学学报:地球科学版,2004,34(4):596-600.

[34] 李东升. 基于可靠度理论的边坡风险评价研究[D]. 重庆大学,2006.

[35] 王旭华. 基于工程模糊集理论的边坡稳定性评价及预测[D]. 大连理工大学,2006.

[36] 冯长安,张建斌,杨五喜. 模糊评判在库岸边坡稳定性分析中的应用[J]. 西北水电,2007,26(3):14-17.

[37] 郭科,彭继兵,许强. 滑坡多点监测数据综合信息的提取方法[J]. 电子科技大学学报,2005,34(1):44-47.

[38] 谈小龙. 大型边坡多测点组合变形预测方法及工程应用[J]. 长江科学院院报,2014,31(11):143-148.

[39] 郭怀志,马启超,薛玺成,等. 岩体初始应力场的分析方法[J]. 岩土工程学报,1983,5(3):64-75.

[40] 朱伯芳. 岩体初始地应力反分析[J]. 水利学报,1994,25(10):30-35.

[41] 肖明,刘志明. 锦屏二级水电站三维地应力场反演回归分析[J]. 人民长江,2000,31(9):42-44.

[42] 邵国建. 岩体初始地应力场的反演回归分析[J]. 水利水电科技进展,2000,20(5):36-38.

[43] 易达,陈胜宏. 地表剥蚀作用对地应力场反演的影响[J]. 岩土力学,2003,24(2):000254-261.

[44] 金艳丽,刘汉东. 初始地应力场反演及回归分析方法研究[J]. 工程地质学报,2004,12(z1):468-471.

[45] 胡斌,冯夏庭,黄小华,等. 龙滩水电站左岸高边坡区初始地应力场反演回归分析[J]. 岩石力学与工程学报,2005,24(22):4055-4064.

[46] 朱光仪,郭小红,陈卫忠,等. 雪峰山公路隧道地应力场反演及工程应用[J]. 公路工程,2006,31(1):71-75.

[47] 周洪波,付成华. 弹性和弹塑性有限元在溪洛渡水电站坝区地应力反演中的应用[J]. 长江科学院院报,2006,23(6):63-67.

[48] 张有天,胡惠昌. 地应力场的趋势分析[J]. 水利学报,1984,15(4):33-40.

[49] 莫海鸿. 某地下厂房初始地应力场的反演分析[J]. 华南理工大学学报:自然科学版,1995(1):159-164.

[50] 佘成学,熊文林,陈胜宏. 边坡初始地应力场的应力函数与有限元联合反演法[J]. 武汉大学学报:工学版,1995,28(4):366-371.

[51] 梁远文,林红梅,潘文彬. 基于 BP 神经网络的三维地应力场反演分析[J]. 广西水利水电,2004,33(4):5-8.

[52] 梅松华,盛谦,冯夏庭,等. 龙滩水电站左岸地下厂房区三维地应力场反演分析[J]. 岩石力学与工程学报,2004,23(23):4006-4011.

[53] 马震岳,金长宇,张运良. 基于 FLAC 及神经网络的初始地应力场反演[J]. 水电能源科学,2005,23(3):44-45.

[54] 刘世君,高德军,徐卫亚. 复杂岩体地应力场的随机反演及遗传优化[J]. 三峡大学学报:自然科学版,2005,27(2):123-127.

[55] 石敦敦,傅永华,朱暾,等. 人工神经网络结合遗传算法反演岩体初始地应力的研究[J]. 武汉大学学报:工学版,2005,38(2):73-76.

[56] 杨志双,潘懋. 基于遗传算法(GA)的地应力有限元反演研究[J]. 水文地质工程地质,2006,33(2):80-83.

[57] 金长宇,马震岳,张运良,等. 神经网络在岩体力学参数和地应力场反演中的应用[J]. 岩土力学,2006,27(8):1263-1266.

[58] 付成华,汪卫明,陈胜宏. 溪洛渡水电站坝区初始地应力场反演分析研究[J]. 岩石力学与工程学报,2006,25(11):2305-2312.

[59] 江权,冯夏庭,陈建林,等. 锦屏二级水电站厂址区域三维地应力场非线性反演[J]. 岩土力学,2008,29(11):3003-3010.

[60] 郑宏,葛修润,谷先荣,等. 关于岩土工程有限元分析中的若干问题[J]. 岩土力学,1995,16(3):7-12.

[61] 郭运华,朱维申,李新平,等. 基于 FLAC～(3D)改进的初始地应力场回归方法[J]. 岩土工程学报,2014,36(5):892-898.

[62] 杨志法. 位移反分析及其应用[C]// 岩石力学新进展. 1989.

[63] 孙钧. 岩体力学反演分析的概率方法及其工程应用[C]// 华东岩土工程学术大会. 1990.

[64] 袁勇. 概率位移反分析中的强壮性辩积方法[C]// 首届全国青年岩石力学学术研讨会. 1991.

[65] 刘新宇. 层状地层中地下洞室的位移反分析[C]// 全国岩石力学数值计算与模型实验学术研讨会. 1990.

[66] 张玉军. 围岩流变参数反分析方法[J]. 岩土工程学报,1990,12(6):84-90.

[67] 朱岳明,刘望亭. 参透系数反分析最优估计方法[J]. 岩土工程学报,1991,13(4):71-76.

[68] 王平,朱维申,王可钧,等. 单纯形法及其在广蓄电站围岩变形反分析中的应用[J]. 岩土力学,1991,13(2):57-66.

[69] 孙钧,黄伟. 岩石力学参数弹塑性反演问题的优化方法[J]. 岩石力学与工程学报,1992,11(3):221-229.

[70] 李素华,朱维申. 优化方法在弹性、横观各向同性以及弹塑性围岩变形观测反分析中的应用[J]. 岩石力学与工程学报,1993,12(2):105-114.

[71] 刘钧. 反分析方法中的误差问题[J]. 计算机工程与应用,1992,3(11):58-63.

[72] 刘文宝,李术才. 大坝位移反分析中测量误差对反演结果的影响[J]. 水电与抽水蓄能,1995,19(4):24-28.

[73] 杨林德,吴蔺,周汉杰. 量测误差对位移反分析结果的影响与对策[C]// 中国岩石力学

与工程学会第五次学术大会. 1998.
[74] 杨林德,吴蔺,周汉杰. 反演分析中量测误差的传递与仪表选择的研究[J]. 土木工程学报,2000,33(1):77-82.
[75] 朱永全,张清. 桃坪隧道围岩参数的随机反演[J]. 石家庄铁道大学学报:自然科学版,1995,14(2):37-41.
[76] 朱永全,景诗庭,张清. 围岩参数 Monte-Carlo 有限元反分析[J]. 岩土力学,1995,16(3):29-34.
[77] 黄宏伟. 岩土工程中位移量测的随机逆反分析[J]. 岩土工程学报,1995,17(2):36-41.
[78] 朱永全,景诗庭,张清. 隧道支护结构荷载作用的随机反演[J]. 岩土力学,1996(2):57-63.
[79] 徐卫亚,刘世君. 岩石力学参数的非线性随机反分析[J]. 岩土力学,2001,22(4):432-435.
[80] 陈斌,卓家寿,刘宁. 岩土工程反分析的非确定性模型研究与发展[J]. 水利水电科技进展,2001,21(5):5-8.
[81] 徐军,郑颖人. 基于响应面方法的围岩参数随机反分析[J]. 岩土力学,2001,22(2):167-170.
[82] 张国联. 用解析法反演非均匀应力场巷道围岩的物性参数[J]. 有色矿冶,1996,12(4):1-4.
[83] 朱浮声,薛琳,李宏,等. 粘弹性围岩力学参数反分析的一种数值法[J]. 岩石力学与工程学报,1997,16(5):478-482.
[84] 吉小明,赵中旺. 隧道施工监测和信息反馈中的模型识别方法[J]. 石家庄铁道大学学报:自然科学版,1997,16(1):110-114.
[85] 乔春生,张清,黄修云. 岩体力学参数预测的新方法[J]. 北京交通大学学报,1999,23(4):48-52.
[86] 冯夏庭,张治强. 位移反分析的进化神经网络方法研究[J]. 岩石力学与工程学报,1999,18(5):529-533.
[87] 王登刚,刘迎曦,李守巨. 岩土工程位移反分析的遗传算法[J]. 岩石力学与工程学报,2000,19(s1):979-982.
[88] 高强,郭杏林,杨海天. 遗传算法求解粘弹性反问题[J]. 大连理工大学学报,2000,19(6):37-41.
[89] 刘杰,王媛. 岩体流变参数反演的加速遗传算法[J]. 水电与抽水蓄能,2001,25(6):24-27.
[90] 高玮,郑颖人. 采用快速遗传算法进行岩土工程反分析[J]. 岩土工程学报,2001,23(1):

120-122.

[91] 邓建辉,李焯芬,葛修润. BP网络和遗传算法在岩石边坡位移反分析中的应用[J]. 岩石力学与工程学报,2001,20(1):1-5.

[92] 高玮,冯夏庭,等. 岩土本构模型智能识别的若干研究[J]. 岩石力学与工程学报,2002,21(a02):2532-2538.

[93] MIKE KELLY,曾忠,等. AVO反演:求取岩石特性差异[J]. 油气藏评价与开发,2002,25(4):72-78.

[94] 高玮,冯夏庭. 地下工程围岩参数反演的仿生算法及其工程应用研究[J]. 岩石力学与工程学报,2002,21(a02):2521-2526.

[95] 高玮,郑颖人. 一种新的岩土工程进化反分析算法[J]. 岩石力学与工程学报,2003,22(2):192-196.

[96] 丁德馨,张志军. 位移反分析的自适应神经模糊推理方法[J]. 岩石力学与工程学报,2004,23(18):3087-3092.

[97] 张路青,贾正雪. 弹性位移分析对地应力、弹模的反演唯一性[J]. 岩土工程学报,2001,23(2):172-177.

[98] 冯夏庭,周辉,李邵军,等. 岩石力学与工程综合集成智能反馈分析方法及应用[J]. 岩石力学与工程学报,2007,26(9):1737-1744.

[99] 徐奴文,梁正召,唐春安,等. 基于微震监测的岩质边坡稳定性三维反馈分析[J]. 岩石力学与工程学报,2014,33(s1):3093-3104.

[100] 王思敬,张绪珍. 关于露天矿边坡变形的机理和过程[J]. 国外金属矿采矿,1982,8(2):32-37.

[101] 孙玉科,姚宝魁. 我国岩质边坡变形破坏的主要地质模式[J]. 岩石力学与工程学报,1983,2(1):71-80.

[102] 陶振宇. 岩坡蠕变及其监测原则[C]// 第二次湖北省暨武汉岩石力学与工程学术会议. 1990.

[103] 夏熙伦,徐平,丁秀丽. 岩石流变特性及高边坡稳定性流变分析[J]. 岩石力学与工程学报,1996,15(4):312-322.

[104] 黄铭,刘俊,葛修润. 边坡开挖期实测位移的分解与合成预测[J]. 岩石力学与工程学报,2003,22(8):1320-1323.

[105] 马春驰,李天斌,孟陆波,等. 节理岩体等效流变损伤模型及其在卸载边坡中的应用[J]. 岩土力学,2014(10):2949-2957.

[106] 任月龙,才庆祥,张永华,等. 岩体蠕变对露天矿边坡稳定性的影响[J]. 金属矿山,2014,43(5):1-4.

[107] 李连崇,李少华,李宏. 基于岩石长期强度特征的岩质边坡时效变形过程分析[J]. 岩土工程学报,2014,36(1):47-56.

[108] 黄润秋. 岩石高边坡发育的动力过程及其稳定性控制[J]. 岩石力学与工程学报,2008,27(8):1525-1544.

[109] 黄昌乾,丁恩保. 边坡稳定性评价结果的表达与边坡稳定判据[J]. 工程地质学报,1997,5(4):375-380.

[110] 李荣伟,侯恩科. 边坡稳定性评价方法研究现状与发展趋势[J]. 西部探矿工程,2007,19(3):4-7.

[111] 罗国煜,吴浩. 岩坡优势面分析理论与方法[J]. 水文地质工程地质,1989,15(2):1-5.

[112] DUPERRIN,J C,GODET MICHEL. SMIC 74-A method for constructing and ranking scenarios. Futures,1975 7(4): 302-312.

[113] JEONG G H,KIM S H. A qualitative cross-impact approach to find the key technology [J]. Technological Forecasting & Social Change,1997,55(3):203-214.

[114] ASAN S S,ASAN U. Qualitative cross-impact analysis with time consideration[J]. Technological Forecasting & Social Change,2007,74(5):627-644.

[115] VILLACORTA P J,MASEGOSA A D,CASTELLANOS D,et al. A new fuzzy linguistic approach to qualitative Cross Impact Analysis[J]. Applied Soft Computing,2014,24: 19-30.

[116] 郭明伟,李春光,王水林,等. 优化位移边界反演三维初始地应力场的研究[J]. 岩土力学,2008,29(5):1269-1274.

[117] 闫相祯,王保辉,杨秀娟,等. 确定地应力场边界载荷的有限元优化方法研究[J]. 岩土工程学报,2010,32(10):1485-1490.

[118] 徐磊. 一种实现复杂初始地应力场精确平衡的通用方法[J]. 三峡大学学报:自然科学版,2012,34(3):30-33.

[119] 杨强,刘福深,任继承. 三维初始地应力场的多尺度弹塑性校正[J]. 水力发电学报,2007,26(6):24-29.

[120] 罗润林,阮怀宁,黄亚哲,等. 岩体初始地应力场的粒子群优化反演及在 FLAC~(3D)中的实现[J]. 长江科学院院报,2008,25(4):73-76.

[121] 李宁,刘飞,孙德宝. 基于带变异算子粒子群优化算法的约束布局优化研究[J]. 计算机学报,2004,27(7):897-903.

[122] 王俊伟,汪定伟. 一种带有梯度加速的粒子群算法[J]. 控制与决策,2004,19(11):1298-1300.

[123] 熊盛武,刘麟,王琼,等. 改进的多目标粒子群算法[J]. 武汉大学学报:理学版,2005,51

(3):308-312.

[124] 张选平,杜玉平,秦国强,等. 一种动态改变惯性权的自适应粒子群算法[J]. 西安交通大学学报,2005,39(10):1039-1042.

[125] 熊伟丽,徐保国. 基于 PSO 的 SVR 参数优化选择方法研究[J]. 系统仿真学报,2006,18(9):2442-2445.

[126] 王丽,王晓凯. 一种非线性改变惯性权重的粒子群算法[J]. 计算机工程与应用,2007,43(4):47-48.

[127] VESTERSTROM J,THOMSEN R. A comparative study of differential evolution,particle swarm optimization,and evolutionary algorithms on numerical benchmark problems[C]// Evolutionary Computation,2004. CEC2004. Congress on. IEEE,2004:1980-1987 Vol. 2: 141.

[128] 赵永红. 受压岩石中裂纹发育过程及分维变化特征[J]. 科学通报,1995,40(7): 621-623.

[129] 程立朝,许江,冯丹,等. 岩石剪切破坏裂纹演化特征量化分析[J]. 岩石力学与工程学报,2015,34(1):31-39.

[130] HORII H,NEMAT-NASSER S. Brittle Failure in Compression: Splitting,Faulting and Brittle-Ductile Transition[J]. Philosophical Transactions of the Royal Society of London, 1986,319(1549):337-374.

[131] 邢修三. 脆性断裂统计理论[J]. 物理学报,1980,32(6):718-731.

[132] 夏蒙棼,韩闻生,柯孚久,等. 统计细观损伤力学和损伤演化诱致突变[J]. 力学进展, 1995,25(1):145-173.

[133] MEYERS M A,AIMONE C T. Dynamic fracture (spalling) of metals[J]. Progress in Materials Science,1983,28(1):1-96.

[134] 邢修三. 脆性断裂非平衡统计理论(Ⅱ)[J]. 北京理工大学学报,1987,7(3):48-60.

[135] LEMAITRE J. A continuous damage mechanics model for ductile fracture[J]. Transactions of the Asme Journal of Engineering Materials & Technology ,1985,107(1):83-89.

[136] AL-RUB R K A,KIM S M. Computational applications of a coupled plasticity-damage constitutive model for simulating plain concrete fracture[J]. Engineering Fracture Mechanics,2010,77(10):1577-1603.

[137] BAZANT Z P. Probabilistic modeling of quasibrittle fracture and size effect[J]. Principal Plenary Lecture,2001:1-23.

[138] BORST R D. Fracture in quasi-brittle materials: a review of continuum damage-based approaches[J]. Engineering Fracture Mechanics,2002,69(2):95-112.

[139] 唐雪松,蒋持平,郑健龙. 各向同性弹性损伤本构方程的一般形式[J]. 应用数学和力学,2001,22(12):1317-1323.

[140] BENVENISTE Y. On the Mori-Tanaka method in cracked bodies[J]. Mechanics Research Communications,1986,13(4):193-201.

[141] BUDIANSKY B,O'CONNELL R J. Elastic moduli of a cracked solid [J]. International Journal of Solids & Structures,1976,12(2):81-97.

[142] YU X,GAMA C D D,NA Y,et al. Deformation behaviour of rocks under compression and direct tension[J]. Journal- South African Institute of Mining and Metallurgy,2005,105(1):55-62.

[143] LEKHNITSKII S G,FERN P,BRANDSTATTER J J,et al. Theory of Elasticity of an Anisotropic Elastic Body[J]. Physics Today,1964,17(1):84.

[144] 董鑫,白良,肖建军,等. 应力空间内主应力及主方向的解析表达式[J]. 昆明理工大学学报:自然科学版,2004,29(1):89-92.

[145] 吴家龙. 弹性力学[M]. 3 版. 北京:高等教育出版社,2016.

[146] 周元德,张楚汉,金峰. 混凝土断裂的三维旋转裂缝模型研究[J]. 工程力学,2004,21(5):1-4.

[147] LI Y J,ZIMMERMAN T. Numerical evaluation of the rotating crack model[J]. Computers & Structures,1998,69(4):487-497.

[148] 付金伟,朱维申,王向刚. 多裂隙岩体裂隙扩展过程一种新的数值模拟方法及研究[C]// 第十二次全国岩石力学与工程学术大会会议论文摘要集. 2012.

[149] 付金伟,朱维申,王向刚,等. 节理岩体裂隙扩展过程一种新改进的弹脆性模拟方法及应用[J]. 岩石力学与工程学报,2012,31(10):2088-2095.

[150] 黄润秋,黄达. 卸荷条件下花岗岩力学特性试验研究[J]. 岩石力学与工程学报,2008,27(11):2205-2213.

[151] 李宏哲,夏才初,闫子舰,等. 锦屏水电站大理岩在高应力条件下的卸荷力学特性研究[J]. 岩石力学与工程学报,2007,26(10):2104-2109.

[152] 曾纪全,贺如平,王建洪. 岩体抗剪强度试验成果整理及参数选取[J]. 地下空间与工程学报,2006,2(s2):1403-1407.

[153] 宋胜武,冯学敏,向柏宇,等. 西南水电高陡岩石边坡工程关键技术研究[J]. 岩石力学与工程学报,2011,30(1):1-22.

[154] 郑颖人,赵尚毅. 有限元强度折减法在土坡与岩坡中的应用[J]. 岩石力学与工程学报,2004,23(19):3381-3388.

[155] GRIFFITHS D V, LANE P A. Slope stability analysis by finite elements [J].

Géotechnique,1999,49(7):653-654.

[156] 迟世春,关立军. 基于强度折减的拉格朗日差分方法分析土坡稳定性[J]. 岩土工程学报,2004,26(1):42-46.

[157] 李胡生,魏国荣. 用随机-模糊线性回归方法确定岩石抗剪参数[J]. 同济大学学报:自然科学版,1993(3):421-429.

[158] 崔政权. 边坡工程[M]. 北京:中国水利水电出版社,1999.

[159] 王庚荪. 边坡的渐进破坏及稳定性分析[J]. 岩石力学与工程学报,2000,19(1):29-33.